평가원 기출의 또 다른 이름,

너기출

| For 2026 |

2025
수능반영

기하

수능코드에 최적화된 최신 21개년 평가원 기출
293문항을 빠짐없이 담았다!

- 수능형 개념이 체화되는 25개의 너기출 수능 개념코드 너코
- 기출학습에 최적화된 15개의 유형 분류

293

이투스북

| STAFF |

발행인 정선욱

퍼블리싱 총괄 남형주

개발 김태원 김한길 김진솔 김민정 김유진 오소현 이경미 우주리

기획·디자인·마케팅 조비호 김정인

유통·제작 서준성 김경수

너기출 For 2026 기하 | 202412 제11판 1쇄

펴낸곳 이투스에듀㈜ 서울시 서초구 남부순환로 2547

고객센터 1599-3225 **등록번호** 제2007-000035호 **ISBN** 979-11-389-2792-5 [53410]

서정환 아이디수학
서지은 지은쌤수학
서효언 아이콘수학
서희원 함께하는수학 학원
설성환 설샘수학학원
설성희 설쌤수학
성기주 이젠수학과학학원
성인영 정석 공부방
성지희 snt 수학학원
손동학 자호수학학원
손정현 참교육
손지영 엠베스트에스이프라임학원
손진아 포스엠수학학원
송빛나 원수학학원
송치호 대치명인학원
송태원 송태원1프로수학학원
송혜빈 인재와고수 학원
송호석 수학세상
신경성 한수학전문학원
신수연 동탄 신수연 수학과학
신일호 바른수학교육 한 학원
신정임 정수학학원
신정화 SnP수학학원
신준효 열정과의지 수학보습학원
심은지 고수학학원
심재현 웨이메이커 수학학원
안대호 독강수학학원
안하성 안쌤수학
안현경 전문과외
안효자 진수학
안효정 수학상상수학교습소
안희애 에이엔 수학학원
양병철 우리수학학원
양유열 고수학전문학원
양은진 수플러스 수학교습소
어성웅 어쌤수학학원
엄은희 엄은희스터디
염승호 전문과외
염철호 하비투스학원
오종숙 함께하는 수학
오지혜 ◆수톡수학학원
용다혜 에듀플렉스 동백점
우선혜 HSP수학학원
원준희 수학의 아침
유기정 STUDYTOWN 수학의신
유남기 의치한학원
유대호 플랜지 에듀
유소현 웨이메이커수학학원
유현종 SMT수학전문학원
유혜리 유혜리수학
유호애 지윤 수학
윤고은 윤고은수학
윤덕환 여주비상에듀기숙학원
윤도형 PST CAMP 입시학원
윤명희 사랑셈교실
윤문성 평촌 수학의 봄날 입시학원
윤미영 수주고등학교
윤여태 103수학
윤재은 놀이터수학교실

윤재현 윤수학학원
윤지영 의정부수학공부방
윤채린 전문과외
윤혜원 고수학전문학원
윤 회 희쌤수학과학학원
윤희용 매트릭스 수학학원
이건도 아론에듀학원
이경민 차앤국수학국어전문학원
이광후 수학의 아침 광교 캠퍼스
      특목 자사관
이규상 유클리드 수학
이근표 정진학원
이나래 토리103수학학원
이나현 엠브릿지 수학
이다정 능수능란 수학전문학원
이대훈 밀알두레학교
이동희 이쌤 최상위수학교습소
이명환 다산 더원 수학학원
이무송 유투엠수학학원주엽점
이민아 민수학학원
이민영 목동 엘리엔학원
이민하 보듬교육학원
이보형 매쓰코드1학원
이봉주 분당성지수학
이상윤 엘에스수학전문학원
이상일 캔디학원
이상준 E&T수학전문학원
이상철 G1230 옥길
이상형 수학의이상형
이서령 더바른수학전문학원
이서윤 곰수학 학원 (동탄)
이성희 피타고라스 셀파수학교실
이세복 퍼스널수학
이수동 부천 E&T수학전문학원
이수정 매쓰투미수학학원
이슬기 대치깊은생각
이승진 안중 호연수학
이승환 우리들의 수학원
이승훈 알찬교육학원
이아현 전문과외
이애경 M4더메타학원
이연숙 최상위권수학영어 수지관
이연주 수학연주수학교습소
이영현 대치명인학원
이영훈 펜타수학학원
이예빈 아이콘수학
이우선 효성고등학교
이원녕 대치명인학원
이유림 수학의 아침
이은미 봄수학교습소
이은아 이은아 수학학원
이은지 수학대가 수지캠퍼스
이재욱 KAMI
이재환 칼수학학원
이정은 이루다영수전문학원
이정희 JH영어수학학원
이종익 분당파인만 고등부
이주혁 수학의아침(플로우교육)
이 준 준수학고등관학원

이지연 브레인리그
이지영 GS112 수학 공부방
이지예 대치명인 이매캠퍼스
이지은 리쌤앤탑경시수학학원
이지혜 이자경수학학원 권선관
이진주 분당 원수학학원
이창수 와이즈만 영재교육 일산화정 센터
이창훈 나인에듀학원
이채열 하제입시학원
이철호 파스칼수학
이태희 펜타수학학원 청계관
이한솔 더바른수학전문학원
이현이 함께하는수학
이현희 폴리아에듀
이형강 HK수학학원
이혜민 대감학원
이혜수 송산고등학교
이혜진 S4국영수학원고덕국제점
이화원 탑수학학원
이희연 이엠원학원
임길홍 셀파우등생학원
임동진 S4 고덕국제점학원
임명진 서연고학원
임소미 Sem 영수학원
임율인 탑수학교습소
임은정 마테마티카 수학학원
임재현 임수학교습소
임정혁 하이엔드 수학
임지원 누나수학
임찬혁 차수학동삭캠퍼스
임현주 온수학교습소
임현지 위너스 하이
임형석 전문과외
장미선 하우투스터디학원
장민수 신미주수학
장종민 열정수학학원
장찬수 전문과외
장혜련 푸른나비수학 공부방
장혜민 수학의 아침
전경진 M&S 아카데미
전미영 영재수학
전 일 생각하는수학공간학원
전지원 원프로교육
전진우 플랜지에듀
전희나 대치명인학원 이매캠퍼스
정금재 혜움수학전문학원
정다해 에픽수학
정미숙 쑥쑥수학교실
정미윤 함께하는수학 학원
정민정 정쌤수학 과외방
정승호 이프수학
정양진 올림피아드학원
정연순 탑클래스 영수학원
정영진 공부의자신감학원
정예철 수이학원
정용석 수학마녀학원
정유정 수학VS영어학원
정은선 아이원수학
정장선 생각하는 황소 동탄점

정재경 산돌수학학원
정지영 SJ대치수학학원
정지훈 수지최상위권수학영어학원
정진욱 수원메가스터디학원
정하준 2H수학학원
정한울 경기도 포천
정해도 목동혜윰수학교습소
정현주 삼성영어쎈수학은계학원
정혜정 JM수학
조기민 일산동고등학교
조민석 마이엠수학학원 철산관
조병욱 PK독학재수학원 미금
조상숙 수학의 아침
조성철 매트릭스수학학원
조성화 SH수학
조연주 YJ수학학원
조 은 전문과외
조은정 최강수학
조의상 메가스터디
조이정 필탑학원
조현웅 추담교육컨설팅
조현정 깨단수학
주소연 알고리즘 수학 연구소
주정례 청운학원
주태빈 수학을 권하다
지슬기 지수학학원
진동준 지트에듀케이션 중등관
진민하 인스카이학원
차동희 수학전문공감학원
차무근 차원이다른수학학원
차일훈 대치엠에스학원
채준혁 인재의 창
천기분 이지(EZ)수학교습소
최경희 최강수학학원
최근정 SKY영수학원
최다혜 싹수학학원
최동훈 고수학 전문학원
최명길 우리학원
최문채 문산 열린학원
최범균 유투엠수학학원 부천옥길점
최보람 꿈꾸는수학연구소
최서현 이룸수학
최소영 키움수학
최수지 싹수학학원
최수진 재밌는수학
최승권 스터디올킬학원
최영성 에이블수학영어학원
최영식 수학의신학원
최영철 고밀도학원
최용희 대치명인학원
최웅용 유타스 수학학원
최유미 분당파인만교육
최윤형 청운수학전문학원
최은혜 전문과외
최재원 하이탑에듀 고등대입전문관
최재원 이지수학
최정아 딱풀리는수학 다산하늘초점
최종찬 초당필탑학원

이헌기	보문고등학교
임태관	매쓰멘토수학전문학원
장광현	장쌤수학
장민경	일대일코칭수학학원
장영진	새움수학전문학원
전주현	전문과외
정다원	광주인성고등학교
정다희	다희쌤수학
정수인	더최선학원
정원섭	수리수학학원
정인용	일품수학학원
정종규	에스원수학학원
정태규	가우스수학전문학원
정형진	BMA롱맨영수학원
조일양	서안수학
조현진	조현진수학학원
조형서	조형서 수학교습소
채소연	마하나임 영수학원
천지선	고수학학원
최지웅	미라클학원
최혜정	이루다전문학원

◇ 대구 ◇

강민영	매씨지수학학원
고민정	전문과외
곽미선	좀다른수학
구정모	제니스클래스
구현태	대치깊은생각수학학원 시지본원
권기현	이렇게좋은수학교습소
권보경	학문당입시학원
권혜진	폴리아수학2호관학원
김기연	스텝업수학
김대운	그릿수학831
김도영	땡큐수학학원
김동역	통쾌한 수학
김득현	차수학 교습소 사월 보성점
김명서	샘수학
김미경	풀린다수학교습소
김미랑	랑쌤수해
김미소	전문과외
김미정	일등수학학원
김상우	에이치투수학교습소
김선영	수학학원 바른
김성무	김성무수학 수학교습소
김수영	봉덕김쌤수학학원
김수진	지니수학
김연정	유니티영어
김유진	S.M과외교습소
김재홍	경북여자상업고등학교
김정우	이룸수학학원
김종희	학문당 입시학원
김지연	찐수학
김지영	김지영수학교습소
김지은	정화여자고등학교
김채영	전문과외
김태진	스카이루트 수학과학학원
김태환	로고스수학학원(성당원)
김해은	한상철수학과학학원 상인원

김현숙	메타매쓰
남인제	미쓰매쓰수학학원
노현진	트루매쓰 수학학원
민병문	선택과 집중
박경득	파란수학
박도희	전문과외
박민석	아크로수학학원
박민정	빡쎈수학교습소
박산성	Venn수학
박수연	쌤통수학학원
박순찬	찬스수학
박옥기	매쓰플랜수학학원
박장호	대구혜화여자고등학교
박정욱	연세스카이수학학원
박지훈	더엠수학학원
박태호	프라임수학교습소
박현주	매쓰플래너
방소연	대치깊은생각수학학원 시지본원
백승대	백박사학원
백승환	수학의봄 수학교습소
백재규	필즈수학공부방
백태민	학문당입시학원
백현식	바른입시학원
변용기	라온수학학원
서경도	서경도수학교습소
서재은	절대등급수학
성웅경	더빡쎈수학학원
소현주	정S과학수학학원
손승연	스카이수학
손태수	트루매쓰 학원
송영배	수학의정원
신묘숙	매쓰매티카 수학교습소
신수진	폴리아수학학원
신은경	황금라온수학
신은주	하이매쓰학원
양강일	양쌤수학과학학원
양은실	제니스 클래스
오세욱	IP수학과학학원
윤기호	샤인수학학원
이규철	좋은수학
이남희	이남희수학
이만희	오르라수학전문학원
이명희	잇츠생각수학 학원
이상훈	명석수학학원
이수현	하이매쓰 수학교습소
이원경	엠제이통수학영어학원
이인호	본투비수학교습소
이일균	수학의달인 수학교습소
이종환	이꼼수학
이준우	깊을준수학
이지민	아이플러스 수학
이진영	소나무학원
이진욱	시지이룸수학학원
이창우	강철FM수학학원
이태형	가토수학과학학원
이한조	닥터엠에스
이효진	진선생수학학원
임신옥	KS수학학원

임유진	박진수학
장두영	바움수학학원
장세완	장선생수학학원
장시현	전문과외
전동형	땡큐수학학원
전수민	전문과외
전준현	매쓰플랜수학학원
전지영	전지영수학
정민호	스테듀입시학원
정재현	율사학원
조미란	엠투엠수학 학원
조성애	조성애세움학원
조연호	Cho is Math
조유정	다원MDS
조인혁	루트원수학과학 학원
조지연	연쌤영수학원
주기헌	송현여자고등학교
진수정	마틸다수학
최대진	엠프로수학학원
최은미	수학다움 학원
최정이	탑수학교습소(국우동)
최현정	MQ멘토수학
최현희	다온수학학원
하태호	팀하이퍼 수학학원
한원기	한쌤수학
홍은아	탄탄수학교실
황가영	루나수학
황지현	위드제스트수학학원

◇ 대전 ◇

강유식	연세제일학원
강홍규	최강학원
고지훈	고지훈수학 지적공감입시학원
김 일	더브레인코어 학원
김근아	닥터매쓰205
김근하	엠씨스터디수학학원
김남홍	대전종로학원
김덕한	더칸수학학원
김동근	엠투오영재학원
김민지	(주)청명에페보스학원
김복응	더브레인코어 학원
김상현	세종입시학원
김수빈	제타수학전문학원
김승환	청운학원
김윤혜	슬기로운수학교습소
김주성	양영학원
김지현	파스칼 대덕학원
김 진	발상의전환 수학전문학원
김진수	김진수학
김태형	청명대입학원
김하은	전문과외
김한솔	시대인재 대전
김해찬	전문과외
김휘식	양영학원 고등관
나효명	열린아카데미
류재원	양영학원
박가와	마스터플랜 수학전문학원
박솔비	매쓰톡수학 교습소

박주희	빡쌤의 빡센수학
박지성	엠아이큐수학학원
배용제	굿티처강남학원
백승정	오르고 수학학원
서동원	수학의중심 학원
서영준	힐탑학원
선진규	로하스학원
송규성	하이클래스학원
송다인	더브라이트학원
송인석	송인석수학학원
송정은	바른수학전문교실
신성철	도안베스트학원
신성호	수학과학하다
신원진	공감수학학원
신익주	신 수학 교습소
심훈흠	일인주의학원
양지연	자람수학
오우진	양영학원
우현석	EBS 수학우수학원
유수림	수림수학학원
유준호	더브레인코어 학원
윤석주	윤석주수학전문학원
윤찬근	오르고 수학학원
이국빈	케이플러스수학
이규영	쉐마수학학원
이민호	매쓰플랜수학학원 반석지점
이성재	알파수학학원
이소현	바칼로레아영수학원
이수진	대전관저중학교
이용희	수림학원
이일녕	양영학원
이재옥	청명대입학원
이준회	전문과외
이희도	전문과외
인승열	신성 수학나무 공부방
임병수	모티브
임현호	전문과외
장용훈	프라임수학
전병전	더브레인코어 학원
전하윤	전문과외
정순영	공부방,여기
정지웅	더브레인코어 학원
조용호	오르고 수학학원
조창희	시그마수학교습소
조충현	로하스학원
차영진	연세언더우드수학
차지훈	모티브에듀학원
홍진국	저스트학원
황은실	나린학원

◇ 부산 ◇

고경희	대연고등학교
권병국	케이스학원
권순석	남천다수인
권영린	과사람학원
김건우	4퍼센트의 논리 수학
김경희	해운대영수전문y-study
김대현	해운대중학교
김도현	해신수학학원

김도형 명작수학
김민규 다비드수학학원
김민영 정모클입시학원
김성민 직관수학학원
김승호 과사람학원
김애랑 채움수학교습소
김원진 수성초등학교
김지연 김지연수학교습소
김초록 수날다수학교습소
김태영 뉴스터디학원
김태진 한빛단과학원
김효상 코스터디학원
나기열 프로매스수학교습소
노지연 수학공간학원
노향희 노쌤수학학원
류형수 연산 한샘학원
박대성 키움수학교습소
박성찬 프라임학원
박연주 매쓰메이트수학학원
박재용 해운대영수전문y-study
박주형 삼성에듀학원
배철우 명지 명성학원
백용일 과사람학원
부종민 부종민수학
서유진 다올수학
서은지 ESM영수전문학원
서자현 과사람학원
서평승 신의학원
손희옥 매쓰폴수학학원
송다슬 전문과외
심현섭 과사람학원
심혜정 명품수학
안남희 명지 실력을키움수학
안애경 오메가 수학 학원
안찬종 전문과외
양인회 에센셜수학교습소
오인혜 하단초등학교
오희영
옥승길 옥승길수학학원
이가연 엠오엠수학학원
이경덕 수학으로 물들어 가다
이경수 경:수학
이명희 조이수학학원
이아름누리 청어람학원
이정화 수학의 힘 가야캠퍼스
이지영 오늘도,영어그리고수학
이지은 한수연하이매쓰
이 철 과사람학원
이효정 해 수학
장지원 해신수학학원
장진권 오메가수학
전경훈 대치명인학원
전완재 강앤전 수학학원
전우빈 과사람학원
전찬용 다이나믹학원
정운용 정쌤수학교습소
정의진 남천다수인
정휘수 제이매쓰수학방
정희정 정쌤수학

조아영 플레이팩토 오션시티교육원
조우영 위드유수학학원
조은영 MIT수학교습소
조 훈 캔필학원
주유미 엠투수학공부방
채송화 채송화수학
천현민 키움스터디
최광은 럭스 (Lux) 수학학원
최수정 이루다수학
최운교 삼성영어수학전문학원
최준승 주감학원
하 현 하현수학교습소
한주환 으뜸나무수학학원
한혜경 한수학 교습소
허영재 자하연 학원
허윤정 올림수학전문학원
허정은 전문과외
황영찬 수피움 수학
황진영 진심수학
황하남 과학수학의봄날학원

◇ ― 서울 ― ◇

강동은 반포 세정학원
강성철 목동 일타수학학원
강수진 블루플랜
강영미 슬로비매쓰수학학원
강은녕 탑수학학원
강종철 쿠메수학교습소
강주석 염광고등학교
강태윤 미래탐구 대치 중등센터
강현숙 유니크학원
계훈범 MathK 공부방
고수환 상승곡선학원
고재일 대치 토브(TOV)수학
고지영 황금열쇠학원
고 현 네오 수학학원
공정현 대공수학학원
곽슬기 목동매쓰원수학학원
구난영 셀프스터디수학학원
구순모 세진학원
권가영 커스텀(CUSTOM)수학
권경아 청담해법수학학원
권민경 전문과외
권상호 수학은권상호 수학학원
권용만 은광여자고등학교
권은진 참수학뿌리국어학원
김가희 에이원수학학원
김강현 구주이배수학학원 송파점
김경진 덕성여자중학교
김경희 전문과외
김규보 메리트수학원
김규연 수력발전소학원
김금화 그루터기 수학학원
김기덕 메가 매쓰 수학학원
김나래 전문과외
김나영 대치 새움학원
김도규 김도규수학학원
김동균 더채움 수학학원

김명후 김명후 수학학원
김미란 퍼펙트수학
김미아 일등수학교습소
김미애 스카이맥에듀
김미영 명수학교습소
김미영 정일품 수학학원
김미진 채움수학
김미희 행복한수학쌤
김민수 대치 원수학
김민정 전문과외
김민지 강북 메가스터디학원
김민창 김민창 수학
김병수 중계 학림학원
김병호 국선수학학원
김보민 이투스수학학원 상도점
김부환 압구정정보강북수학학원
김상철 미래탐구마포
김상호 압구정 파인만 이촌특별관
김선정 이룸학원
김성숙 써큘러스리더 러닝센터
김성현 하이탑수학학원
김성호 개념상상(서초관)
김수민 통수학학원
김수정 유니크 수학
김수진 싸인매쓰수학학원
김수진 깊은수학학원
김승원 솔(sol)수학학원
김승훈 하이스트 염창관
김양식 송파영재센터GTG
김여옥 매쓰홀릭학원
김연정 전문과외
김연주 목동쌤올림수학
김영란 일심수학학원
김영미 제로미수학교습소
김영숙 수 플러스학원
김영재 한그루수학
김영준 강남매쓰탑학원
김영진 세움수학학원
김 유 전문과외
김유진 전문과외
김윤태 두각학원, 김종철 국어수학
    전문학원
김윤희 유니수학교습소
김은숙 전문과외
김은영 선우수학
김은영 와이즈만은평
김은영 휘경여자고등학교
김은찬 엑시엄수학학원
김은현 김쌤깨알수학
김의진 서울 성북구 채움수학
김이슬 전문과외
김이현 에듀플렉스 고덕지점
김인기 중계 학림학원
김재산 목동 일타수학학원
김재성 티포인트에듀학원
김재연 규연 수학 학원
김재현 Creverse 고등관
김정민 청어람 수학학원
김정민

김정아 지올수학
김지선 수학전문 순수
김지숙 김쌤수학의숲
김지영 구주이배수학학원
김지은 티포인트 에듀
김지은 수학대장
김지은 분석수학 선두학원
김지훈 드림에듀학원
김지훈 형설학원
김지훈 마타수학
김진규 서울바움수학(역삼럭키)
김진영 이대부속고등학교
김찬열 라엘수학
김창재 중계세일학원
김창주 고등부관 스카이학원
김태현 SMC 세곡관
김태훈 성북 페르마
김하늘 역경패도 수학전문
김하민 서강학원
김하연 전문과외
김향기 동대문중학교
김현미 김현미수학학원
김현욱 리마인드수학
김현유 혜성여자고등학교
김현정 미래탐구 중계
김현주 숙명여자고등학교
김현지 전문과외
김현혁 ◆성북학림
김형진 소자수학학원
김혜연 수학작가
김호영 장학학원
김홍수 김홍학원
김효선 토이300컴퓨터교습소
김효정 블루스카이학원 반포점
김후광 압구정파인만
김희연 이룸공부방
김희원 대일외국어고등학교
김희진 엑시엄 수학학원
나은영 메가스터디 러셀중계
나태산 중계 학림학원
남식훈 수학만
남호성 퍼씰수학전문학원
노동일 형설학원
류도현 서초구 방배동
류정민 사사모플러스수학학원
목영훈 목동 일타수학학원
목지아 수리티수학학원
문근실 시리우스수학
문성호 차원이다른수학학원
문소정 대치명인학원
문용근 올림 고등수학
문지훈 문지훈수학
박경보 최고수챌린지에듀학원
박경원 대치메이드 반포관
박광남 올마이티캠퍼스
박교국 백인대장
박근백 대치멘토스학원
박동진 더힐링수학 교습소
박리안 CMS서초고등부

박명훈 김샘학원 성북캠퍼스	신은숙 마곡펜타곤학원	이성재 지앤정 학원	임현우 선덕고등학교
박미라 매쓰몽	신은진 상위권수학학원	이소윤 목동선수학	장석진 이덕재수학이미선국어학원
박민정 목동 깡수학과학학원	신정은 STEP EDU	이수지 전문과외	장성훈 미독수학
박상길 대길수학	신지영 아하 김일래 수학 전문학원	이수호 준토에듀수학학원	장세영 스펀지 영어수학 학원
박상후 강북 메가스터디학원	신지현 대치미래탐구	이슬기 예친에듀	장승희 명품이앤엠학원
박설아 수학을삼키다학원 흑석2관	신채민 오스카 학원	이시현 SKY미래연수학학원	장영신 송례중학교
박성재 매쓰플러스수학학원	신현수 현수쌤의 수학해설	이어진 신목중학교	장은영 목동깡수학과학학원
박소영 창동수학	심창섭 피앤에스수학학원	이영하 키움수학	장지식 피큐브아카데미
박소윤 제이커브학원	심혜진 반포파인만학원	이용우 올림피아드 학원	장희준 대치 미래탐구
박수견 비채수학원	안나연 전문과외	이원용 필과수 학원	전기열 유니크학원
박연주 물댄동산	안도연 목동정도수학	이원희 수학공작소	전상현 뉴클리어 수학 교습소
박연희 박연희깨침수학교습소	안주은 채움수학	이유예 스카이플러스학원	전성식 맥스전성식수학학원
박연희 열방수학	양원규 일신학원	이윤주 와이제이수학교습소	전은나 상상수학학원
박영규 하이스트핏 수학 교습소	양지애 전문과외	이은경 신길수학	전지수 전문과외
박영욱 태산학원	양창진 수학의 숲 수림학원	이은숙 포르테수학 교습소	전진남 지니어스 논술 교습소
박용진 푸름을말하다학원	양해영 청출어람학원	이은영 은수학교습소	전진아 메가스터디
박정아 한신수학과외방	엄시온 올마이티캠퍼스	이재봉 형설에듀이스트	정광조 로드맵수학
박정훈 전문과외	엄유빈 유빈쌤 수학	이재용 이재용the쉬운수학학원	정다운 정다운수학교습소
박종선 스터디153학원	엄지희 티포인트에듀학원	이정석 CMS서초영재관	정대영 대치파인만
박종원 상아탑학원 / 대치오르비	엄태웅 엄선생수학	이정섭 은지호 영감수학	정명련 유니크 수학학원
박종태 일타수학학원	여혜란 성북미래탐구	이정호 정샘수학교습소	정무웅 강동드림보습학원
박주현 장훈고등학교	염승훈 이가 수학학원	이제현 막강수학	정문정 연세수학원
박준하 전문과외	오명석 대치 미래탐구 영재 경시 특목센터	이종혁 유인어스 학원	정민교 진학학원
박진희 박선생수학전문학원		이종호 MathOne수학	정민준 사과나무학원(양천관)
박 현 상일여자고등학교	오재경 성북 학림학원	이종환 카이수학전문학원	정수정 대치수학클리닉 대치본점
박현주 나는별학원	오재현 강동파인만 고덕 고등관	이주연 목동 하이씨앤씨	정슬기 티포인트에듀학원
박혜진 강북수재학원	오종택 에이원수학학원	이준석 이가수학학원	정승희 뉴파인
박혜진 진매쓰	오한별 광문고등학교	이지연 단디수학학원	정연화 풀우리수학
박흥식 송파연세수보습학원	우동훈 혜파학원	이지우 제이 앤 수 학원	정영아 정이수학교습소
방정은 백인대장 훈련소	위명훈 대치명인학원(마포)	이지혜 세레나영어수학학원	정유미 휴브레인압구정학원
방효건 서준학원 지혜관	위성웅 시대인재수학스쿨	이지혜 대치파인만	정은경 제이수학
배재형 배재형수학	위형채 에이치앤제이형설학원	이지훈 백향목에듀수학학원	정은영 CMS
백아름 아름쌤수학공부방	유가영 탑솔루션 수학 교습소	이 진 수박에듀학원	정재윤 성덕고등학교
서근환 대진고등학교	유시준 목동깡수학과학학원	이진덕 카이스트수학학원	정진아 정선생수학
서다인 수학의봄학원	유정연 장훈고등학교	이진희 서준학원	정찬민 목동매쓰원수학학원
서민국 시대인재	유환승 강북청솔학원	이창석 핵수학 수학전문학원	정화진 진화수학학원
서민재 서준학원	윤상문 청어람수학원	이채윤 전문과외	정환동 씨앤씨0.1%의대수학
서수연 수학전문 순수	윤석원 공감수학	이충안 ◆채움수학	정효석 최상위하다학원
서승희 딥브레인수학	윤여균 전문과외	이충훈 QANDA	조경미 레벨업수학(feat.과학)
서용준 와이제이학원	윤영숙 윤영숙수학학원	이학송 뷰티풀마인드 수학학원	조병훈 꿈을담는수학
서원준 잠실 시그마 수학학원	윤인영 전문과외	이 혁 강동메르센수학학원	조아라 유일수학
서은애 하이탑수학학원	윤형중 씨알학당	이현주 그레잇에듀	조아라 수학의시점
서중은 블루플렉스학원	은 현 목동 cms 입시센터 과고대비반	이형수 피앤아이수학영어학원	조아람 서울 양천구 목동
서한나 라엘수학학원		이혜림 다오른수학학원	조원해 연세YT학원
석현욱 잇올스파르타	이경복 매스타트 수학학원	이혜림 대동세무고등학교	조재묵 천광학원
선 철 일신학원	이경용 열공학원	이혜수 대치수학원	조정은 조수학교습소
설세령 뉴파인 용산중고등관	이경주 생각하는 황소수학 서초학원	이호준 형설학원	조한진 새미기픈수학
손권민경 원인학원	이경환 전문과외	이효준 다원교육	조햇봄 너의일등급수학
손민정 두드림에듀	이광락 펜타곤학원	이효진 올토 수학학원	조현탁 전문가집단
손전모 다원교육	이규만 수퍼매쓰학원	이희선 브리스톨	주용호 아찬수학교습소
손정화 4퍼센트수학학원	이동규 형설학원	임규철 원수학 대치	주은재 주은재수학학원
손충모 공감수학	이동훈 PGA	임기호 대치 원수학	주정미 수학의꽃수학교습소
송경호 스마트스터디 학원	이루마 김샘학원	임다혜 시대인재 수학스쿨	지명훈 선덕고등학교
송동인 송동인수학명가	이명미 ◆대치위더스	임민정 전문과외	지민경 고래수학교습소
송재혁 엑시엄수학전문학원	이민호 강안교육	임상혁 임상혁수학학원	진임진 전문과외
송준민 송수학	이상영 대치명인학원 은평캠퍼스	임소연 123수학	진혜원 더올라수학교습소
송진우 도진우 수학 연구소	이상훈 골든벨수학학원	임영주 송파 세빛학원	차민준 이투스수학학원 중계점
송해선 불곰에듀	이서경 엘리트탑학원	임정빈 임정빈수학	차성철 목동강수학과학학원
신연우 개념폴리아 삼성청담관	이성용 수학의원리학원	임지혜 위드수학교습소	차슬기 사과나무학원 은평관

차용우 서울외국어고등학교
채성진 수학에빠진학원
채우리 라엘수학
채행원 전문과외
최경민 배움틀수학학원
최규식 최강수학학원 보라매캠퍼스
최동영 중계이투스수학학원
최동욱 숭의여자고등학교
최백화 최백화수학
최병옥 최코치수학학원
최서훈 피큐브 아카데미
최성수 알티스수학학원
최성희 최쌤수학학원
최세남 엑시엄수학학원
최소민 최쌤ON수학
최엄견 차수학학원
최영준 문일고등학교
최용재 엠피리언학원
최용주 피크에듀학원
최윤정 최쌤수학학원
최정언 진화수학학원
최종석 강북수재학원
최지나 목동PGA전문가집단학원
최지선
최찬희 CMS중고등관
최철우 탑수학학원
최향애 피크에듀학원
최효원 한국삼육중학교
편순창 알면쉽다연세수학학원
피경민 대치명인sky
하태성 은평G1230
한나희 우리해법수학 교습소
한명석 아드폰테스
한승우 대치 개념상상SM
한승환 짱솔학원 반포점
한유리 강북청솔학원
한정우 휘문고등학교
한태인 러셀 강남
한현주 PMG학원
헌제윤 정명수학교습소
홍경표 ◆숨은원리수학
홍상민 디스토리 수학학원
홍석화 강동홍석화수학학원
홍성윤 센티움
홍성주 굿매쓰 수학
홍성진 문해와 수리 학원
홍정아 홍정아 수학
홍지혜 전문과외
황의숙 The 나은학원

◇ 세종 ◇
강태원 원수학
권정섭 너희가 꽃이다
권현수 권현수 수학전문학원
김광연 반곡고등학교
김기평 바른길수학학원
김서현 봄날영어수학학원
김수경 김수경 수학교실

김우진 정진수학학원
김편전 세종 데카르트 학원
김혜림 단하나수학
류바른 더 바른학원
박민겸 강남한국학원
배명욱 GTM 수학전문학원
배지후 해밀수학과학학원
설지연 수학적상상력
신석현 알파학원
오세은 플러스 학습교실
오현지 오쌤수학
윤여민 윤솔빈 수학하자
이준영 공부는습관이다
이지희 수학의강자
이진원 권현수수학학원
이혜란 마스터수학교습소
임채호 스파르타수학보람학원
장준영 백년대계입시학원
정하윤 공부방
최성실 샤워너스학원
최시안 세종 데카르트 수학학원
황성관 카이젠프리미엄 학원

◇ 울산 ◇
강규리 퍼스트클래스 수학영어 전문학원
고규라 고수학
고영준 비엠더블유수학전문학원
권상수 호크마수학전문학원
김민정 전문과외
김봉조 퍼스트클래스 수학영어 전문학원
김수영 울산학명수학학원
김영배 이영수학학원
김제득 퍼스트클래스 수학전문학원
김진희 김진수학학원
김현조 깊은생각수학학원
나순현 물푸레수학교습소
문명화 문쌤수학나무
박국진 강한수학전문학원
박민식 위더스 수학전문학원
반려진 우정 수학의달인
성수경 위룰 수학영어 전문학원
안지환 안누 수학
오종민 수학공작소학원
이윤호 호크마수학
이은수 삼산차수학학원
이한나 꿈꾸는고래학원
정경래 로고스영어수학학원
최규종 울산 뉴토모 수학전문학원
최이영 한양 수학전문학원
허다민 대치동 허쌤수학
황금주 제이티 수학전문학원

◇ 인천 ◇
강동인 전문과외
고준호 베스트교육(마전직영점)
곽나래 일등수학
권경원 강수학학원

권기우 하늘스터디수학학원
금상원 수미다
기미나 기쌤수학
기혜선 체리온탑수학영어학원
김강현 강수학전문학원
김건우 G1230 검단아라캠퍼스
김남신 클라비스학원
김도영 태풍학원
김미희 희수학
김보건 대치S클래스 학원
김보경 오아수학
김연주 하나M수학
김영훈 청라공감수학
김윤경 엠베스트SE학원
김은주 형진수학학원
김응수 메타수학학원
김 준 쭌에듀학원
김준식 동춘아카데미 동춘수학
김진완 성일학원
김현기 옵티머스프라임학원
김현우 더원스터디학원
김현호 온풀이 수학 1관 학원
김형진 형진수학학원
김혜린 밀턴수학
김혜영 김혜영 수학
김혜지 전문과외
김효선 코다수학학원
남덕우 Fun수학
노기성 노기성개인과외교습
렴영순 이텀교육학원
박동석 매쓰플랜수학학원 청라지점
박소이 다빈치창의수학교습소
박용석 절대학원
박재섭 구월SKY수학과학전문학원
박정우 청라디에이블영어수학학원
박치문 제일고등학교
박해석 효성비상영수학원
박혜용 전문과외
박효성 지코스수학학원
서대원 구름주전자
서미란 파이데이아학원
석동방 송도GLA학원
손선진 일품수학과학전문학원
송대익 청라ATOZ수학과학학원
송세진 부평페르마
신현우 다원교육
안서은 Sun매쓰
안예원 전문과외
오정민 갈루아수학학원
오지연 수학의힘 용현캠퍼스
왕건일 토모수학학원
유성규 현수학전문학원
유혜정 유쌤수학
이루다 이루다 교육학원
이민혁 혜윰학원
이애희 부평해법수학교실
이예나 E&M 아카데미
이필규 신현엠베스트SE학원
이혜경 이혜경고등수학학원

이혜선 우리공부
장태식 라이징수학학원
장혜림 와풀수학
전우진 인사이트 수학학원
정대웅 와이드수학
정진영 정선생 수학연구소
조미숙 수학의 신 학원
조민관 이앤에스 수학학원
조현숙 boo1class
차승민 황제수학학원
채선영 전문과외
최덕호 엠스퀘어수학교습소
최문경 (주)영웅아카데미
최웅철 큰샘수학학원
최은진 동춘수학
최 진 절대학원
한성윤 전문과외
한희영 더센플러스학원
허진선 수학나무
현미선 써니수학
현진명 에임학원
홍미영 연세영어수학과외
황규철 혜윰수학전문학원

◇ 전남 ◇
강선희 태강수학영어학원
김경민 한샘수학
김광현 한수위수학학원
김도형 하이수학교실
김도희 가람수학개인과외
김성문 창평고등학교
김윤선 전문과외
김은경 목포덕인고등학교
김은지 나주혁신위즈수학영어학원
김정은 바른사고력수학
박미옥 목포 폴리아학원
박유정 요리수연산&해봄학원
박진성 해남 한가람학원
배미경 창의논리upup
백지하 엠앤엠
서창현 전문과외
성준우 광양제철고등학교
유혜정 전문과외
이강화 강승학원
이미아 한다수학
임정원 순천매산고등학교
임진아 브레인 수학
전윤정 라온수학학원
정은경 목포베스트수학
정정화 올라스터디
정현옥 JK영수전문
조두희 무안 남악초등학교
조예은 스페셜 매쓰
조정인 나주엠베스트학원
주희정 주쌤의과수원
진양수 목포덕인고등학교
한용호 한샘수학
한지선 전문과외
황남일 SM 수학학원

평가원 기출의 또 다른 이름,

너기출

| For 2026 |

기하

평가원 기출부터 제대로 !

2025학년도 대학수학능력시험 수학영역은 9월 모의평가의 출제 기조와 유사하게 지나치게 어려운 문항이나 불필요한 개념으로 실수를 유발하는 문항을 배제하면서도 공통과목과 선택과목 모두 각 단원별로 난이도의 배분이 균형 있게 출제되면서 최상위권 학생부터 중하위권 학생들까지 충분히 변별할 수 있도록 출제되었습니다.

최상위권 학생을 변별하는 문항들을 살펴보면 수학I, 확률과 통계 과목에서는 추론능력, 수학II, 미적분, 기하 과목에서는 문제해결 능력을 요구하는 문항이 출제되었습니다. 문제의 출제 유형은 이전에 최고난도 문항으로 출제되었던 문항의 출제 유형과 다르지 않지만 새로운 표현으로 조건을 제시하는 문항, 다양한 상황을 고려하면서 조건을 만족시키는 상황을 찾는 과정에서 시행착오를 유발할 수 있는 문항, 두 가지 이상의 수학적 개념을 동시에 적용시켜야 해결 가능한 문항들이 출제되면서 체감 난이도를 높이는 방향으로 출제되었습니다.

수험생들에게 체감난이도가 높았던 익숙하지 않은 유형의 문항을 구체적으로 살펴보면 완전히 새로운 유형이라고 할 수는 없습니다. 기존에 출제된 유형의 문제 표현 방식, 조건 제시 방식을 적은 폭으로 변경하면서 보기에는 다른 문항처럼 보이지만, 기본개념과 원리를 이해한 학생들에게는 어렵지 않게 문제 풀이 해법을 찾아나갈 수 있는 문항으로 출제되었습니다. 이렇듯 대학수학능력시험이 생긴 이후 몇 차례 교육과정과 시험 체재가 바뀌고, 출제되는 문제의 경향성이 조금씩 변화하였지만 큰 틀에서는 여전히 유사한 형태를 유지하고 있음을 알 수 있습니다.

따라서 수능 대비를 하는 수험생이라면 기출문제를 최우선으로 공부하는 것이 가장 효율적인 방법이며, 특히 평가원이 출제한 기출문제 분석은 감히 필수라고 말할 수 있습니다. 수능 시험에 대비하여 공부하려면 그 시험의 출제자인 평가원의 생각을 읽어야 하기 때문입니다. 평가원이 제시하는 학습 방향을 해석해야 한다는 것이지요. 이에 평가원 기출문제가 어떻게 진화되어 왔는지 분석하고 완벽하게 체화하는 과정이 선행되어야 합니다. 즉,

평가원 기출문제로 기출 학습의 중심을 잡은 후 수능 대비의 방향성을 찾아야 하는 것입니다.

지금까지 늘 그래왔던 것처럼 이투스북에서는 매년 수능, 평가원 기출문제를 교육과정에 근거하여 풀어보면서 면밀히 검토하고 심층 논의하여, 수험생들의 기출 분석에 도움을 주는 "너기출"을 출시하고자 노력하고 있습니다. '평가원 코드'를 담아낸 〈너기출 For 2026〉로 평가원 기출부터 제대로 공부할 수 있도록 도와드리겠습니다.

2005학년도~2025학년도 평가원 주관 수능 및 모의평가 기출(일부 단원 1994~) 전체 문항 中
2015 교육과정에 부합하고 최근 수능 경향에 맞는 문항을 빠짐없이 수록

일부 문항의 경우 2015 교육과정에 맞게 용어 및 표현 수정 / 변형 문항 수록

CONTENTS

※ 수능 공통과목은 별도 판매합니다.

너기출 기하 이렇게 개발하였습니다

1 《수학 I》 B 삼각함수 단원과의 연계성

《수학 I》의 내용을 배우지 않아도 《기하》를 학습할 수 있는 것이 원칙이나, 수능 공통과목인 《수학 I》은 수능을 치루는 학생 모두 반드시 배우는 내용이며 《기하》를 학습하는데 있어 편리한 점이 많으므로 너기출에서는 《수학 I》의 B 삼각함수 단원에서 다루는 호도법, 삼각함수의 성질, 삼각함수 사이의 관계만큼은 안다는 전제 하에 설명하였습니다.

1 평가원 기출 중 2015 개정 교육과정에 부합하고 최근 수능 경향에 맞는 문항을 빠짐없이 수록하였습니다. 이 책에 없는 평가원 기출은 풀지 않아도 됩니다.

2005학년도~2025학년도 평가원 수능 및 모의고사 기출 전체 문항 중 **교육과정에 부합하며 최근 수능 경향에 맞는 문항을 빠짐없이** 담았고, 부합하지 않는 문항은 과감히 수록하지 않았습니다. 일부 단원의 경우 최근 10여 년간 출제된 문항 중 2015 개정 교육과정에 부합하는 것이 적었기 때문에, 전체적인 학습 밸런스를 위하여 1994학년도~2004학년도 평가원 수능 및 모의평가 기출문항을 선별하여 수록하였습니다. 2015 개정 교육과정에서 사용하는 용어 및 기호뿐만 아니라 수학적 논리 전개 과정에서 달라지는 부분을 엄밀히 분석하여 '변형' 문항을 수록하였습니다.

2 수능형 개념의 핵심 정리를 너기출 개념코드(너코)로 담아내고 너코 번호를 문제, 해설에 모두 연결하여 평가원 코드에 최적화된 학습을 할 수 있도록 구성하였습니다.

수능에서 출제될 때 어떻게 심화되고 통합되는지를 분석하여 수능형 개념 정리를 너기출 수능 개념코드(너코)로 담아냈습니다. 평가원 기출문제에서 자주 활용되는 개념들을 좀 더 자세하게 설명하고, 거의 출제되지 않는 부분은 가볍게 정리하여 학생들이 수능에 꼭 맞춘 개념 학습을 할 수 있게 하였습니다. 또한 내용마다 너코 번호를 부여하고 이 너코 번호를 해당 개념이 사용되는 문제와 해설에 모두 연결하여, 문제풀이와 개념을 유기적으로 학습할 수 있도록 하였습니다.

3 단원별, 유형별 세분화한 문항 배열과 친절하고 자세한 풀이로 처음 기출문제를 공부하는 학생들에게 편리하게 구성하였습니다.

2015 개정 교육과정의 단원 구성에 맞추어 기출학습에 최적화된 유형으로 분류하고, 각 유형 내에서는 난이도 순·출제년도 순으로 문항을 배열하였습니다. 쉬운 문제부터 어려운 문제까지 차근차근 풀어가면서 시간의 흐름에 따라 평가원 기출문제가 어떻게 진화했는지도 함께 학습할 수 있게 하였습니다. 고난이도 문항의 경우 문제의 실마리인 Hidden Point 를 제공하여 포기하지 않고 접근해볼 수 있도록 하였습니다.

4 혼자 기출 학습을 하는 학생들도 쉽게 이해할 수 있도록 친절하고 자세한 풀이를 제공하였습니다.

딱딱하거나 불친절한 해설이 아닌 학생들이 자학으로 공부할 때도 불편함이 없도록 자세하면서 친절한 풀이를 제공하였습니다. 여러 가지 풀이로 다양한 접근법을 제시하였고, 엄밀하고 까다로운 내용도 생략없이 설명하여 이해를 돕고자 했습니다. 학생들이 어려워하는 몇몇 문제의 경우 풀이 전체 과정을 간단히 도식화하여 알기 쉽게 하였고, 이러닝에서 질문이 많았던 부분에 대하여 문답 형식의 설명을 제공하였습니다.

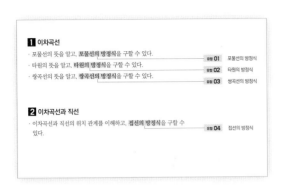

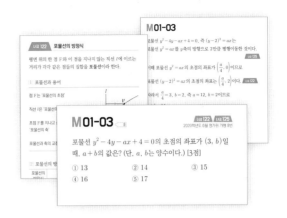

◎ 개정 교육과정의 포인트

해당 단원의 2015 개정 교육과정 원문과 함께 각 유형이 어떻게 연결되는지 보여주었습니다. 교육과정 상의 용어와 기호를 정확히 사용하였고, 교수·학습상의 유의점을 깊이 있게 분석하여 부합한 문항을 빠짐없이 담았습니다.

◎ 너기출 개념 코드를 활용한 개념, 문제, 해설의 유기적 학습

평가원 기출문항의 핵심 개념을 담아낸 너기출 개념코드(너코)를 제공하고 너코 번호를 문제와 해설에 모두 연결하여 실제 수능 및 평가원 기출문항에서 어떻게 적용되는지 통합적으로 학습하도록 하였습니다.

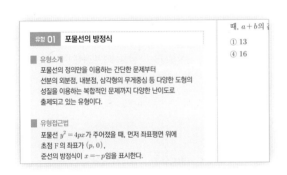

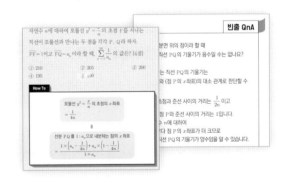

◎ 유형별 기출문제

기출문항의 핵심 개념에 따른 내용을 세분화하여 모든 문제들을 유형별로 정리하였습니다. 어떤 문항을 분류하였는지, 해당 유형에서 어떤 점을 유의해야 할지 아울러 볼 수 있도록 유형 소개를 적었습니다. 각 유형 안에서는 난이도 순·출제년도 순으로 문항을 정렬하여 학습이 용이하도록 하였습니다.

◎ 정답과 풀이

각 문항을 독립적으로 이해할 수 있도록 친절하고 자세하게 작성하였고, 피상적인 문구의 나열이 아닌 각 유형별로 핵심적이고 실전적인 접근법을 서술하였습니다. 여러 가지 풀이가 있는 경우 풀이 2 , 풀이 3 으로, 풀이가 길고 복잡한 경우 풀이 과정을 간단히 도식화한 How To 로, 이러닝에서 학생들이 자주 질문하는 내용에 대한 답을 빈출 QnA 로 제공하여 풍부한 해설을 담았습니다.

M 이차곡선

1 이차곡선

· 포물선의 뜻을 알고, **포물선의 방정식**을 구할 수 있다.

· 타원의 뜻을 알고, **타원의 방정식**을 구할 수 있다.

· 쌍곡선의 뜻을 알고, **쌍곡선의 방정식**을 구할 수 있다.

2 이차곡선과 직선

· 이차곡선과 직선의 위치 관계를 이해하고, **접선의 방정식**을 구할 수 있다.

· 이차곡선, 포물선(축, 꼭짓점, 초점, 준선), 타원(초점, 꼭짓점, 중심, 장축, 단축), 쌍곡선(초점, 꼭짓점, 중심, 주축, 점근선)

· 이차곡선은 원뿔을 절단해서 얻을 수 있는 곡선임을 이해하고, 이를 통해 기하적 대상을 대수적으로 다룰 수 있음을 인식하게
  한다.
· 이차곡선과 그 접선이 실생활에 활용되는 다양한 예를 제시함으로써 그 유용성과 가치를 인식하게 한다.
· 이차곡선의 접선을 구할 때는 판별식을 이용하고, 〈미적분〉을 이수한 학생들에게는 음함수의 미분법을 이용하여 설명할 수
  있다.
· 이심률을 이용한 정의는 다루지 않는다.
· 이차곡선은 축이 x축, y축에 평행한 것만 다룬다.

1 이차곡선

너코 122 포물선의 방정식

평면 위의 한 점 F와 이 점을 지나지 않는 직선 l에 이르는
거리가 각각 같은 점들의 집합을 **포물선**이라 한다.

1️⃣ 포물선과 용어

점 F는 '포물선의 초점'

직선 l은 '포물선의 준선'

초점 F를 지나고 준선 l에 수직인 직선은
'포물선의 축'

포물선과 축의 교점은 '포물선의 꼭짓점'

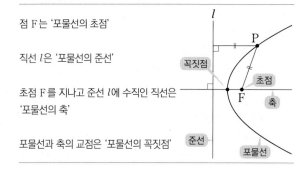

2️⃣ 포물선의 방정식

포물선의 방정식	$y^2 = 4px$	$x^2 = 4py$
그래프	$p>0$, $p<0$	$p>0$, $p<0$
초점	$F(p, 0)$	$F(0, p)$
준선	$x = -p$	$y = -p$
축	$y = 0 \ (x축)$	$x = 0 \ (y축)$
꼭짓점	$(0, 0)$	$(0, 0)$

**초점이 F인 포물선 $y^2 = 4px \ (p>0)$ 위의 점 A에서 준선
l에 수선의 발 H를 내리면 포물선의 정의에 의하여**

$$\overline{AH} = \overline{AF}$$

이므로

$$(점 \ A의 \ x좌표) = \overline{AF} - p$$

임을 알 수 있다.

예를 들어
초점이 F인 포물선 $y^2 = 4x$ 위의 점 A에 대하여 $\overline{AF} = 3$일 때,
점 A의 x좌표 α는 다음과 같이 구한다.

[1단계] 준선의 방정식 $x = -1$을 구한다.
[2단계] 점 A에서 준선 $x = -1$에
　　　　내린 수선의 발을 H라 한다.
[3단계] 포물선의 정의에 의하여
　　　　$\overline{AH} = \overline{AF}$, 즉 $\alpha + 1 = 3$이므로
　　　　$\alpha = 3 - 1 = 2$이다.

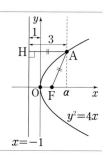

너코 123 타원의 방정식

평면 위의 서로 다른 두 점 F, F'으로부터의 거리의 합이
일정한 점들의 집합을 **타원**이라 한다.

1️⃣ 타원과 용어

두 점 F, F'은 '타원의 초점'

직선 FF'과 타원의 두 교점 A, A' 및
선분 FF'의 수직이등분선과 타원의 두 교점 B, B'은 '타원의 꼭짓점'

선분 AA'은 '타원의 장축'
선분 BB'은 '타원의 단축'

장축과 단축의 교점은 '타원의 중심'

이때 타원은 장축, 단축 및 중심에 대하여 각각 대칭이다.

2️⃣ 타원의 방정식

타원의 방정식	$\dfrac{x^2}{a^2} + \dfrac{y^2}{b^2} = 1$ (단, $a>b>0$)	$\dfrac{x^2}{a^2} + \dfrac{y^2}{b^2} = 1$ (단, $b>a>0$)
그래프		
초점	$F(c, 0)$, $F'(-c, 0)$ (단, $c = \sqrt{a^2 - b^2}$)	$F(0, c)$, $F'(0, -c)$ (단, $c = \sqrt{b^2 - a^2}$)
꼭짓점	$(a, 0)$, $(-a, 0)$, $(0, b)$, $(0, -b)$	$(a, 0)$, $(-a, 0)$, $(0, b)$, $(0, -b)$
장축의 길이	$2a$	$2b$
단축의 길이	$2b$	$2a$
중심	$(0, 0)$	$(0, 0)$

두 초점이 F, F'인 타원 위의 점 A에 대해
타원의 정의에 의하여

$$\overline{AF} + \overline{AF'} = (장축의\ 길이)$$

이므로 이를 이용하면 문제를 해결할 수 있다.

예를 들어

초점이 F, F'인 타원 $\dfrac{x^2}{15} + \dfrac{y^2}{25} = 1$ 위의 점 A에 대하여
$\overline{AF} = 4$일 때, $\overline{AF'}$의 길이는 다음과 같이 구한다.

[1단계] 장축의 길이 $2 \times 5 = 10$을 구한다.

[2단계] 타원의 정의에 의하여

$\overline{AF} + \overline{AF'} = 10$,

즉 $4 + \overline{AF'} = 10$이므로

$\overline{AF'} = 6$이다.

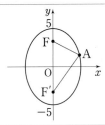

너코 124 **쌍곡선의 방정식**

평면 위의 서로 다른 두 점 F, F'으로부터의 거리의 차가
일정한 점들의 집합을 **쌍곡선**이라 한다.

① 쌍곡선과 용어

두 점 F, F'은 '쌍곡선의 초점'

직선 FF'과 쌍곡선의 두 교점 A, A'은 '쌍곡선의 꼭짓점'

선분 AA'은 '쌍곡선의 주축'

선분 AA'의 중점은 '쌍곡선의 중심'

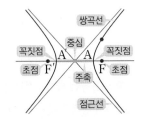

쌍곡선이 한없이 가까워지는 직선은
'쌍곡선의 점근선'

이때 쌍곡선은 주축의 연장선, 주축의 수직이등분선 및
중심에 대하여 각각 대칭이다.

② 쌍곡선의 방정식

쌍곡선의 방정식	$\dfrac{x^2}{a^2} - \dfrac{y^2}{b^2} = 1$ (단, $a > 0$, $b > 0$)	$\dfrac{x^2}{a^2} - \dfrac{y^2}{b^2} = -1$ (단, $a > 0$, $b > 0$)
그래프		
초점	$F(c, 0)$, $F'(-c, 0)$ (단, $c = \sqrt{a^2 + b^2}$)	$F(0, c)$, $F'(0, -c)$ (단, $c = \sqrt{a^2 + b^2}$)
꼭짓점	$(a, 0)$, $(-a, 0)$	$(0, b)$, $(0, -b)$
주축의 길이	$2a$	$2b$
중심	$(0, 0)$	$(0, 0)$
점근선	$y = \dfrac{b}{a}x$, $y = -\dfrac{b}{a}x$	$y = \dfrac{b}{a}x$, $y = -\dfrac{b}{a}x$

두 초점이 F, F'인 쌍곡선 위의 점 A에 대해
쌍곡선의 정의에 의하여

$$\left| \overline{AF} - \overline{AF'} \right| = (주축의\ 길이)$$

이므로 이를 이용하면 문제를 해결할 수 있다.

예를 들어

초점이 F, F'인 쌍곡선 $ax^2 - \dfrac{y^2}{3} = 1$ 위의 점 A에 대하여
$\overline{AF} - \overline{AF'} = 6$일 때, 양수 a의 값은 다음과 같이 구한다.

[1단계] 주축의 길이 $\dfrac{2}{\sqrt{a}}$를 구한다.

[2단계] 쌍곡선의 정의에 의하여

$\overline{AF} - \overline{AF'} = \dfrac{2}{\sqrt{a}}$,

즉 $6 = \dfrac{2}{\sqrt{a}}$이므로 $a = \dfrac{1}{9}$이다.

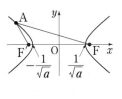

너코 125 이차곡선의 평행이동

포물선	$y^2 = 4px$	$x^2 = 4py$
	x 축의 방향으로 m 만큼 → 평행이동	y 축의 방향으로 n 만큼
방정식	$(y-n)^2 = 4p(x-m)$	$(x-m)^2 = 4p(y-n)$
초점	$(p+m, n)$	$(m, p+n)$
준선	$x = -p+m$	$y = -p+n$
축	$y = n$	$x = m$
꼭짓점	(m, n)	(m, n)

타원	$\dfrac{x^2}{a^2} + \dfrac{y^2}{b^2} = 1$ (단, $a > b > 0$이고 $c = \sqrt{a^2 - b^2}$)	$\dfrac{x^2}{a^2} + \dfrac{y^2}{b^2} = 1$ (단, $b > a > 0$이고 $c = \sqrt{b^2 - a^2}$)
	x 축의 방향으로 m 만큼 → 평행이동	y 축의 방향으로 n 만큼
방정식	$\dfrac{(x-m)^2}{a^2} + \dfrac{(y-n)^2}{b^2} = 1$	$\dfrac{(x-m)^2}{a^2} + \dfrac{(y-n)^2}{b^2} = 1$
초점	$(c+m, n), (-c+m, n)$	$(m, c+n), (m, -c+n)$
장축의 길이	$2a$	$2b$
단축의 길이	$2b$	$2a$
중심	(m, n)	(m, n)

쌍곡선	$\dfrac{x^2}{a^2} - \dfrac{y^2}{b^2} = 1$ (단, $a > 0, b > 0$이고 $c = \sqrt{a^2 + b^2}$)	$\dfrac{x^2}{a^2} - \dfrac{y^2}{b^2} = -1$ (단, $a > 0, b > 0$이고 $c = \sqrt{a^2 + b^2}$)
	x 축의 방향으로 m 만큼 → 평행이동	y 축의 방향으로 n 만큼
방정식	$\dfrac{(x-m)^2}{a^2} - \dfrac{(y-n)^2}{b^2} = 1$	$\dfrac{(x-m)^2}{a^2} - \dfrac{(y-n)^2}{b^2} = -1$
초점	$(c+m, n), (-c+m, n)$	$(m, c+n), (m, -c+n)$
주축의 길이	$2a$	$2b$
중심	(m, n)	(m, n)
점근선	$y = \dfrac{b}{a}(x-m)+n,$ $y = -\dfrac{b}{a}(x-m)+n$	$y = \dfrac{b}{a}(x-m)+n,$ $y = -\dfrac{b}{a}(x-m)+n$

2 이차곡선과 직선

너코 126 포물선과 직선

포물선 $y^2 = 4px$와 직선 $y = mx + n \, (m \neq 0)$에 대하여 x에 대한 이차방정식 $(mx+n)^2 = 4px$의 판별식을 D라 할 때, 포물선과 직선의 위치 관계는 다음과 같다.

$D > 0 \Leftrightarrow$ 서로 다른 두 점에서 만난다.

$D = 0 \Leftrightarrow$ 한 점에서 만난다. (접한다.)

$D < 0 \Leftrightarrow$ 만나지 않는다.

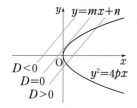

① 접선의 방정식 - 접선의 기울기가 주어질 때

포물선 $y^2 = 4px$에 접하고 기울기가 $m \, (m \neq 0)$인 접선의 방정식은

$$y = mx + \frac{p}{m}$$

② 접점의 좌표가 주어질 때

포물선 $y^2 = 4px$ 위의 점 (x_1, y_1)에서의 접선의 방정식은

$$y_1 y = 2p(x + x_1)$$

이때 접선은 두 점 $(-x_1, 0)$, $\left(0, \dfrac{y_1}{2}\right)$을 지난다.

특히 접점의 x좌표와 접선의 x절편은 절댓값이 같고 부호가 반대라는 것을 이용하면 문제를 빠르게 해결할 수 있다.

③ 포물선 밖의 한 점의 좌표가 주어질 때

예를 들어 점 $(-2, 0)$에서 포물선 $y^2 = 4x$에 그은 접선의 방정식을 구하면 다음과 같다.

①을 이용하는 방법 : 접선의 기울기를 m이라 둔다.

접선 $y = mx + \dfrac{1}{m}$이 점 $(-2, 0)$을 지나야 하므로

$0 = -2m + \dfrac{1}{m}$을 통해 m의 값을 구한다.

②를 이용하는 방법 : 접점의 좌표를 (x_1, y_1)이라 둔다.

포물선의 방정식 $y^2 = 4x$에 $x = x_1$, $y = y_1$을 대입한 식과 접선의 방정식 $y_1 y = 2(x + x_1)$에 $x = -2$, $y = 0$을 대입한 식을 연립하여 x_1, y_1의 값을 구한다.

단, 이와 같이 x절편이 주어진 경우
(접점의 x좌표)=−(x절편)=2이므로
점 $(2, 2\sqrt{2})$ 또는 점 $(2, -2\sqrt{2})$에서의 접선의 방정식을
구하면 계산 과정을 줄일 수 있다.

너코 127 **타원과 직선**

타원 $\dfrac{x^2}{a^2}+\dfrac{y^2}{b^2}=1$과 직선 $y=mx+n$에 대하여

x에 대한 이차방정식 $\dfrac{x^2}{a^2}+\dfrac{(mx+n)^2}{b^2}=1$의 판별식을

D라 할 때, 타원과 직선의 위치 관계는 다음과 같다.

$D>0 \Leftrightarrow$ 서로 다른 두 점에서 만난다.

$D=0 \Leftrightarrow$ 한 점에서 만난다. (접한다.)

$D<0 \Leftrightarrow$ 만나지 않는다.

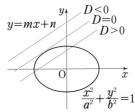

① 접선의 방정식 - 접선의 기울기가 주어질 때

타원 $\dfrac{x^2}{a^2}+\dfrac{y^2}{b^2}=1$에 접하고 기울기가 $m\,(m\neq 0)$인

접선의 방정식은

$$y=mx \pm \sqrt{a^2m^2+b^2}$$

② 접점의 좌표가 주어질 때

타원 $\dfrac{x^2}{a^2}+\dfrac{y^2}{b^2}=1$ 위의 점 (x_1, y_1)에서의 접선의 방정식은

$$\frac{x_1 x}{a^2}+\frac{y_1 y}{b^2}=1$$

③ 타원 밖의 한 점의 좌표가 주어질 때
포물선에서와 같이 위의 ① 또는 ②를 이용한다.
①을 이용하는 방법 : 접선의 기울기를 m이라 둔다.
②를 이용하는 방법 : 접점의 좌표를 (x_1, y_1)이라 둔다.

너코 128 **쌍곡선과 직선**

쌍곡선 $\dfrac{x^2}{a^2}-\dfrac{y^2}{b^2}=1$과 직선 $y=mx+n$에 대하여

x에 대한 이차방정식 $\dfrac{x^2}{a^2}-\dfrac{(mx+n)^2}{b^2}=1$의 판별식을

D라 할 때, 쌍곡선과 직선의 위치 관계는 다음과 같다.
$$(\text{단, } a^2m^2-b^2\neq 0)$$

$D>0 \Leftrightarrow$ 서로 다른 두 점에서 만난다.

$D=0 \Leftrightarrow$ 한 점에서 만난다. (접한다.)

$D<0 \Leftrightarrow$ 만나지 않는다.

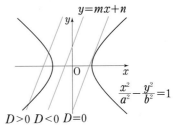

① 접선의 방정식 - 접선의 기울기가 주어질 때

쌍곡선 $\dfrac{x^2}{a^2}-\dfrac{y^2}{b^2}=1$에 접하고 기울기가 $m\,(m\neq 0)$인

접선의 방정식은

$$y=mx \pm \sqrt{a^2m^2-b^2} \quad (\text{단, } a^2m^2-b^2 > 0)$$

기울기가 $\pm\dfrac{b}{a}$인 직선은 점근선과 일치하거나 평행하므로

이 직선은 쌍곡선과 만나지 않거나 한 점에서 만난다.
$$(\text{단, 접하지는 않는다.})$$

② 접점의 좌표가 주어질 때

쌍곡선 $\dfrac{x^2}{a^2}-\dfrac{y^2}{b^2}=1$ 위의 점 (x_1, y_1)에서의 접선의

방정식은

$$\frac{x_1 x}{a^2}-\frac{y_1 y}{b^2}=1$$

③ 쌍곡선 밖의 한 점의 좌표가 주어질 때
포물선에서와 같이 위의 ① 또는 ②를 이용한다.
①을 이용하는 방법 : 접선의 기울기를 m이라 둔다.
②를 이용하는 방법 : 접점의 좌표를 (x_1, y_1)이라 둔다.

1 이차곡선

유형 01 포물선의 방정식

■ **유형소개**

포물선의 정의만을 이용하는 간단한 문제부터
선분의 외분점, 내분점, 삼각형의 무게중심 등 다양한 도형의
성질을 이용하는 복합적인 문제까지 다양한 난이도로
출제되고 있는 유형이다.

■ **유형접근법**

포물선 $y^2 = 4px$가 주어졌을 때, 먼저 좌표평면 위에
초점 F의 좌표가 $(p, 0)$,
준선의 방정식이 $x = -p$임을 표시한다.
이후 포물선 위의 점 A에서 준선 l에 수선의 발 H를 내리고,
포물선의 정의에 의하여 $\overline{AF} = \overline{AH}$임을 이용한다.

M01-01

너코 122
2019학년도 9월 평가원 가형 5번

초점이 F인 포물선 $y^2 = 8x$ 위의 점 $P(a, b)$에 대하여
$\overline{PF} = 4$일 때, $a + b$의 값은? (단, $b > 0$) [3점]

① 3   ② 4   ③ 5

④ 6   ⑤ 7

M01-02

너코 122
2019학년도 수능 가형 6번

초점이 F인 포물선 $y^2 = 12x$ 위의 점 P에 대하여
$\overline{PF} = 9$일 때, 점 P의 x좌표는? [3점]

① 6   ② $\dfrac{13}{2}$ ③ 7

④ $\dfrac{15}{2}$ ⑤ 8

M01-03

너코 122   너코 125
2020학년도 6월 평가원 가형 8번

포물선 $y^2 - 4y - ax + 4 = 0$의 초점의 좌표가 $(3, b)$일
때, $a + b$의 값은? (단, a, b는 양수이다.) [3점]

① 13   ② 14   ③ 15

④ 16   ⑤ 17

M01-04

너코 122
2023학년도 수능 (기하) 24번

초점이 F$\left(\dfrac{1}{3}, 0\right)$이고 준선이 $x = -\dfrac{1}{3}$인 포물선이 점
$(a, 2)$를 지날 때, a의 값은? [3점]

① 1   ② 2   ③ 3

④ 4   ⑤ 5

M01-05

너코 122   너코 125
2024학년도 6월 평가원 (기하) 23번

포물선 $y^2 = -12(x - 1)$의 준선을 $x = k$라 할 때, 상수
k의 값은? [2점]

① 4   ② 7   ③ 10

④ 13   ⑤ 16

M01-06

U크 122 U크 125
2025학년도 수능 (기하) 24번

꼭짓점의 좌표가 $(1, 0)$이고, 준선이 $x = -1$인 포물선이
점 $(3, a)$를 지날 때, 양수 a의 값은? [3점]

① 1   ② 2   ③ 3

④ 4   ⑤ 5

M01-07

U크 122
2007학년도 수능 가형 5번

초점이 F인 포물선 $y^2 = x$ 위에 $\overline{\mathrm{FP}} = 4$인 점 P가 있다.
그림과 같이 선분 FP의 연장선 위에 $\overline{\mathrm{FP}} = \overline{\mathrm{PQ}}$가 되도록
점 Q를 잡을 때, 점 Q의 x좌표는? [3점]

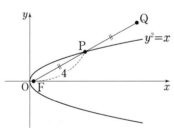

① $\dfrac{29}{4}$ ② 7   ③ $\dfrac{27}{4}$

④ $\dfrac{13}{2}$ ⑤ $\dfrac{25}{4}$

M01-08

U크 005 U크 011 U크 122
2008학년도 수능 가형 5번

로그함수 $y = \log_2(x + a) + b$의 그래프가 포물선
$y^2 = x$의 초점을 지나고, 이 로그함수의 그래프의 점근선이
포물선 $y^2 = x$의 준선과 일치할 때, 두 상수 a, b의 합
$a + b$의 값은? [3점]

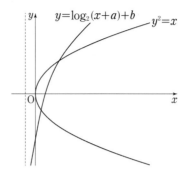

① $\dfrac{5}{4}$ ② $\dfrac{13}{8}$ ③ $\dfrac{9}{4}$

④ $\dfrac{21}{8}$ ⑤ $\dfrac{11}{4}$

M01-09

U크 122
2014학년도 5월 예비시행 B형 27번

포물선 $y^2 = 4px$ $(p > 0)$의 초점을 F, 포물선의 준선이
x축과 만나는 점을 A라 하자. 포물선 위의 점 B에 대하여
$\overline{\mathrm{AB}} = 7$이고 $\overline{\mathrm{BF}} = 5$가 되도록 하는 p의 값이 a 또는
b일 때, $a^2 + b^2$의 값을 구하시오. (단, $a \neq b$이다.) [4점]

M 01-10

그림과 같이 포물선 $y^2 = 12x$의 초점 F를 지나는 직선과 포물선이 만나는 두 점 A, B에서 준선 l에 내린 수선의 발을 각각 C, D라 하자. $\overline{AC} = 4$일 때, 선분 BD의 길이는? [3점]

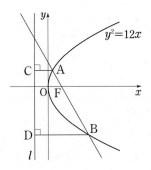

① 12   ② $\dfrac{25}{2}$ ③ 13

④ $\dfrac{27}{2}$ ⑤ 14

M 01-11

좌표평면에서 초점이 F인 포물선 $x^2 = 4y$ 위의 점 A가 $\overline{AF} = 10$을 만족시킨다. 점 B$(0, -1)$에 대하여 $\overline{AB} = a$일 때, a^2의 값을 구하시오. [3점]

M 01-12

초점이 F인 포물선 $y^2 = 4x$ 위에 서로 다른 두 점 A, B가 있다. 두 점 A, B의 x좌표는 1보다 큰 자연수이고 삼각형 AFB의 무게중심의 x좌표가 6일 때, $\overline{AF} \times \overline{BF}$의 최댓값을 구하시오. [4점]

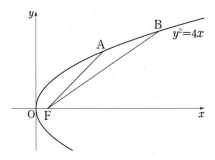

M01-13

초점이 F인 포물선 $y^2 = 4px$ 위의 한 점 A에서 포물선의 준선에 내린 수선의 발을 B라 하고, 선분 BF와 포물선이 만나는 점을 C라 하자. $\overline{AB} = \overline{BF}$이고 $\overline{BC} + 3\overline{CF} = 6$일 때, 양수 p의 값은? [3점]

① $\dfrac{7}{8}$ ② $\dfrac{8}{9}$ ③ $\dfrac{9}{10}$

④ $\dfrac{10}{11}$ ⑤ $\dfrac{11}{12}$

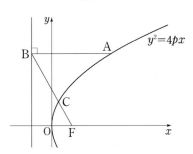

M01-14

실수 p $(p \geq 1)$과 함수 $f(x) = (x + a)^2$에 대하여 두 포물선

$$C_1 : y^2 = 4x, \quad C_2 : (y - 3)^2 = 4p\{x - f(p)\}$$

가 제1사분면에서 만나는 점을 A라 하자. 두 포물선 C_1, C_2의 초점을 각각 F_1, F_2라 할 때, $\overline{AF_1} = \overline{AF_2}$를 만족시키는 p가 오직 하나가 되도록 하는 상수 a의 값은?

[4점]

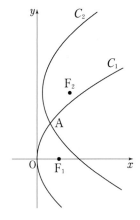

① $-\dfrac{3}{4}$ ② $-\dfrac{5}{8}$ ③ $-\dfrac{1}{2}$

④ $-\dfrac{3}{8}$ ⑤ $-\dfrac{1}{4}$

M01-15

양수 p에 대하여 좌표평면 위에 초점이 F인 포물선 $y^2 = 4px$가 있다. 이 포물선이 세 직선 $x = p$, $x = 2p$, $x = 3p$와 만나는 제1사분면 위의 점을 각각 P_1, P_2, P_3이라 하자. $\overline{FP_1} + \overline{FP_2} + \overline{FP_3} = 27$일 때, p의 값은? [3점]

① 2　　　　② $\dfrac{5}{2}$　　　　③ 3

④ $\dfrac{7}{2}$　　　　⑤ 4

M01-16

초점이 F인 포물선 $y^2 = 8x$ 위의 한 점 A에서 포물선의 준선에 내린 수선의 발을 B라 하고, 직선 BF와 포물선이 만나는 두 점을 각각 C, D라 하자. $\overline{BC} = \overline{CD}$일 때, 삼각형 ABD의 넓이는?

(단, $\overline{CF} < \overline{DF}$이고, 점 A는 원점이 아니다.) [3점]

① $100\sqrt{2}$　　　　② $104\sqrt{2}$　　　　③ $108\sqrt{2}$
④ $112\sqrt{2}$　　　　⑤ $116\sqrt{2}$

그림과 같이 좌표평면에서 x축 위의 두 점 A, B에 대하여 꼭짓점이 A인 포물선 p_1과 꼭짓점이 B인 포물선 p_2가 다음 조건을 만족시킨다. 이때 삼각형 ABC의 넓이는? [4점]

(가) p_1의 초점은 B이고, p_2의 초점은 원점 O이다.

(나) p_1과 p_2는 y축 위의 두 점 C, D에서 만난다.

(다) $\overline{AB} = 2$

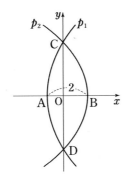

① $4(\sqrt{2}-1)$ ② $3(\sqrt{3}-1)$
③ $2(\sqrt{5}-1)$ ④ $\sqrt{3}+1$
⑤ $\sqrt{5}+1$

그림과 같이 한 변의 길이가 $2\sqrt{3}$인 정삼각형 OAB의 무게중심 G가 x축 위에 있다. 꼭짓점이 O이고 초점이 G인 포물선과 직선 GB가 제1사분면에서 만나는 점을 P라 할 때, 선분 GP의 길이를 구하시오.

(단, O는 원점이다.) [4점]

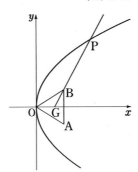

포물선 $y^2 = 4x$의 초점을 F, 준선이 x축과 만나는 점을 P, 점 P를 지나고 기울기가 양수인 직선 l이 포물선과 만나는 두 점을 각각 A, B라 하자. $\overline{FA} : \overline{FB} = 1 : 2$일 때, 직선 l의 기울기는? [4점]

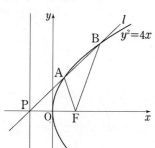

① $\dfrac{2\sqrt{6}}{7}$　　② $\dfrac{\sqrt{5}}{3}$　　③ $\dfrac{4}{5}$

④ $\dfrac{\sqrt{3}}{2}$　　⑤ $\dfrac{2\sqrt{2}}{3}$

그림과 같이 좌표평면에서 꼭짓점이 원점 O이고 초점이 F인 포물선과 점 F를 지나고 기울기가 1인 직선이 만나는 두 점을 각각 A, B라 하자. 선분 AF를 대각선으로 하는 정사각형의 한 변의 길이가 2일 때, 선분 AB의 길이는 $a + b\sqrt{2}$이다. $a^2 + b^2$의 값을 구하시오.

(단, a, b는 정수이다.) [4점]

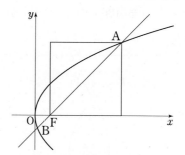

M01-19 두 점 A, B에서 준선에 내린 수선의 발을 각각 A′, B′이라 할 때 직각삼각형 PA′A, PB′B의 닮음비가 1 : 2임을 이용하여 접근해보자.

자연수 n에 대하여 포물선 $y^2 = \dfrac{x}{n}$의 초점 F를 지나는
직선이 포물선과 만나는 두 점을 각각 P, Q라 하자.

$\overline{PF} = 1$이고 $\overline{FQ} = a_n$이라 할 때, $\displaystyle\sum_{n=1}^{10} \dfrac{1}{a_n}$의 값은? [4점]

① 210   ② 205   ③ 200

④ 195   ⑤ 190

좌표평면에서 포물선 $C_1 : x^2 = 4y$의 초점을 F_1, 포물선
$C_2 : y^2 = 8x$의 초점을 F_2라 하자. 점 P는 다음 조건을
만족시킨다.

> (가) 중심이 C_1 위에 있고 점 F_1을 지나는 원과 중심이
> C_2 위에 있고 점 F_2를 지나는 원의 교점이다.
> (나) 제3사분면에 있는 점이다.

원점 O에 대하여 $\overline{OP}^2$의 최댓값을 구하시오. [4점]

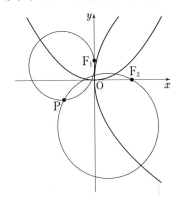

Hidden Point

M01-22 포물선 C_1 위를 움직이는 점을 A라 하면
중심이 C_1 위에 있고 점 F_1을 지나는 원의 반지름의 길이는
$\overline{AF_1}$=(점 A와 준선 사이의 거리)이다.
따라서 중심이 C_1 위에 있고 점 F_1을 지나는 원은 항상 준선에 접한다는
것을 알 수 있다.

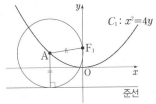

중심이 C_2 위에 있고 점 F_2를 지나는 원도 마찬가지 방법으로 해석하여
접근해보자.

M
이차곡선

M 01-23 ▪▪▪

그림과 같이 꼭짓점이 원점 O 이고 초점이 $F(p, 0)$ $(p > 0)$ 인 포물선이 있다. 포물선 위의 점 P, x축 위의 점 Q, 직선 $x = p$ 위의 점 R에 대하여 삼각형 PQR는 정삼각형이고 직선 PR는 x축과 평행하다. 직선 PQ가 점 $S(-p, \sqrt{21})$을 지날 때, $\overline{QF} = \dfrac{a + b\sqrt{7}}{6}$ 이다. $a + b$의 값을 구하시오. (단, a와 b는 정수이고, 점 P는 제1사분면 위의 점이다.) [4점]

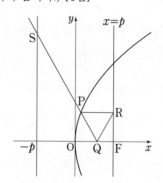

M 01-24 ▪▪▪

포물선 $y^2 = 8x$와 직선 $y = 2x - 4$가 만나는 점 중 제1사분면 위에 있는 점을 A라 하자. 양수 a에 대하여 포물선 $(y - 2a)^2 = 8(x - a)$가 점 A를 지날 때, 직선 $y = 2x - 4$와 포물선 $(y - 2a)^2 = 8(x - a)$가 만나는 점 중 A가 아닌 점을 B라 하자. 두 점 A, B에서 직선 $x = -2$에 내린 수선의 발을 각각 C, D라 할 때, $\overline{AC} + \overline{BD} - \overline{AB} = k$이다. k^2의 값을 구하시오. [4점]

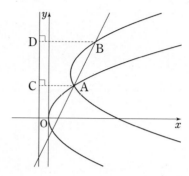

두 양수 a, p에 대하여 포물선 $(y-a)^2 = 4px$의 초점을 F_1이라 하고, 포물선 $y^2 = -4x$의 초점을 F_2라 하자. 선분 F_1F_2가 두 포물선과 만나는 점을 각각 P, Q라 할 때, $\overline{F_1F_2} = 3$, $\overline{PQ} = 1$이다. $a^2 + p^2$의 값은? [4점]

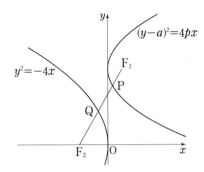

① 6

② $\dfrac{25}{4}$

③ $\dfrac{13}{2}$

④ $\dfrac{27}{4}$

⑤ 7

초점이 F인 포물선 $y^2 = 8x$ 위의 점 중 제1사분면에 있는 점 P를 지나고 x축과 평행한 직선이 포물선 $y^2 = 8x$의 준선과 만나는 점을 F′이라 하자. 점 F′을 초점, 점 P를 꼭짓점으로 하는 포물선이 포물선 $y^2 = 8x$와 만나는 점 중 P가 아닌 점을 Q라 하자. 사각형 PF′QF의 둘레의 길이가 12일 때, 삼각형 PF′Q의 넓이는 $\dfrac{q}{p}\sqrt{2}$ 이다. $p+q$의 값을 구하시오. (단, 점 P의 x좌표는 2보다 작고, p와 q는 서로소인 자연수이다.) [4점]

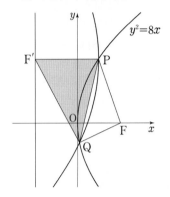

■ 유형소개

'초점의 좌표, 꼭짓점의 좌표, 장축의 길이, 단축의 길이, 두 초점으로부터의 거리의 합' 등을 간단히 묻는 문제부터 포물선, 원 등의 다른 도형과 함께 복잡한 조건이 주어지는 문제까지 다양한 난이도로 출제되고 있는 유형이다.

■ 유형접근법

타원 $\dfrac{x^2}{a^2}+\dfrac{y^2}{b^2}=1$이 주어졌을 때,

먼저 두 초점 F, F′의 좌표를 구한다.
이후 타원 위의 점 A에 대하여 두 선분 AF, AF′을
보조선으로 긋고, 타원의 정의에 의하여
$\overline{AF}+\overline{AF'}=$(장축의 길이)임을 이용한다.
또한 타원이 장축, 단축 및 중심에 대하여 각각 대칭임을
이용하는 문제도 출제되고 있으니, 이러한 문제에서는
구하고자 하는 값과 길이가 같은 선분을 보조선으로 그어
문제를 해결하도록 하자.

M02-01

너코 123
2008학년도 9월 평가원 가형 20번

타원 $x^2+9y^2=9$의 두 초점 사이의 거리를 d라 할 때, d^2의 값을 구하시오. [3점]

M02-02

너코 123   너코 125
2017학년도 6월 평가원 가형 26번

타원 $4x^2+9y^2-18y-27=0$의 한 초점의 좌표가 (p, q)일 때, p^2+q^2의 값을 구하시오. [4점]

M02-03

너코 123   너코 125
2018학년도 수능 가형 8번

타원 $\dfrac{(x-2)^2}{a}+\dfrac{(y-2)^2}{4}=1$의 두 초점의 좌표가 $(6, b)$, $(-2, b)$일 때, ab의 값은? (단, a는 양수이다.)

[3점]

① 40 　　　　② 42 　　　　③ 44
④ 46 　　　　⑤ 48

M02-04

너코 123
2023학년도 9월 평가원(기하) 25번

타원 $\dfrac{x^2}{a^2}+\dfrac{y^2}{5}=1$의 두 초점을 F, F′이라 하자. 점 F를 지나고 x축에 수직인 직선 위의 점 A가 $\overline{AF'}=5$, $\overline{AF}=3$을 만족시킨다. 선분 AF′과 타원이 만나는 점을 P라 할 때, 삼각형 $PF'F$의 둘레의 길이는?

(단, a는 $a>\sqrt{5}$인 상수이다.) [3점]

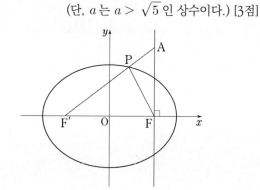

① 8 　　　　② $\dfrac{17}{2}$ 　　　　③ 9
④ $\dfrac{19}{2}$ 　　　　⑤ 10

M02-05

타원 $\dfrac{x^2}{4^2}+\dfrac{y^2}{b^2}=1$의 두 초점 사이의 거리가 6일 때,

b^2의 값은? (단, $0<b<4$) [3점]

① 4   ② 5   ③ 6

④ 7   ⑤ 8

M02-06

그림은 한 변의 길이가 10인 정육각형 ABCDEF의 각
변을 장축으로 하고, 단축의 길이가 같은 타원 6개를 그린
것이다. 그림과 같이 정육각형의 꼭짓점과 이웃하는 두
타원의 초점으로 이루어진 삼각형 6개의 넓이의 합이
$6\sqrt{3}$일 때, 타원의 단축의 길이는? [3점]

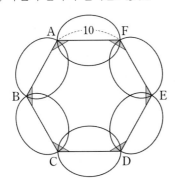

① $4\sqrt{2}$ ② 6   ③ $4\sqrt{3}$

④ 8   ⑤ $6\sqrt{2}$

M02-07

좌표평면에서 원 $x^2+y^2=36$ 위를 움직이는 점
$P(a,b)$와 점 $A(4,0)$에 대하여 다음 조건을 만족시키는
점 Q 전체의 집합을 X라 하자. (단, $b\neq0$)

> (가) 점 Q는 선분 OP 위에 있다.
> (나) 점 Q를 지나고 직선 AP에 평행한 직선이
> $\angle$OQA를 이등분한다.

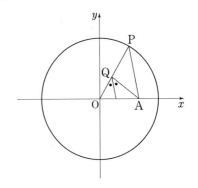

집합의 포함관계로 옳은 것은? [4점]

① $X\subset\left\{(x,y)\,\middle|\,\dfrac{(x-1)^2}{9}-\dfrac{(y-1)^2}{5}=1\right\}$

② $X\subset\left\{(x,y)\,\middle|\,\dfrac{(x-2)^2}{9}+\dfrac{(y-1)^2}{5}=1\right\}$

③ $X\subset\left\{(x,y)\,\middle|\,\dfrac{(x-1)^2}{9}-\dfrac{y^2}{5}=1\right\}$

④ $X\subset\left\{(x,y)\,\middle|\,\dfrac{(x-1)^2}{9}+\dfrac{y^2}{5}=1\right\}$

⑤ $X\subset\left\{(x,y)\,\middle|\,\dfrac{(x-2)^2}{9}+\dfrac{y^2}{5}=1\right\}$

M02-08

너코 123
2012학년도 9월 평가원 가형 13번

두 초점이 F, F'이고, 장축의 길이가 10, 단축의 길이가 6인 타원이 있다. 중심이 F이고 점 F'을 지나는 원과 이 타원의 두 교점 중 한 점을 P라 하자. 삼각형 PFF'의 넓이는? [3점]

① $2\sqrt{10}$　　② $3\sqrt{5}$　　③ $3\sqrt{6}$

④ $3\sqrt{7}$　　⑤ $\sqrt{70}$

M02-09

너코 123
2012학년도 수능 가형 11번

한 변의 길이가 10인 마름모 ABCD에 대하여 대각선 BD를 장축으로 하고, 대각선 AC를 단축으로 하는 타원의 두 초점 사이의 거리가 $10\sqrt{2}$이다. 마름모 ABCD의 넓이는? [3점]

① $55\sqrt{3}$　　② $65\sqrt{2}$　　③ $50\sqrt{3}$

④ $45\sqrt{3}$　　⑤ $45\sqrt{2}$

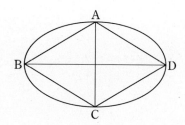

M02-10

너코 018　너코 123
2014학년도 9월 평가원 B형 9번

타원 $\dfrac{x^2}{a^2}+\dfrac{y^2}{b^2}=1$의 한 초점을 $F(c, 0)\,(c>0)$,

이 타원이 x축과 만나는 점 중에서 x좌표가 음수인 점을 A, y축과 만나는 점 중에서 y좌표가 양수인 점을 B라 하자. $\angle AFB = \dfrac{\pi}{3}$이고 삼각형 AFB의 넓이는 $6\sqrt{3}$일 때, a^2+b^2의 값은? (단, a, b는 상수이다.) [3점]

① 22　　② 24　　③ 26

④ 28　　⑤ 30

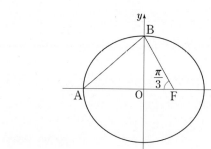

그림과 같이 y축 위의 점 $A(0, a)$와 두 점 F, F'을 초점으로 하는 타원 $\dfrac{x^2}{25} + \dfrac{y^2}{9} = 1$ 위를 움직이는 점 P가 있다. $\overline{AP} - \overline{FP}$의 최솟값이 1일 때, a^2의 값을 구하시오. [4점]

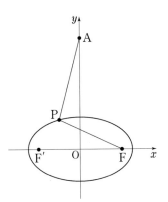

그림과 같이 두 초점 F, F'이 x축 위에 있는 타원 $\dfrac{x^2}{49} + \dfrac{y^2}{a} = 1$ 위의 점 P가 $\overline{FP} = 9$를 만족시킨다. 점 F에서 선분 PF'에 내린 수선의 발 H에 대하여 $\overline{FH} = 6\sqrt{2}$일 때, 상수 a의 값은? [4점]

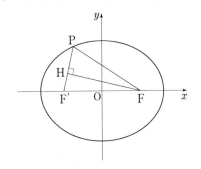

① 29   ② 30   ③ 31
④ 32   ⑤ 33

타원 $\dfrac{x^2}{9}+\dfrac{y^2}{4}=1$의 두 초점 중 x좌표가 양수인 점을 F,
음수인 점을 F′이라 하자. 이 타원 위의 점 P를
$\angle \mathrm{FPF'}=\dfrac{\pi}{2}$가 되도록 제1사분면에서 잡고, 선분 FP 의
연장선 위에 y좌표가 양수인 점 Q를 $\overline{\mathrm{FQ}}=6$이 되도록
잡는다. 삼각형 QF′F의 넓이를 구하시오. [4점]

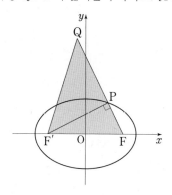

그림과 같이 두 점 $\mathrm{F}(c,\,0)$, $\mathrm{F'}(-c,\,0)$ $(c>0)$을
초점으로 하고 장축의 길이가 4인 타원이 있다. 점 F를
중심으로 하고 반지름의 길이가 c인 원이 타원과 점 P에서
만난다. 점 P에서 원에 접하는 직선이 점 F′을 지날 때,
c의 값은? [3점]

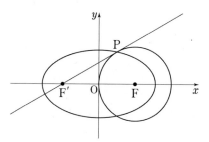

① $\sqrt{2}$ ② $\sqrt{10}-\sqrt{3}$ ③ $\sqrt{6}-1$

④ $2\sqrt{3}-2$ ⑤ $\sqrt{14}-\sqrt{5}$

그림과 같이 타원 $\dfrac{x^2}{36}+\dfrac{y^2}{27}=1$의 두 초점은 F, F′이고, 제1사분면에 있는 두 점 P, Q는 다음 조건을 만족시킨다.

> (가) $\overline{PF}=2$
> (나) 점 Q는 직선 PF′과 타원의 교점이다.

삼각형 PFQ의 둘레의 길이와 삼각형 PF′F의 둘레의 길이의 합을 구하시오. [4점]

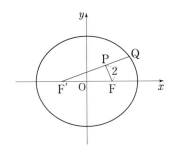

좌표평면에서 두 점 A$(0, 3)$, B$(0, -3)$에 대하여 두 초점이 F, F′인 타원 $\dfrac{x^2}{16}+\dfrac{y^2}{7}=1$ 위의 점 P가 $\overline{AP}=\overline{PF}$를 만족시킨다. 사각형 AF′BP의 둘레의 길이가 $a+b\sqrt{2}$일 때, $a+b$의 값을 구하시오.

(단, $\overline{PF}<\overline{PF'}$이고 a, b는 자연수이다.) [4점]

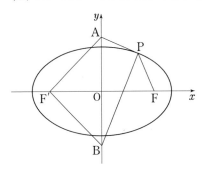

두 초점이 F, F′인 타원 $\dfrac{x^2}{49}+\dfrac{y^2}{33}=1$이 있다.

원 $x^2+(y-3)^2=4$ 위의 점 P에 대하여 직선 F′P가
이 타원과 만나는 점 중 y좌표가 양수인 점을 Q라 하자.
$\overline{PQ}+\overline{FQ}$의 최댓값을 구하시오. [4점]

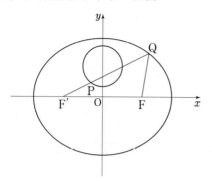

그림과 같이 두 점 $F(0, c)$, $F′(0, -c)$를 초점으로 하는

타원 $\dfrac{x^2}{a^2}+\dfrac{y^2}{25}=1$이 x축과 만나는 점 중에서 x좌표가

양수인 점을 A라 하자. 직선 $y=c$가 직선 AF′과 만나는
점을 B, 직선 $y=c$가 타원과 만나는 점 중 x좌표가
양수인 점을 P라 하자. 삼각형 BPF′의 둘레의 길이와
삼각형 BFA의 둘레의 길이의 차가 4일 때, 삼각형
AFF′의 넓이는? (단, $0<a<5$, $c>0$) [3점]

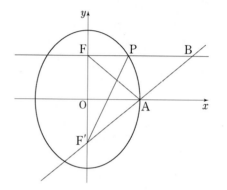

① $5\sqrt{6}$ ② $\dfrac{9\sqrt{6}}{2}$ ③ $4\sqrt{6}$

④ $\dfrac{7\sqrt{6}}{2}$ ⑤ $3\sqrt{6}$

두 초점이 F, F$'$이고 장축의 길이가 $2a$인 타원이 있다.
이 타원의 한 꼭짓점을 중심으로 하고 반지름의 길이가
1인 원이 이 타원의 서로 다른 두 꼭짓점과 한 초점을 지날
때, 상수 a의 값은? [4점]

① $\dfrac{\sqrt{2}}{2}$ ② $\dfrac{\sqrt{6}-1}{2}$ ③ $\sqrt{3}-1$

④ $2\sqrt{2}-2$ ⑤ $\dfrac{\sqrt{3}}{2}$

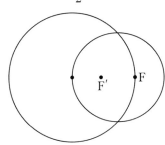

두 초점이 F, F$'$인 타원 $\dfrac{x^2}{64}+\dfrac{y^2}{16}=1$ 위의 점 중

제1사분면에 있는 점 A가 있다. 두 직선 AF, AF$'$에
동시에 접하고 중심이 y축 위에 있는 원 중 중심의 y좌표가
음수인 것을 C라 하자. 원 C의 중심을 B라 할 때 사각형
AFBF$'$의 넓이가 72이다. 원 C의 반지름의 길이는? [3점]

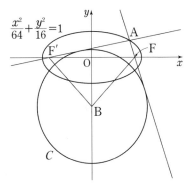

① $\dfrac{17}{2}$ ② 9   ③ $\dfrac{19}{2}$

④ 10   ⑤ $\dfrac{21}{2}$

두 초점이 $F(12, 0)$, $F'(-4, 0)$이고, 장축의 길이가 24인 타원 C가 있다. $\overline{F'F} = \overline{F'P}$인 타원 C 위의 점 P에 대하여 선분 $F'P$의 중점을 Q라 하자. 한 초점이 F'인 타원 $\dfrac{x^2}{a^2} + \dfrac{y^2}{b^2} = 1$이 점 Q를 지날 때, $\overline{PF} + a^2 + b^2$의 값은? (단, a와 b는 양수이다.) [3점]

① 46   ② 52   ③ 58

④ 64   ⑤ 70

그림과 같이 직사각형 ABCD의 네 변의 중점 P, Q, R, S를 꼭짓점으로 하는 타원의 두 초점을 F, F'이라 하자. 점 F를 초점, 직선 AB를 준선으로 하는 포물선이 세 점 F', Q, S를 지난다. 직사각형 ABCD의 넓이가 $32\sqrt{2}$일 때, 선분 FF'의 길이는? [3점]

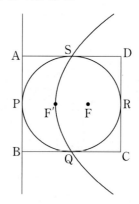

① $\dfrac{7}{6}\sqrt{3}$ ② $\dfrac{4}{3}\sqrt{3}$ ③ $\dfrac{3}{2}\sqrt{3}$

④ $\dfrac{5}{3}\sqrt{3}$ ⑤ $\dfrac{11}{6}\sqrt{3}$

타원 $\dfrac{x^2}{36}+\dfrac{y^2}{20}=1$의 두 초점을 F와 F′이라 하고, 초점 F에 가장 가까운 꼭짓점을 A라 하자. 이 타원 위의 한 점 P에 대하여 $\angle\mathrm{PFF}'=\dfrac{\pi}{3}$일 때, $\overline{\mathrm{PA}}^2$의 값을 구하시오.

[4점]

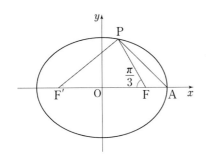

타원 $\dfrac{x^2}{36}+\dfrac{y^2}{16}=1$의 두 초점을 F, F′이라 하자. 이 타원 위의 점 P가 $\overline{\mathrm{OP}}=\overline{\mathrm{OF}}$를 만족시킬 때, $\overline{\mathrm{PF}}\times\overline{\mathrm{PF}'}$의 값을 구하시오. (단, O는 원점이다.) [4점]

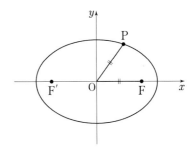

Hidden Point

M 02-24 $\overline{\mathrm{OP}}=\overline{\mathrm{OF}}=\overline{\mathrm{OF}'}$이므로 세 점 P, F, F′은 점 O를 중심으로 하고 반지름의 길이가 $\overline{\mathrm{OF}}$인 원 위의 점이다.

따라서 $\angle\mathrm{FPF}'=\dfrac{\pi}{2}$임을 이용하여 접근해보자.

좌표평면에서 두 점 $A(5, 0)$, $B(-5, 0)$에 대하여 장축이 선분 AB인 타원의 두 초점을 F, F'이라 하자. 초점이 F이고 꼭짓점이 원점인 포물선이 타원과 만나는 두 점을 각각 P, Q라 하자. $\overline{PQ} = 2\sqrt{10}$ 일 때, 두 선분 PF와 PF'의 길이의 곱 $\overline{PF} \times \overline{PF'}$의 값은 $\dfrac{q}{p}$이다. $p+q$의 값을 구하시오. (단, p와 q는 서로소인 자연수이다.) [3점]

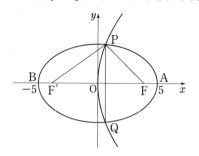

두 점 $F(5, 0)$, $F'(-5, 0)$을 초점으로 하는 타원 위의 서로 다른 두 점 P, Q에 대하여 원점 O에서 선분 PF와 선분 QF'에 내린 수선의 발을 각각 H와 I라 하자. 점 H와 점 I가 각각 선분 PF와 선분 QF'의 중점이고, $\overline{OH} \times \overline{OI} = 10$일 때, 이 타원의 장축의 길이를 l이라 하자. l^2의 값을 구하시오. (단, $\overline{OH} \neq \overline{OI}$) [4점]

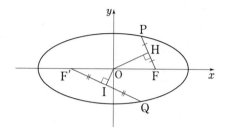

Hidden Point

M02-25 선분 PQ의 중점을 M이라 하고 $\overline{PF} = a$라 할 때 직각삼각형 PMF'의 세 변의 길이를 a로 나타내보도록 하자.

Hidden Point

M02-26 두 삼각형 FHO, FPF'의 닮음비가 $1 : 2$이고 두 삼각형 $F'IO$, $F'QF$의 닮음비도 $1 : 2$임을 이용하여 접근해보자.

그림과 같이 두 초점이 $F(c, 0)$, $F'(-c, 0)$인 타원 $\dfrac{x^2}{a^2} + \dfrac{y^2}{b^2} = 1$이 있다. 타원 위에 있고 제2사분면에 있는 점 P에 대하여 선분 PF'의 중점을 Q, 선분 PF를 $1:3$으로 내분하는 점을 R라 하자. $\angle PQR = \dfrac{\pi}{2}$, $\overline{QR} = \sqrt{5}$, $\overline{RF} = 9$일 때, $a^2 + b^2$의 값을 구하시오. (단, a, b, c는 양수이다.) [4점]

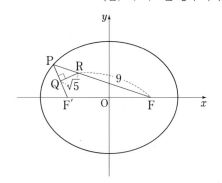

좌표평면에서 초점이 $A(a, 0)$ $(a > 0)$이고 꼭짓점이 원점인 포물선과 두 초점이 $F(c, 0)$, $F'(-c, 0)$ $(c > a)$인 타원의 교점 중 제1사분면 위의 점을 P라 하자.

$$\overline{AF} = 2, \quad \overline{PA} = \overline{PF}, \quad \overline{FF'} = \overline{PF'}$$

일 때, 타원의 장축의 길이는 $p + q\sqrt{7}$이다. $p^2 + q^2$의 값을 구하시오. (단, p, q는 유리수이다.) [4점]

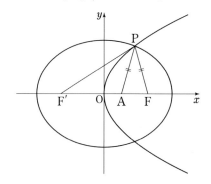

Hidden Point

M 02-28 두 이등변삼각형 $F'PF$, PAF가 서로 닮음임을 이용하여 접근해보자.

M02-29

포물선 $(y-2)^2 = 8(x+2)$ 위의 점 P와 점 $A(0, 2)$에 대하여 $\overline{OP} + \overline{PA}$ 의 값이 최소가 되도록 하는 점 P를 P_0이라 하자. $\overline{OQ} + \overline{QA} = \overline{OP_0} + \overline{P_0A}$ 를 만족시키는 점 Q에 대하여 점 Q의 y좌표의 최댓값과 최솟값을 각각 M, m이라 할 때, $M^2 + m^2$의 값은? (단, O는 원점이다.)

[3점]

① 8   ② 9   ③ 10
④ 11   ⑤ 12

M02-30

한 초점이 $F(c, 0)$ $(c > 0)$인 타원 $\dfrac{x^2}{9} + \dfrac{y^2}{5} = 1$과 중심의 좌표가 $(2, 3)$이고 반지름의 길이가 r인 원이 있다. 타원 위의 점 P와 원 위의 점 Q에 대하여 $\overline{PQ} - \overline{PF}$의 최솟값이 6일 때, r의 값을 구하시오. [4점]

유형 03 쌍곡선의 방정식

유형소개

'초점의 좌표, 꼭짓점의 좌표, 주축의 길이, 점근선의 방정식, 두 초점으로부터의 거리의 차' 등을 간단히 묻는 문제부터 타원, 원 등의 다른 도형과 함께 복잡한 조건이 주어지는 문제까지 다양한 난이도로 출제되고 있는 유형이다.

유형접근법

쌍곡선 $\dfrac{x^2}{a^2} - \dfrac{y^2}{b^2} = 1$이 주어졌을 때,

먼저 두 초점 F, F'의 좌표를 구한다.
이후 쌍곡선 위의 점 A에 대하여 두 선분 AF, AF'을 보조선으로 긋고, 쌍곡선의 정의에 의하여
$|\overline{AF} - \overline{AF'}| = $ (주축의 길이)임을 이용한다.

또한 쌍곡선 $\dfrac{x^2}{a^2} - \dfrac{y^2}{b^2} = 1$의 점근선의 방정식이

$y = \pm \dfrac{b}{a}x$임을 이용하여 문제를 해결할 수도 있다.

M 03-01

너코 123 너코 124
2005학년도 9월 평가원 가형 5번

두 초점을 공유하는 타원 $\dfrac{x^2}{5^2} + \dfrac{y^2}{4^2} = 1$과 쌍곡선이 있다.

이 쌍곡선의 한 점근선이 $y = \sqrt{35}\,x$일 때, 이 쌍곡선의 두 꼭짓점 사이의 거리는? [3점]

① $\dfrac{1}{4}$ ② $\dfrac{1}{2}$ ③ $\dfrac{3}{4}$

④ 1 ⑤ $\dfrac{5}{4}$

M 03-02

너코 124
2006학년도 수능 가형 5번

쌍곡선 $\dfrac{x^2}{5} - \dfrac{y^2}{4} = 1$의 두 초점을 각각 F, F'이라 하고, 꼭짓점이 아닌 쌍곡선 위의 한 점 P의 원점에 대하여 대칭인 점을 Q라 하자. 사각형 $F'QFP$의 넓이가 24가 되는 점 P의 좌표를 (a, b)라 할 때, $|a| + |b|$의 값은?

[3점]

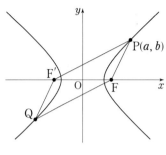

① 9   ② 10   ③ 11
④ 12   ⑤ 13

M 03-03

너코 124
2008학년도 수능 가형 21번

그림과 같이 쌍곡선 $\dfrac{x^2}{16} - \dfrac{y^2}{9} = 1$의 두 초점을 F, F'이라 하자. 제1사분면에 있는 쌍곡선 위의 점 P와 제2사분면에 있는 쌍곡선 위의 점 Q에 대하여 $\overline{PF'} - \overline{QF'} = 3$일 때, $\overline{QF} - \overline{PF}$의 값을 구하시오. [3점]

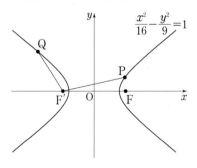

M03-04

너코 124
2012학년도 6월 평가원 가형 13번

원 $(x-4)^2 + y^2 = r^2$과 쌍곡선 $x^2 - 2y^2 = 1$이 서로 다른 세 점에서 만나기 위한 양수 r의 최댓값은? [3점]

① 4   ② 5   ③ 6
④ 7   ⑤ 8

M03-05

너코 123 너코 124
2013학년도 6월 평가원 가형 5번

쌍곡선 $\dfrac{x^2}{a^2} - \dfrac{y^2}{9} = 1$의 두 꼭짓점은 타원 $\dfrac{x^2}{13} + \dfrac{y^2}{b^2} = 1$의 두 초점이다. $a^2 + b^2$의 값은? [3점]

① 10   ② 11   ③ 12
④ 13   ⑤ 14

M03-06

너코 123 너코 124
2015학년도 9월 평가원 B형 25번

1보다 큰 실수 a에 대하여 타원 $x^2 + \dfrac{y^2}{a^2} = 1$의 두 초점과 쌍곡선 $x^2 - y^2 = 1$의 두 초점을 꼭짓점으로 하는 사각형의 넓이가 12일 때, a^2의 값을 구하시오. [3점]

M03-07

너코 124
2018학년도 6월 평가원 가형 10번

주축의 길이가 4인 쌍곡선 $\dfrac{x^2}{a^2} - \dfrac{y^2}{b^2} = 1$의 점근선의

방정식이 $y = \pm \dfrac{5}{2}x$일 때, $a^2 + b^2$의 값은?

(단, a와 b는 상수이다.) [3점]

① 21   ② 23   ③ 25
④ 27   ⑤ 29

M03-08

너코 124
2018학년도 9월 평가원 가형 9번

다음 조건을 만족시키는 쌍곡선의 주축의 길이는? [3점]

> (가) 두 초점의 좌표는 $(5, 0)$, $(-5, 0)$이다.
> (나) 두 점근선이 서로 수직이다.

① $2\sqrt{2}$ ② $3\sqrt{2}$ ③ $4\sqrt{2}$
④ $5\sqrt{2}$ ⑤ $6\sqrt{2}$

M03-09

너코 124
2019학년도 6월 평가원 가형 5번

쌍곡선 $\dfrac{x^2}{a^2} - \dfrac{y^2}{36} = 1$의 두 초점 사이의 거리가 $6\sqrt{6}$ 일 때, a^2의 값은? (단, a는 상수이다.) [3점]

① 14   ② 16   ③ 18
④ 20   ⑤ 22

M03-10

그림과 같이 두 초점이 $F(c, 0)$, $F'(-c, 0)$ $(c > 0)$이고 주축의 길이가 2인 쌍곡선이 있다. 점 F를 지나고 x축에 수직인 직선이 쌍곡선과 제1사분면에서 만나는 점을 A, 점 F'을 지나고 x축에 수직인 직선이 쌍곡선과 제2사분면에서 만나는 점을 B라 하자. 사각형 $ABF'F$가 정사각형일 때, 정사각형 $ABF'F$의 대각선의 길이는? [3점]

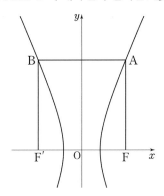

① $3 + 2\sqrt{2}$ ② $5 + \sqrt{2}$ ③ $4 + 2\sqrt{2}$
④ $6 + \sqrt{2}$ ⑤ $5 + 2\sqrt{2}$

M03-11

쌍곡선 $\dfrac{x^2}{a^2} - \dfrac{y^2}{16} = 1$의 점근선 중 하나의 기울기가 3일 때, 양수 a의 값은? [3점]

① $\dfrac{1}{3}$ ② $\dfrac{2}{3}$ ③ 1

④ $\dfrac{4}{3}$ ⑤ $\dfrac{5}{3}$

M03-12

한 초점의 좌표가 $(3\sqrt{2}, 0)$인 쌍곡선 $\dfrac{x^2}{a^2} - \dfrac{y^2}{6} = 1$의 주축의 길이는? (단, a는 양수이다.) [3점]

① $3\sqrt{3}$ ② $\dfrac{7\sqrt{3}}{2}$ ③ $4\sqrt{3}$

④ $\dfrac{9\sqrt{3}}{2}$ ⑤ $5\sqrt{3}$

쌍곡선 $\dfrac{x^2}{a^2} - \dfrac{y^2}{b^2} = 1$의 주축의 길이가 6이고 한 점근선의

방정식이 $y = 2x$일 때, 두 초점 사이의 거리는?

(단, a와 b는 양수이다.) [3점]

① $4\sqrt{5}$ ② $6\sqrt{5}$ ③ $8\sqrt{5}$

④ $10\sqrt{5}$ ⑤ $12\sqrt{5}$

쌍곡선 $9x^2 - 16y^2 = 144$의 초점을 지나고 점근선과
평행한 4개의 직선으로 둘러싸인 도형의 넓이는? [3점]

① $\dfrac{75}{16}$ ② $\dfrac{25}{4}$ ③ $\dfrac{25}{2}$

④ $\dfrac{75}{4}$ ⑤ $\dfrac{75}{2}$

그림과 같이 쌍곡선 $\dfrac{4x^2}{9} - \dfrac{y^2}{40} = 1$의 두 초점은 F, F′

이고, 점 F를 중심으로 하는 원 C는 쌍곡선과 한 점에서
만난다. 제2사분면에 있는 쌍곡선 위의 점 P에서 원 C에
접선을 그었을 때 접점을 Q라 하자. $\overline{PQ} = 12$일 때, 선분
$\overline{PF'}$의 길이는? [3점]

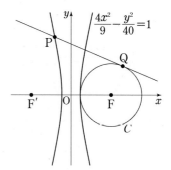

① 10   ② $\dfrac{21}{2}$ ③ 11

④ $\dfrac{23}{2}$ ⑤ 12

그림과 같이 쌍곡선 $\dfrac{x^2}{16} - \dfrac{y^2}{9} = 1$의 두 초점을 F, F′이라 하고, 이 쌍곡선 위의 점 P를 중심으로 하고 선분 PF′을 반지름으로 하는 원을 C라 하자. 원 C 위를 움직이는 점 Q에 대하여 선분 FQ의 길이의 최댓값이 14일 때, 원 C의 넓이는? (단, $\overline{\text{PF}'} < \overline{\text{PF}}$) [4점]

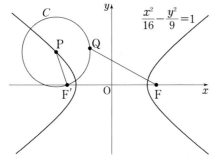

① 7π ② 8π ③ 9π
④ 10π ⑤ 11π

그림과 같이 두 점 F(c, 0), F′($-c$, 0) ($c > 0$)을 초점으로 하는 쌍곡선 $\dfrac{x^2}{4} - \dfrac{y^2}{b^2} = 1$이 있다. 점 F를 지나고 x축에 수직인 직선이 쌍곡선과 제1사분면에서 만나는 점을 P라 하고, 직선 PF 위에 $\overline{\text{QP}} : \overline{\text{PF}} = 5 : 3$이 되도록 점 Q를 잡는다. 직선 F′Q가 y축과 만나는 점을 R라 할 때, $\overline{\text{QP}} = \overline{\text{QR}}$이다. b^2의 값은? (단, b는 상수이고, 점 Q는 제1사분면 위의 점이다.) [3점]

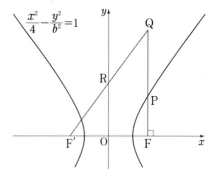

① $\dfrac{1}{2} + 2\sqrt{5}$ ② $1 + 2\sqrt{5}$ ③ $\dfrac{3}{2} + 2\sqrt{5}$
④ $2 + 2\sqrt{5}$ ⑤ $\dfrac{5}{2} + 2\sqrt{5}$

두 초점이 F$(c, 0)$, F$'(-c, 0)$ $(c > 0)$인 쌍곡선 C와 y축 위의 점 A가 있다. 쌍곡선 C가 선분 AF와 만나는 점을 P, 선분 AF$'$과 만나는 점을 P$'$이라 하자. 직선 AF는 쌍곡선 C의 한 점근선과 평행하고

$$\overline{AP} : \overline{PP'} = 5 : 6, \quad \overline{PF} = 1$$

일 때, 쌍곡선 C의 주축의 길이는? [4점]

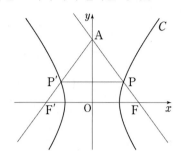

① $\dfrac{13}{6}$ ② $\dfrac{9}{4}$ ③ $\dfrac{7}{3}$

④ $\dfrac{29}{12}$ ⑤ $\dfrac{5}{2}$

양수 c에 대하여 두 점 F$(c, 0)$, F$'(-c, 0)$을 초점으로 하고, 주축의 길이가 6인 쌍곡선이 있다. 이 쌍곡선 위에 다음 조건을 만족시키는 서로 다른 두 점 P, Q가 존재하도록 하는 모든 c의 값의 합을 구하시오. [4점]

(가) 점 P는 제1사분면 위에 있고,
   점 Q는 직선 PF$'$ 위에 있다.

(나) 삼각형 PF$'$F는 이등변삼각형이다.

(다) 삼각형 PQF의 둘레의 길이는 28이다.

쌍곡선 $\dfrac{x^2}{a^2} - \dfrac{y^2}{b^2} = 1$의 한 초점 $F(c, 0)$ $(c > 0)$을 지나고 y축에 평행한 직선이 쌍곡선과 만나는 두 점을 각각 P, Q라 하자. 쌍곡선의 한 점근선의 방정식이 $y = x$이고 $\overline{PQ} = 8$일 때, $a^2 + b^2 + c^2$의 값은?

(단, a와 b는 양수이다.) [3점]

① 56   ② 60   ③ 64

④ 68   ⑤ 72

그림과 같이 두 점 $F(4, 0)$, $F'(-4, 0)$을 초점으로 하는 쌍곡선 $C : \dfrac{x^2}{a^2} - \dfrac{y^2}{b^2} = 1$이 있다. 점 F를 초점으로 하고 y축을 준선으로 하는 포물선이 쌍곡선 C와 만나는 점 중 제1사분면 위의 점을 P라 하자. 점 P에서 y축에 내린 수선의 발을 H라 할 때, $\overline{PH} : \overline{HF} = 3 : 2\sqrt{2}$ 이다. $a^2 \times b^2$의 값을 구하시오. (단, $a > b > 0$) [4점]

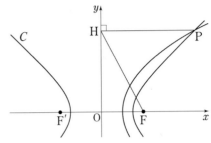

두 초점이 $F(c, 0)$, $F'(-c, 0)$ $(c > 0)$인 쌍곡선

$x^2 - \dfrac{y^2}{35} = 1$이 있다. 이 쌍곡선 위에 있는 제1사분면

위의 점 P에 대하여 직선 PF' 위에 $\overline{PQ} = \overline{PF}$인 점 Q를

잡자. 삼각형 $QF'F$와 삼각형 $FF'P$가 서로 닮음일 때,

삼각형 PFQ의 넓이는 $\dfrac{q}{p}\sqrt{5}$이다. $p+q$의 값을

구하시오. (단, $\overline{PF'} < \overline{QF'}$이고, p와 q는 서로소인

자연수이다.) [4점]

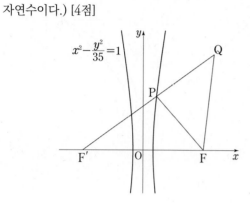

쌍곡선 $\dfrac{x^2}{9} - \dfrac{y^2}{3} = 1$의 두 초점 $(2\sqrt{3}, 0)$, $(-2\sqrt{3}, 0)$

을 각각 F, F'이라 하자. 이 쌍곡선 위를 움직이는 점

$P(x, y)$ $(x > 0)$에 대하여 선분 $F'P$ 위의 점 Q가

$\overline{FP} = \overline{PQ}$를 만족시킬 때, 점 Q가 나타내는 도형 전체의

길이는? [4점]

① π ② $\sqrt{3}\pi$ ③ 2π

④ 3π ⑤ $2\sqrt{3}\pi$

그림과 같이 초점이 각각 F, F′과 G, G′이고 주축의 길이가 2, 중심이 원점 O인 두 쌍곡선이 제1사분면에서 만나는 점을 P, 제3사분면에서 만나는 점을 Q라 하자. $\overline{PG} \times \overline{QG} = 8$, $\overline{PF} \times \overline{QF} = 4$일 때, 사각형 PGQF의 둘레의 길이는?

(단, 점 F의 x좌표와 점 G의 y좌표는 양수이다.) [4점]

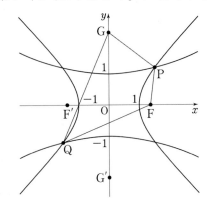

① $6 + 2\sqrt{2}$ ② $6 + 2\sqrt{3}$ ③ 10

④ $6 + 2\sqrt{5}$ ⑤ $6 + 2\sqrt{6}$

두 초점이 F, F′인 쌍곡선 $x^2 - \dfrac{y^2}{3} = 1$ 위의 점 P가 다음 조건을 만족시킨다.

(가) 점 P는 제1사분면에 있다.

(나) 삼각형 PF′F가 이등변삼각형이다.

삼각형 PF′F의 넓이를 a라 할 때, 모든 a의 값의 곱은?

[4점]

① $3\sqrt{77}$ ② $6\sqrt{21}$ ③ $9\sqrt{10}$

④ $21\sqrt{2}$ ⑤ $3\sqrt{105}$

Hidden Point

M03-25 삼각형 PF′F가 이등변삼각형이므로 $\overline{PF'} = \overline{FF'}$인 경우와 $\overline{PF} = \overline{FF'}$인 경우로 나누어 생각해보자.

점근선의 방정식이 $y = \pm \dfrac{4}{3}x$이고 두 초점이 F$(c, 0)$,

F$'(-c, 0)$ $(c > 0)$인 쌍곡선이 다음 조건을 만족시킨다.

(가) 쌍곡선 위의 한 점 P에 대하여 $\overline{\mathrm{PF'}} = 30$,
   $16 \le \overline{\mathrm{PF}} \le 20$이다.

(나) x좌표가 양수인 꼭짓점 A에 대하여 선분 AF의
   길이는 자연수이다.

이 쌍곡선의 주축의 길이를 구하시오. [4점]

그림과 같이 두 초점이 F, F$'$인 쌍곡선 $\dfrac{x^2}{8} - \dfrac{y^2}{17} = 1$

위의 점 P에 대하여 직선 FP와 직선 F$'$P에 동시에
접하고 중심이 y축 위에 있는 원 C가 있다. 직선 F$'$P와
원 C의 접점 Q에 대하여 $\overline{\mathrm{F'Q}} = 5\sqrt{2}$일 때,
$\overline{\mathrm{FP}}^2 + \overline{\mathrm{F'P}}^2$의 값을 구하시오. (단, $\overline{\mathrm{F'P}} < \overline{\mathrm{FP}}$) [4점]

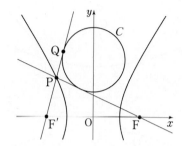

Hidden Point

M03-27 원 밖의 한 점에서 원에 그은 두 접선의 접점까지의 길이는 서로
같다는 성질과 원의 중심에서 두 점 F, F$'$까지의 거리가 서로 같다는 것을
이용하여 접근해보자.

두 점 $F(c, 0)$, $F'(-c, 0)$ $(c > 0)$을 초점으로 하는 두 쌍곡선

$$C_1 : x^2 - \frac{y^2}{24} = 1, \ C_2 : \frac{x^2}{4} - \frac{y^2}{21} = 1$$

이 있다. 쌍곡선 C_1 위에 있는 제2사분면 위의 점 P 에 대하여 선분 PF'이 쌍곡선 C_2와 만나는 점을 Q 라 하자. $\overline{PQ} + \overline{QF}$, $2\overline{PF'}$, $\overline{PF} + \overline{PF'}$이 이 순서대로 등차수열을 이룰 때, 직선 PQ의 기울기는 m이다. $60m$의 값을 구하시오. [4점]

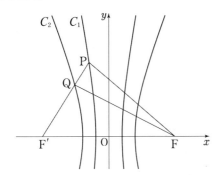

좌표평면에 곡선 $\left| y^2 - 1 \right| = \dfrac{x^2}{a^2}$과 네 점 $A(0, c+1)$, $B(0, -c-1)$, $C(c, 0)$, $D(-c, 0)$이 있다. 곡선 위의 점 중 y좌표의 절댓값이 1보다 작거나 같은 모든 점 P 에 대하여 $\overline{PC} + \overline{PD} = \sqrt{5}$이다. 곡선 위의 점 Q가 제1사분면에 있고 $\overline{AQ} = 10$일 때, 삼각형 ABQ의 둘레의 길이를 구하시오. (단, a와 c는 양수이다.) [4점]

■ 유형소개

이차곡선과 직선이 접할 때, 기울기 또는 접점의 좌표가 주어질 경우 이차방정식의 판별식을 이용하여 접선의 방정식을 구할 수 있다. 실전에서는 빠른 계산을 위해 기울기 또는 접점의 좌표를 알 때의 접선의 방정식 공식을 기억해두고, 이를 적용하여 빠르고 정확하게 계산해낼 수 있도록 하자.

■ 유형접근법

✓ 포물선 $y^2 = 4px$의 접선의 방정식

❶ 접선의 기울기 $m\ (m \neq 0)$이 주어질 때

$$y = mx + \frac{p}{m}$$

❷ 접점의 좌표 (x_1, y_1)이 주어질 때

$$y_1 y = 2p(x + x_1)$$

접점의 x좌표와 접선의 x절편은 절댓값이 같고, 부호가 반대임을 이용하면 계산을 줄일 수 있다.

✓ 타원 $\dfrac{x^2}{a^2} + \dfrac{y^2}{b^2} = 1$의 접선의 방정식

❶ 접선의 기울기 $m\ (m \neq 0)$이 주어질 때

$$y = mx \pm \sqrt{a^2 m^2 + b^2}$$

❷ 접점의 좌표 (x_1, y_1)이 주어질 때

$$\frac{x_1 x}{a^2} + \frac{y_1 y}{b^2} = 1$$

✓ 쌍곡선 $\dfrac{x^2}{a^2} - \dfrac{y^2}{b^2} = 1$의 접선의 방정식

❶ 접선의 기울기 $m\ (m \neq 0)$이 주어질 때

$$y = mx \pm \sqrt{a^2 m^2 - b^2}\ (단, a^2 m^2 - b^2 > 0)$$

❷ 접점의 좌표 (x_1, y_1)이 주어질 때

$$\frac{x_1 x}{a^2} - \frac{y_1 y}{b^2} = 1$$

M04-01

너코 128
2006학년도 9월 평가원 가형 5번

직선 $y = 3x + 5$가 쌍곡선 $\dfrac{x^2}{a} - \dfrac{y^2}{2} = 1$에 접할 때, 쌍곡선의 두 초점 사이의 거리는? [3점]

① $\sqrt{7}$　　　　② $2\sqrt{3}$　　　　③ 4

④ $2\sqrt{5}$　　　　⑤ $4\sqrt{3}$

M04-02

너코 126
변형문항(2009학년도 수능 가형 21번)

포물선 $y^2 = 12x$ 위의 점 P에서의 접선 l의 기울기가 1일 때, 직선 l이 y축과 만나는 점을 Q라 하자. 삼각형 OPQ의 넓이는? (단, O는 원점이다.) [3점]

① $\dfrac{7}{2}$　　　　② 4　　　　③ $\dfrac{9}{2}$

④ 5　　　　⑤ $\dfrac{11}{2}$

M04-03

너코 126
2010학년도 수능 가형 4번

포물선 $y^2 = 4x$ 위의 점 $P(a, b)$에서의 접선이 x축과 만나는 점을 Q라 하자. $\overline{PQ} = 4\sqrt{5}$일 때, $a^2 + b^2$의 값은? [3점]

① 21　　　　② 32　　　　③ 45

④ 60　　　　⑤ 77

M04-04

좌표평면 위의 점 $(-1, 0)$에서 쌍곡선 $x^2 - y^2 = 2$에 그은 접선의 방정식을 $y = mx + n$이라 할 때, $m^2 + n^2$의 값은? (단, m, n은 상수이다.) [3점]

① $\dfrac{5}{2}$ 　　② 3 　　③ $\dfrac{7}{2}$

④ 4 　　⑤ $\dfrac{9}{2}$

M04-05

쌍곡선 $x^2 - 4y^2 = a$ 위의 점 $(b, 1)$에서의 접선이 쌍곡선의 한 점근선과 수직이다. $a + b$의 값은?

(단, a, b는 양수이다.) [3점]

① 68 　　② 77 　　③ 86

④ 95 　　⑤ 104

M04-06

좌표평면에서 포물선 $y^2 = 8x$에 접하는 두 직선 l_1, l_2의 기울기가 각각 m_1, m_2이다. m_1, m_2가 방정식 $2x^2 - 3x + 1 = 0$의 서로 다른 두 근일 때, l_1과 l_2의 교점의 x좌표는? [3점]

① 1 　　② 2 　　③ 3

④ 4 　　⑤ 5

M04-07

쌍곡선 $\dfrac{x^2}{8} - y^2 = 1$ 위의 점 $\mathrm{A}(4, 1)$에서의 접선이 x축과 만나는 점을 B라 하자. 이 쌍곡선의 두 초점 중 x좌표가 양수인 점을 F라 할 때, 삼각형 FAB의 넓이는?

[3점]

① $\dfrac{5}{12}$ 　　② $\dfrac{1}{2}$ 　　③ $\dfrac{7}{12}$

④ $\dfrac{2}{3}$ 　　⑤ $\dfrac{3}{4}$

자연수 n에 대하여 직선 $y = nx + (n+1)$이 꼭짓점의 좌표가 $(0, 0)$이고 초점이 $(a_n, 0)$인 포물선에 접할 때,

$\displaystyle\sum_{n=1}^{5} a_n$의 값은? [3점]

① 70   ② 72   ③ 74

④ 76   ⑤ 78

포물선 $y^2 = 20x$에 접하고 기울기가 $\dfrac{1}{2}$인 직선의 y절편을 구하시오. [3점]

포물선 $y^2 = 4x$ 위의 점 $A(4, 4)$에서의 접선을 l이라 하자. 직선 l과 포물선의 준선이 만나는 점을 B, 직선 l과 x축이 만나는 점을 C, 포물선의 준선과 x축이 만나는 점을 D라 하자. 삼각형 BCD의 넓이는? [3점]

① $\dfrac{7}{4}$ ② 2 ③ $\dfrac{9}{4}$

④ $\dfrac{5}{2}$ ⑤ $\dfrac{11}{4}$

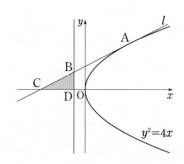

좌표평면에서 타원 $x^2 + 3y^2 = 19$와 직선 l은 제1사분면 위의 한 점에서 접하고, 원점과 직선 l 사이의 거리는 $\dfrac{19}{5}$이다. 직선 l의 기울기는? [3점]

① $-\dfrac{2}{3}$ ② $-\dfrac{5}{6}$ ③ -1

④ $-\dfrac{7}{6}$ ⑤ $-\dfrac{4}{3}$

M04-12

타원 $\dfrac{x^2}{8}+\dfrac{y^2}{4}=1$ 위의 점 $(2,\ \sqrt{2}\,)$에서의 접선의 x절편은? [3점]

① 3 　　　② $\dfrac{13}{4}$ 　　　③ $\dfrac{7}{2}$

④ $\dfrac{15}{4}$ 　　　⑤ 4

M04-13

쌍곡선 $\dfrac{x^2}{a^2}-y^2=1$ 위의 점 $(2a,\ \sqrt{3}\,)$에서의 접선이 직선 $y=-\sqrt{3}\,x+1$과 수직일 때, 상수 a의 값은? [3점]

① 1 　　　② 2 　　　③ 3

④ 4 　　　⑤ 5

M04-14

쌍곡선 $\dfrac{x^2}{7}-\dfrac{y^2}{6}=1$ 위의 점 $(7,\ 6)$에서의 접선의 x절편은? [3점]

① 1 　　　② 2 　　　③ 3

④ 4 　　　⑤ 5

M04-15

타원 $\dfrac{x^2}{a^2}+\dfrac{y^2}{6}=1$ 위의 점 $(\sqrt{3},\ -2)$에서의 접선의 기울기는? (단, a는 양수이다.) [3점]

① $\sqrt{3}$ 　　　② $\dfrac{\sqrt{3}}{2}$ 　　　③ $\dfrac{\sqrt{3}}{3}$

④ $\dfrac{\sqrt{3}}{4}$ 　　　⑤ $\dfrac{\sqrt{3}}{5}$

타원 $\dfrac{x^2}{18} + \dfrac{y^2}{b^2} = 1$ 위의 점 $(3, \sqrt{5})$에서의 접선의

y절편은? (단, b는 양수이다.) [3점]

① $\dfrac{3}{2}\sqrt{5}$ ② $2\sqrt{5}$ ③ $\dfrac{5}{2}\sqrt{5}$

④ $3\sqrt{5}$ ⑤ $\dfrac{7}{2}\sqrt{5}$

다음은 포물선 $y^2 = x$ 위의 꼭짓점이 아닌 임의의 점 P 에서의 접선과 x축과의 교점을 T, 포물선의 초점을 F 라고 할 때, $\overline{\mathrm{FP}} = \overline{\mathrm{FT}}$임을 증명한 것이다.

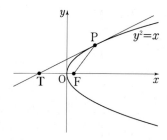

점 P 의 좌표를 (x_1, y_1)이라고 하면, 접선의 방정식은

(가)

이 식에 $y = 0$을 대입하면 교점 T 의 좌표는 $(-x_1, 0)$이다.

초점 F 의 좌표는 (나) 이므로

$\overline{\mathrm{FT}} =$ (다)

한편 $\overline{\mathrm{FP}} = \sqrt{\left(x_1 - \dfrac{1}{4}\right)^2 + {y_1}^2} =$ (다)

따라서 $\overline{\mathrm{FP}} = \overline{\mathrm{FT}}$이다.

위의 증명에서 (가), (나), (다)에 알맞은 것을 차례로 나열한 것은? [3점]

	(가)	(나)	(다)
①	$y_1 y = \dfrac{1}{2}(x + x_1)$	$\left(\dfrac{1}{2}, 0\right)$	$x_1 + \dfrac{1}{2}$
②	$y_1 y = \dfrac{1}{2}(x + x_1)$	$\left(\dfrac{1}{4}, 0\right)$	$x_1 + \dfrac{1}{4}$
③	$y_1 y = \dfrac{1}{2}(x + x_1)$	$\left(\dfrac{1}{4}, 0\right)$	$x_1 + \dfrac{1}{2}$
④	$y_1 y = x + x_1$	$\left(\dfrac{1}{4}, 0\right)$	$x_1 + \dfrac{1}{4}$
⑤	$y_1 y = x + x_1$	$\left(\dfrac{1}{2}, 0\right)$	$x_1 + \dfrac{1}{2}$

M04-18

너코 124 너코 128
2008학년도 9월 평가원 가형 9번

쌍곡선 $x^2-y^2=1$에 대하여 〈보기〉에서 옳은 것만을 있는 대로 고른 것은? [3점]

〈보기〉

ㄱ. 점근선의 방정식은 $y=x$, $y=-x$이다.

ㄴ. 쌍곡선 위의 점에서 그은 접선 중 점근선과 평행한 접선이 존재한다.

ㄷ. 포물선 $y^2=4px\ (p\neq 0)$는 쌍곡선과 항상 두 점에서 만난다.

① ㄱ ② ㄴ ③ ㄱ, ㄷ
④ ㄴ, ㄷ ⑤ ㄱ, ㄴ, ㄷ

M04-19

너코 018 너코 127
2011학년도 수능 가형 5번

좌표평면에서 점 $\mathrm{A}(0,\ 4)$와 타원 $\frac{x^2}{5}+y^2=1$ 위의 점 P에 대하여 두 점 A와 P를 지나는 직선이 원 $x^2+(y-3)^2=1$과 만나는 두 점 중에서 A가 아닌 점을 Q라 하자. 점 P가 타원 위의 모든 점을 지날 때, 점 Q가 나타내는 도형의 길이는? [3점]

① $\frac{\pi}{6}$ ② $\frac{\pi}{4}$ ③ $\frac{\pi}{3}$
④ $\frac{2}{3}\pi$ ⑤ $\frac{3}{4}\pi$

M04-20

너코 123 너코 125 너코 128
2012학년도 9월 평가원 가형 26번

쌍곡선 $\frac{x^2}{12}-\frac{y^2}{8}=1$ 위의 점 $(a,\ b)$에서의 접선이 타원 $\frac{(x-2)^2}{4}+y^2=1$의 넓이를 이등분할 때, a^2+b^2의 값을 구하시오. [4점]

M04-21

너코 122 너코 126
2012학년도 수능 가형 26번

포물선 $y^2 = nx$의 초점과 포물선 위의 점 (n, n)에서의
접선 사이의 거리를 d라 하자. $d^2 \geq 40$을 만족시키는
자연수 n의 최솟값을 구하시오. [4점]

M04-22

너코 124 너코 127
2013학년도 9월 평가원 가형 12번

좌표평면에서 쌍곡선 $\dfrac{x^2}{a^2} - \dfrac{y^2}{b^2} = 1$의 한 점근선에 평행하고

타원 $\dfrac{x^2}{8a^2} + \dfrac{y^2}{b^2} = 1$에 접하는 직선을 l이라 하자. 원점과

직선 l 사이의 거리가 1일 때, $\dfrac{1}{a^2} + \dfrac{1}{b^2}$의 값은? [3점]

① 9 ② $\dfrac{19}{2}$ ③ 10

④ $\dfrac{21}{2}$ ⑤ 11

M04-23

너코 127
2014학년도 6월 평가원 B형 19번

직선 $y = 2$ 위의 점 P에서 타원 $x^2 + \dfrac{y^2}{2} = 1$에 그은 두

접선의 기울기의 곱이 $\dfrac{1}{3}$이다. 점 P의 x좌표를 k라 할 때,

k^2의 값은? [4점]

① 6 ② 7 ③ 8

④ 9 ⑤ 10

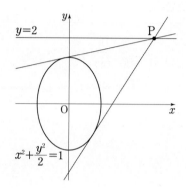

M04-24

너코 124 너코 128
2014학년도 9월 평가원 B형 26번

그림과 같이 두 초점이 $F(3, 0)$, $F'(-3, 0)$인 쌍곡선

$\dfrac{x^2}{a^2} - \dfrac{y^2}{b^2} = 1$ 위의 점 $P(4, k)$에서의 접선과 x축과의

교점이 선분 $F'F$를 $2 : 1$로 내분할 때, k^2의 값을 구하시오.
(단, a, b는 상수이다.) [4점]

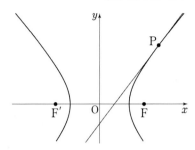

M04-25

너코 020 너코 122 너코 126
2016학년도 9월 평가원 B형 12번

그림과 같이 초점이 F인 포물선 $y^2 = 4x$ 위의 한 점
P에서의 접선이 x축과 만나는 점의 x좌표가 -2이다.
$\cos(\angle PFO)$의 값은? (단, O는 원점이다.) [3점]

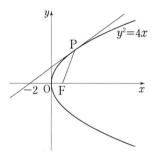

① $-\dfrac{5}{12}$ ② $-\dfrac{1}{3}$ ③ $-\dfrac{1}{4}$

④ $-\dfrac{1}{6}$ ⑤ $-\dfrac{1}{12}$

그림과 같이 포물선 $y^2 = 4x$ 위의 점 A$(t^2,\ 2t)$에서 이 포물선의 준선 l에 내린 수선의 발을 B라 하자. 다음은 점 A에서의 접선과 직선 OB가 만나는 점을 P라 할 때, 점 P의 좌표를 구하는 과정이다.

(단, $t \neq 0$이고 O는 원점이다.)

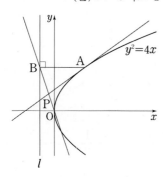

포물선 $y^2 = 4x$ 위의 점 A$(t^2,\ 2t)$에서의 접선의 방정식을 구하면

$$y = \boxed{\text{(가)}} \times x + t \qquad \cdots\cdots \text{㉠}$$

이다.

B($\boxed{\text{(나)}}$, $2t$)이므로 직선 OB의 방정식은

$$y = \frac{2t}{\boxed{\text{(나)}}}x \qquad \cdots\cdots \text{㉡}$$

이다. ㉠, ㉡을 연립하여 점 P의 좌표를 구하면

$$\left(\frac{-t^2}{2t^2+1},\ \boxed{\text{(다)}} \right)$$

이다.

위의 (가), (다)에 알맞은 식을 각각 $f(t)$, $g(t)$라 하고, (나)에 알맞은 수를 a라 할 때, $f(a) \times g(a)$의 값은? [4점]

① $-\dfrac{4}{3}$ ② $-\dfrac{1}{3}$ ③ $\dfrac{2}{3}$

④ $\dfrac{5}{3}$ ⑤ $\dfrac{8}{3}$

그림과 같이 쌍곡선 $\dfrac{x^2}{a^2} - \dfrac{y^2}{b^2} = 1$ 위의 점 P$(4,\ k)\,(k > 0)$에서의 접선이 x축과 만나는 점을 Q, y축과 만나는 점을 R라 하자. 점 S$(4,\ 0)$에 대하여 삼각형 QOR의 넓이를 A_1, 삼각형 PRS의 넓이를 A_2라 하자. $A_1 : A_2 = 9 : 4$일 때, 이 쌍곡선의 주축의 길이는?

(단, O는 원점이고, a와 b는 상수이다.) [3점]

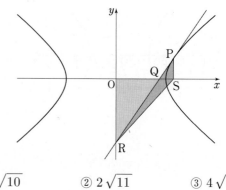

① $2\sqrt{10}$ ② $2\sqrt{11}$ ③ $4\sqrt{3}$

④ $2\sqrt{13}$ ⑤ $2\sqrt{14}$

그림과 같이 두 점 $F(c, 0)$, $F'(-c, 0)$ $(c > 0)$을 초점으로 하는 타원 $\dfrac{x^2}{16} + \dfrac{y^2}{12} = 1$ 위의 점 $P(2, 3)$에서 타원에 접하는 직선을 l이라 하자. 점 F를 지나고 l과 평행한 직선이 타원과 만나는 점 중 제2사분면 위에 있는 점을 Q라 하자. 두 직선 $F'Q$와 l이 만나는 점을 R, l과 x축이 만나는 점을 S라 할 때, 삼각형 SRF'의 둘레의 길이는? [4점]

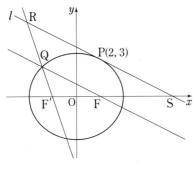

① 30   ② 31   ③ 32
④ 33   ⑤ 34

좌표평면에서 타원 $\dfrac{x^2}{3} + y^2 = 1$과 직선 $y = x - 1$이 만나는 두 점을 A, C라 하자. 선분 AC가 사각형 $ABCD$의 대각선이 되도록 타원 위에 두 점 B, D를 잡을 때, 사각형 $ABCD$의 넓이의 최댓값은? [3점]

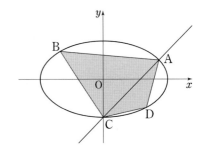

① 2   ② $\dfrac{9}{4}$ ③ $\dfrac{5}{2}$
④ $\dfrac{11}{4}$ ⑤ 3

M04-30

좌표평면에서 직선 $y = 2x - 3$ 위를 움직이는 점 P가 있다. 두 점 $A(c, 0)$, $B(-c, 0)$ $(c > 0)$에 대하여 $\overline{PB} - \overline{PA}$ 의 값이 최대가 되도록 하는 점 P의 좌표가 $(3, 3)$일 때, 상수 c의 값은? [4점]

① $\dfrac{3\sqrt{6}}{2}$

② $\dfrac{3\sqrt{7}}{2}$

③ $3\sqrt{2}$

④ $\dfrac{9}{2}$

⑤ $\dfrac{3\sqrt{10}}{2}$

M04-31

타원 $\dfrac{x^2}{a^2} + \dfrac{y^2}{b^2} = 1$ 위의 점 $(2, 1)$에서의 접선의 기울기가 $-\dfrac{1}{2}$일 때, 이 타원의 두 초점 사이의 거리는?

(단, a, b는 양수이다.) [3점]

① $2\sqrt{3}$

② 4

③ $2\sqrt{5}$

④ $2\sqrt{6}$

⑤ $2\sqrt{7}$

좌표평면에서 점 $(1, 0)$을 중심으로 하고 반지름의 길이가 6인 원을 C라 하자. 포물선 $y^2 = 4x$ 위의 점 $(n^2, 2n)$ 에서의 접선이 원 C와 만나도록 하는 자연수 n의 개수는? [3점]

① 1   ② 3   ③ 5
④ 7   ⑤ 9

자연수 $n(n \geq 2)$에 대하여 직선 $x = \dfrac{1}{n}$이 두 타원

$$C_1 : \frac{x^2}{2} + y^2 = 1, \quad C_2 : 2x^2 + \frac{y^2}{2} = 1$$

과 만나는 제1사분면 위의 점을 각각 P, Q라 하자.
타원 C_1 위의 점 P에서의 접선의 x절편을 α,
타원 C_2 위의 점 Q에서의 접선의 x절편을 β라 할 때,
$6 \leq \alpha - \beta \leq 15$가 되도록 하는 모든 n의 개수는? [3점]

① 7   ② 9   ③ 11
④ 13   ⑤ 15

쌍곡선 $x^2 - y^2 = 32$ 위의 점 $P(-6, 2)$에서의 접선 l에 대하여 원점 O에서 l에 내린 수선의 발을 H, 직선 OH와 이 쌍곡선이 제1사분면에서 만나는 점을 Q라 하자. 두 선분 OH와 OQ의 길이의 곱 $\overline{OH} \times \overline{OQ}$를 구하시오.

[3점]

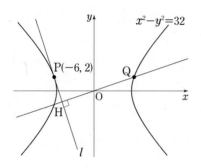

타원 $\dfrac{x^2}{4} + y^2 = 1$의 네 꼭짓점을 연결하여 만든 사각형에 내접하는 타원 $\dfrac{x^2}{a^2} + \dfrac{y^2}{b^2} = 1$이 있다. 타원 $\dfrac{x^2}{a^2} + \dfrac{y^2}{b^2} = 1$의 두 초점이 $F(b, 0)$, $F'(-b, 0)$일 때, $a^2 b^2 = \dfrac{q}{p}$이다. $p + q$의 값을 구하시오. (단, p, q는 서로소인 자연수이다.)

[3점]

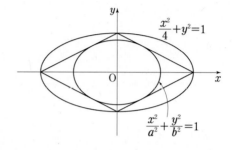

M04-36 너코 123 너코 127
2012학년도 6월 평가원 가형 28번

점 $(0, 2)$에서 타원 $\dfrac{x^2}{8} + \dfrac{y^2}{2} = 1$에 그은 두 접선의 접점을

각각 P, Q라 하고, 타원의 두 초점 중 하나를 F라 할 때,

삼각형 PFQ의 둘레의 길이는 $a\sqrt{2} + b$이다. $a^2 + b^2$의

값을 구하시오. (단, a, b는 유리수이다.) [4점]

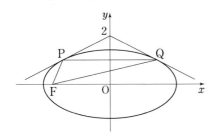

M04-37 너코 122 너코 126
2014학년도 6월 평가원 B형 29번

좌표평면에서 포물선 $y^2 = 16x$ 위의 점 A에 대하여 점 B는 다음 조건을 만족시킨다.

(가) 점 A가 원점이면 점 B도 원점이다.

(나) 점 A가 원점이 아니면 점 B는 점 A, 원점 그리고 점 A에서의 접선이 y축과 만나는 점을 세 꼭짓점으로 하는 삼각형의 무게중심이다.

점 A가 포물선 $y^2 = 16x$ 위를 움직일 때 점 B가 나타내는 곡선을 C라 하자. 점 $(3, 0)$을 지나는 직선이 곡선 C와 두 점 P, Q에서 만나고 $\overline{PQ} = 20$일 때, 두 점 P, Q의 x좌표의 값의 합을 구하시오. [4점]

Hidden Point

M04-36 타원이 y축에 대하여 대칭이므로

타원의 다른 한 초점을 F′이라 할 때

$\overline{FP} + \overline{FQ} = \overline{FP} + \overline{F'P} = (장축의 길이)$임을 이용하여 접근해보자.

M04-38 ▫▫▫

너코 123 너코 126
2017학년도 수능 가형 19번

두 양수 k, p에 대하여 점 $A(-k, 0)$에서 포물선 $y^2 = 4px$에 그은 두 접선이 y축과 만나는 두 점을 각각 F, F', 포물선과 만나는 두 점을 각각 P, Q라 할 때, $\angle PAQ = \dfrac{\pi}{3}$이다. 두 점 F, F'을 초점으로 하고 두 점 P, Q를 지나는 타원의 장축의 길이가 $4\sqrt{3} + 12$일 때, $k + p$의 값은? [4점]

① 8   ② 10   ③ 12
④ 14   ⑤ 16

M04-39 ▫▫▫

너코 032 너코 126
2019학년도 6월 평가원 가형 19번

0이 아닌 실수 p에 대하여 좌표평면 위의 두 포물선 $x^2 = 2y$와 $\left(y + \dfrac{1}{2}\right)^2 = 4px$에 동시에 접하는 직선의 개수를 $f(p)$라 하자. $\displaystyle\lim_{p \to k+} f(p) > f(k)$를 만족시키는 실수 k의 값은? [4점]

① $-\dfrac{\sqrt{3}}{3}$ ② $-\dfrac{2\sqrt{3}}{9}$ ③ $-\dfrac{\sqrt{3}}{9}$
④ $\dfrac{2\sqrt{3}}{9}$ ⑤ $\dfrac{\sqrt{3}}{3}$

Hidden Point

M04-38 주어진 조건을 통해 삼각형 APQ가 정삼각형임을 이끌어내면 $\overline{FP}$, $\overline{F'P}$를 k에 대한 식으로 나타낼 수 있다.
이후 타원의 정의, 즉 $\overline{FP} + \overline{F'P} = 4\sqrt{3} + 12$임을 이용하여 k의 값을 구해보자.

M04-40

좌표평면에서 두 점 A$(-2, 0)$, B$(2, 0)$에 대하여 다음 조건을 만족시키는 직사각형의 넓이의 최댓값은? [4점]

> 직사각형 위를 움직이는 점 P에 대하여 $\overline{PA} + \overline{PB}$의 값은 점 P의 좌표가 $(0, 6)$일 때 최대이고 $\left(\dfrac{5}{2}, \dfrac{3}{2}\right)$일 때 최소이다.

① $\dfrac{200}{19}$ 　② $\dfrac{210}{19}$ 　③ $\dfrac{220}{19}$

④ $\dfrac{230}{19}$ 　⑤ $\dfrac{240}{19}$

M04-41

평면에 한 변의 길이가 10인 정삼각형 ABC가 있다. $\overline{PB} - \overline{PC} = 2$를 만족시키는 점 P에 대하여 선분 PA의 길이가 최소일 때, 삼각형 PBC의 넓이는? [4점]

① $20\sqrt{3}$ 　② $21\sqrt{3}$ 　③ $22\sqrt{3}$

④ $23\sqrt{3}$ 　⑤ $24\sqrt{3}$

Hidden Point

M04-40 두 점 A, B를 초점으로 하고 점 $(0, 6)$을 지나는 타원을 C_1, 점 $\left(\dfrac{5}{2}, \dfrac{3}{2}\right)$을 지나는 타원을 C_2라 하고

$\overline{PA} + \overline{PB}$의 최댓값, 최솟값을 각각 M, m이라 하면

점 P가 타원 C_1 위에 있을 때 $\overline{PA} + \overline{PB} = M$이고

점 P가 타원 C_2 위에 있을 때 $\overline{PA} + \overline{PB} = m$이다.

즉, 주어진 조건을 만족하려면 직사각형은 두 점 $(0, 6)$, $\left(\dfrac{5}{2}, \dfrac{3}{2}\right)$을 모두 지나고, 타원 C_1의 둘레 및 내부와 타원 C_2의 둘레 및 외부의 공통부분에 포함되어 있어야 함을 이용하여 가능한 직사각형의 넓이의 최댓값을 구해보자.

Hidden Point

M04-41 $\overline{PB} - \overline{PC} = 2$를 만족시키는 점 P는 두 점 B, C를 초점으로 하고 주축의 길이가 2인 쌍곡선 위의 점이고, 이때 선분 PA의 길이가 최소인 점 P는 점 P에서의 쌍곡선의 접선과 직선 PA가 수직이 되는 점이므로 먼저 좌표평면 위에 주어진 조건을 나타내어 접근해보자.

N 평면벡터

1 벡터의 연산

· **벡터의 뜻**을 안다.

· **벡터의 덧셈, 뺄셈, 실수배**를 할 수 있다.

2 평면벡터의 성분과 내적

· 위치벡터의 뜻을 알고, **평면벡터와 좌표의 대응**을 이해한다.

· 두 평면벡터의 **내적의 뜻**을 알고, 이를 구할 수 있다.

· 좌표평면에서 벡터를 이용하여 **직선과 원의 방정식**을 구할 수 있다.

1 벡터의 연산

너코 129 **벡터의 뜻**

방향과 **크기**를 함께 가지는 양을 **벡터**라 한다.

① 기본 용어와 기호의 정리

$\overrightarrow{AB}$	**방향**이 점 A(시점)에서 점 B(종점)로 향하고 **크기**가 선분 AB의 길이와 같은 벡터
$\lvert\overrightarrow{AB}\rvert$	벡터 $\overrightarrow{AB}$ 의 크기 $(=\overline{AB})$
단위벡터	크기가 1인 벡터
평면벡터	평면에서의 벡터
영벡터($\vec{0}$)	시점과 종점이 일치하는 벡터

벡터를 한 문자로 나타낼 때는 간단히 $\vec{a}$ 와 같이 나타내고, 벡터 $\vec{a}$ 의 크기는 $\lvert\vec{a}\rvert$ 와 같이 나타낸다.

② 서로 같은 벡터
오른쪽 그림과 같이 두 벡터 $\vec{a}=\overrightarrow{AB}$, $\vec{b}=\overrightarrow{CD}$ 의
시점과 종점이 서로 다르더라도
적당히 두 벡터를 평행이동시켰을 때
겹쳐진다면 두 벡터는 서로 같다.
즉, 두 벡터 $\vec{a}$, $\vec{b}$ 의 크기와 방향이
각각 같을 때 두 벡터는 서로 같다고
하며, 이것을 기호로

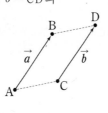

$$\vec{a}=\vec{b} \text{ 또는 } \overrightarrow{AB}=\overrightarrow{CD}$$

와 같이 나타낸다.

벡터 $\vec{a}$ 와 크기는 같지만 방향이
반대인 벡터를 기호로 $-\vec{a}$ 와 같이
나타낸다.
예를 들어 오른쪽 그림에서
$\overrightarrow{DC}=-\overrightarrow{AB}$ 이고
$\lvert\overrightarrow{DC}\rvert=\lvert-\overrightarrow{AB}\rvert$ 이다.

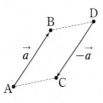

너코 130 **벡터의 덧셈과 뺄셈**

벡터 $\vec{a}=\overrightarrow{AB}$ 의 종점과 벡터 $\vec{b}=\overrightarrow{BC}$ 의 시점이 일치할 때
두 벡터의 덧셈은

$$\vec{a}+\vec{b}=\overrightarrow{AB}+\overrightarrow{BC}=\overrightarrow{AC}$$

로 정의한다.

특히
$\vec{a}+\vec{0}=\overrightarrow{AB}+\overrightarrow{BB}=\overrightarrow{AB}=\vec{a}$ 이고
$\vec{a}+(-\vec{a})=\overrightarrow{AB}+\overrightarrow{BA}=\overrightarrow{AA}=\vec{0}$ 이다.
또한 다음이 성립한다.
$\overrightarrow{PA}+\overrightarrow{PB}=\vec{0}$ (또는 $\overrightarrow{AP}+\overrightarrow{BP}=\vec{0}$)
⇔ 점 P는 선분 AB의 중점이다.

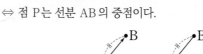

두 벡터 $\vec{a}=\overrightarrow{AB}$, $\vec{b}=\overrightarrow{AD}$ 와 같이
벡터 $\vec{a}$ 의 종점과 벡터 $\vec{b}$ 의 시점이 일치하지 않을 경우에는
$\overrightarrow{BC}=\overrightarrow{AD}$ 가 되도록 점 C를 잡고,
$\vec{a}+\vec{b}=\overrightarrow{AB}+\overrightarrow{AD}=\overrightarrow{AB}+\overrightarrow{BC}=\overrightarrow{AC}$ 로 구한다.

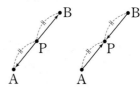

① 벡터의 덧셈에 대한 연산 법칙
세 벡터 $\vec{a}$, $\vec{b}$, $\vec{c}$ 에 대하여 다음이 성립한다.
❶ $\vec{a}+\vec{b}=\vec{b}+\vec{a}$
❷ $(\vec{a}+\vec{b})+\vec{c}=\vec{a}+(\vec{b}+\vec{c})$

② 벡터의 뺄셈
벡터의 뺄셈은 벡터의 덧셈에 대한 교환법칙을 이용한다.
두 벡터 $\vec{a}=\overrightarrow{AB}$, $\vec{b}=\overrightarrow{AC}$ 의 시점이 일치할 때
두 벡터의 뺄셈은

$$\vec{a}-\vec{b}=\overrightarrow{AB}-\overrightarrow{AC}=\overrightarrow{AB}+\overrightarrow{CA}=\overrightarrow{CA}+\overrightarrow{AB}=\overrightarrow{CB}$$

로 정의한다.

실수 k와 벡터 $\vec{a}$에 대하여 벡터 $k\vec{a}$는

$\vec{a} = \vec{0}$인 경우

k의 값에 관계없이 $k\vec{a} = \vec{0}$이다.

$\vec{a} \neq \vec{0}$인 경우

$k > 0$이면 $\vec{a}$와 방향이 같고, 그 크기가 $k|\vec{a}|$이다.

$k = 0$이면 $k\vec{a} = \vec{0}$이다.

$k < 0$이면 $\vec{a}$와 방향이 반대이고, 그 크기가 $|k||\vec{a}|$이다.

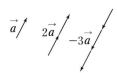

두 실수 k, l과 두 벡터 $\vec{a}$, $\vec{b}$에 대하여 다음이 성립한다.

❶ $k(l\vec{a}) = (kl)\vec{a}$

❷ $(k+l)\vec{a} = k\vec{a} + l\vec{a}$

❸ $k(\vec{a} + \vec{b}) = k\vec{a} + k\vec{b}$

❹ $\vec{a} /\!/ \vec{b} \Leftrightarrow \vec{b} = k\vec{a}$인 실수 k가 존재한다.

(단, $\vec{a}$, $\vec{b}$는 영벡터가 아니고 $k \neq 0$이다.)

지금까지 배운 것들을 이용하면
'중점'을 고려해서 두 벡터의 합을 다음과 같이 구할 수 있다.
두 벡터 $\overrightarrow{AB}$, $\overrightarrow{AC}$에 대하여 **선분 BC의 중점을 M이라 하면**

$$\overrightarrow{AB} + \overrightarrow{AC}$$
$$= (\overrightarrow{AM} + \overrightarrow{MB}) + (\overrightarrow{AM} + \overrightarrow{MC})$$
$$= (\overrightarrow{AM} + \overrightarrow{AM}) + (\overrightarrow{MB} + \overrightarrow{MC})$$
$$= 2\overrightarrow{AM} + \vec{0} = 2\overrightarrow{AM}$$

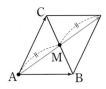

두 벡터 $\overrightarrow{AB}$, $\overrightarrow{CD}$에 대하여
선분 AC의 중점을 M, 선분 BD의 중점을 N이라 하면

$$\overrightarrow{AB} + \overrightarrow{CD}$$
$$= (\overrightarrow{AM} + \overrightarrow{MN} + \overrightarrow{NB}) + (\overrightarrow{CM} + \overrightarrow{MN} + \overrightarrow{ND})$$
$$= (\overrightarrow{AM} + \overrightarrow{CM}) + (\overrightarrow{MN} + \overrightarrow{MN}) + (\overrightarrow{NB} + \overrightarrow{ND})$$
$$= \vec{0} + 2\overrightarrow{MN} + \vec{0} = 2\overrightarrow{MN}$$

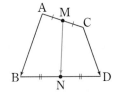 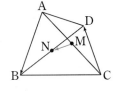

또한 삼각형 ABC의 무게중심을 G라 하고,
선분 BC의 중점을 M이라 하면

$$\overrightarrow{GA} + \overrightarrow{GB} + \overrightarrow{GC}$$
$$= \overrightarrow{GA} + 2\overrightarrow{GM} = \vec{0}$$

임을 알 수 있다.

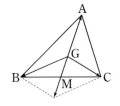

2 평면벡터의 성분과 내적

너코 132 위치벡터

시점을 한 점 O로 고정하면 임의의 점 P와 이 점의 위치를 나타내는 벡터 $\overrightarrow{OP}$ 는 일대일로 대응한다.

이때 $\overrightarrow{OP}$ 를 점 O에 대한 점 P의 **위치벡터**라 한다.

예를 들어 $0 \le s \le 3,\ 0 \le t \le 2$일 때

$\overrightarrow{OP} = s\overrightarrow{OA} + t\overrightarrow{OB}$ 인 점 P는

$\overrightarrow{OA'} = 3\overrightarrow{OA},\ \overrightarrow{OB'} = 2\overrightarrow{OB}$ 라 하고

$\overrightarrow{OC} = \overrightarrow{OA'} + \overrightarrow{OB'}$ 라 할 때

평행사변형 $OA'CB'$의 둘레 및 내부에 있는 점이다.

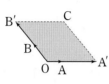

① 위치벡터로 나타내기

점 O에 대한 두 점 A, B의 위치벡터를 각각 $\vec{a},\ \vec{b}$ 라 하면

$$\overrightarrow{AB} = \overrightarrow{OB} - \overrightarrow{OA} = \vec{b} - \vec{a}$$

가 성립한다.

② 내분점과 외분점의 위치벡터

두 점 A, B의 위치벡터를 각각 $\vec{a},\ \vec{b}$ 라 할 때

두 양수 $m,\ n$에 대하여 선분 AB를

$m : n$으로 내분하는 점 P의 위치벡터를 $\vec{p}$,

$m : n$으로 외분하는 점 Q의 위치벡터를 $\vec{q}$ 라 하면

$$\vec{p} = \frac{m\vec{b} + n\vec{a}}{m+n},\quad \vec{q} = \frac{m\vec{b} - n\vec{a}}{m-n} \text{이다.}$$

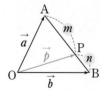 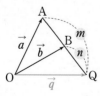

예를 들어 세 점 A, B, C의 위치벡터

$\overrightarrow{OA} = \vec{a},\ \overrightarrow{OB} = \vec{b},\ \overrightarrow{OC} = \vec{c}$에 대하여

$4\vec{a} + 5\vec{b} + 3\vec{c} = \vec{0}$라 주어졌을 때

$$\frac{5\vec{b} + 4\vec{a}}{9} = -\frac{\vec{c}}{3} \text{로 변형하면}$$

$\overrightarrow{OC'} = -\dfrac{1}{3}\overrightarrow{OC}$ 를 만족시키는 점 C'이

선분 AB를 $5 : 4$로 내분하는 점임을 알 수 있다.

또한 **직선 AB 위를 움직이는 점 P의 위치벡터**는

실수 t에 대하여 $t\vec{a} + (1-t)\vec{b}$ 로 나타낼 수 있다.

특히 $0 \le t \le 1$이면 점 P는 선분 AB 위를 움직인다.

한편 삼각형 ABC의 무게중심 G의 위치벡터를 $\vec{g}$ 라 하면

$$\vec{g} = \frac{\vec{a} + \vec{b} + \vec{c}}{3} \text{이다.}$$

너코 133 평면벡터의 성분과 연산

좌표평면에서 평면벡터 $\vec{a}$와 원점 O에 대하여

$\vec{a} = \overrightarrow{OA}$를 만족시키는 점 A의 좌표를 $(a_1,\ a_2)$라 할 때,

$a_1,\ a_2$를 평면벡터 $\vec{a}$의 성분이라 한다.

벡터 $\vec{a}$는 성분을 이용하여 다음과 같이 나타낼 수 있다.

$$\vec{a} = (\underset{x\text{성분}}{a_1},\ \underset{y\text{성분}}{a_2})$$

이때 벡터의 크기는 선분 OA의 길이, 즉 $\sqrt{a_1{}^2 + a_2{}^2}$이다.

두 평면벡터 $\vec{a} = (a_1,\ a_2),\ \vec{b} = (b_1,\ b_2)$에 대하여 다음이 성립한다.

❶ $\vec{a} + \vec{b} = (a_1 + b_1,\ a_2 + b_2)$

❷ $\vec{a} - \vec{b} = (a_1 - b_1,\ a_2 - b_2)$

❸ $k\vec{a} = (ka_1,\ ka_2)$ (단, k는 실수이다.)

❹ $\vec{a} = \vec{b} \Leftrightarrow a_1 = b_1,\ a_2 = b_2$

❺ $\vec{a} /\!/ \vec{b} \Leftrightarrow \begin{cases} b_1 = ka_1 \\ b_2 = ka_2 \end{cases}$ 인 실수 k가 존재한다.

(단, $\vec{a},\ \vec{b}$는 영벡터가 아니고 $k \ne 0$이다.)

또한 두 점 $A(a_1,\ a_2),\ B(b_1,\ b_2)$에 대하여

$\overrightarrow{AB} = \overrightarrow{OB} - \overrightarrow{OA} = (b_1 - a_1,\ b_2 - a_2)$이므로

$|\overrightarrow{AB}| = \sqrt{(b_1 - a_1)^2 + (b_2 - a_2)^2}$ 이다.

너코 134 평면벡터의 내적

영벡터가 아닌 두 벡터 $\vec{a} = (a_1, a_2)$, $\vec{b} = (b_1, b_2)$가 이루는
각의 크기를 θ라 하면
$0° \leq \theta \leq 90°$일 때 $\vec{a} \cdot \vec{b} = |\vec{a}||\vec{b}|\cos\theta$
$90° < \theta \leq 180°$일 때 $\vec{a} \cdot \vec{b} = -|\vec{a}||\vec{b}|\cos(180°-\theta)$
로 계산한다.

> 〈수학 Ⅰ〉이 〈기하〉의 선수학습과목은 아니지만,
> 수능을 치르는 모든 학생이 〈수학 Ⅰ〉을 공통과목으로
> 학습하므로 너기출의 앞으로의 내용에서는 삼각함수의
> 성질 $\cos(180°-\theta) = -\cos\theta$를 적용하여
> $$0° \leq \theta \leq 180°\text{일 때 } \vec{a} \cdot \vec{b} = |\vec{a}||\vec{b}|\cos\theta$$
> 와 같이 간결한 공식으로 설명되는 점 참고바랍니다.

이때 반대로 $\vec{a} \cdot \vec{b}$, $|\vec{a}|$, $|\vec{b}|$의 값을 알면
$$\cos\theta = \frac{\vec{a} \cdot \vec{b}}{|\vec{a}||\vec{b}|}\text{임을 이용하여}$$
두 벡터 $\vec{a}$, $\vec{b}$가 이루는 각의 크기를 구할 수 있다.
또한 벡터의 성분을 이용하여
$$\vec{a} \cdot \vec{b} = a_1 b_1 + a_2 b_2$$
이므로
$$\cos\theta = \frac{a_1 b_1 + a_2 b_2}{\sqrt{a_1{}^2 + a_2{}^2} \times \sqrt{b_1{}^2 + b_2{}^2}}\text{임을 이용하여}$$
구할 수도 있다.

한편 영벡터가 아닌 세 평면벡터 $\vec{a}$, $\vec{b}$, $\vec{c}$에 대하여 다음이
성립한다. (단, θ는 두 벡터 $\vec{a}$, $\vec{b}$가 이루는 각의 크기이다.)
❶ $\vec{a} \perp \vec{b} \Leftrightarrow \theta = 90° \Leftrightarrow \vec{a} \cdot \vec{b} = 0$
❷ $\vec{a} /\!/ \vec{b} \Leftrightarrow \theta = 0°$ 또는 $\theta = 180°$
$\qquad\quad \Leftrightarrow \vec{a} \cdot \vec{b} = |\vec{a}||\vec{b}|$ 또는 $\vec{a} \cdot \vec{b} = -|\vec{a}||\vec{b}|$
$\quad$ 특히 $\vec{a} \cdot \vec{a} = |\vec{a}|^2$이다.
❸ $\vec{a} \cdot \vec{b} = \vec{b} \cdot \vec{a}$
❹ $\vec{a} \cdot (\vec{b} + \vec{c}) = \vec{a} \cdot \vec{b} + \vec{a} \cdot \vec{c}$
$\quad (\vec{a} + \vec{b}) \cdot \vec{c} = \vec{a} \cdot \vec{c} + \vec{b} \cdot \vec{c}$
❺ $(k\vec{a}) \cdot \vec{b} = \vec{a} \cdot (k\vec{b}) = k(\vec{a} \cdot \vec{b})$ (단, k는 실수이다.)

❷를 통해 다음의 계산을 할 수 있다.
$$|\vec{a} + \vec{b}|^2 = (\vec{a} + \vec{b}) \cdot (\vec{a} + \vec{b}) = |\vec{a}|^2 + 2\vec{a} \cdot \vec{b} + |\vec{b}|^2$$
$$= |\vec{a}|^2 + 2|\vec{a}||\vec{b}|\cos\theta + |\vec{b}|^2$$
$\qquad$ (단, θ는 두 벡터 $\vec{a}$, $\vec{b}$가 이루는 각의 크기이다.)

또한 $\vec{a} = \overrightarrow{OA}$, $\vec{b} = \overrightarrow{OB}$라 하고
점 B에서 직선 OA에 내린 수선의 발을 H라 하면
다음과 같이 평면벡터의 내적을 선분의 길이로 구할 수 있다.

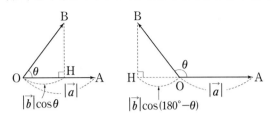

$0° < \theta < 90°$이면 $\overline{OH} = |\vec{b}|\cos\theta$이므로
$\vec{a} \cdot \vec{b} = \overline{OA} \times \overline{OH}$이고,
$90° < \theta < 180°$이면
$\overline{OH} = |\vec{b}|\cos(180°-\theta) = -|\vec{b}|\cos\theta$이므로
$\vec{a} \cdot \vec{b} = -\overline{OA} \times \overline{OH}$이다.

예를 들어
점 O를 중심으로 하고 선분 AB를 지름으로 하는 원 위의
점 P에서의 접선과 직선 AB가 만나는 점을 Q라 할 때
$\overrightarrow{AP} \cdot \overrightarrow{OQ}$의 값을 다음과 같이 정리할 수 있다.
$\overrightarrow{AP} \cdot \overrightarrow{OQ}$
$= (\overrightarrow{AO} + \overrightarrow{OP}) \cdot \overrightarrow{OQ}$
$= \overrightarrow{AO} \cdot \overrightarrow{OQ} + \overrightarrow{OP} \cdot \overrightarrow{OQ}$
$= |\overrightarrow{AO}||\overrightarrow{OQ}| + |\overrightarrow{OP}||\overrightarrow{OP}|$
$= \overline{AO} \times \overline{OQ} + \overline{OP}^2$

너코 135 평면벡터의 내적의 최대·최소

두 벡터 $\vec{a}$, $\vec{b}$가 이루는 각의 크기를 $\theta\,(0° \leq \theta \leq 180°)$라
하면 $\vec{a} \cdot \vec{b} = |\vec{a}||\vec{b}|\cos\theta$의 최댓값과 최솟값은

❶ 두 벡터 $\vec{a}$, $\vec{b}$의 크기가 일정한 경우
$\cos\theta$가 최대(최소)일 때 $\vec{a} \cdot \vec{b}$의 값도 최대(최소)이다.

❷ 두 벡터 $\vec{a}$, $\vec{b}$의 크기와 방향이 모두 변하는 경우
 [방법1] 벡터의 덧셈 또는 뺄셈을 적절히 활용하여 ❶의
 형태로 변형한다. (두 벡터가 수직인 경우 벡터의
 크기에 관계없이 내적이 0임을 이용)
 [방법2] 주어진 그림을 좌표평면 위에 놓고 벡터의 성분을
 계산한다.

예를 들어
$\angle ABC = 90°$이고 $\overline{AB} = 2\overline{BC} = 2$인 직각삼각형 ABC와
선분 AB를 지름으로 하는 원 위를 움직이는 점 P에 대하여
$\overrightarrow{BC} \cdot \overrightarrow{AP}$의 최댓값과 최솟값을 구하면 다음과 같다.
❷의 [방법1]
선분 AB의 중점을 O라 하면
$$\overrightarrow{BC} \cdot \overrightarrow{AP} = \overrightarrow{BC} \cdot (\overrightarrow{AO} + \overrightarrow{OP})$$
$$= \overrightarrow{BC} \cdot \overrightarrow{AO} + \overrightarrow{BC} \cdot \overrightarrow{OP}$$
$$= \overrightarrow{BC} \cdot \overrightarrow{OP} \; (\because \overrightarrow{BC} \perp \overrightarrow{AO})$$
이므로 두 벡터 $\overrightarrow{BC}$, $\overrightarrow{OP}$의 방향이
서로 같을 때 최댓값 $|\overrightarrow{BC}||\overrightarrow{OP}| = 1$을 갖고,
서로 반대일 때 최솟값 $-|\overrightarrow{BC}||\overrightarrow{OP}| = -1$을 갖는다.

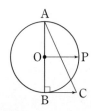 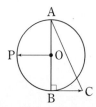

❷의 [방법2]
$A(0, 1)$, $B(0, -1)$, $C(1, -1)$, $P(x, y)$라 하면
$$(단, x^2 + y^2 = 1)$$
$$\overrightarrow{BC} \cdot \overrightarrow{AP} = (1, 0) \cdot (x, y-1)$$
$$= 1 \times x + 0 \times (y-1) = x$$
는 $x = 1$일 때 최댓값 1, $x = -1$일 때 최솟값 -1을 갖는다.

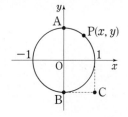

너코 136 평면벡터를 이용한 직선의 방정식

좌표평면에서 직선 l 위의 한 점 $A(x_1, y_1)$과
직선 l과 평행인 벡터 $\vec{u} = (u_1, u_2)$ 또는
직선 l과 수직인 벡터 $\vec{n} = (n_1, n_2)$가 주어지면
직선 l의 방정식을 구할 수 있다.
이때 직선 l 위의 임의의 점을 $P(x, y)$라 하자.

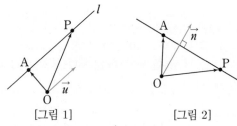

[그림 1]　　　　　[그림 2]

❶ 점 A를 지나고 벡터 $\vec{u}$에 평행한 직선 l의 방정식
 실수 t에 대하여 $\overrightarrow{AP} = t\vec{u}$, 즉 $\overrightarrow{OP} = \overrightarrow{OA} + t\vec{u}$이므로
 $x = x_1 + tu_1$, $y = y_1 + tu_2$이다. ([그림 1])
 따라서

 $u_1 u_2 \neq 0$이면 $\dfrac{x - x_1}{u_1} = \dfrac{y - y_1}{u_2}$이다.

 $u_1 = 0$, $u_2 \neq 0$이면 $x = x_1$이다.

 $u_1 \neq 0$, $u_2 = 0$이면 $y = y_1$이다.

 이때 **벡터 $\vec{u}$를 직선 l의 방향벡터**라 한다.
 또한 방향벡터가 주어지지 않더라도
 직선 위의 두 점 (x_1, y_1), (x_2, y_2)의 좌표가 주어졌다면

 직선의 방정식을 $\dfrac{x - x_1}{x_2 - x_1} = \dfrac{y - y_1}{y_2 - y_1}$로 구할 수 있다.

 $$(단, x_1 \neq x_2, y_1 \neq y_2)$$

❷ 점 A를 지나고 벡터 $\vec{n}$에 수직인 직선 l의 방정식
 $\overrightarrow{AP} \cdot \vec{n} = 0$, 즉
 $(\overrightarrow{OP} - \overrightarrow{OA}) \cdot \vec{n} = 0$이므로
 $n_1(x - x_1) + n_2(y - y_1) = 0$이다. ([그림 2])
 이때 **벡터 $\vec{n}$을 직선 l의 법선벡터**라 한다.

한편 두 직선 l, l'의 방향벡터가 각각
$\vec{u} = (u_1, u_2)$, $\vec{v} = (v_1, v_2)$일 때,
두 직선이 이루는 각의 크기를 $\theta\,(0° \leq \theta \leq 90°)$라 하면
$$\cos\theta = \frac{|\vec{u} \cdot \vec{v}|}{|\vec{u}||\vec{v}|} = \frac{|u_1 v_1 + u_2 v_2|}{\sqrt{u_1^2 + u_2^2}\sqrt{v_1^2 + v_2^2}}$$이다.

특히 두 직선이 평행 또는 수직일 때 다음이 성립한다.
$l \,/\!/\, l' \Leftrightarrow \vec{u} \,/\!/\, \vec{v} \Leftrightarrow \vec{v} = k\vec{u}$인 실수 k가 존재한다.

$$(단, k \neq 0)$$

$l \perp l' \Leftrightarrow \vec{u} \perp \vec{v} \Leftrightarrow u_1 v_1 + u_2 v_2 = 0$

너코 137 **평면벡터를 이용한 원의 방정식**

좌표평면에서 원 C의 중심과 반지름의 길이가 주어지거나
원 C의 지름의 양 끝점 $A(x_1, y_1)$, $B(x_2, y_2)$가 주어지면
원 C의 방정식을 구할 수 있다.
이때 원의 중심을 $C(a, b)$, 원 C 위의 임의의 점을
$P(x, y)$라 하고
네 점 A, B, C, P의 위치벡터를 각각 $\vec{a}$, $\vec{b}$, $\vec{c}$, $\vec{p}$ 라 하자.

[그림 1]   [그림 2]

❶ 중심이 $C(a, b)$이고 반지름의 길이가 r인 원 C의
  방정식

  점 P는 점 C를 중심으로 하고 반지름의 길이가 r인 원
  위의 점이므로 $|\overrightarrow{CP}| = r$이다. ([그림 1])
  이를 아래와 같이 다양하게 변형하여 나타낼 수도 있다.
  $|\overrightarrow{OP} - \overrightarrow{OC}| = r$ 또는 $|\vec{p} - \vec{c}| = r$ 또는
  $(\vec{p} - \vec{c}) \cdot (\vec{p} - \vec{c}) = r^2$ 또는 $(x-a)^2 + (y-b)^2 = r^2$

❷ 선분 AB를 지름으로 하는 원 C의 방정식

  반원에 대한 원주각의 크기가 $90°$, 즉 $\overrightarrow{AP} \perp \overrightarrow{BP}$이므로
  $\overrightarrow{AP} \cdot \overrightarrow{BP} = 0$이다. ([그림 2])
  이를 아래와 같이 다양하게 변형하여 나타낼 수도 있다.
  $(\overrightarrow{OP} - \overrightarrow{OA}) \cdot (\overrightarrow{OP} - \overrightarrow{OB}) = 0$ 또는
  $(\vec{p} - \vec{a}) \cdot (\vec{p} - \vec{b}) = 0$ 또는
  $(x - x_1)(x - x_2) + (y - y_1)(y - y_2) = 0$

한편, 중심이 $C(a, b)$인 원 위의 한 점 $A(x_1, y_1)$에서의
접선은 원의 반지름과 수직이므로
접선의 법선벡터는
$\overrightarrow{CA} = (x_1 - a, y_1 - b)$
임을 알 수 있다.
또한, 접선의 방향벡터를
$(y_1 - b, -(x_1 - a))$로 정할 수 있다.

예를 들어
좌표평면에서 $|\overrightarrow{OP}| = 10$을 만족시키는 점 $P(x, y)$가
나타내는 도형은
중심이 O, 반지름의 길이가 10인 원이고, 이를 방정식으로
나타내면 $x^2 + y^2 = 100$이다. (단, O는 원점이다.)

이 원 위의 점 $A(-6, 8)$에서의
접선의 법선벡터가 $(-6, 8)$
이므로 방향벡터는 $(8, 6)$이다.

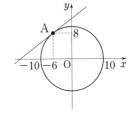

1 벡터의 연산

유형 01 벡터의 연산

유형소개

벡터의 뜻을 바탕으로 벡터의 덧셈과 뺄셈 및 실수배를
다루는 문제로 구성하였다. 고난이도 문제가 자주 출제되고
있으며, 기하적 풀이는 물론 좌표를 이용한 대수적인 풀이도
가능하므로 다양한 방법으로 접근해보자.

유형접근법

두 벡터의 합을 계산할 때 '중점'을 고려하거나 벡터를
평행이동시키면 빠르게 문제를 해결할 수 있다.

❶ 시점이 일치하는 두 벡터 $\overrightarrow{AB}$, $\overrightarrow{AC}$ 의 합
선분 BC 의 중점을 M이라 하면
$$\overrightarrow{AB} + \overrightarrow{AC} = 2\overrightarrow{AM}$$

❷ 시점과 종점이 모두 다른 두 벡터 $\overrightarrow{AB}$, $\overrightarrow{CD}$ 의 합
[방법1] 두 선분 AC , BD의 중점을 각각 M, N이라
하면
$$\overrightarrow{AB} + \overrightarrow{CD} = 2\overrightarrow{MN}$$
[방법2] $\overrightarrow{CD} = \overrightarrow{AE}$ 를 만족시키는 점 E를 잡고 ❶ 이용
(시점이 A가 되도록 $\overrightarrow{CD}$ 를 평행이동시킨다.)
[방법3] $\overrightarrow{CD} = \overrightarrow{BF}$ 를 만족시키는 점 F를 잡으면
$$\overrightarrow{AB} + \overrightarrow{CD} = \overrightarrow{AB} + \overrightarrow{BF} = \overrightarrow{AF}$$
(시점이 B가 되도록 $\overrightarrow{CD}$ 를 평행이동시킨다.)

N01-01

너코 018 · 너코 130
2012학년도 수능 가형 8번

삼각형 ABC에서

$$\overline{AB} = 2, \ \angle B = 90°, \ \angle C = 30°$$

이다. 점 P가 $\overrightarrow{PB} + \overrightarrow{PC} = \vec{0}$ 를 만족시킬 때, $|\overrightarrow{PA}|^2$ 의
값은? [3점]

① 5   ② 6   ③ 7
④ 8   ⑤ 9

N01-02

너코 131
2022학년도 6월 평가원 (기하) 26번

그림과 같이 한 변의 길이가 1인 정육각형 ABCDEF에서
$|\overrightarrow{AE} + \overrightarrow{BC}|$ 의 값은? [3점]

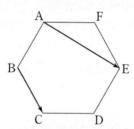

① $\sqrt{6}$ ② $\sqrt{7}$ ③ $2\sqrt{2}$
④ 3   ⑤ $\sqrt{10}$

두 벡터 $\vec{a}$와 $\vec{b}$에 대하여

$$\vec{a} + 3(\vec{a} - \vec{b}) = k\vec{a} - 3\vec{b}$$

이다. 실수 k의 값은? (단, $\vec{a} \neq \vec{0}$, $\vec{b} \neq \vec{0}$) [2점]

① 1 　　　　 ② 2 　　　　 ③ 3
④ 4 　　　　 ⑤ 5

타원 $\dfrac{x^2}{4} + y^2 = 1$의 두 초점을 F, F′이라 하자. 이 타원 위의 점 P가 $|\overrightarrow{OP} + \overrightarrow{OF}| = 1$을 만족시킬 때, 선분 PF의 길이는 k이다. $5k$의 값을 구하시오. (단, O는 원점이다.)

[3점]

한 변의 길이가 3인 정삼각형 ABC에서 변 AB를 2:1로 내분하는 점을 D라 하고, 변 AC를 3:1과 1:3으로 내분하는 점을 각각 E, F라 할 때, $|\overrightarrow{BF} + \overrightarrow{DE}|^2$의 값은?

[3점]

① 17 　　　　 ② 18 　　　　 ③ 19
④ 20 　　　　 ⑤ 21

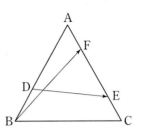

직사각형 $ABCD$의 내부의 점 P가

$$\overrightarrow{PA} + \overrightarrow{PB} + \overrightarrow{PC} + \overrightarrow{PD} = \overrightarrow{CA}$$

를 만족시킨다. 〈보기〉에서 옳은 것만을 있는 대로 고른 것은? [4점]

〈보기〉

ㄱ. $\overrightarrow{PB} + \overrightarrow{PD} = 2\overrightarrow{CP}$

ㄴ. $\overrightarrow{AP} = \dfrac{3}{4}\overrightarrow{AC}$

ㄷ. 삼각형 ADP의 넓이가 3이면 직사각형 $ABCD$의 넓이는 8이다.

---

① ㄱ   ② ㄷ   ③ ㄱ, ㄴ
④ ㄴ, ㄷ   ⑤ ㄱ, ㄴ, ㄷ

그림과 같이 선분 AB 위에 $\overline{AE} = \overline{DB} = 2$인 두 점 D, E가 있다. 두 선분 AE, DB를 각각 지름으로 하는 두 반원의 호 AE, DB가 만나는 점을 C라 하고, 선분 AB 위에 $\overline{O_1A} = \overline{O_2B} = 1$인 두 점을 O_1, O_2라 하자.

호 AC 위를 움직이는 점 P와 호 DC 위를 움직이는 점 Q에 대하여 $|\overrightarrow{O_1P} + \overrightarrow{O_2Q}|$의 최솟값이 $\dfrac{1}{2}$일 때, 선분 AB의 길이는 $\dfrac{q}{p}$이다. $p+q$의 값을 구하시오.

(단, $1 < \overline{O_1O_2} < 2$이고, p와 q는 서로소인 자연수이다.)

[4점]

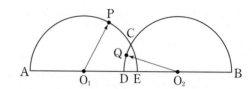

N01-07 점 Q가 호 DC 위를 움직일 때 $\overrightarrow{O_2Q} = \overrightarrow{O_1Q'}$인 점 Q'을 잡으면 점 Q'이 어떤 도형 위를 움직이는지 구해보자.
또한 이와 같이 두 벡터의 시점을 일치시키면 선분 PQ'의 '중점 M'을 이용해 $|\overrightarrow{O_1P} + \overrightarrow{O_2Q}| = |\overrightarrow{O_1P} + \overrightarrow{O_1Q'}| = |2\overrightarrow{O_1M}|$과 같이 식을 정리할 수 있으므로 참고하여 접근해보자.

좌표평면에서 넓이가 9인 삼각형 ABC의 세 변 AB, BC, CA 위를 움직이는 점을 각각 P, Q, R라 할 때,

$$\overrightarrow{AX} = \frac{1}{4}(\overrightarrow{AP} + \overrightarrow{AR}) + \frac{1}{2}\overrightarrow{AQ}$$

를 만족시키는 점 X가 나타내는 영역의 넓이가 $\frac{q}{p}$이다. $p+q$의 값을 구하시오.

(단, p와 q는 서로소인 자연수이다.) [4점]

좌표평면 위에 두 점 $A(1, 0)$, $B(0, 1)$이 있다. 중심각의 크기가 $\frac{\pi}{2}$인 부채꼴 OAB의 호 AB 위를 움직이는 점 X와 함수 $y = (x-2)^2 + 1 \ (2 \le x \le 3)$의 그래프 위를 움직이는 점 Y에 대하여

$$\overrightarrow{OP} = \overrightarrow{OY} - \overrightarrow{OX}$$

를 만족시키는 점 P가 나타내는 영역을 R라 하자. 점 O로부터 영역 R에 있는 점까지의 거리의 최댓값을 M, 최솟값을 m이라 할 때, $M^2 + m^2$의 값은?

(단, O는 원점이다.) [4점]

① $16 - 2\sqrt{5}$ ② $16 - \sqrt{5}$ ③ 16

④ $16 + \sqrt{5}$ ⑤ $16 + 2\sqrt{5}$

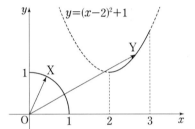

─────────────

Hidden Point

N01-09 주어진 꼴 $\overrightarrow{OP} = \overrightarrow{OY} - \overrightarrow{OX}$ 로 점 P가 나타내는 영역을 파악하기는 어려워 식 조작이 필요하다.

이때 벡터 $\overrightarrow{OX}$ 는 점 X의 위치에 관계없이 크기가 일정하므로 그대로 두고, 벡터 $\overrightarrow{OY}$ 를 좌변으로 넘기면 $\overrightarrow{OP} - \overrightarrow{OY} = -\overrightarrow{OX}$, 즉 $\overrightarrow{YP} = -\overrightarrow{OX}$ 로 정리할 수 있다.

이때 $-\overrightarrow{OX} = \overrightarrow{OX'}$ 라 하면
점 X′은 점 O를 중심으로 하고 반지름의 길이가 1인 사분원의 호 위를 움직이는 점이므로
벡터 $\overrightarrow{YP}$ 의 종점 P는 점 Y를 중심으로 하고 반지름의 길이가 1인 사분원의 호 위를 움직이는 점으로 해석해낼 수 있다.

좌표평면에서 한 변의 길이가 4인 정육각형 $ABCDEF$의 변 위를 움직이는 점 P가 있고, 점 C를 중심으로 하고 반지름의 길이가 1인 원 위를 움직이는 점 Q가 있다. 두 점 P, Q와 실수 k에 대하여 점 X가 다음 조건을 만족시킬 때, $\left|\overrightarrow{CX}\right|$의 값이 최소가 되도록 하는 k의 값을 α, $\left|\overrightarrow{CX}\right|$의 값이 최대가 되도록 하는 k의 값을 β라 하자.

> (가) $\overrightarrow{CX} = \dfrac{1}{2}\overrightarrow{CP} + \overrightarrow{CQ}$
>
> (나) $\overrightarrow{XA} + \overrightarrow{XC} + 2\overrightarrow{XD} = k\overrightarrow{CD}$

$\alpha^2 + \beta^2$의 값을 구하시오. [4점]

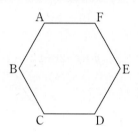

직선 $2x + y = 0$ 위를 움직이는 점 P와 타원 $2x^2 + y^2 = 3$ 위를 움직이는 점 Q에 대하여

$$\overrightarrow{OX} = \overrightarrow{OP} + \overrightarrow{OQ}$$

를 만족시키고, x좌표와 y좌표가 모두 0 이상인 모든 점 X가 나타내는 영역의 넓이는 $\dfrac{q}{p}$이다. $p+q$의 값을 구하시오.

(단, O는 원점이고, p와 q는 서로소인 자연수이다.) [4점]

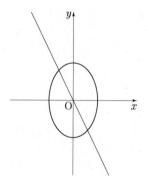

좌표평면에 한 변의 길이가 4인 정삼각형 ABC가 있다. 선분 AB를 $1:3$으로 내분하는 점을 D, 선분 BC를 $1:3$으로 내분하는 점을 E, 선분 CA를 $1:3$으로 내분하는 점을 F라 하자. 네 점 P, Q, R, X가 다음 조건을 만족시킨다.

(가) $\left\lvert\overrightarrow{\mathrm{DP}}\right\rvert = \left\lvert\overrightarrow{\mathrm{EQ}}\right\rvert = \left\lvert\overrightarrow{\mathrm{FR}}\right\rvert = 1$
(나) $\overrightarrow{\mathrm{AX}} = \overrightarrow{\mathrm{PB}} + \overrightarrow{\mathrm{QC}} + \overrightarrow{\mathrm{RA}}$

$\left\lvert\overrightarrow{\mathrm{AX}}\right\rvert$의 값이 최대일 때, 삼각형 PQR의 넓이를 S라 하자. $16S^2$의 값을 구하시오. [4점]

두 초점이 $\mathrm{F}(5, 0)$, $\mathrm{F}'(-5, 0)$이고, 주축의 길이가 6인 쌍곡선이 있다. 쌍곡선 위의 $\overline{\mathrm{PF}} < \overline{\mathrm{PF}'}$인 점 P에 대하여 점 Q가

$$\left(\left\lvert\overrightarrow{\mathrm{FP}}\right\rvert + 1\right)\overrightarrow{\mathrm{F}'\mathrm{Q}} = 5\overrightarrow{\mathrm{QP}}$$

를 만족시킨다. 점 $\mathrm{A}(-9, -3)$에 대하여 $\left\lvert\overrightarrow{\mathrm{AQ}}\right\rvert$의 최댓값을 구하시오. [4점]

N01-14

좌표평면 위에 다섯 점

$$A(0, 8), B(8, 0), C(7, 1), D(7, 0), E(-4, 2)$$

가 있다. 삼각형 AOB의 변 위를 움직이는 점 P와 삼각형 CDB의 변 위를 움직이는 점 Q에 의하여 $|\overrightarrow{PQ}+\overrightarrow{OE}|^2$의 최댓값을 M, 최솟값을 m이라 할 때, $M+m$의 값을 구하시오. (단, O는 원점이다.) [4점]

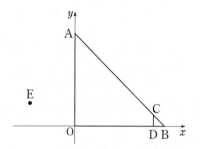

---

2 평면벡터의 성분과 내적

유형 02 **평면벡터의 성분과 내적**

■ 유형소개

'평면벡터의 성분' 또는 '평면벡터의 내적'의 개념을 이용하는 기본 문제를 수록했다. 2점 또는 3점 수준으로 주로 출제되는 유형이므로 실수 없이 빠르게 풀이하는 연습을 하자.

■ 유형접근법

평면벡터의 내적은 주어진 정보에 따라 다양하게 값을 구할 수 있다.

❶ 두 벡터의 성분 $\vec{a}=(a_1, a_2)$, $\vec{b}=(b_1, b_2)$를 알 때
$$\vec{a}\cdot\vec{b}=a_1b_1+a_2b_2$$

❷ 두 벡터의 크기와 이루는 각 $\theta\,(0\le\theta\le\pi)$를 알 때
$$\vec{a}\cdot\vec{b}=|\vec{a}||\vec{b}|\cos\theta$$

❸ $\vec{a}=\overrightarrow{OA}$, $\vec{b}=\overrightarrow{OB}$에 대하여
점 B에서 선분 OA 또는 그 연장선에 내린 수선의 발을 H, 두 벡터가 이루는 각의 크기를 θ라 할 때
$$0<\theta<\frac{\pi}{2}\text{이면 } \vec{a}\cdot\vec{b}=\overline{OA}\times\overline{OH}$$
$$\frac{\pi}{2}<\theta<\pi\text{이면 } \vec{a}\cdot\vec{b}=-\overline{OA}\times\overline{OH}$$

N02-01

좌표평면 위의 두 점 $A(1, a)$, $B(a, 2)$에 대하여 $\overrightarrow{OB}\cdot\overrightarrow{AB}=14$일 때, 양수 a의 값을 구하시오.

(단, O는 원점이다.) [3점]

N02-02

너코 130 너코 132 너코 133 너코 134
2016학년도 9월 평가원 B형 6번

좌표평면 위의 네 점 $O(0, 0)$, $A(4, 2)$, $B(0, 2)$, $C(2, 0)$ 에 대하여 $\overrightarrow{OA} \cdot \overrightarrow{BC}$ 의 값은? [3점]

① -4 ② -2 ③ 0

④ 2 ⑤ 4

N02-03

너코 133
2017학년도 6월 평가원 가형 1번

벡터 $\vec{a} = (3, -1)$에 대하여 벡터 $5\vec{a}$ 의 모든 성분의 합은? [2점]

① -10 ② -5 ③ 0

④ 5 ⑤ 10

N02-04

너코 134
2017학년도 6월 평가원 가형 23번

두 벡터 $\vec{a} = (4, 1)$, $\vec{b} = (-2, k)$에 대하여 $\vec{a} \cdot \vec{b} = 0$을 만족시키는 실수 k의 값을 구하시오. [3점]

N02-05

너코 133
2017학년도 9월 평가원 가형 1번

두 벡터 $\vec{a} = (2, -1)$, $\vec{b} = (1, 3)$에 대하여 벡터 $\vec{a} + \vec{b}$ 의 모든 성분의 합은? [2점]

① 1 ② 2 ③ 3

④ 4 ⑤ 5

N02-06

너코 133
2017학년도 수능 가형 1번

두 벡터 $\vec{a} = (1, 3)$, $\vec{b} = (5, -6)$에 대하여 벡터 $\vec{a} - \vec{b}$ 의 모든 성분의 합은? [2점]

① 1 ② 2 ③ 3

④ 4 ⑤ 5

N02-07

너코 133
2018학년도 6월 평가원 가형 1번

두 벡터 $\vec{a} = (2, 4)$, $\vec{b} = (1, 1)$에 대하여 벡터 $\vec{a} + \vec{b}$ 의 모든 성분의 합은? [2점]

① 5 ② 6 ③ 7

④ 8 ⑤ 9

N02-08

두 벡터 $\vec{a} = (6, 2)$, $\vec{b} = (0, 4)$에 대하여 벡터 $\vec{a} - \vec{b}$ 의
모든 성분의 합은? [2점]

① 1   ② 2   ③ 3
④ 4   ⑤ 5

N02-09

두 벡터 $\vec{a} = (3, -1)$, $\vec{b} = (1, 2)$에 대하여 벡터
$\vec{a} + \vec{b}$ 의 모든 성분의 합은? [2점]

① 1   ② 2   ③ 3
④ 4   ⑤ 5

N02-10

두 벡터 $\vec{a} = (2, 4)$, $\vec{b} = (1, 3)$에 대하여 벡터 $\vec{a} + 2\vec{b}$ 의
모든 성분의 합을 구하시오. [3점]

N02-11

두 벡터 $\vec{a} = (4, 1)$, $\vec{b} = (3, -2)$에 대하여 벡터 $2\vec{a} - \vec{b}$ 의
모든 성분의 합은? [2점]

① 1   ② 3   ③ 5
④ 7   ⑤ 9

N02-12

두 벡터 $\vec{a} = (1, -2)$, $\vec{b} = (-1, 4)$에 대하여 벡터
$\vec{a} + 2\vec{b}$의 모든 성분의 합은? [2점]

① 1   ② 2   ③ 3
④ 4   ⑤ 5

N02-13

벡터 $\vec{a} = (2, 1)$에 대하여 벡터 $10\vec{a}$ 의 모든 성분의 합을
구하시오. [3점]

N02-14

너코 133
2020학년도 9월 평가원 가형 1번

두 벡터 $\vec{a}=(1,0)$, $\vec{b}=(1,1)$에 대하여 벡터 $\vec{a}+2\vec{b}$의 모든 성분의 합은? [2점]

① 1   ② 2   ③ 3

④ 4   ⑤ 5

N02-15

너코 133
2020학년도 수능 가형 1번

두 벡터 $\vec{a}=(3,1)$, $\vec{b}=(-2,4)$에 대하여 벡터 $\vec{a}+\dfrac{1}{2}\vec{b}$의 모든 성분의 합은? [2점]

① 1   ② 2   ③ 3

④ 4   ⑤ 5

N02-16

너코 134
2024학년도 수능 (기하) 25번

두 벡터 $\vec{a}$, $\vec{b}$에 대하여

$$|\vec{a}|=\sqrt{11},\ |\vec{b}|=3,\ |2\vec{a}-\vec{b}|=\sqrt{17}$$

일 때, $|\vec{a}-\vec{b}|$의 값은? [3점]

① $\dfrac{\sqrt{2}}{2}$ ② $\sqrt{2}$ ③ $\dfrac{3\sqrt{2}}{2}$

④ $2\sqrt{2}$ ⑤ $\dfrac{5\sqrt{2}}{2}$

N02-17

너코 133
2025학년도 9월 평가원 (기하) 23번

두 벡터 $\vec{a}=(4,0)$, $\vec{b}=(1,3)$에 대하여 $2\vec{a}+\vec{b}=(9,k)$일 때, k의 값은? [2점]

① 1   ② 2   ③ 3

④ 4   ⑤ 5

N02-18

너코 133
2025학년도 수능 (기하) 23번

두 벡터 $\vec{a}=(k,3)$, $\vec{b}=(1,2)$에 대하여 $\vec{a}+3\vec{b}=(6,9)$일 때, k의 값은? [2점]

① 1   ② 2   ③ 3

④ 4   ⑤ 5

크기가 1인 두 벡터 $\vec{a}$, $\vec{b}$가 $|\vec{a}-\vec{b}|=1$을 만족할 때, $\vec{a}$, $\vec{b}$가 이루는 각 θ의 크기는? (단, $0 \le \theta \le \pi$) [3점]

① $\dfrac{\pi}{6}$ ② $\dfrac{\pi}{4}$ ③ $\dfrac{\pi}{3}$

④ $\dfrac{\pi}{2}$ ⑤ π

두 평면벡터 $\vec{a}$, $\vec{b}$가

$$|\vec{a}|=1, \ |\vec{b}|=3, \ |2\vec{a}+\vec{b}|=4$$

를 만족시킬 때, 두 평면벡터 $\vec{a}$, $\vec{b}$가 이루는 각을 θ라 하자. $\cos\theta$의 값은? [3점]

① $\dfrac{1}{8}$ ② $\dfrac{3}{16}$ ③ $\dfrac{1}{4}$

④ $\dfrac{5}{16}$ ⑤ $\dfrac{3}{8}$

좌표평면에서 점 $A(4, 6)$과 원 C 위의 임의의 점 P에 대하여

$$|\overrightarrow{OP}|^2 - \overrightarrow{OA} \cdot \overrightarrow{OP} = 3$$

일 때, 원 C의 반지름의 길이는? (단, O 는 원점이다.) [3점]

① 1 ② 2 ③ 3

④ 4 ⑤ 5

좌표평면에서 세 벡터

$$\vec{a} = (3, 0), \ \vec{b} = (1, 2), \ \vec{c} = (4, 2)$$

에 대하여 두 벡터 $\vec{p}$, $\vec{q}$가

$$\vec{p} \cdot \vec{a} = \vec{a} \cdot \vec{b}, \ |\vec{q} - \vec{c}| = 1$$

을 만족시킬 때, $|\vec{p} - \vec{q}|$의 최솟값은? [3점]

① 1　　　　② 2　　　　③ 3

④ 4　　　　⑤ 5

좌표평면에서 세 벡터

$$\vec{a} = (2, 4), \ \vec{b} = (2, 8), \ \vec{c} = (1, 0)$$

에 대하여 두 벡터 $\vec{p}$, $\vec{q}$가

$$(\vec{p} - \vec{a}) \cdot (\vec{p} - \vec{b}) = 0, \ \vec{q} = \frac{1}{2}\vec{a} + t\vec{c} \ (t\text{는 실수})$$

를 만족시킬 때, $|\vec{p} - \vec{q}|$의 최솟값은? [3점]

① $\dfrac{3}{2}$　　　　② 2　　　　③ $\dfrac{5}{2}$

④ 3　　　　⑤ $\dfrac{7}{2}$

■ 유형소개

'평면벡터의 내적'을 이용하여 두 벡터의 평행·수직 조건을
판단하는 기본 문항부터 최고난이도 문제가 다뤄질
유형 04 (내적의 최대·최소)를 해결하는 데 필요한 실력이
채워질 수 있는 중 난이도 이상의 내적 계산 문제까지
수록했다.

■ 유형접근법

✓ 영벡터가 아닌 두 평면벡터 $\vec{a} = (a_1, a_2)$, $\vec{b} = (b_1, b_2)$가
   이루는 각의 크기를 θ라 할 때, 다음이 성립한다.

   ❶ $\vec{a} \perp \vec{b} \Leftrightarrow \theta = 90° \Leftrightarrow \vec{a} \cdot \vec{b} = 0$
   $\Leftrightarrow a_1 b_1 + a_2 b_2 = 0$

   ❷ $\vec{a} /\!/ \vec{b} \Leftrightarrow \theta = 0°$ 또는 $\theta = 180°$
   $\Leftrightarrow \vec{a} \cdot \vec{b} = |\vec{a}||\vec{b}|$ 또는 $\vec{a} \cdot \vec{b} = -|\vec{a}||\vec{b}|$
   $\Leftrightarrow \begin{cases} b_1 = ka_1 \\ b_2 = ka_2 \end{cases}$ 인 실수 k가 존재

✓ 두 벡터의 내적 계산이 복잡한 경우
   벡터의 덧셈·뺄셈을 적절히 활용하여 주어진 벡터를
   변형한다. 즉, 벡터의 크기에 관계없이 수직인 두 벡터가
   포함된 꼴로 변형하여 내적이 0임을 이용한다.

✓ $|$두 벡터의 합$|^2$ 계산이 자주 활용되므로 다음 등식을
   주어진 조건에 맞게 적절히 변형하여 적용한다.

   ❶ $|\vec{a} + \vec{b}|^2 = (\vec{a} + \vec{b}) \cdot (\vec{a} + \vec{b})$
   $= |\vec{a}|^2 + 2\vec{a} \cdot \vec{b} + |\vec{b}|^2$
   $= |\vec{a}|^2 + 2|\vec{a}||\vec{b}|\cos\theta + |\vec{b}|^2$

   ❷ $|\vec{a} - \vec{b}|^2 = (\vec{a} - \vec{b}) \cdot (\vec{a} - \vec{b})$
   $= |\vec{a}|^2 - 2\vec{a} \cdot \vec{b} + |\vec{b}|^2$
   $= |\vec{a}|^2 - 2|\vec{a}||\vec{b}|\cos\theta + |\vec{b}|^2$

   (단, θ는 두 벡터 $\vec{a}$, $\vec{b}$가 이루는 각의 크기이다.)

✓ 두 벡터의 합의 크기 $|\overrightarrow{AB} + \overrightarrow{CD}|$의 최대·최소
   두 벡터 $\overrightarrow{AB}$, $\overrightarrow{CD}$의 크기가 일정할 때,
   두 벡터가 이루는 각의 크기를 θ $(0° \le \theta \le 180°)$라 하면
   θ의 값이 최소일 때 $|\overrightarrow{AB} + \overrightarrow{CD}|$가 최댓값을 갖고,
   θ의 값이 최대일 때 $|\overrightarrow{AB} + \overrightarrow{CD}|$가 최솟값을 갖는다.
   두 벡터가 이루는 각의 크기를 파악하기 어려울 경우에는
   $\overrightarrow{CD} = \overrightarrow{BE}$를 만족시키는 점 E를 잡은 후
   $|\overrightarrow{AB} + \overrightarrow{CD}| = |\overrightarrow{AB} + \overrightarrow{BE}| = |\overrightarrow{AE}|$, 즉 선분 AE의
   길이의 최대·최소를 구한다.

N03-01

너코 134
2012학년도 9월 평가원 가형 2번

두 벡터 $\vec{a} = (x+1, 2)$, $\vec{b} = (1, -x)$가 서로 수직일 때,
x의 값은? [2점]

① 1   ② 2   ③ 3
④ 4   ⑤ 5

N03-02

너코 134
2015학년도 9월 평가원 B형 5번

서로 평행하지 않은 두 벡터 $\vec{a}$, $\vec{b}$에 대하여 $|\vec{a}| = 2$이고
$\vec{a} \cdot \vec{b} = 2$일 때, 두 벡터 $\vec{a}$와 $\vec{a} - t\vec{b}$가 서로 수직이
되도록 하는 실수 t의 값은? [3점]

① 1   ② 2   ③ 3
④ 4   ⑤ 5

N03-03

두 벡터 $\vec{a}$, $\vec{b}$에 대하여 $|\vec{a}| = 1$, $|\vec{b}| = 3$이고, 두 벡터 $6\vec{a} + \vec{b}$와 $\vec{a} - \vec{b}$가 서로 수직일 때, $\vec{a} \cdot \vec{b}$의 값은? [3점]

① $-\dfrac{3}{10}$　　　② $-\dfrac{3}{5}$　　　③ $-\dfrac{9}{10}$

④ $-\dfrac{6}{5}$　　　⑤ $-\dfrac{3}{2}$

N03-04

두 벡터 $\vec{a} = (3, 1)$, $\vec{b} = (4, -2)$가 있다. 벡터 $\vec{v}$에 대하여 두 벡터 $\vec{a}$와 $\vec{v} + \vec{b}$가 서로 평행할 때, $|\vec{v}|^2$의 최솟값은? [3점]

① 6　　　② 7　　　③ 8

④ 9　　　⑤ 10

N03-05

평면 위에 길이가 1인 선분 AB와 점 C가 있다. $\overrightarrow{AB} \cdot \overrightarrow{BC} = 0$이고 $|\overrightarrow{AB} + \overrightarrow{AC}| = 4$일 때, $|\overrightarrow{BC}|$의 값은? [3점]

① 2　　　② $2\sqrt{2}$　　　③ 3

④ $2\sqrt{3}$　　　⑤ 4

N03-06

두 벡터 $\vec{a} = (k + 3, 3k - 1)$과 $\vec{b} = (1, 1)$이 서로 평행할 때, 실수 k의 값은? [2점]

① 1　　　② 2　　　③ 3

④ 4　　　⑤ 5

서로 평행하지 않은 두 벡터 $\vec{a}$, $\vec{b}$에 대하여 두 벡터

$$\vec{a} + 2\vec{b},\ 3\vec{a} + k\vec{b}$$

가 서로 평행하도록 하는 실수 k의 값은?

(단, $\vec{a} \neq \vec{0}$, $\vec{b} \neq \vec{0}$) [2점]

① 2   ② 4   ③ 6
④ 8   ⑤ 10

한 직선 위에 있지 않은 서로 다른 세 점 A, B, C에 대하여

$$2\overrightarrow{AB} + p\overrightarrow{BC} = q\overrightarrow{CA}$$

일 때, $p - q$의 값은? (단, p와 q는 실수이다.) [3점]

① 1   ② 2   ③ 3
④ 4   ⑤ 5

좌표평면 위에 원점 O를 시점으로 하는 서로 다른 임의의 두 벡터 $\overrightarrow{OP}$, $\overrightarrow{OQ}$가 있다. 두 벡터의 종점 P, Q를 x축의 방향으로 3만큼, y축의 방향으로 1만큼 평행이동시킨 점을 각각 P′, Q′이라 할 때, 〈보기〉에서 옳은 것만을 있는 대로 고른 것은? [3점]

〈보 기〉

ㄱ. $|\overrightarrow{OP} - \overrightarrow{OP'}| = \sqrt{10}$

ㄴ. $|\overrightarrow{OP} - \overrightarrow{OQ}| = |\overrightarrow{OP'} - \overrightarrow{OQ'}|$

ㄷ. $\overrightarrow{OP} \cdot \overrightarrow{OQ} = \overrightarrow{OP'} \cdot \overrightarrow{OQ'}$

① ㄱ   ② ㄷ   ③ ㄱ, ㄴ
④ ㄴ, ㄷ   ⑤ ㄱ, ㄴ, ㄷ

그림과 같이 선분 AB를 지름으로 하는 원 위의 점 P에서의 접선과 직선 AB가 만나는 점을 Q라 하자. 점 Q가 선분 AB를 5 : 1로 외분하는 점이고, $\overline{BQ} = \sqrt{3}$ 일 때, $\overrightarrow{AP} \cdot \overrightarrow{AQ}$의 값을 구하시오. [4점]

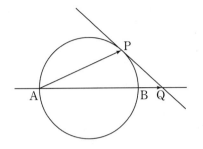

$\overline{AD} = 2$, $\overline{AB} = \overline{CD} = \sqrt{2}$, $\angle ABC = \angle BCD = 45°$ 인 사다리꼴 ABCD가 있다. 두 대각선 AC와 BD의 교점을 E, 점 A에서 선분 BC에 내린 수선의 발을 H, 선분 AH와 선분 BD의 교점을 F라 할 때, $\overrightarrow{AF} \cdot \overrightarrow{CE}$의 값은? [3점]

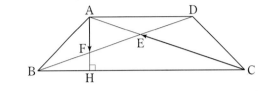

① $-\dfrac{1}{9}$ ② $-\dfrac{2}{9}$ ③ $-\dfrac{1}{3}$

④ $-\dfrac{4}{9}$ ⑤ $-\dfrac{5}{9}$

Hidden Point

N03-10 선분 AB를 지름으로 하는 원의 중심을 O라 할 때

$\overrightarrow{AP} = \overrightarrow{OP} - \overrightarrow{OA}$, $\overrightarrow{AQ} = \dfrac{5}{3}\overrightarrow{OQ}$로 나타내고

벡터의 내적을 계산해보자.

그림과 같이 한 변의 길이가 1인 정사각형 ABCD 에서

$$(\overrightarrow{AB}+k\overrightarrow{BC})\cdot(\overrightarrow{AC}+3k\overrightarrow{CD})=0$$

일 때, 실수 k의 값은? [3점]

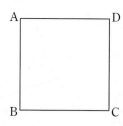

① 1
② $\dfrac{1}{2}$
③ $\dfrac{1}{3}$

④ $\dfrac{1}{4}$
⑤ $\dfrac{1}{5}$

평면에서 그림의 오각형 ABCDE 가

$$\overrightarrow{AB}=\overrightarrow{BC},\ \overrightarrow{AE}=\overrightarrow{ED},\ \angle B=\angle E=90°$$

를 만족시킬 때, 〈보기〉에서 옳은 것만을 있는 대로 고른 것은? [4점]

─── 〈보 기〉 ───

ㄱ. 선분 BE 의 중점 M 에 대하여 $\overrightarrow{AB}+\overrightarrow{AE}$ 와 $\overrightarrow{AM}$ 은 서로 평행하다.

ㄴ. $\overrightarrow{AB}\cdot\overrightarrow{AE}=-\overrightarrow{BC}\cdot\overrightarrow{ED}$

ㄷ. $|\overrightarrow{BC}+\overrightarrow{ED}|=|\overrightarrow{BE}|$

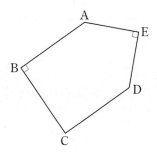

① ㄱ
② ㄷ
③ ㄱ, ㄴ

④ ㄴ, ㄷ
⑤ ㄱ, ㄴ, ㄷ

평면에서 그림과 같이 $\overline{AB} = 1$이고 $\overline{BC} = \sqrt{3}$인 직사각형 ABCD와 정삼각형 EAD가 있다. 점 P가 선분 AE 위를 움직일 때, 〈보기〉에서 옳은 것만을 있는 대로 고른 것은? [4점]

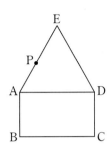

〈보 기〉

ㄱ. $|\overrightarrow{CB} - \overrightarrow{CP}|$ 의 최솟값은 1이다.

ㄴ. $\overrightarrow{CA} \cdot \overrightarrow{CP}$ 의 값은 일정하다.

ㄷ. $|\overrightarrow{DA} + \overrightarrow{CP}|$ 의 최솟값은 $\dfrac{7}{2}$이다.

① ㄱ   ② ㄷ   ③ ㄱ, ㄴ

④ ㄴ, ㄷ   ⑤ ㄱ, ㄴ, ㄷ

좌표평면 위에 두 점 A$(3, 0)$, B$(0, 3)$과 직선 $x = 1$ 위의 점 P$(1, a)$가 있다. 점 Q가 중심각의 크기가 $\dfrac{\pi}{2}$인 부채꼴 OAB의 호 AB 위를 움직일 때, $|\overrightarrow{OP} + \overrightarrow{OQ}|$의 최댓값을 $f(a)$라 하자. $f(a) = 5$가 되도록 하는 모든 실수 a의 값의 곱은? (단, O는 원점이다.) [4점]

① $-5\sqrt{3}$ ② $-4\sqrt{3}$ ③ $-3\sqrt{3}$

④ $-2\sqrt{3}$ ⑤ $-\sqrt{3}$

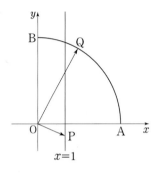

좌표평면에서 반원의 호 $x^2 + y^2 = 4 \ (x \geq 0)$ 위의 한 점 $P(a, b)$에 대하여

$$\overrightarrow{OP} \cdot \overrightarrow{OQ} = 2$$

를 만족시키는 반원의 호 $(x+5)^2 + y^2 = 16 \ (y \geq 0)$ 위의 점 Q가 하나뿐일 때, $a + b$의 값은?

(단, O는 원점이다.) [4점]

① $\dfrac{12}{5}$ 　　② $\dfrac{5}{2}$ 　　③ $\dfrac{13}{5}$

④ $\dfrac{27}{10}$ 　　⑤ $\dfrac{14}{5}$

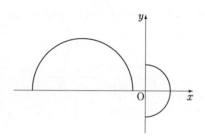

평면 α 위에 $\overline{AB} = \overline{CD} = \overline{AD} = 2$,

$\angle ABC = \angle BCD = \dfrac{\pi}{3}$ 인 사다리꼴 ABCD가 있다.

다음 조건을 만족시키는 평면 α 위의 두 점 P, Q에 대하여 $\overrightarrow{CP} \cdot \overrightarrow{DQ}$의 값을 구하시오. [4점]

> (가) $\overrightarrow{AC} = 2(\overrightarrow{AD} + \overrightarrow{BP})$
> (나) $\overrightarrow{AC} \cdot \overrightarrow{PQ} = 6$
> (다) $2 \times \angle BQA = \angle PBQ < \dfrac{\pi}{2}$

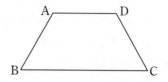

유형 04 평면벡터의 내적의 활용(2) - 최대·최소

유형소개

'평면벡터의 내적'의 최대·최소를 판단하는 문항을 수록했다. 평면벡터 단원에서 꾸준히 고난이도 문항으로 출제되고 있는 유형이며 앞서 배운 내용을 모두 통합하여 적용해야만 해결할 수 있는 문제들이므로 꼼꼼하게 학습하고 넘어가자.

유형접근법

두 벡터 $\vec{a}$, $\vec{b}$가 이루는 각의 크기를 $\theta\,(0° \leq \theta \leq 180°)$라 하면

$$\vec{a} \cdot \vec{b} = |\vec{a}||\vec{b}|\cos\theta$$

이므로 $\vec{a} \cdot \vec{b}$의 최댓값과 최솟값은

❶ 두 벡터 $\vec{a}$, $\vec{b}$의 크기가 일정한 경우

$\cos\theta$가 최대(최소)일 때 $\vec{a} \cdot \vec{b}$의 값도 최대(최소)이다.

❷ 두 벡터 $\vec{a}$, $\vec{b}$의 크기와 방향이 모두 변하는 경우

[방법1] 벡터의 덧셈 또는 뺄셈을 적절히 활용하여 ❶의 형태로 변형한다.

(두 벡터가 수직인 경우 벡터의 크기에 관계없이 내적이 0임을 이용하여 식을 조작한다.)

[방법2] 주어진 그림을 좌표평면 위에 놓고 벡터의 성분을 계산한다.

N04-01 🔋

너기출 129 │ 너기출 134 │ 너기출 135
2009학년도 9월 평가원 가형 7번

평면 위의 두 점 O_1, O_2 사이의 거리가 1일 때, O_1, O_2를 각각 중심으로 하고 반지름의 길이가 1인 두 원의 교점을 A, B라 하자. 호 AO_2B 위의 점 P와 호 AO_1B 위의 점 Q에 대하여 두 벡터 $\overrightarrow{O_1P}$, $\overrightarrow{O_2Q}$의 내적 $\overrightarrow{O_1P} \cdot \overrightarrow{O_2Q}$의 최댓값을 M, 최솟값을 m이라 할 때, $M+m$의 값은? [3점]

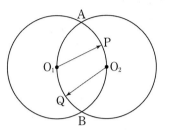

① -1　　　　② $-\dfrac{1}{2}$　　　　③ 0

④ $\dfrac{1}{4}$　　　　⑤ 1

Hidden Point

N04-01 내적 $\overrightarrow{O_1P} \cdot \overrightarrow{O_2Q}$를 계산하기 쉽도록 두 벡터의 시점을 O_1로 일치시켜보자.

즉, $\overrightarrow{O_2Q} = \overrightarrow{O_1Q'}$을 만족시키도록 점 Q'을 잡고 접근해보자.

그림과 같이 평면 위에 정삼각형 ABC와 선분 AC를 지름으로 하는 원 O가 있다. 선분 BC 위의 점 D를 $\angle DAB = \dfrac{\pi}{15}$가 되도록 정한다. 점 X가 원 O 위를 움직일 때, 두 벡터 $\overrightarrow{AD}$, $\overrightarrow{CX}$의 내적 $\overrightarrow{AD} \cdot \overrightarrow{CX}$의 값이 최소가 되도록 하는 점 X를 점 P라 하자.

$\angle ACP = \dfrac{q}{p}\pi$일 때, $p+q$의 값을 구하시오.

(단, p와 q는 서로소인 자연수이다.) [4점]

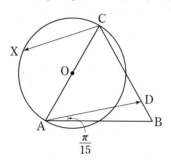

한 변의 길이가 2인 정삼각형 ABC의 꼭짓점 A에서 변 BC에 내린 수선의 발을 H라 하자. 점 P가 선분 AH 위를 움직일 때, $|\overrightarrow{PA} \cdot \overrightarrow{PB}|$의 최댓값은 $\dfrac{q}{p}$이다. $p+q$의 값을 구하시오. (단, p와 q는 서로소인 자연수이다.)

[4점]

Hidden Point

N**04-02** 원 위의 두 점을 시점, 종점으로 하는 벡터를
'원의 중심을 종점'으로 하는 벡터와
'원의 중심을 시점'으로 하는 벡터의 합으로 나타내면
이 두 벡터의 크기가 반지름의 길이로 일정하므로 내적 계산이 수월해진다.
즉, 선분 AC를 지름으로 하는 원의 중심 O에 대하여
$\overrightarrow{CX} = \overrightarrow{CO} + \overrightarrow{OX}$로 나타낸 후 접근해보자.

좌표평면에서 중심이 O이고 반지름의 길이가 1인 원 위의 한 점을 A, 중심이 O이고 반지름의 길이가 3인 원 위의 한 점을 B라 할 때, 점 P가 다음 조건을 만족시킨다.

(가) $\overrightarrow{OB} \cdot \overrightarrow{OP} = 3\overrightarrow{OA} \cdot \overrightarrow{OP}$

(나) $|\overrightarrow{PA}|^2 + |\overrightarrow{PB}|^2 = 20$

$\overrightarrow{PA} \cdot \overrightarrow{PB}$의 최솟값은 m이고 이때 $|\overrightarrow{OP}| = k$이다. $m + k^2$의 값을 구하시오. [4점]

좌표평면 위에 $\overline{AB} = 5$인 두 점 A, B를 각각 중심으로 하고 반지름의 길이가 5인 두 원을 각각 O_1, O_2라 하자. 원 O_1 위의 점 C와 원 O_2 위의 점 D가 다음 조건을 만족시킨다.

(가) $\cos(\angle CAB) = \dfrac{3}{5}$

(나) $\overrightarrow{AB} \cdot \overrightarrow{CD} = 30$이고 $|\overrightarrow{CD}| < 9$이다.

선분 CD를 지름으로 하는 원 위의 점 P에 대하여 $\overrightarrow{PA} \cdot \overrightarrow{PB}$의 최댓값이 $a + b\sqrt{74}$이다. $a + b$의 값을 구하시오. (단, a, b는 유리수이다.) [4점]

좌표평면에서 곡선 $C : y = \sqrt{8 - x^2} \ (2 \leq x \leq 2\sqrt{2})$

위의 점 P에 대하여 $\overrightarrow{OQ} = 2$, $\angle POQ = \dfrac{\pi}{4}$를

만족시키고 직선 OP의 아랫부분에 있는 점을 Q라 하자.
점 P가 곡선 C 위를 움직일 때, 선분 OP 위를 움직이는
점 X와 선분 OQ 위를 움직이는 점 Y에 대하여

$$\overrightarrow{OZ} = \overrightarrow{OP} + \overrightarrow{OX} + \overrightarrow{OY}$$

를 만족시키는 점 Z가 나타내는 영역을 D라 하자. 영역
D에 속하는 점 중에서 y축과의 거리가 최소인 점을 R라
할 때, 영역 D에 속하는 점 Z에 대하여 $\overrightarrow{OR} \cdot \overrightarrow{OZ}$의
최댓값과 최솟값의 합이 $a + b\sqrt{2}$이다. $a + b$의 값을
구하시오. (단, O는 원점이고, a와 b는 유리수이다.) [4점]

좌표평면 위의 네 점 A $(2, 0)$, B $(0, 2)$, C $(-2, 0)$,
D $(0, -2)$를 꼭짓점으로 하는 정사각형 ABCD의 네 변
위의 두 점 P, Q가 다음 조건을 만족시킨다.

(가) $(\overrightarrow{PQ} \cdot \overrightarrow{AB})(\overrightarrow{PQ} \cdot \overrightarrow{AD}) = 0$
(나) $\overrightarrow{OA} \cdot \overrightarrow{OP} \geq -2$이고 $\overrightarrow{OB} \cdot \overrightarrow{OP} \geq 0$이다.
(다) $\overrightarrow{OA} \cdot \overrightarrow{OQ} \geq -2$이고 $\overrightarrow{OB} \cdot \overrightarrow{OQ} \leq 0$이다.

점 R $(4, 4)$에 대하여 $\overrightarrow{RP} \cdot \overrightarrow{RQ}$의 최댓값을 M,
최솟값을 m이라 할 때, $M + m$의 값을 구하시오.
(단, O는 원점이다.) [4점]

좌표평면에서 세 점 $A(-3, 1)$, $B(0, 2)$, $C(1, 0)$에 대하여 두 점 P, Q가

$$|\overrightarrow{AP}| = 1, \quad |\overrightarrow{BQ}| = 2, \quad \overrightarrow{AP} \cdot \overrightarrow{OC} \geq \frac{\sqrt{2}}{2}$$

를 만족시킬 때, $\overrightarrow{AP} \cdot \overrightarrow{AQ}$의 값이 최소가 되도록 하는 두 점 P, Q를 각각 P_0, Q_0이라 하자. 선분 AP_0 위의 점 X에 대하여 $\overrightarrow{BX} \cdot \overrightarrow{BQ_0} \geq 1$일 때, $|\overrightarrow{Q_0 X}|^2$의 최댓값은 $\dfrac{q}{p}$이다. $p+q$의 값을 구하시오.

(단, O는 원점이고, p와 q는 서로소인 자연수이다.) [4점]

좌표평면에서 $\overline{OA} = \sqrt{2}$, $\overline{OB} = 2\sqrt{2}$이고 $\cos(\angle AOB) = \dfrac{1}{4}$인 평행사변형 OACB에 대하여 점 P가 다음 조건을 만족시킨다.

(가) $\overrightarrow{OP} = s\overrightarrow{OA} + t\overrightarrow{OB}$ $(0 \leq s \leq 1, 0 \leq t \leq 1)$
(나) $\overrightarrow{OP} \cdot \overrightarrow{OB} + \overrightarrow{BP} \cdot \overrightarrow{BC} = 2$

점 O를 중심으로 하고 점 A를 지나는 원 위를 움직이는 점 X에 대하여 $|3\overrightarrow{OP} - \overrightarrow{OX}|$의 최댓값과 최솟값을 각각 M, m이라 하자. $M \times m = a\sqrt{6} + b$일 때, $a^2 + b^2$의 값을 구하시오. (단, a와 b는 유리수이다.) [4점]

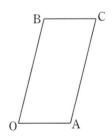

N04-10

좌표평면에서 $\overline{AB} = \overline{AC}$이고 $\angle BAC = \dfrac{\pi}{2}$인 직각삼각형 ABC에 대하여 두 점 P, Q가 다음 조건을 만족시킨다.

(가) 삼각형 APQ는 정삼각형이고,
$9|\overrightarrow{PQ}|\overrightarrow{PQ} = 4|\overrightarrow{AB}|\overrightarrow{AB}$이다.
(나) $\overrightarrow{AC} \cdot \overrightarrow{AQ} < 0$
(다) $\overrightarrow{PQ} \cdot \overrightarrow{CB} = 24$

선분 AQ 위의 점 X에 대하여 $|\overrightarrow{XA} + \overrightarrow{XB}|$의 최솟값을 m이라 할 때, m^2의 값을 구하시오. [4점]

유형소개

평면벡터를 이용하여 나타내어진 직선의 방정식 또는 원의 방정식에 관한 정보를 활용하는 문항으로 구성하였다.

유형접근법

✓ 평면벡터를 이용한 직선의 방정식

❶ 점 $A(x_1, y_1)$을 지나고 벡터 $\vec{u} = (u_1, u_2)$에 평행한

직선의 방정식 : $\dfrac{x - x_1}{u_1} = \dfrac{y - y_1}{u_2}$ $(u_1 u_2 \neq 0)$

이때 $\vec{u}$를 직선에 대한 방향벡터라 한다.
또한 두 직선이 이루는 각의 크기는 두 직선의 방향벡터가 이루는 각의 크기와 같다.

❷ 점 $A(x_1, y_1)$을 지나고 벡터 $\vec{n} = (n_1, n_2)$에 수직인

직선의 방정식 : $n_1(x - x_1) + n_2(y - y_1) = 0$

이때 $\vec{n}$을 직선에 대한 법선벡터라 한다.

✓ 평면벡터를 이용한 원의 방정식

❶ $|\overrightarrow{CP}| = r$를 만족시키는 점 P는
중심이 C이고 반지름의 길이가 r인 원 위의 점이다.

❷ $\overrightarrow{AP} \cdot \overrightarrow{BP} = 0$을 만족시키는 점 P는
선분 AB를 지름으로 하는 원 위의 점이다.

❸ $|\overrightarrow{PA} + \overrightarrow{PB}| = R$를 만족시키는 점 P는
선분 AB의 중점을 M이라 할 때
중심이 M이고 반지름의 길이가 $\dfrac{R}{2}$인 원 위의
점이다.

N05-01

좌표평면에서 두 직선

$$\frac{x+1}{4} = \frac{y-1}{3}, \; \frac{x+2}{-1} = \frac{y+1}{3}$$

이 이루는 예각의 크기를 θ라 할 때, $\cos\theta$의 값은? [3점]

① $\dfrac{\sqrt{6}}{10}$　　② $\dfrac{\sqrt{7}}{10}$　　③ $\dfrac{\sqrt{2}}{5}$

④ $\dfrac{3}{10}$　　⑤ $\dfrac{\sqrt{10}}{10}$

좌표평면 위의 점 $(6, 3)$을 지나고 벡터 $\vec{u} = (2, 3)$에 평행한 직선이 x축과 만나는 점을 A, y축과 만나는 점을 B라 할 때, $\overline{\mathrm{AB}}^2$의 값을 구하시오. [3점]

좌표평면 위의 점 $(4, 1)$을 지나고 벡터 $\vec{n} = (1, 2)$에 수직인 직선이 x축, y축과 만나는 점의 좌표를 각각 $(a, 0)$, $(0, b)$라 하자. $a + b$의 값을 구하시오. [3점]

좌표평면 위의 두 점 A$(1, 2)$, B$(-3, 5)$에 대하여

$$|\overrightarrow{\mathrm{OP}} - \overrightarrow{\mathrm{OA}}| = |\overrightarrow{\mathrm{AB}}|$$

를 만족시키는 점 P가 나타내는 도형의 길이는?

(단, O는 원점이다.) [3점]

① 10π ② 12π ③ 14π

④ 16π ⑤ 18π

좌표평면에서 두 직선

$$\frac{x+1}{2} = y - 3, \quad x - 2 = \frac{y-5}{3}$$

가 이루는 예각의 크기를 θ라 할 때, $\cos\theta$의 값은? [3점]

① $\dfrac{1}{2}$ ② $\dfrac{\sqrt{5}}{4}$ ③ $\dfrac{\sqrt{6}}{4}$

④ $\dfrac{\sqrt{7}}{4}$ ⑤ $\dfrac{\sqrt{2}}{2}$

좌표평면에서 두 직선

$$\frac{x-3}{4} = \frac{y-5}{3}, \; x-1 = \frac{2-y}{3}$$

가 이루는 예각의 크기를 θ라 할 때, $\cos\theta$의 값은? [3점]

① $\dfrac{\sqrt{11}}{11}$ ② $\dfrac{\sqrt{10}}{10}$ ③ $\dfrac{1}{3}$

④ $\dfrac{\sqrt{2}}{4}$ ⑤ $\dfrac{\sqrt{7}}{7}$

좌표평면 위의 점 $A(3, 0)$에 대하여

$$(\overrightarrow{OP} - \overrightarrow{OA}) \cdot (\overrightarrow{OP} - \overrightarrow{OA}) = 5$$

를 만족시키는 점 P가 나타내는 도형과 직선

$y = \dfrac{1}{2}x + k$가 오직 한 점에서 만날 때, 양수 k의 값은?

(단, O는 원점이다.) [3점]

① $\dfrac{3}{5}$ ② $\dfrac{4}{5}$ ③ 1

④ $\dfrac{6}{5}$ ⑤ $\dfrac{7}{5}$

좌표평면 위의 점 $A(4, 3)$에 대하여

$$|\overrightarrow{OP}| = |\overrightarrow{OA}|$$

를 만족시키는 점 P가 나타내는 도형의 길이는?

(단, O는 원점이다.) [3점]

① 2π ② 4π ③ 6π

④ 8π ⑤ 10π

두 위치벡터 $\overrightarrow{OA} = (2, 5)$와 $\overrightarrow{OB} = (4, 3)$이 주어졌을 때, 다음을 만족시키는 점 C에 대한 위치벡터 $\overrightarrow{OC}$의 크기의 최댓값과 최솟값의 합을 구하시오. [4점]

$$\overrightarrow{CA} \cdot \overrightarrow{CB} = 0$$

N05-10

좌표평면 위의 두 점 $A(6, 0)$, $B(8, 6)$에 대하여 점 P 가

$$|\overrightarrow{PA} + \overrightarrow{PB}| = \sqrt{10}$$

을 만족시킨다. $\overrightarrow{OB} \cdot \overrightarrow{OP}$ 의 값이 최대가 되도록 하는 점
P 를 Q 라 하고, 선분 AB 의 중점을 M 이라 할 때,
$\overrightarrow{OA} \cdot \overrightarrow{MQ}$ 의 값은? (단, O 는 원점이다.) [4점]

① $\dfrac{6\sqrt{10}}{5}$ ② $\dfrac{9\sqrt{10}}{5}$ ③ $\dfrac{12\sqrt{10}}{5}$

④ $3\sqrt{10}$ ⑤ $\dfrac{18\sqrt{10}}{5}$

N05-11

좌표평면에서 $|\overrightarrow{OP}| = 10$ 을 만족시키는 점 P 가 나타내는
도형 위의 점 $A(a, b)$에서의 접선을 l, 원점을 지나고
방향벡터가 $(1, 1)$인 직선을 m이라 하고, 두 직선 l, m이
이루는 예각의 크기를 θ라 하자. $\cos\theta = \dfrac{\sqrt{2}}{10}$ 일 때,
두 수 a, b의 곱 ab의 값을 구하시오.

(단, O 는 원점이고, $a > b > 0$이다.) [4점]

N05-12

너코 132 너코 137
2025학년도 6월 평가원 (기하) 25번

좌표평면에서 두 벡터 $\vec{a}=(-3, 3)$, $\vec{b}=(1, -1)$에 대하여 벡터 $\vec{p}$가

$$|\vec{p}-\vec{a}|=|\vec{b}|$$

를 만족시킬 때, $|\vec{p}-\vec{b}|$의 최솟값은? [3점]

① $\frac{3}{2}\sqrt{2}$　② $2\sqrt{2}$　③ $\frac{5}{2}\sqrt{2}$　④ $3\sqrt{2}$　⑤ $\frac{7}{2}\sqrt{2}$

N05-13

너코 129 너코 134 너코 137
2018학년도 9월 평가원 가형 19번

좌표평면에서 원점 O가 중심이고 반지름의 길이가 1인 원 위의 세 점 A_1, A_2, A_3에 대하여

$$|\overrightarrow{OX}| \le 1\text{이고 } \overrightarrow{OX}\cdot\overrightarrow{OA_k} \ge 0\ (k=1, 2, 3)$$

을 만족시키는 모든 점 X의 집합이 나타내는 도형을 D라 하자. 〈보기〉에서 옳은 것만을 있는 대로 고른 것은? [4점]

〈보 기〉

ㄱ. $\overrightarrow{OA_1}=\overrightarrow{OA_2}=\overrightarrow{OA_3}$이면 D의 넓이는 $\frac{\pi}{2}$이다.

ㄴ. $\overrightarrow{OA_2}=-\overrightarrow{OA_1}$이고 $\overrightarrow{OA_3}=\overrightarrow{OA_1}$이면 D는 길이가 2인 선분이다.

ㄷ. $\overrightarrow{OA_1}\cdot\overrightarrow{OA_2}=0$인 경우에, D의 넓이가 $\frac{\pi}{4}$이면 점 A_3은 D에 포함되어 있다.

① ㄱ　② ㄷ　③ ㄱ, ㄴ　④ ㄴ, ㄷ　⑤ ㄱ, ㄴ, ㄷ

중심이 O이고 반지름의 길이가 1인 원이 있다. 양수 x에 대하여 원 위의 서로 다른 세 점 A, B, C가

$$x\overrightarrow{OA} + 5\overrightarrow{OB} + 3\overrightarrow{OC} = \vec{0}$$

를 만족시킨다. $\overrightarrow{OA} \cdot \overrightarrow{OB}$의 값이 최대일 때, 삼각형 ABC의 넓이를 S라 하자. $50S$의 값을 구하시오. [4점]

한 원 위에 있는 서로 다른 네 점 A, B, C, D가 다음 조건을 만족시킬 때, $|\overrightarrow{AD}|^2$의 값은? [4점]

(가) $|\overrightarrow{AB}| = 8$, $\overrightarrow{AC} \cdot \overrightarrow{BC} = 0$
(나) $\overrightarrow{AD} = \dfrac{1}{2}\overrightarrow{AB} - 2\overrightarrow{BC}$

① 32   ② 34   ③ 36
④ 38   ⑤ 40

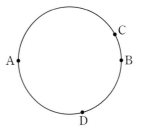

N05-16

너코 131 너코 134 너코 137
2023학년도 9월 평가원(기하) 30번

좌표평면 위에 두 점 A$(-2,\ 2)$, B$(2,\ 2)$가 있다.

$$(|\overrightarrow{AX}|-2)(|\overrightarrow{BX}|-2)=0,\ |\overrightarrow{OX}|\geq 2$$

를 만족시키는 점 X가 나타내는 도형 위를 움직이는 두 점 P, Q가 다음 조건을 만족시킨다.

> (가) $\vec{u}=(1,\ 0)$에 대하여
> $(\overrightarrow{OP}\cdot\vec{u})(\overrightarrow{OQ}\cdot\vec{u})\geq 0$이다.
> (나) $|\overrightarrow{PQ}|=2$

$\overrightarrow{OY}=\overrightarrow{OP}+\overrightarrow{OQ}$를 만족시키는 점 Y의 집합이 나타내는 도형의 길이가 $\frac{q}{p}\sqrt{3}\pi$일 때, $p+q$의 값을 구하시오.
(단, O는 원점이고, p와 q는 서로소인 자연수이다.) [4점]

N05-17

너코 130 너코 134 너코 136 너코 137
2024학년도 6월 평가원 (기하) 28번

좌표평면의 네 점 A$(2,\ 6)$, B$(6,\ 2)$, C$(4,\ 4)$, D$(8,\ 6)$에 대하여 다음 조건을 만족시키는 모든 점 X의 집합을 S라 하자.

> (가) $\{(\overrightarrow{OX}-\overrightarrow{OD})\cdot\overrightarrow{OC}\}\times\{|\overrightarrow{OX}-\overrightarrow{OC}|-3\}=0$
> (나) 두 벡터 $\overrightarrow{OX}-\overrightarrow{OP}$와 $\overrightarrow{OC}$가 서로 평행하도록 하는 선분 AB 위의 점 P가 존재한다.

집합 S에 속하는 점 중에서 y좌표가 최대인 점을 Q, y좌표가 최소인 점을 R이라 할 때, $\overrightarrow{OQ}\cdot\overrightarrow{OR}$의 값은?
(단, O는 원점이다.) [4점]

① 25 ② 26 ③ 27 ④ 28 ⑤ 29

좌표평면에서 두 점 $A(1, 0)$, $B(1, 1)$에 대하여 두 점 P, Q가

$$|\overrightarrow{OP}| = 1, \quad |\overrightarrow{BQ}| = 3, \quad \overrightarrow{AP} \cdot (\overrightarrow{QA} + \overrightarrow{QP}) = 0$$

을 만족시킨다. $|\overrightarrow{PQ}|$의 값이 최소가 되도록 하는 두 점 P, Q에 대하여 $\overrightarrow{AP} \cdot \overrightarrow{BQ}$의 값은?

(단, O는 원점이고, $|\overrightarrow{AP}| > 0$이다.) [4점]

① $\dfrac{6}{5}$ ② $\dfrac{9}{5}$ ③ $\dfrac{12}{5}$

④ 3 ⑤ $\dfrac{18}{5}$

좌표평면에 한 변의 길이가 4인 정사각형 $ABCD$가 있다.

$$|\overrightarrow{XB} + \overrightarrow{XC}| = |\overrightarrow{XB} - \overrightarrow{XC}|$$

를 만족시키는 점 X가 나타내는 도형을 S라 하자. 도형 S 위의 점 P에 대하여

$$4\overrightarrow{PQ} = \overrightarrow{PB} + 2\overrightarrow{PD}$$

를 만족시키는 점을 Q라 할 때, $\overrightarrow{AC} \cdot \overrightarrow{AQ}$의 최댓값과 최솟값을 각각 M, m이라 하자. $M \times m$의 값을 구하시오.

[4점]

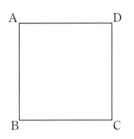

N

평면벡터

0 공간도형과 공간좌표

1 공간도형

· **직선과 직선, 직선과 평면, 평면과 평면의 위치 관계**에 대한 간단한 증명을 할 수 있다.

· **삼수선의 정리**를 이해하고, 이를 활용할 수 있다.

· **정사영**의 뜻을 알고, 이를 구할 수 있다.

유형 01 직선과 평면의 위치 관계와 삼수선의 정리
유형 02 이면각의 크기
유형 03 정사영

2 공간좌표

· 좌표공간에서 **점의 좌표**를 구할 수 있다.

· 좌표공간에서 **두 점 사이의 거리**를 구할 수 있다.

· 좌표공간에서 선분의 **내분점과 외분점**의 좌표를 구할 수 있다.

· **구의 방정식**을 구할 수 있다.

유형 04 공간에서의 점의 좌표와 두 점 사이의 거리
유형 05 선분의 내분점과 외분점
유형 06 구의 방정식

1 공간도형

너코 138 직선과 평면의 위치 관계

아래 네 가지 조건 중 하나를 만족하면 한 평면이 정해진다.
❶ 한 직선 위에 있지 않은 서로 다른 세 점
❷ 한 직선과 그 직선 위에 있지 않은 한 점
❸ 한 점에서 만나는 두 직선
❹ 평행한 두 직선

한 평면 위의 두 직선 l, m과 두 평면 α, β에 대하여
두 직선 l, m이 서로 만나지 않으면 두 직선은 평행하고,
두 평면 α, β가 서로 만나지 않으면 두 평면은 평행하고,
직선 l과 평면 α가 서로 만나지 않으면 직선과 평면은
평행하다.
이것을 각각 기호로

$$l \,/\!/\, m, \quad \alpha \,/\!/\, \beta, \quad l \,/\!/\, \alpha$$

와 같이 나타낸다.
이와 같은 위치 관계를 포함한 공간에서의 직선과 평면의
위치 관계로 가능한 것은 다음과 같다.

서로 다른 두 직선의 위치 관계는 다음 세 가지 경우가 있다.
❶ 한 점에서 만난다. ❷ 평행하다. ❸ 꼬인 위치에 있다.

└── 한 평면 위에 있다. ──┘　한 평면 위에 있지 않다.

이때 꼬인 위치에 있는 두 직선 l, m이 이루는 각은
직선 m 위의 한 점을 지나고 직선 l에 평행한 직선을
l'이라 할 때, 두 직선 m, l'이 이루는 각이다.
(이때 보통 크지 않은 각을 택한다.)

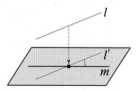

직선과 평면의 위치 관계는 다음 세 가지 경우가 있다.
❶ 포함된다. ❷ 한 점에서 만난다. ❸ 평행하다.

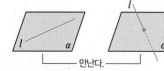

만난다.　　　만나지 않는다.

서로 다른 두 평면의 위치 관계는 다음 두 가지 경우가 있다.
❶ 한 직선(교선)을 공유한다. ❷ 평행하다.

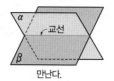 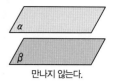

만난다.　　　　　　만나지 않는다.

너코 139 직선과 평면의 평행과 수직

공간에서의 직선과 직선, 직선과 평면, 평면과 평면의 위치
관계 중에서도 평행과 수직에 대한 성질은 다음과 같다.

1 평행에 대한 성질
❶ 평행한 두 평면 α, β가 다른 평면 γ와 만나서 생기는
　교선을 각각 l, m이라 하면 두 직선 l, m은 평행하다.
❷ 평면 α 위의 직선 l이 평면 β와 평행하면 두 평면 α,
　β의 교선을 m이라 할 때 두 직선 l, m은 평행하다.
❸ 두 직선 l, m이 평행하고, 평면 α가 직선 l은 포함하고
　직선 m은 포함하지 않으면 직선 m과 평면 α는
　평행하다.
❹ 서로 다른 두 평면 α, β의 교선 l에 평행한 평면 γ와
　두 평면 α, β의 교선을 각각 m, n이라 하면
　세 직선 l, m, n은 평행하다.
❺ 평면 α 위에 있지 않은 점 P를 지나는 두 직선을
　포함하는 평면 β가 있을 때, 두 직선이 평면 α와
　평행하면 두 평면 α, β는 평행하다.
❻ 서로 다른 세 평면 α, β, γ에 대하여 두 평면 α, β가
　평행하고, 두 평면 β, γ가 평행하면 두 평면 α, γ는
　평행하다.

2 수직에 대한 성질
두 직선 l, m이 이루는 각의 크기가 90°일 때,
두 직선은 서로 수직이며 기호로 $l \perp m$과 같이 나타낸다.
공간에서 직선 l이 평면 α 위의 모든 직선과 수직일 때,
직선과 평면은 서로 수직이며 기호로 $l \perp \alpha$와 같이 나타낸다.
이때 **직선 l과 평면 α의 교점 O를 수선의 발**이라 한다.

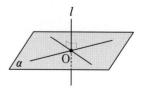

한 점에서 만나는 두 직선에 의해 한 평면이 정해지므로
$l \perp \alpha$임을 보이기 위해서 평면 α 위의 평행하지 않은 두
직선이 직선 l과 수직임을 보이면 충분하다.

평면 α 위에 있지 않은 점 P,
평면 α 위의 점 H를 지나지 않는 평면 α 위의 직선 l,
직선 l 위의 점 A에 대하여 다음이 성립한다.
① $\overline{PH} \perp \alpha$, $\overline{HA} \perp l$이면 $\overline{PA} \perp l$이다.
② $\overline{PH} \perp \alpha$, $\overline{PA} \perp l$이면 $\overline{HA} \perp l$이다.
③ $\overline{PA} \perp l$, $\overline{HA} \perp l$, $\overline{PH} \perp \overline{HA}$이면 $\overline{PH} \perp \alpha$이다.

너코 141   **이면각**

한 직선 l을 공유하는 두 반평면 α, β로 이루어진 도형을 이면각이라고 한다.
반평면 α 위의 점 A,
반평면 β 위의 점 B,
직선 l 위의 점 O를

$$l \perp \overline{OA}, \quad l \perp \overline{OB}$$

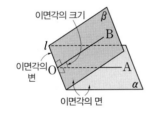

가 되도록 잡았을 때

$$\angle AOB = (이면각의 \ 크기)$$

라 한다.

두 평면이 이루는 각의 크기는 두 평면이 만나서 생기는 이면각의 크기 중에서 $90°$보다 크지 않은 것으로 정한다.

이때 삼수선의 정리가 이용되기도 한다.
예를 들어 사면체 ABCD에서 두 평면 ACD, BCD가 이루는 각의 크기 θ에 대하여 $\cos\theta$의 값을 다음과 같이 구할 수 있다.
점 A에서 평면 BCD에 내린 수선의 발을 H라 하고, 점 H에서 선분 CD에 내린 수선의 발을 I라 할 때, 삼수선의 정리에 의하여 두 직선 AI, CD도 서로 수직이다.

따라서 두 선분 AI, HI의 길이가 주어졌다면

$$\cos\theta = \frac{\overline{HI}}{\overline{AI}}$$

로 구할 수 있다.
반대로 각의 크기 θ가 주어지고, 점 A와 평면 BCD 사이의 거리, 즉 $\overline{AH}$의 길이가 주어진 경우

$$\overline{AI} = \frac{\overline{AH}}{\sin\theta}, \quad \overline{HI} = \frac{\overline{AH}}{\tan\theta}$$

로 구할 수 있다.

너코 142   **정사영**

한 점 P에서 평면 α에 내린 수선의 발을 P′이라 할 때, 점 P′을 점 P의 **평면 α 위로의 정사영**이라고 한다.
또한 도형 F에 속하는 각 점의 평면 α 위로의 정사영으로 이루어진 도형 F'을 도형 F의 평면 α 위로의 정사영이라고 한다.

선분 AB의 평면 α 위로의 정사영을 선분 A′B′이라 하고, 직선 AB와 평면 α가 이루는 각의 크기를 $\theta \, (0° \leq \theta \leq 90°)$라 하면

$$\overline{A'B'} = \overline{AB} \cos\theta$$

로 정사영의 길이를 구할 수 있다.

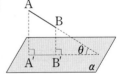

평면 β 위의 도형 F의 넓이를 S, 도형 F의 평면 α 위로의 정사영의 넓이를 S', 두 평면 α, β가 이루는 각의 크기를 $\theta \, (0° \leq \theta \leq 90°)$라 하면

$$S' = S \cos\theta$$

로 정사영의 넓이를 구할 수 있다.

예를 들어 넓이가 π인 원 C에 태양광선이 비출 때, 태양광선과 평면 α가 이루는 각의 크기에 따라 그림자의 넓이는 다음과 같이 구할 수 있다.

❶ 태양광선이 평면 α에 수직인 방향으로 비추는 경우 :
원 C와 평면 α가 이루는 각의 크기가 $30°$일 때,
그림자의 넓이 S_1은 정사영의 개념을 이용하면 다음과
같다.

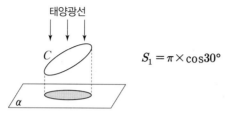

$$S_1 = \pi \times \cos 30°$$

❷ 태양광선이 평면 α와 $60°$의 각을 이루면서
원 C를 포함하는 평면에 수직으로 비추는 경우 :
그림자의 넓이 S_2는 정사영의 개념을 역으로 이용하면
다음과 같다.

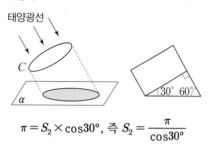

$$\pi = S_2 \times \cos 30°, \text{ 즉 } S_2 = \frac{\pi}{\cos 30°}$$

2 공간좌표

너코 143 **좌표공간과 공간좌표의 정의**

공간의 한 점 O에서 서로 직교하는 세 수직선을 그었을 때,
점 O를 원점, 세 수직선을 각각 x축, y축, z축이라 한다.

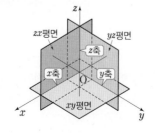

이와 같이 **좌표축이 정해진 공간**을 좌표공간이라고 한다.
또한
x축, y축을 포함하는 평면을 xy평면,
y축, z축을 포함하는 평면을 yz평면, 〔 좌표평면
z축, x축을 포함하는 평면을 zx평면이라 하고
xy평면, yz평면, zx평면은 각각
평면 $z=0$, 평면 $x=0$, 평면 $y=0$이라고도 한다.

또한, 예를 들어 평면 $z=1$은
xy평면을 z축의 방향으로
1만큼 평행이동시킨 평면을
의미하며, 오른쪽 그림과 같이
점 $(0, 0, 1)$을 지나고 z축과
수직이다.

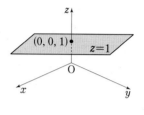

한편 좌표공간의 한 점 P에 대하여
점 P를 지나면서 yz평면, zx평면, xy평면에 각각 평행한
세 평면이 x축, y축, z축과 만나는 점을 각각 A, B, C라
하자.
이때 세 점 A, B, C의 x축, y축, z축에서의 좌표를 각각
a, b, c라 하면 점 P에 대응하는 세 실수의 순서쌍
(a, b, c)가 단 하나로 정해진다.
이때 **순서쌍 (a, b, c)를 점 P의 공간좌표** 또는 좌표라 하고

$$P(a, b, c)$$

와 같이 나타낸다.
특히 원점 O의 좌표는 $(0, 0, 0)$이고,
예를 들어 점 $P(3, 4, -2)$를 좌표공간에 나타내면 다음과
같다.

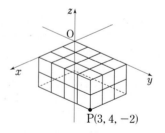

한편 점 $P(a, b, c)$를
x축, y축, z축에 대하여 대칭이동시킨 점의 좌표는 각각
$(a, -b, -c)$, $(-a, b, -c)$, $(-a, -b, c)$,
xy평면, yz평면, zx평면에 대하여 대칭이동시킨 점의
좌표는 각각
$(a, b, -c)$, $(-a, b, c)$, $(a, -b, c)$,
원점에 대하여 대칭이동시킨 점의 좌표는
$(-a, -b, -c)$이다.

너코 144 **좌표공간에서의 두 점 사이의 거리**

좌표공간의 두 점 $A(x_1, y_1, z_1)$, $B(x_2, y_2, z_2)$ 사이의 거리는

$$\overline{AB} = \sqrt{(x_2 - x_1)^2 + (y_2 - y_1)^2 + (z_2 - z_1)^2}$$

으로 구한다.

예를 들어 세 점 $P(0, 0, 1)$, $A(2, 0, 0)$, $B(0, 2\sqrt{3}, 0)$에 대하여 점 P와 직선 AB 사이의 거리는 다음과 같이 구할 수 있다.

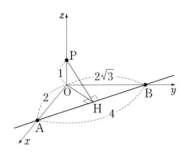

점 P에서 직선 AB에 내린 수선의 발을 H라 하면 구하는 거리는 $\overline{PH}$이다.

두 점 사이의 거리 공식에 의하여
$\overline{OP} = 1$, $\overline{OA} = 2$, $\overline{OB} = 2\sqrt{3}$, $\overline{AB} = 4$이고,
삼수선의 정리에 의하여 두 직선 OH, AB가 서로 수직이므로
$\overline{OA} \times \overline{OB} = \overline{AB} \times \overline{OH}$, 즉 $2 \times 2\sqrt{3} = 4 \times \overline{OH}$에서
$\overline{OH} = \sqrt{3}$이고
$\overline{PH} = \sqrt{\overline{OP}^2 + \overline{OH}^2} = \sqrt{1^2 + (\sqrt{3})^2} = 2$이다.

너코 145 **좌표공간에서의 선분의 내분점과 외분점**

좌표공간의 세 점 $A(x_1, y_1, z_1)$, $B(x_2, y_2, z_2)$, $C(x_3, y_3, z_3)$과 양수 m, n에 대하여
선분 AB를 $m:n$으로 내분하는 점의 좌표는
$\left(\dfrac{mx_2 + nx_1}{m+n}, \dfrac{my_2 + ny_1}{m+n}, \dfrac{mz_2 + nz_1}{m+n} \right)$이고,
외분하는 점의 좌표는
$\left(\dfrac{mx_2 - nx_1}{m-n}, \dfrac{my_2 - ny_1}{m-n}, \dfrac{mz_2 - nz_1}{m-n} \right)$ (단, $m \neq n$)

선분 AB의 중점의 좌표는
$\left(\dfrac{x_1 + x_2}{2}, \dfrac{y_1 + y_2}{2}, \dfrac{z_1 + z_2}{2} \right)$
삼각형 ABC의 무게중심의 좌표는
$\left(\dfrac{x_1 + x_2 + x_3}{3}, \dfrac{y_1 + y_2 + y_3}{3}, \dfrac{z_1 + z_2 + z_3}{3} \right)$

너코 146 **구의 방정식**

중심이 $C(a, b, c)$이고 반지름의 길이가 r인 **구의 방정식**은

$$(x-a)^2 + (y-b)^2 + (z-c)^2 = r^2$$

이다. 이때 구가
xy평면에 접하는 경우 $|c| = r$,
yz평면에 접하는 경우 $|a| = r$,
zx평면에 접하는 경우 $|b| = r$이고
x축에 접하는 경우 $b^2 + c^2 = r^2$,
y축에 접하는 경우 $a^2 + c^2 = r^2$,
z축에 접하는 경우 $a^2 + b^2 = r^2$이다.

구의 방정식이 전개되어 제시된 경우에는 식을 변형하면 구의 중심과 반지름의 길이를 구할 수 있다.
예를 들어 $x^2 + y^2 + z^2 - 2x + 4z = 4$와 같이 주어진 경우
$(x-1)^2 + y^2 + (z+2)^2 = 9$로 식을 변형할 수 있으므로
이 방정식은 중심이 $(1, 0, -2)$이고 반지름의 길이가 3인 구의 방정식이다.

또한 구의 중심과 반지름의 길이 대신 지름의 양 끝점의 좌표가 주어진 경우에도 구의 방정식을 세울 수 있다.
예를 들어 두 점 $A(1, -4, 2)$, $B(-1, 2, 6)$을 양 끝 점으로 하는 선분을 지름으로 하는 구를 S라 하자.
구 S의 중심은 선분 AB의 중점이므로
$\left(\dfrac{1+(-1)}{2}, \dfrac{(-4)+2}{2}, \dfrac{2+6}{2} \right)$, 즉 $(0, -1, 4)$이고
반지름의 길이는 $\dfrac{\overline{AB}}{2} = \dfrac{\sqrt{(-2)^2 + 6^2 + 4^2}}{2} = \sqrt{14}$이다.
즉, 구의 방정식은 $S : x^2 + (y+1)^2 + (z-4)^2 = 14$이다.

■ 유형소개

직선과 직선, 직선과 평면, 평면과 평면의 위치 관계를 다루는 유형으로 어렵지 않게 출제되지만, 뒤에 나오는 유형을 해결하기 위한 기본기를 다지는 과정으로써 완벽 학습이 필요한 유형이다. 특히 수직일 때의 상황이 주로 출제되므로 문제의 상황에 맞게 수선의 발을 내린 후 삼수선의 정리를 적용해보자.

■ 유형접근법

다양한 상황과 그림이 제시되지만 도형의 길이 또는 넓이를 구하기 위해서 찾아내야 하는 구조는 다음 그림과 같다.

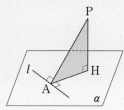

P : 평면 α 밖의 한 점
H : 점 P에서 평면 α에 내린 수선의 발
l : 점 H를 지나지 않는 평면 α 위의 직선
A : 점 P에서 직선 l에 내린 수선의 발 또는 점 H에서 직선 l에 내린 수선의 발

이와 같이 정의하여 서로 수직인 직선 또는 평면의 위치 관계를 찾아낸 뒤 피타고라스 정리를 이용하면 구하고자 하는 도형의 길이 또는 넓이를 얻을 수 있다.

O 01-01

너코 139 | 너코 140
2010학년도 수능 가형 5번

평면 α 위에 $\angle A = 90°$이고 $\overline{BC} = 6$인 직각이등변삼각형 ABC가 있다. 평면 α 밖의 한 점 P에서 이 평면까지의 거리가 4이고, 점 P에서 평면 α에 내린 수선의 발이 점 A일 때, 점 P에서 직선 BC까지의 거리는? [3점]

① $3\sqrt{2}$　　　② 5　　　③ $3\sqrt{3}$
④ $4\sqrt{2}$　　　⑤ 6

O 01-02

너코 139 | 너코 140
2015학년도 수능 B형 12번

평면 α 위에 있는 서로 다른 두 점 A, B를 지나는 직선을 l이라 하고, 평면 α 위에 있지 않은 점 P에서 평면 α에 내린 수선의 발을 H라 하자. $\overline{AB} = \overline{PA} = \overline{PB} = 6$, $\overline{PH} = 4$일 때, 점 H와 직선 l 사이의 거리는? [3점]

① $\sqrt{11}$　　　② $2\sqrt{3}$　　　③ $\sqrt{13}$
④ $\sqrt{14}$　　　⑤ $\sqrt{15}$

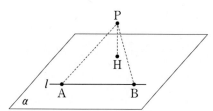

001-03

좌표공간에서 수직으로 만나는 두 평면 α, β의 교선을 l이라 하자. 평면 α 위의 직선 m과 평면 β 위의 직선 n은 각각 직선 l과 평행하다. 직선 m 위의 $\overline{\mathrm{AP}}=4$인 두 점 A, P에 대하여 점 P에서 직선 l에 내린 수선의 발을 Q, 점 Q에서 직선 n에 내린 수선의 발을 B라 하자. $\overline{\mathrm{PQ}}=3$, $\overline{\mathrm{QB}}=4$이고, 점 B가 아닌 직선 n 위의 점 C에 대하여 $\overline{\mathrm{AB}}=\overline{\mathrm{AC}}$일 때, 삼각형 ABC의 넓이는? [3점]

① 18   ② 20   ③ 22

④ 24   ⑤ 26

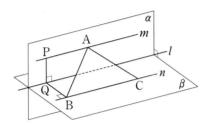

001-04

사면체 ABCD의 면 ABC, ACD의 무게중심을 각각 P, Q라고 하자. 〈보기〉에서 두 직선이 꼬인 위치에 있는 것만을 있는 대로 고른 것은? [3점]

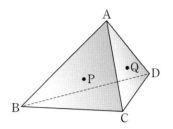

─────〈보 기〉─────

ㄱ. 직선 CD와 직선 BQ

ㄴ. 직선 AD와 직선 BC

ㄷ. 직선 PQ와 직선 BD

① ㄴ   ② ㄷ   ③ ㄱ, ㄴ

④ ㄱ, ㄷ   ⑤ ㄱ, ㄴ, ㄷ

001-05

좌표공간에 서로 수직인 두 평면 α와 β가 있다. 평면 α 위의 두 점 A, B에 대하여 $\overline{AB} = 3\sqrt{5}$이고 직선 AB는 평면 β에 평행하다. 점 A와 평면 β 사이의 거리가 2이고, 평면 β 위의 점 P와 평면 α 사이의 거리는 4일 때, 삼각형 PAB의 넓이를 구하시오. [4점]

001-06

$\overline{AB} = 8$, $\angle ACB = 90°$인 삼각형 ABC에 대하여 점 C를 지나고 평면 ABC에 수직인 직선 위에 $\overline{CD} = 4$인 점 D가 있다. 삼각형 ABD의 넓이가 20일 때, 삼각형 ABC의 넓이를 구하시오. [3점]

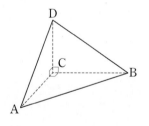

001-07

그림과 같이 평면 α 위에 넓이가 24인 삼각형 ABC가 있다. 평면 α 위에 있지 않은 점 P에서 평면 α에 내린 수선의 발을 H, 직선 AB에 내린 수선의 발을 Q라 하자. 점 H가 삼각형 ABC의 무게중심이고, $\overline{PH} = 4$, $\overline{AB} = 8$일 때, 선분 PQ의 길이는? [3점]

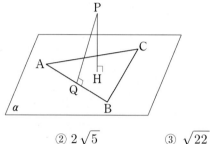

① $3\sqrt{2}$　　　② $2\sqrt{5}$　　　③ $\sqrt{22}$

④ $2\sqrt{6}$　　　⑤ $\sqrt{26}$

001-08

그림과 같이 $\overline{AD}=3$, $\overline{DB}=2$, $\overline{DC}=2\sqrt{3}$ 이고
$\angle ADB = \angle ADC = \angle BDC = \dfrac{\pi}{2}$ 인 사면체
ABCD가 있다. 선분 BC 위를 움직이는 점 P에 대하여
$\overline{AP}+\overline{DP}$ 의 최솟값은? [3점]

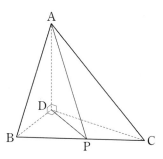

① $3\sqrt{3}$

② $\dfrac{10\sqrt{3}}{3}$

③ $\dfrac{11\sqrt{3}}{3}$

④ $4\sqrt{3}$

⑤ $\dfrac{13\sqrt{3}}{3}$

001-09

그림과 같이 한 모서리의 길이가 4인 정육면체
ABCD－EFGH가 있다. 선분 AD의 중점을 M이라
할 때, 삼각형 MEG의 넓이는? [3점]

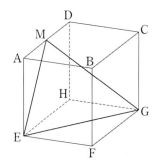

① $\dfrac{21}{2}$

② 11

③ $\dfrac{23}{2}$

④ 12

⑤ $\dfrac{25}{2}$

그림과 같이 밑면의 반지름의 길이가 4, 높이가 3인 원기둥이 있다. 선분 AB는 이 원기둥의 한 밑면의 지름이고 C, D는 다른 밑면의 둘레 위의 서로 다른 두 점이다. 네 점 A, B, C, D가 다음 조건을 만족시킬 때, 선분 CD의 길이는? [3점]

(가) 삼각형 ABC의 넓이는 16이다.
(나) 두 직선 AB, CD는 서로 평행하다.

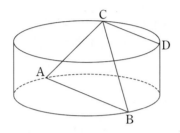

① 5　　　② $\dfrac{11}{2}$　　　③ 6

④ $\dfrac{13}{2}$　　　⑤ 7

좌표공간에 직선 AB를 포함하는 평면 α가 있다. 평면 α 위에 있지 않은 점 C에 대하여 직선 AB와 직선 AC가 이루는 예각의 크기를 θ_1이라 할 때 $\sin\theta_1 = \dfrac{4}{5}$이고, 직선 AC와 평면 α가 이루는 예각의 크기는 $\dfrac{\pi}{2} - \theta_1$이다. 평면 ABC와 평면 α가 이루는 예각의 크기를 θ_2라 할 때, $\cos\theta_2$의 값은? [3점]

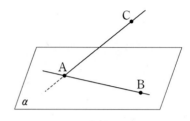

① $\dfrac{\sqrt{7}}{4}$　　　② $\dfrac{\sqrt{7}}{5}$　　　③ $\dfrac{\sqrt{7}}{6}$

④ $\dfrac{\sqrt{7}}{7}$　　　⑤ $\dfrac{\sqrt{7}}{8}$

그림과 같이 $\overline{AB}=3$, $\overline{AD}=3$, $\overline{AE}=6$인 직육면체 ABCD−EFGH가 있다. 삼각형 BEG의 무게중심을 P라 할 때, 선분 DP의 길이는? [3점]

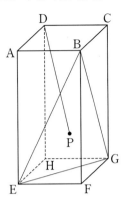

① $2\sqrt{5}$ ② $2\sqrt{6}$ ③ $2\sqrt{7}$

④ $4\sqrt{2}$ ⑤ 6

중심이 O이고 반지름의 길이가 1인 구에 내접하는 정사면체 ABCD가 있다. 두 삼각형 BCD, ACD의 무게중심을 각각 F, G라 할 때, 〈보기〉에서 옳은 것만을 있는 대로 고른 것은? [4점]

─── 〈보 기〉 ───

ㄱ. 직선 AF와 직선 BG는 꼬인 위치에 있다.

ㄴ. 삼각형 ABC의 넓이는 $\dfrac{3\sqrt{3}}{4}$보다 작다.

ㄷ. $\angle AOG = \theta$일 때, $\cos\theta = \dfrac{1}{3}$이다.

① ㄴ   ② ㄷ   ③ ㄱ, ㄴ

④ ㄴ, ㄷ   ⑤ ㄱ, ㄴ, ㄷ

001-14

그림은 $\overline{AC} = \overline{AE} = \overline{BE}$ 이고,
$\angle DAC = \angle CAB = 90°$인 사면체의 전개도이다.

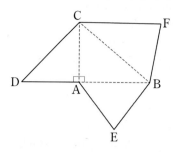

이 전개도로 사면체를 만들 때, 세 점 D, E, F가
합쳐지는 점을 P라 하자. 사면체 PABC에 대하여
〈보기〉에서 옳은 것만을 있는 대로 고른 것은? [4점]

〈보 기〉

ㄱ. $\overline{CP} = \sqrt{2} \times \overline{BP}$

ㄴ. 직선 AB와 직선 CP는 꼬인 위치에 있다.

ㄷ. 선분 AB의 중점을 M이라 할 때,
　직선 PM과 직선 BC는 서로 수직이다.

① ㄱ
② ㄷ
③ ㄱ, ㄴ
④ ㄴ, ㄷ
⑤ ㄱ, ㄴ, ㄷ

001-15

한 변의 길이가 12인 정삼각형 BCD를 한 면으로 하는
사면체 ABCD의 꼭짓점 A에서 평면 BCD에 내린
수선의 발을 H라 할 때, 점 H는 삼각형 BCD의 내부에
놓여 있다. 삼각형 CDH의 넓이는 삼각형 BCH의 넓이의
3배, 삼각형 DBH의 넓이는 삼각형 BCH의 넓이의
2배이고 $\overline{AH} = 3$이다. 선분 BD의 중점을 M, 점 A에서
선분 CM에 내린 수선의 발을 Q라 할 때, 선분 AQ의
길이는? [4점]

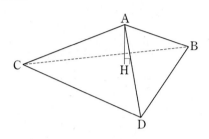

① $\sqrt{11}$
② $2\sqrt{3}$
③ $\sqrt{13}$
④ $\sqrt{14}$
⑤ $\sqrt{15}$

001-16

좌표공간에 $\overline{AB} = 8$, $\overline{BC} = 6$, $\angle ABC = \dfrac{\pi}{2}$ 인

직각삼각형 ABC와 선분 AC를 지름으로 하는 구 S가 있다. 직선 AB를 포함하고 평면 ABC에 수직인 평면이 구 S와 만나서 생기는 원을 O라 하자. 원 O 위의 점 중에서 직선 AC까지의 거리가 4인 서로 다른 두 점을 P, Q라 할 때, 선분 PQ의 길이는? [4점]

① $\sqrt{43}$ ② $\sqrt{47}$ ③ $\sqrt{51}$

④ $\sqrt{55}$ ⑤ $\sqrt{59}$

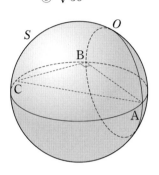

유형 02   이면각의 크기

유형소개

두 평면이 이루는 각의 크기를 구하는 유형으로 고난도 문항이 주로 출제되고 있다. 앞서 배운 개념을 잘 적용하기 위해서는 적절한 보조선을 긋고 주어진 상황의 단면을 직접 그려 보면서 필요한 정보를 이끌어내는 과정이 중요하며 이에 대한 많은 훈련을 필요로 하는 유형이다.

유형접근법

두 평면 α, β가 이루는 각의 크기 θ에 대하여 $\cos\theta$의 값은 다음과 같이 두 가지 방법으로 구할 수 있다.

방법 1 선분 이용

[1단계] 두 평면의 교선 l을 찾는다.
     교선이 잘 드러나지 않는다면 평면을 적절히 평행이동시킨 후 교선을 찾는다.

[2단계] 평면 α 위의 점 A, 평면 β 위의 점 B, 교선 l 위의 점 O를 $l \perp \overline{AO}$, $l \perp \overline{BO}$가 되도록 잡는다.

[3단계] 이면각의 정의에 의하여 $\angle AOB = \theta$이므로 점 B에서 직선 OA에 내린 수선의 발을 H라 하면 $\cos\theta = \dfrac{\overline{OH}}{\overline{OB}}$ 이다.

방법 2 넓이 이용

[1단계] 평면 α 위의 도형 F와 도형 F의 평면 β 위로의 정사영 F'을 찾는다.

[2단계] 도형 F의 넓이 S와 도형 F'의 넓이 S'을 구한다.

[3단계] $S' = S\cos\theta$이므로 $\cos\theta = \dfrac{S'}{S}$ 이다.

O02-01

그림과 같이 한 모서리의 길이가 3인 정육면체 $ABCD-EFGH$의 세 모서리 AD, BC, FG 위에 $\overline{DP}=\overline{BQ}=\overline{GR}=1$인 세 점 P, Q, R가 있다. 평면 PQR와 평면 $CGHD$가 이루는 각의 크기를 θ라 할 때, $\cos\theta$의 값은? (단, $0<\theta<\dfrac{\pi}{2}$) [3점]

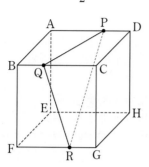

① $\dfrac{\sqrt{10}}{5}$
② $\dfrac{\sqrt{10}}{10}$
③ $\dfrac{\sqrt{11}}{11}$
④ $\dfrac{2\sqrt{11}}{11}$
⑤ $\dfrac{3\sqrt{11}}{11}$

O02-02

정육면체 $ABCD-EFGH$에서 평면 AFG와 평면 AGH가 이루는 각의 크기를 θ라 할 때, $\cos^2\theta$의 값은? [3점]

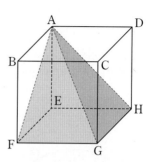

① $\dfrac{1}{6}$
② $\dfrac{1}{5}$
③ $\dfrac{1}{4}$
④ $\dfrac{1}{3}$
⑤ $\dfrac{1}{2}$

Hidden Point

O02-01 두 평면이 이루는 각을 파악하기 위해서는 두 평면의 교선이 잘 드러나는 것이 좋다.
주어진 두 평면 PQR, CGHD의 교선은 그림에 나타내기 어려우므로 평면 PQR와 평행하면서 평면 CGHD와의 교선을 선분 DG로 갖는 평면을 찾아 이면각의 크기를 θ로 하여 접근해보자.

Hidden Point

O02-02 두 삼각형 AFG, AHG는 서로 닮음이므로
점 F에서 선분 AG에 내린 수선의 발을 I라 하면
점 H에서 선분 AG에 내린 수선의 발도 I이다.
따라서 두 평면이 이루는 각의 크기는 $\theta=\angle FIH$이다.
이때 삼각형 FIH에서 코사인법칙을 이용해 $\cos\theta$의 값을 얻기 위해 $\overline{FI}(=\overline{HI})$의 길이, $\overline{FH}$의 길이를 구하여 접근해보자.

O 02-03

사면체 ABCD에서 모서리 CD의 길이는 10, 면 ACD의 넓이는 40이고, 면 BCD와 면 ACD가 이루는 각의 크기는 30°이다. 점 A에서 평면 BCD에 내린 수선의 발을 H라 할 때, 선분 AH의 길이는? [3점]

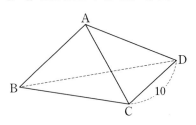

① $2\sqrt{3}$　　　② 4　　　③ 5

④ $3\sqrt{3}$　　　⑤ $4\sqrt{3}$

O 02-04

같은 평면 위에 있지 않고 서로 평행한 세 직선 l, m, n이 있다. 직선 l 위의 두 점 A, B, 직선 m 위의 점 C, 직선 n 위의 점 D가 다음 조건을 만족시킨다.

(가) $\overline{AB} = 2\sqrt{2}$, $\overline{CD} = 3$

(나) 선분 AC와 직선 l은 수직이고, $\overline{AC} = 5$이다.

(다) 선분 BD와 직선 l은 수직이고, $\overline{BD} = 4\sqrt{2}$이다.

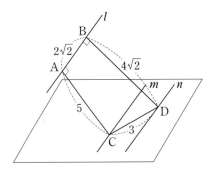

두 직선 m, n을 포함하는 평면과 세 점 A, C, D를 포함하는 평면이 이루는 각의 크기를 θ라 할 때, $15\tan^2\theta$의 값을 구하시오. (단, $0 < \theta < \dfrac{\pi}{2}$) [4점]

그림과 같이 $\overline{AB}=9$, $\overline{AD}=3$인 직사각형 ABCD 모양의 종이가 있다. 선분 AB 위의 점 E와 선분 DC 위의 점 F를 연결하는 선을 접는 선으로 하여, 점 B의 평면 AEFD 위로의 정사영이 점 D가 되도록 종이를 접었다. $\overline{AE}=3$일 때, 두 평면 AEFD와 EFCB가 이루는 각의 크기가 θ이다. $60\cos\theta$의 값을 구하시오.

(단, $0 < \theta < \dfrac{\pi}{2}$이고, 종이의 두께는 고려하지 않는다.)

[4점]

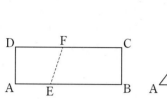 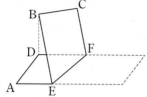

반지름의 길이가 2인 구의 중심 O를 지나는 평면을 α라 하고, 평면 α와 이루는 각이 45°인 평면을 β라 하자. 평면 α와 구가 만나서 생기는 원을 C_1, 평면 β와 구가 만나서 생기는 원을 C_2라 하자. 원 C_2의 중심 A와 평면 α 사이의 거리가 $\dfrac{\sqrt{6}}{2}$일 때, 그림과 같이 다음 조건을 만족하도록 원 C_1 위에 점 P, 원 C_2 위에 두 점 Q, R를 잡는다.

(가) $\angle QAR = 90°$
(나) 직선 OP와 직선 AQ는 서로 평행하다.

평면 PQR와 평면 AQPO가 이루는 각을 θ라 할 때, $\cos^2\theta = \dfrac{q}{p}$이다. $p+q$의 값을 구하시오.

(단, p와 q는 서로소인 자연수이다.) [4점]

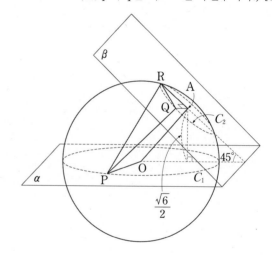

O02-07 █▫▫

그림과 같이 직선 l을 교선으로 하고 이루는 각의 크기가 $\dfrac{\pi}{4}$인 두 평면 α와 β가 있고, 평면 α 위의 점 A와 평면 β 위의 점 B가 있다. 두 점 A, B에서 직선 l에 내린 수선의 발을 각각 C, D라 하자. $\overline{AB}=2$, $\overline{AD}=\sqrt{3}$이고 직선 AB와 평면 β가 이루는 각의 크기가 $\dfrac{\pi}{6}$일 때, 사면체 ABCD의 부피는 $a+b\sqrt{2}$이다. $36(a+b)$의 값을 구하시오. (단, a, b는 유리수이다.) [4점]

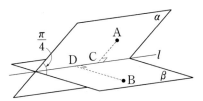

O02-08 █▫▫

그림과 같이 한 변의 길이가 8인 정사각형 ABCD에 두 선분 AB, CD를 각각 지름으로 하는 두 반원이 붙어 있는 모양의 종이가 있다. 반원의 호 AB의 삼등분점 중 점 B에 가까운 점을 P라 하고, 반원의 호 CD를 이등분하는 점을 Q라 하자. 이 종이에서 두 선분 AB와 CD를 접는 선으로 하여 두 반원을 접어 올렸을 때 두 점 P, Q에서 평면 ABCD에 내린 수선의 발을 각각 G, H라 하면 두 점 G, H는 정사각형 ABCD의 내부에 놓여 있고, $\overline{PG}=\sqrt{3}$, $\overline{QH}=2\sqrt{3}$이다. 두 평면 PCQ와 ABCD가 이루는 각의 크기가 θ일 때, $70\times\cos^2\theta$의 값을 구하시오. (단, 종이의 두께는 고려하지 않는다.) [4점]

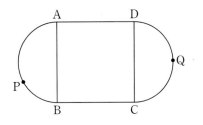

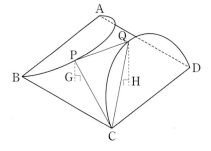

002-09

너코 123 너코 140 너코 141
2024학년도 수능 (기하) 28번

그림과 같이 서로 다른 두 평면 α, β의 교선 위에 $\overline{AB}=18$인 두 점 A, B가 있다. 선분 AB를 지름으로 하는 원 C_1이 평면 α 위에 있고, 선분 AB를 장축으로 하고 두 점 F, F$'$을 초점으로 하는 타원 C_2가 평면 β 위에 있다. 원 C_1 위의 한 점 P에서 평면 β에 내린 수선의 발을 H라 할 때, $\overline{HF'}<\overline{HF}$이고 $\angle HFF'=\frac{\pi}{6}$이다. 직선 HF와 타원 C_2가 만나는 점 중 점 H와 가까운 점을 Q라 하면, $\overline{FH}<\overline{FQ}$이다. 점 H를 중심으로 하고 점 Q를 지나는 평면 β 위의 원은 반지름의 길이가 4이고 직선 AB에 접한다. 두 평면 α, β가 이루는 각의 크기를 θ라 할 때, $\cos\theta$의 값은? (단, 점 P는 평면 β 위에 있지 않다.)

[4점]

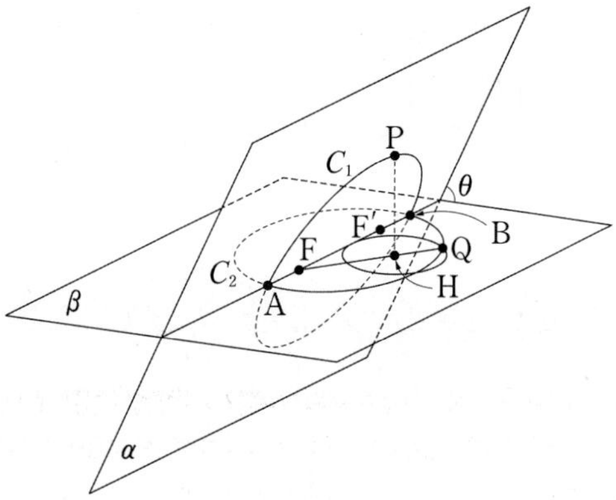

① $\frac{2\sqrt{66}}{33}$　② $\frac{4\sqrt{69}}{69}$　③ $\frac{\sqrt{2}}{3}$

④ $\frac{4\sqrt{3}}{15}$　⑤ $\frac{2\sqrt{78}}{39}$

유형 03 정사영

유형소개

정사영의 정의 또는 그 개념을 역으로 이용해 정사영 또는 그림자의 길이와 넓이를 구하는 유형이다.
앞서 배운 삼수선의 정리, 이면각의 정의를 모두 활용해야 하므로 앞서 배운 유형을 완벽히 숙달시킨 후 이 유형을 학습하도록 하자.

유형접근법

문제 상황에서 주어진 두 평면의 교선과 수직인 평면으로 공간도형을 자른 단면을 생각하면 수월한 경우가 많다.
연습하는 과정에서 보조선을 긋거나 복잡한 공간에서의 상황을 단순화하여 그려보는 충분한 시간을 가져야만 실전에서 접근 방향이 보이고 풀이시간을 단축할 수 있으므로 문제가 잘 해결되지 않더라도 바로 풀이를 보지 않고, 스스로 다양한 그림을 그려보는 연습을 해보도록 하자.

O 03-01 ▐▬▬

그림과 같이 태양광선이 지면과 $60°$의 각을 이루면서 비추고 있다. 한 변의 길이가 4인 정사각형의 중앙에 반지름의 길이가 1인 원 모양의 구멍이 뚫려 있는 판이 있다. 이 판은 지면과 수직으로 서 있고 태양광선과 $30°$의 각을 이루고 있다. 판의 밑변을 지면에 고정하고 판을 그림자 쪽으로 기울일 때 생기는 그림자의 최대 넓이를 S라 하자. S의 값을 $\dfrac{\sqrt{3}\,(a+b\pi)}{3}$라 할 때, $a+b$의 값을 구하시오. (단, a, b는 정수이고, 판의 두께는 무시한다.)

[4점]

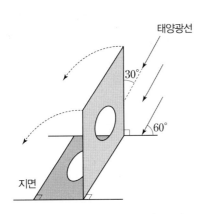

O 03-02 ▐▬▬

그림과 같이 반지름의 길이가 r인 구 모양의 공이 공중에 있다. 벽면과 지면은 서로 수직이고, 태양광선이 지면과 크기가 θ인 각을 이루면서 공을 비추고 있다. 태양광선과 평행하고 공의 중심을 지나는 직선이 벽면과 지면의 교선 l과 수직으로 만난다. 벽면에 생기는 공의 그림자 위의 점에서 교선 l까지 거리의 최댓값을 a라 하고, 지면에 생기는 공의 그림자 위의 점에서 교선 l까지 거리의 최댓값을 b라 하자. 〈보기〉에서 옳은 것만을 있는 대로 고른 것은? [4점]

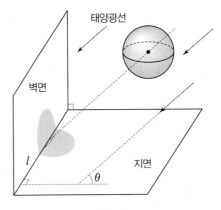

────〈보 기〉────

ㄱ. 그림자와 교선 l의 공통부분의 길이는 $2r$이다.

ㄴ. $\theta = 60°$이면 $a < b$이다.

ㄷ. $\dfrac{1}{a^2} + \dfrac{1}{b^2} = \dfrac{1}{r^2}$

① ㄱ   ② ㄴ   ③ ㄱ, ㄷ
④ ㄴ, ㄷ   ⑤ ㄱ, ㄴ, ㄷ

Hidden Point

O 03-01 지면에 빛이 수직으로 비추는 경우, 그림자의 길이(넓이)는 정사영의 개념으로 구하면 되지만
지면에 빛이 수직으로 비추지 않는 경우, 그림자의 길이(넓이)는 정사영의 개념을 역으로 이용해서 구해야 한다.
이때 지면과 태양광선이 $60°$의 각을 이루고 있고
판이 태양광선과 수직일 때 그림자의 넓이는 최대가 되므로
정사영의 개념을 역으로 이용하여
(판의 넓이)=(그림자의 넓이)$\times \cos30°$

즉, (그림자의 넓이)$=\dfrac{(판의 넓이)}{\cos30°}$

로 구해보도록 하자.

03-03

그림과 같이 $\overline{AB}=9$, $\overline{BC}=12$, $\cos(\angle ABC)=\dfrac{\sqrt{3}}{3}$ 인 사면체 ABCD에 대하여 점 A의 평면 BCD 위로의 정사영을 P라 하고 점 A에서 선분 BC에 내린 수선의 발을 Q라 하자. $\cos(\angle AQP)=\dfrac{\sqrt{3}}{6}$일 때, 삼각형 BCP의 넓이는 k이다. k^2의 값을 구하시오. [4점]

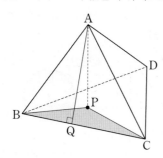

03-04

좌표공간에 평면 α가 있다. 평면 α 위에 있지 않은 서로 다른 두 점 A, B의 평면 α 위로의 정사영을 각각 A′, B′이라 할 때,

$$\overline{AB}=\overline{A'B'}=6$$

이다. 선분 AB의 중점 M의 평면 α 위로의 정사영을 M′이라 할 때,

$$\overline{PM'}\perp\overline{A'B'}, \ \overline{PM'}=6$$

이 되도록 평면 α 위에 점 P를 잡는다. 삼각형 A′B′P의 평면 ABP 위로의 정사영의 넓이가 $\dfrac{9}{2}$일 때, 선분 PM의 길이는? [3점]

① 12   ② 15   ③ 18

④ 21   ⑤ 24

◯ 03-05

그림과 같이 한 변의 길이가 각각 4, 6인 두 정사각형
ABCD, EFGH를 밑변으로 하고

$$\overline{AE} = \overline{BF} = \overline{CG} = \overline{DH}$$

인 사각뿔대 ABCD − EFGH가 있다. 사각뿔대
ABCD − EFGH의 높이가 $\sqrt{14}$ 일 때, 사각형
AEHD의 평면 BFGC 위로의 정사영의 넓이는? [3점]

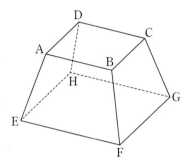

① $\dfrac{10}{3}\sqrt{15}$　　② $\dfrac{11}{3}\sqrt{15}$　　③ $4\sqrt{15}$

④ $\dfrac{13}{3}\sqrt{15}$　　⑤ $\dfrac{14}{3}\sqrt{15}$

◯ 03-06

그림과 같이 $\overline{AB} = 6$, $\overline{BC} = 4\sqrt{5}$ 인 사면체 ABCD에
대하여 선분 BC의 중점을 M이라 하자. 삼각형 AMD가
정삼각형이고 직선 BC는 평면 AMD와 수직일 때,
삼각형 ACD에 내접하는 원의 평면 BCD 위로의
정사영의 넓이는? [3점]

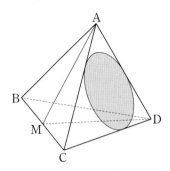

① $\dfrac{\sqrt{10}}{4}\pi$　　② $\dfrac{\sqrt{10}}{6}\pi$　　③ $\dfrac{\sqrt{10}}{8}\pi$

④ $\dfrac{\sqrt{10}}{10}\pi$　　⑤ $\dfrac{\sqrt{10}}{12}\pi$

O 03-07

서로 수직인 두 평면 α, β의 교선을 l이라 하자. 반지름의 길이가 6인 원판이 두 평면 α, β와 각각 한 점에서 만나고 교선 l에 평행하게 놓여 있다. 태양광선이 평면 α와 30°의 각을 이루면서 원판의 면에 수직으로 비출 때, 그림과 같이 평면 β에 나타나는 원판의 그림자의 넓이를 S라 하자. S의 값을 $a+b\sqrt{3}\pi$라 할 때, $a+b$의 값을 구하시오.

(단, a, b는 자연수이고, 원판의 두께는 무시한다.) [4점]

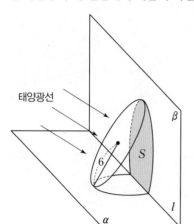

O 03-08

반지름의 길이가 6인 반구가 평면 α 위에 놓여 있다. 반구와 평면 α가 만나서 생기는 원의 중심을 O 라 하자. 그림과 같이 중심 O 로부터 거리가 $2\sqrt{3}$이고 평면 α와 45°의 각을 이루는 평면으로 반구를 자를 때, 반구에 나타나는 단면의 평면 α 위로의 정사영의 넓이는 $\sqrt{2}\,(a+b\pi)$이다. $a+b$의 값을 구하시오.

(단, a, b는 자연수이다.) [4점]

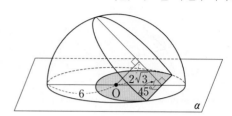

Hidden Point

O 03-07 그림자가 생기는 평면 β에 빛이 수직으로 비추지 않으므로 그림자의 길이(넓이)는 정사영의 개념을 역으로 이용해서 구해야 한다. 이때 원판의 일부인 활꼴의 넓이는 부채꼴의 넓이와 이등변삼각형의 넓이의 합으로부터 얻어진다.

한 모서리의 길이가 6인 정사면체 $OABC$가 있다. 세 삼각형 OAB, OBC, OCA에 각각 내접하는 세 원의 평면 ABC 위로의 정사영을 각각 S_1, S_2, S_3이라 하자. 그림과 같이 세 도형 S_1, S_2, S_3으로 둘러싸인 어두운 부분의 넓이를 S라 할 때, $(S+\pi)^2$의 값을 구하시오. [4점]

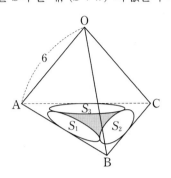

그림과 같이 반지름의 길이가 모두 $\sqrt{3}$이고 높이가 서로 다른 세 원기둥이 한 평면 α 위에 놓여 있다. 평면 α와 만나지 않는 세 원기둥의 밑면의 중심을 각각 P, Q, R라 할 때, 삼각형 PQR는 이등변삼각형이고, 삼각형 PQR의 평면 α 위로의 정사영은 한 변의 길이가 $2\sqrt{3}$인 정삼각형이며, 평면 PQR와 평면 α가 이루는 각의 크기는 $60°$이다. 세 원기둥의 높이를 각각 8, a, b라 할 때, $a+b$의 값을 구하시오. (단, $8 < a < b$) [4점]

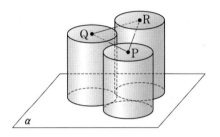

O

공간도형과 공간좌표

O 03-11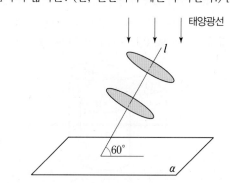

그림과 같이 중심 사이의 거리가 $\sqrt{3}$ 이고 반지름의 길이가 1인 두 원판과 평면 α가 있다. 각 원판의 중심을 지나는 직선 l은 두 원판의 면과 각각 수직이고, 평면 α와 이루는 각의 크기가 60°이다. 태양광선이 그림과 같이 평면 α에 수직인 방향으로 비출 때, 두 원판에 의해 평면 α에 생기는 그림자의 넓이는? (단, 원판의 두께는 무시한다.) [4점]

① $\dfrac{\sqrt{3}}{3}\pi + \dfrac{3}{8}$

② $\dfrac{2}{3}\pi + \dfrac{\sqrt{3}}{4}$

③ $\dfrac{2\sqrt{3}}{3}\pi + \dfrac{1}{8}$

④ $\dfrac{4}{3}\pi + \dfrac{\sqrt{3}}{16}$

⑤ $\dfrac{2\sqrt{3}}{3}\pi + \dfrac{3}{4}$

O 03-12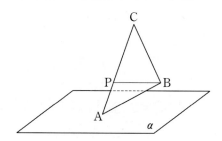

그림과 같이 평면 α 위에 점 A가 있고 α로부터의 거리가 각각 1, 3인 두 점 B, C가 있다. 선분 AC를 $1 : 2$로 내분하는 점 P에 대하여 $\overline{BP} = 4$이다. 삼각형 ABC의 넓이가 9일 때, 삼각형 ABC의 평면 α 위로의 정사영의 넓이를 S라 하자. S^2의 값을 구하시오. [4점]

그림과 같이 한 변의 길이가 4이고 $\angle \mathrm{BAD} = \dfrac{\pi}{3}$인 마름모 ABCD 모양의 종이가 있다. 변 BC와 변 CD의 중점을 각각 M과 N이라 할 때, 세 선분 AM, AN, MN을 접는 선으로 하여 사면체 PAMN이 되도록 종이를 접었다. 삼각형 AMN의 평면 PAM 위로의 정사영의 넓이는 $\dfrac{q}{p}\sqrt{3}$이다. $p+q$의 값을 구하시오. (단, 종이의 두께는 고려하지 않으며 P는 종이를 접었을 때 세 점 B, C, D가 합쳐지는 점이고, p와 q는 서로소인 자연수이다.) [4점]

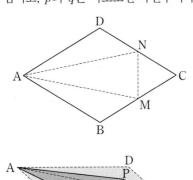

좌표공간에 정사면체 ABCD가 있다. 정삼각형 BCD의 외심을 중심으로 하고 점 B를 지나는 구를 S라 하자. 구 S와 선분 AB가 만나는 점 중 B가 아닌 점을 P, 구 S와 선분 AC가 만나는 점 중 C가 아닌 점을 Q, 구 S와 선분 AD가 만나는 점 중 D가 아닌 점을 R라 하고, 점 P에서 구 S에 접하는 평면을 α라 하자. 구 S의 반지름의 길이가 6일 때, 삼각형 PQR의 평면 α 위로의 정사영의 넓이는 k이다. k^2의 값을 구하시오. [4점]

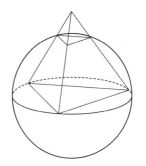

공간에서의 점의 좌표와 두 점 사이의 거리

■ 유형소개

공간에서의 점의 좌표를 바탕으로 두 점 사이의 거리 또는
점과 직선 사이의 거리를 구하는 문항이 수록된 유형이다.

■ 유형접근법

좌표공간의 두 점 $A(x_1, y_1, z_1)$, $B(x_2, y_2, z_2)$ **사이의**
거리는

$$\overline{AB} = \sqrt{(x_2 - x_1)^2 + (y_2 - y_1)^2 + (z_2 - z_1)^2} \text{ 이고,}$$

점과 직선 사이의 거리를 묻는 경우에는 이 공식과 삼수선의
정리를 함께 이용하여 접근해보도록 하자.

O04-01

너코 143 너코 144
2008학년도 수능 가형 7번

좌표공간에서 평면 $x = 3$과 평면 $z = 1$의 교선을 l이라
하자. 점 P가 직선 l 위를 움직일 때, 선분 OP의 길이의
최솟값은? (단, O는 원점이다.) [3점]

① $2\sqrt{2}$ ② $\sqrt{10}$ ③ $2\sqrt{3}$
④ $\sqrt{14}$ ⑤ $3\sqrt{2}$

O04-02

너코 144
2011학년도 수능 가형 3번

좌표공간에서 점 $P(0, 3, 0)$과 점 $A(-1, 1, a)$ 사이의
거리는 점 P와 점 $B(1, 2, -1)$ 사이의 거리의 2배이다.
양수 a의 값은? [2점]

① $\sqrt{7}$ ② $\sqrt{6}$ ③ $\sqrt{5}$
④ 2   ⑤ $\sqrt{3}$

O04-03

너코 143
2016학년도 9월 평가원 B형 4번

좌표공간의 점 $P(2, 2, 3)$을 yz평면에 대하여
대칭이동시킨 점을 Q라 하자. 두 점 P와 Q 사이의
거리는? [3점]

① 1   ② 2   ③ 3
④ 4   ⑤ 5

○04-04

너코 144
2020학년도 수능 가형 3번

좌표공간의 두 점 $A(2, 0, 1)$, $B(3, 2, 0)$에서 같은 거리에 있는 y축 위의 점의 좌표가 $(0, a, 0)$일 때, a의 값은? [2점]

① 1   ② 2   ③ 3

④ 4   ⑤ 5

○04-05

너코 143
2022학년도 수능 예시문항 (기하) 23번

좌표공간의 점 $P(1, 3, 4)$를 zx평면에 대하여 대칭이동한 점을 Q라 하자. 두 점 P와 Q 사이의 거리는? [2점]

① 6   ② 7   ③ 8

④ 9   ⑤ 10

○04-06

너코 143   너코 144
2022학년도 9월 평가원 (기하) 23번

좌표공간의 점 $A(3, 0, -2)$를 xy평면에 대하여 대칭이동한 점을 B라 하자. 점 $C(0, 4, 2)$에 대하여 선분 BC의 길이는? [2점]

① 1   ② 2   ③ 3

④ 4   ⑤ 5

○04-07

너코 143   너코 144
2022학년도 수능 (기하) 23번

좌표공간의 점 $A(2, 1, 3)$을 xy평면에 대하여 대칭이동한 점을 P라 하고, 점 A를 yz평면에 대하여 대칭이동한 점을 Q라 할 때, 선분 PQ의 길이는? [2점]

① $5\sqrt{2}$ ② $2\sqrt{13}$ ③ $3\sqrt{6}$

④ $2\sqrt{14}$ ⑤ $2\sqrt{15}$

O04-08

너코 143 너코 144
2023학년도 수능 (기하) 23번

좌표공간의 점 $A(2, 2, -1)$을 x축에 대하여 대칭이동한 점을 B라 하자. 점 $C(-2, 1, 1)$에 대하여 선분 BC의 길이는? [2점]

① 1 ② 2 ③ 3
④ 4 ⑤ 5

O04-09

너코 143 너코 144
2024학년도 9월 평가원 (기하) 23번

좌표공간의 점 $A(8, 6, 2)$를 xy평면에 대하여 대칭이동한 점을 B라 할 때, 선분 AB의 길이는? [2점]

① 1 ② 2 ③ 3
④ 4 ⑤ 5

O04-10

너코 140 너코 143
2006학년도 9월 평가원 가형 8번

좌표공간에서 두 점 $A(1, 0, 0)$, $B(0, \sqrt{3}, 0)$을 지나는 직선 l이 있다. 점 $P\left(0, 0, \dfrac{1}{2}\right)$로부터 직선 l에 이르는 거리는? [3점]

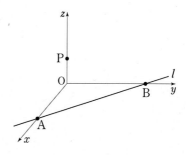

① 1 ② $\sqrt{2}$ ③ $\sqrt{3}$
④ 2 ⑤ $\sqrt{5}$

O04-11

너코 123 너코 143
2012학년도 수능 가형 24번

좌표공간에 점 $A(9, 0, 5)$가 있고, xy평면 위에 타원 $\dfrac{x^2}{9} + y^2 = 1$이 있다. 타원 위의 점 P에 대하여 $\overline{AP}$의 최댓값을 구하시오. [3점]

좌표공간에 있는 원기둥이 다음 조건을 만족시킨다.

(가) 높이는 8이다.
(나) 한 밑면의 중심은 원점이고 다른 밑면은 평면
    $z = 10$과 오직 한 점 $(0, 0, 10)$에서 만난다.

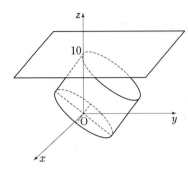

이 원기둥의 한 밑면의 평면 $z = 10$ 위로의 정사영의
넓이는? [4점]

① $\dfrac{139}{5}\pi$ ② $\dfrac{144}{5}\pi$ ③ $\dfrac{149}{5}\pi$

④ $\dfrac{154}{5}\pi$ ⑤ $\dfrac{159}{5}\pi$

좌표공간에서 y축을 포함하는 평면 α에 대하여 xy평면
위의 원 $C_1 : (x - 10)^2 + y^2 = 3$의 평면 α 위로의
정사영의 넓이와 yz평면 위의 원 $C_2 : y^2 + (z - 10)^2 = 1$
의 평면 α 위로의 정사영의 넓이가 S로 같을 때, S의
값은? [4점]

① $\dfrac{\sqrt{10}}{6}\pi$ ② $\dfrac{\sqrt{10}}{5}\pi$ ③ $\dfrac{7\sqrt{10}}{30}\pi$

④ $\dfrac{4\sqrt{10}}{15}\pi$ ⑤ $\dfrac{3\sqrt{10}}{10}\pi$

O

공간도형과 공간좌표

O04-14

좌표공간에 두 점 $(a, 0, 0)$과 $(0, 6, 0)$을 지나는 직선 l이 있다. 점 $(0, 0, 4)$와 직선 l 사이의 거리가 5일 때, a^2의 값은? [4점]

① 8   ② 9   ③ 10

④ 11   ⑤ 12

O04-15

좌표공간에 두 점 $A(0, -1, 1)$, $B(1, 1, 0)$이 있고, xy평면 위에 원 $x^2 + y^2 = 13$이 있다. 이 원 위의 점 $(a, b, 0)$ $(a < 0)$을 지나고 z축에 평행한 직선이 직선 AB와 만날 때, $a + b$의 값은? [4점]

① $-\dfrac{47}{10}$ ② $-\dfrac{23}{5}$ ③ $-\dfrac{9}{2}$

④ $-\dfrac{22}{5}$ ⑤ $-\dfrac{43}{10}$

Hidden Point

O04-15 점 $(a, b, 0)$ $(a < 0)$을 지나고 z축에 평행한 직선과 직선 AB의 교점의 xy평면 위로의 정사영이 어디에 생길지 생각해보자.

04-16

좌표공간에 한 직선 위에 있지 않은 세 점 A, B, C가 있다. 다음 조건을 만족시키는 평면 α에 대하여 각 점 A, B, C와 평면 α 사이의 거리 중에서 가장 작은 값을 $d(\alpha)$라 하자.

> (가) 평면 α는 선분 AC와 만나고, 선분 BC와도
>   만난다.
> (나) 평면 α는 선분 AB와 만나지 않는다.

위의 조건을 만족시키는 평면 α 중에서 $d(\alpha)$가 최대가 되는 평면을 β라 할 때, 〈보기〉에서 옳은 것만을 있는 대로 고른 것은? [4점]

> ─── 〈보 기〉 ───
> ㄱ. 평면 β는 세 점 A, B, C를 지나는 평면과
>   수직이다.
> ㄴ. 평면 β는 선분 AC의 중점 또는 선분 BC의
>   중점을 지난다.
> ㄷ. 세 점이 A$(2, 3, 0)$, B$(0, 1, 0)$,
>   C$(2, -1, 0)$일 때, $d(\beta)$는 점 B와 평면 β
>   사이의 거리와 같다.

① ㄱ   ② ㄷ   ③ ㄱ, ㄴ
④ ㄴ, ㄷ   ⑤ ㄱ, ㄴ, ㄷ

04-17

좌표공간에서 점 A$(0, 0, 1)$을 지나는 직선이 중심이 C$(3, 4, 5)$이고 반지름의 길이가 1인 구와 한 점 P에서만 만난다. 세 점 A, C, P를 지나는 원의 xy평면 위로의 정사영의 넓이의 최댓값은 $\dfrac{q}{p}\sqrt{41}\,\pi$이다. $p+q$의 값을 구하시오. (단, p와 q는 서로소인 자연수이다.) [4점]

유형소개

좌표공간에서 선분의 내분점, 외분점, 중점, 삼각형의
무게중심 등을 구하는 문제들로 구성되어 있으며 주로
간단한 기본 계산 문제 수준으로 출제되고 있다.

유형접근법

세 점 $A(x_1, y_1, z_1)$, $B(x_2, y_2, z_2)$, $C(x_3, y_3, z_3)$과
양수 m, n에 대하여 다음이 성립한다.

❶ 선분 AB를 $m:n$으로 내분하는 점의 좌표

$$\left(\frac{mx_2 + nx_1}{m+n}, \frac{my_2 + ny_1}{m+n}, \frac{mz_2 + nz_1}{m+n} \right)$$

❷ 선분 AB를 $m:n$으로 외분하는 점의 좌표

$$\left(\frac{mx_2 - nx_1}{m-n}, \frac{my_2 - ny_1}{m-n}, \frac{mz_2 - nz_1}{m-n} \right)$$

(단, $m \neq n$)

❸ 선분 AB의 중점의 좌표

$$\left(\frac{x_1 + x_2}{2}, \frac{y_1 + y_2}{2}, \frac{z_1 + z_2}{2} \right)$$

❹ 삼각형 ABC의 무게중심의 좌표

$$\left(\frac{x_1 + x_2 + x_3}{3}, \frac{y_1 + y_2 + y_3}{3}, \frac{z_1 + z_2 + z_3}{3} \right)$$

O05-01

너코 145 너코 146
2008학년도 9월 평가원 가형 8번

그림과 같이 좌표공간에서 한 모서리의 길이가 4인
정육면체를 한 모서리의 길이가 2인 8개의 정육면체로
나누었다. 이 중 그림의 세 정육면체 A, B, C 안에
반지름의 길이가 1인 구가 각각 내접하고 있다. 3개의
구의 중심을 연결한 삼각형의 무게중심의 좌표를
(p, q, r)라 할 때, $p+q+r$의 값은? [3점]

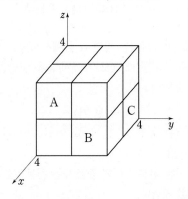

① 6
② $\dfrac{19}{3}$
③ $\dfrac{20}{3}$
④ 7
⑤ $\dfrac{22}{3}$

O 05-02 🔋

좌표공간에서 점 $P(-3, 4, 5)$를 yz평면에 대하여
대칭이동한 점을 Q라 하자. 선분 PQ를 $2:1$로 내분하는
점의 좌표를 (a, b, c)라 할 때, $a+b+c$의 값을 구하시오.
[3점]

O 05-03 🔋

좌표공간에서 두 점 $A(a, 1, 3)$, $B(a+6, 4, 12)$에
대하여 선분 AB를 $1:2$로 내분하는 점의 좌표가
$(5, 2, b)$이다. $a+b$의 값은? [2점]

① 7 ② 8 ③ 9

④ 10 ⑤ 11

O 05-04 🔋

좌표공간에서 두 점 $P(6, 7, a)$, $Q(4, b, 9)$를 이은 선분
PQ를 $2:1$로 외분하는 점의 좌표가 $(2, 5, 14)$일 때,
$a+b$의 값은? [2점]

① 6 ② 7 ③ 8

④ 9 ⑤ 10

O 05-05 🔋

좌표공간에서 두 점 $A(a, 5, 2)$, $B(-2, 0, 7)$에 대하여
선분 AB를 $3:2$로 내분하는 점의 좌표가 $(0, b, 5)$이다.
$a+b$의 값은? [2점]

① 1 ② 2 ③ 3

④ 4 ⑤ 5

O 05-06 🔋

좌표공간에서 두 점 $A(2, a, -2)$, $B(5, -3, b)$에
대하여 선분 AB를 $2:1$로 내분하는 점이 x축 위에 있을
때, $a+b$의 값은? [3점]

① 10 ② 9 ③ 8

④ 7 ⑤ 6

O 05-07

좌표공간에서 세 점 $A(a, 0, 5)$, $B(1, b, -3)$, $C(1, 1, 1)$을 꼭짓점으로 하는 삼각형의 무게중심의 좌표가 $(2, 2, 1)$일 때, $a+b$의 값은? [2점]

① 6　　　　　　② 7　　　　　　③ 8

④ 9　　　　　　⑤ 10

O 05-09

좌표공간의 두 점 $A(1, a, -6)$, $B(-3, 2, b)$에 대하여 선분 AB를 $3:2$로 외분하는 점이 x축 위에 있을 때, $a+b$의 값은? [3점]

① -1　　　　② -2　　　　③ -3

④ -4　　　　⑤ -5

O 05-08

좌표공간에서 두 점 $A(1, 3, -6)$, $B(7, 0, 3)$에 대하여 선분 AB를 $2:1$로 내분하는 점의 좌표가 $(a, b, 0)$이다. $a+b$의 값은? [2점]

① 6　　　　　　② 7　　　　　　③ 8

④ 9　　　　　　⑤ 10

O 05-10

좌표공간의 두 점 $A(2, 0, 4)$, $B(5, 0, a)$에 대하여 선분 AB를 $2:1$로 내분하는 점이 x축 위에 있을 때, a의 값은? [2점]

① -1　　　　② -2　　　　③ -3

④ -4　　　　⑤ -5

좌표공간의 두 점 $A(1, 6, 4)$, $B(a, 2, -4)$에 대하여 선분 AB를 $1 : 3$으로 내분하는 점의 좌표가 $(2, 5, 2)$이다. a의 값은? [2점]

① 1   ② 3   ③ 5
④ 7   ⑤ 9

좌표공간의 두 점 $A(3, 5, 0)$, $B(4, 3, -2)$에 대하여 선분 AB를 $3 : 2$로 외분하는 점의 좌표가 $(a, -1, -6)$일 때, a의 값은? [2점]

① 5   ② 6   ③ 7
④ 8   ⑤ 9

좌표공간의 두 점 $A(2, a, -2)$, $B(5, -2, 1)$에 대하여 선분 AB를 $2 : 1$로 내분하는 점이 x축 위에 있을 때, a의 값은? [2점]

① 1   ② 2   ③ 3
④ 4   ⑤ 5

좌표공간의 두 점 $A(a, 4, -9)$, $B(1, 0, -3)$에 대하여 선분 AB를 $3 : 1$로 외분하는 점이 y축 위에 있을 때, a의 값은? [2점]

① 1   ② 2   ③ 3
④ 4   ⑤ 5

좌표공간의 두 점 $A(a,\ 1,\ -1)$, $B(-5,\ b,\ 3)$에 대하여 선분 AB의 중점의 좌표가 $(8,\ 3,\ 1)$일 때, $a+b$의 값은? [2점]

① 20 ② 22 ③ 24
④ 26 ⑤ 28

좌표공간의 서로 다른 두 점 $A(a,\ b,\ -5)$, $B(-8,\ 6,\ c)$에 대하여 선분 AB의 중점이 zx평면 위에 있고, 선분 AB를 $1:2$로 내분하는 점이 y축 위에 있을 때, $a+b+c$의 값은? [3점]

① -8 ② -4 ③ 0
④ 4 ⑤ 8

좌표공간의 두 점 $A(a,\ -2,\ 6)$, $B(9,\ 2,\ b)$에 대하여 선분 AB의 중점의 좌표가 $(4,\ 0,\ 7)$일 때, $a+b$의 값은? [2점]

① 1 ② 3 ③ 5
④ 7 ⑤ 9

좌표공간의 두 점 $A(a,\ b,\ 6)$, $B(-4,\ -2,\ c)$에 대하여 선분 AB를 $3:2$로 내분하는 점이 z축 위에 있고, 선분 AB를 $3:2$로 외분하는 점이 xy평면 위에 있을 때, $a+b+c$의 값은? [3점]

① 11 ② 12 ③ 13
④ 14 ⑤ 15

O 05-19 ▱

너코 142 | 너코 145
2006학년도 9월 평가원 가형 14번

좌표공간의 세 점 $A(3, 0, 0)$, $B(0, 3, 0)$, $C(0, 0, 3)$에 대하여 선분 BC를 $2:1$로 내분하는 점을 P, 선분 AC를 $1:2$로 내분하는 점을 Q라 하자. 점 P, Q의 xy평면 위로의 정사영을 각각 P', Q'이라 할 때, 삼각형 $OP'Q'$의 넓이는? (단, O는 원점이다.) [3점]

① 1   ② 2   ③ 3
④ 4   ⑤ 5

유형 06   구의 방정식

■ 유형소개

좌표공간에서 한 정점으로부터 일정한 거리에 있는 점들의 집합인 구를 방정식으로 표현할 수 있다. 이 유형은 구의 방정식을 구하고 활용하는 문제로 구성되었다. 고난도 문제가 출제되는 유형 중 하나이므로 앞서 배운 내용을 확실히 숙달시킨 후 해결해보도록 하자.

■ 유형접근법

문제 상황이 복잡하게 제시된 경우 문제에서 주어진 조건이 잘 드러나는 단면을 생각하면 문제를 해결하기 좀 더 수월하다. 예를 들어 구와 두 개의 평면이 제시된 경우에는 구의 중심을 지나면서 두 평면의 교선에 수직인 평면으로 자른 단면을 생각하고, 두 개의 구가 제시된 경우에는 두 구의 중심을 지나는 직선을 포함하는 평면 중 하나로 자른 단면을 생각하면 문제접근이 수월하다.

O 06-01 ▱

너코 140 | 너코 141 | 너코 144 | 너코 146
2005학년도 9월 평가원 가형 23번

좌표공간에 반구 $(x-5)^2 + (y-4)^2 + z^2 = 9$, $z \geq 0$이 있다. y축을 포함하는 평면 α가 반구와 접할 때, α와 xy평면이 이루는 각의 크기를 θ라 하자. 이때 $30\cos\theta$의 값을 구하시오. (단, $0 < \theta < \dfrac{\pi}{2}$) [4점]

좌표공간에서 xy평면 위의 원 $x^2 + y^2 = 1$을 C라 하고, 원 C 위의 점 P와 점 A$(0, 0, 3)$을 잇는 선분이 구 $x^2 + y^2 + (z-2)^2 = 1$과 만나는 점을 Q라 하자. 점 P가 원 C 위를 한 바퀴 돌 때, 점 Q가 나타내는 도형 전체의 길이는 $\frac{b}{a}\pi$이다. $a+b$의 값을 구하시오. (단, 점 Q는 점 A가 아니고, a와 b는 서로소인 자연수이다.) [4점]

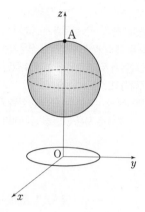

좌표공간에서 구

$$S : (x-1)^2 + (y-1)^2 + (z-1)^2 = 4$$

위를 움직이는 점 P가 있다. 점 P에서 구 S에 접하는 평면이 구 $x^2 + y^2 + z^2 = 16$과 만나서 생기는 도형의 넓이의 최댓값은 $(a + b\sqrt{3})\pi$이다. $a+b$의 값을 구하시오. (단, a, b는 자연수이다.) [4점]

O 06-04

좌표공간에서 중심의 x좌표, y좌표, z좌표가 모두 양수인 구 S가 x축과 y축에 각각 접하고 z축과 서로 다른 두 점에서 만난다. 구 S가 xy평면과 만나서 생기는 원의 넓이가 64π이고 z축과 만나는 두 점 사이의 거리가 8일 때, 구 S의 반지름의 길이는? [4점]

① 11   ② 12   ③ 13

④ 14   ⑤ 15

O 06-05

좌표공간에 구 $S : x^2 + y^2 + (z-1)^2 = 1$과 xy평면 위의 원 $C : x^2 + y^2 = 4$가 있다. 구 S와 점 P에서 접하고 원 C 위의 두 점 Q, R를 포함하는 평면이 xy평면과 이루는 예각의 크기가 $\dfrac{\pi}{3}$이다. 점 P의 z좌표가 1보다 클 때, 선분 QR의 길이는? [4점]

① 1   ② $\sqrt{2}$ ③ $\sqrt{3}$

④ 2   ⑤ $\sqrt{5}$

좌표공간에 중심이 $C(2, \sqrt{5}, 5)$이고 점 $P(0, 0, 1)$을 지나는 구

$$S : (x-2)^2 + (y-\sqrt{5})^2 + (z-5)^2 = 25$$

가 있다. 구 S가 평면 OPC와 만나서 생기는 원 위를 움직이는 점 Q, 구 S 위를 움직이는 점 R에 대하여 두 점 Q, R의 xy평면 위로의 정사영을 각각 Q_1, R_1이라 하자. 삼각형 OQ_1R_1의 넓이가 최대가 되도록 하는 두 점 Q, R에 대하여 삼각형 OQ_1R_1의 평면 PQR 위로의 정사영의 넓이는 $\dfrac{q}{p}\sqrt{6}$ 이다. $p+q$의 값을 구하시오.

(단, O는 원점이고 세 점 O, Q_1, R_1은 한 직선 위에 있지 않으며, p와 q는 서로소인 자연수이다.) [4점]

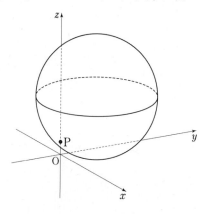

좌표공간에 두 개의 구

$$S_1 : x^2 + y^2 + (z-2)^2 = 4,$$
$$S_2 : x^2 + y^2 + (z+7)^2 = 49$$

가 있다. 점 $A(\sqrt{5}, 0, 0)$을 지나고 zx평면에 수직이며, 구 S_1과 z좌표가 양수인 한 점에서 접하는 평면을 α라 하자. 구 S_2가 평면 α와 만나서 생기는 원을 C라 할 때, 원 C 위의 점 중 z좌표가 최소인 점을 B라 하고 구 S_2와 점 B에서 접하는 평면을 β라 하자. 원 C의 평면 β 위로의 정사영의 넓이가 $\dfrac{q}{p}\pi$일 때, $p+q$의 값을 구하시오.

(단, p와 q는 서로소인 자연수이다.) [4점]

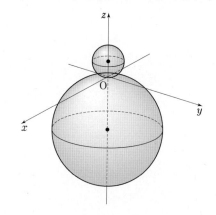

좌표공간에 중심이 $A(0, 0, 1)$이고 반지름의 길이가 4인 구 S가 있다. 구 S가 xy평면과 만나서 생기는 원을 C라 하고, 점 A에서 선분 PQ까지의 거리가 2가 되도록 원 C 위에 두 점 P, Q를 잡는다. 구 S가 선분 PQ를 지름으로 하는 구 T와 만나서 생기는 원 위에서 점 B가 움직일 때, 삼각형 BPQ의 xy평면 위로의 정사영의 넓이의 최댓값은? (단, 점 B의 z좌표는 양수이다.) [4점]

① 6 ② $3\sqrt{6}$ ③ $6\sqrt{2}$
④ $3\sqrt{10}$ ⑤ $6\sqrt{3}$

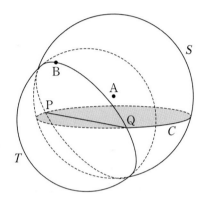

좌표공간에 두 점 $A(a, 0, 0)$, $B(0, 10\sqrt{2}, 0)$과 구 $S : x^2 + y^2 + z^2 = 100$이 있다. $\angle APO = \dfrac{\pi}{2}$인 구 S 위의 모든 점 P가 나타내는 도형을 C_1, $\angle BQO = \dfrac{\pi}{2}$인 구 S 위의 모든 점 Q가 나타내는 도형을 C_2라 하자. C_1과 C_2가 서로 다른 두 점 N_1, N_2에서 만나고 $\cos(\angle N_1 O N_2) = \dfrac{3}{5}$일 때, a의 값은?

(단, $a > 10\sqrt{2}$이고, O는 원점이다.) [4점]

① $\dfrac{10}{3}\sqrt{30}$ ② $\dfrac{15}{4}\sqrt{30}$ ③ $\dfrac{25}{6}\sqrt{30}$
④ $\dfrac{55}{12}\sqrt{30}$ ⑤ $5\sqrt{30}$

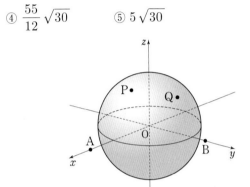

너기출

| For 2026 | 기하

너기출
평가원 기출
완전 분석

수능 수학을 책임지는
이투스북

어삼쉬사
Plus
수능의 허리
완벽 대비

고쟁이 실전+수능
실전 대비
고난도 집중 훈련

평가원 기출의 또 다른 이름,

너기출

| For 2026 |

기하

정답과 풀이

이투스북

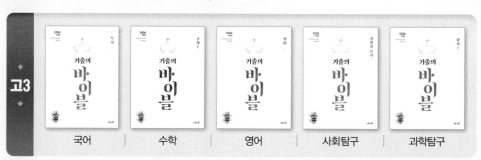

M 이차곡선

04-01 ②	04-02 ①	04-03 ④	04-04 ②
04-05 ①	04-06 ⑤	04-07 ②	04-08 ⑤
04-09 ④	04-10 ①	04-11 13	04-12 ②
04-13 ⑤	04-14 ⑤	04-15 ②	04-16 ⑤
04-17 9			
05-01 ②	05-02 10	05-03 ③	05-04 ⑤
05-05 ⑤	05-06 ④	05-07 ④	05-08 ①
05-09 ①	05-10 ②	05-11 ③	05-12 ②
05-13 ④	05-14 ③	05-15 ④	05-16 ④
05-17 ⑤	05-18 ③	05-19 ①	
06-01 24	06-02 11	06-03 13	06-04 ②
06-05 ④	06-06 23	06-07 127	06-08 ①
06-09 ①			

너기출

1 이차곡선

M01-01

초점이 F인 포물선 $y^2 = 8x$ 위의 점 $P(a, b)$에서
포물선의 준선 $x = -2$에 내린 수선의 발을 H라 하자.
포물선의 정의에 의하여
$\overline{PH} = \overline{PF}$, 즉 $a + 2 = 4$이므로 $a = 2$이다. 너코 122

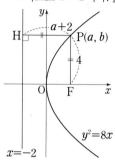

따라서 점 P의 y좌표는
$b^2 = 8 \times 2$에서 $b = 4$이다. ($\because$ $b > 0$)
$\therefore$ $a + b = 6$

점 $P(a, b)$는 포물선 $y^2 = 8x$ 위의 점이므로
$b^2 = 8a$이고 ······㉠
포물선 $y^2 = 8x$의 초점 $F(2, 0)$에 대하여 $\overline{PF} = 4$이므로

너코 122

$(a - 2)^2 + (b - 0)^2 = 4^2$이다. ······㉡
㉠을 ㉡에 대입하면
$a^2 - 4a + 4 + 8a = 16$,
$a^2 + 4a - 12 = 0$, $(a + 6)(a - 2) = 0$
$a = 2$, $b = 4$ ($\because$ $a > 0$, $b > 0$)
$\therefore$ $a + b = 6$

답 ④

M01-02

초점이 F인 포물선 $y^2 = 12x$의 준선의 방정식은 $x = -3$이다.
포물선 위의 점 P의 x좌표를 a라 하고,
점 P에서 준선 $x = -3$에 내린 수선의 발을 H라 하자.

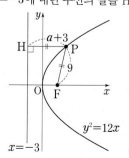

포물선의 정의에 의하여

$\overline{PH} = \overline{PF}$, 즉 $a + 3 = 9$이므로 $a = 6$이다. 너코 122

풀이 2

포물선 $y^2 = 12x$ 위의 점 P의 좌표를 (a, b)라 하면

$b^2 = 12a$이고 ……㉠

포물선 $y^2 = 12x$의 초점 $F(3, 0)$에 대하여 $\overline{PF} = 9$이므로

너코 122

$(a - 3)^2 + (b - 0)^2 = 9^2$이다. ……㉡

㉠을 ㉡에 대입하면

$a^2 - 6a + 9 + 12a = 81$,

$a^2 + 6a - 72 = 0$, $(a + 12)(a - 6) = 0$

$\therefore a = 6 \ (\because a > 0)$

답 ①

M 01-03

포물선 $y^2 - 4y - ax + 4 = 0$, 즉 $(y - 2)^2 = ax$는

포물선 $y^2 = ax$를 y축의 방향으로 2만큼 평행이동한 것이다.

너코 125

이때 포물선 $y^2 = ax$의 초점의 좌표가 $\left(\dfrac{a}{4}, 0\right)$이므로

포물선 $(y - 2)^2 = ax$의 초점의 좌표는 $\left(\dfrac{a}{4}, 2\right)$이다. 너코 122

따라서 $\dfrac{a}{4} = 3$, $b = 2$, 즉 $a = 12$, $b = 2$이므로

$a + b = 14$

답 ②

M 01-04

초점이 $F\left(\dfrac{1}{3}, 0\right)$이고 준선이 $x = -\dfrac{1}{3}$인 포물선의 방정식은

$y^2 = 4 \times \dfrac{1}{3} \times x$, 즉 $y^2 = \dfrac{4}{3}x$이다. 너코 122

이 포물선이 점 $(a, 2)$를 지나므로

$4 = \dfrac{4}{3}a$에서 $a = 3$이다.

답 ③

M 01-05

포물선 $y^2 = -12(x - 1)$은 포물선 $y^2 = -12x$를 x축의

방향으로 1만큼 평행이동한 것이다. 너코 125

$y^2 = -12x = 4 \times (-3) \times x$에서 포물선 $y^2 = -12x$의 준선의

방정식은 $x = 3$이다. 너코 122

따라서 포물선 $y^2 = -12(x - 1)$의 준선의 방정식은

$x = 3 + 1$에서 $x = 4$

$\therefore k = 4$

답 ①

M 01-06

포물선의 꼭짓점과 준선 사이의 거리가 2이고 꼭짓점의 좌표가

$(1, 0)$이므로 포물선의 방정식은

$y^2 = 8(x - 1)$이다. 너코 122 너코 125

이 포물선이 점 $(3, a)$를 지나므로

$a^2 = 8(3 - 1) = 16$이고

$a > 0$이므로 $a = 4$

답 ④

M 01-07

풀이 1

포물선 $y^2 = x$의 초점 F의 좌표는 $\left(\dfrac{1}{4}, 0\right)$이고

준선의 방정식은 $x = -\dfrac{1}{4}$이다. 너코 122

포물선 위의 점 P의 x좌표를 a, 점 P에서 준선에 내린 수선의

발을 H라 하자.

포물선의 정의에 의하여

$\overline{PH} = \overline{PF}$, 즉 $a + \dfrac{1}{4} = 4$이므로 $a = \dfrac{15}{4}$이다.

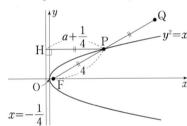

이때 $\overline{FP} = \overline{PQ}$에 의하여 점 Q는 선분 FP를 $2 : 1$로 외분하는

점이므로

점 Q의 x좌표는 $\dfrac{2 \times \dfrac{15}{4} - 1 \times \dfrac{1}{4}}{2 - 1} = \dfrac{29}{4}$이다.

풀이 2

포물선 $y^2 = x$ 위의 점 P의 좌표를 (a, b)라 하면

$b^2 = a$이고 ……㉠

포물선 $y^2 = x$의 초점 $F\left(\dfrac{1}{4}, 0\right)$에 대하여 $\overline{FP} = 4$이므로

너코 122

$\left(a - \dfrac{1}{4}\right)^2 + (b - 0)^2 = 4^2$이다. ……㉡

㉠을 ㉡에 대입하면

$a^2 - \dfrac{a}{2} + \dfrac{1}{16} + a = 16$,

$a^2 + \dfrac{a}{2} - \dfrac{255}{16} = 0$,

$16a^2 + 8a - 255 = 0$, $(4a + 17)(4a - 15) = 0$

$\therefore a = \dfrac{15}{4} \ (\because a > 0)$

이때 점 Q는 선분 FP를 $2:1$로 외분하는 점이므로

점 Q의 x좌표는 $\dfrac{2\times\dfrac{15}{4}-1\times\dfrac{1}{4}}{2-1}=\dfrac{29}{4}$이다.

답 ①

M01-08

로그함수 $y=\log_2(x+a)+b$의 그래프가

포물선 $y^2=x$의 초점 $\left(\dfrac{1}{4},0\right)$을 지나므로 [너코 122]

$0=\log_2\left(\dfrac{1}{4}+a\right)+b$이다. $\qquad$ ……㉠

또한 점근선이 직선 $x=0$인 로그함수 $y=\log_2 x+b$의

그래프를 x축의 방향으로 $-a$만큼 평행이동시킨

$y=\log_2(x+a)+b$의 그래프는 직선 $x=-a$를 점근선으로

갖는다. [너코 011]

이 점근선이 포물선 $y^2=x$의 준선 $x=-\dfrac{1}{4}$과 일치하므로

$a=\dfrac{1}{4}$이다. $\qquad$ ……㉡

㉡을 ㉠에 대입하면

$0=\log_2\dfrac{1}{2}+b$에서 $b=1$이다. [너코 005]

$\therefore\ a+b=\dfrac{1}{4}+1=\dfrac{5}{4}$

답 ①

M01-09

[풀이 1]

포물선 $y^2=4px\ (p>0)$의 초점 F의 좌표는 $(p,0)$이고,

준선 $x=-p$가 x축과 만나는 점 A의 좌표는 $(-p,0)$이다. [너코 122]

점 B에서 준선에 내린 수선의 발을 H라 하면

$\overline{AB}=7$, $\overline{BF}=5$라 주어졌으므로

포물선의 정의에 의하여

$\overline{BH}=\overline{BF}=5$이고 $\qquad$ ……㉠

피타고라스 정리에 의하여

$\overline{AH}^2=\overline{AB}^2-\overline{BH}^2$

$\qquad=7^2-5^2=24$

따라서 (점 B의 y좌표)$^2=24$이므로

포물선 $y^2=4px$ 위의 점 B의 x좌표를 구하면

$24=4px$에서 $x=\dfrac{6}{p}$이다.

이때 $\overline{BH}=\dfrac{6}{p}+p=5$이므로 ($\because$ ㉠)

$6+p^2=5p$, $(p-2)(p-3)=0$에서

$p=2$ 또는 $p=3$이다.

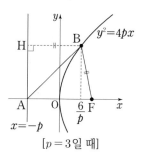
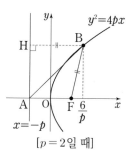

[$p=3$일 때] $\qquad$ [$p=2$일 때]

$\therefore\ a^2+b^2=2^2+3^2=13$

[풀이 2]

포물선 $y^2=4px\ (p>0)$의 초점 F의 좌표는 $(p,0)$이고,

준선 $x=-p$가 x축과 만나는 점 A의 좌표는 $(-p,0)$이다. [너코 122]

이때 $\overline{AB}=7$, $\overline{BF}=5$이므로 포물선 위의 점 B는

점 A를 중심으로 하는 원 $(x+p)^2+y^2=7^2$과

점 F를 중심으로 하는 원 $(x-p)^2+y^2=5^2$의 교점이다.

두 원의 방정식을 변끼리 빼면

$4px=24$이므로 점 B의 x좌표가 $\dfrac{6}{p}$이다.

이때 점 B에서 준선 $x=-p$에 내린 수선의 발을 H라 하면

포물선의 정의에 의하여

$\overline{BF}=\overline{BH}$, 즉 $5=\dfrac{6}{p}+p$이므로

$p^2-5p+6=0$, $(p-2)(p-3)=0$에서

$p=2$ 또는 $p=3$이다.

$\therefore\ a^2+b^2=2^2+3^2=13$

답 13

M01-10

[풀이 1]

포물선 $y^2=12x$의 초점은 F$(3,0)$, 준선 l의 방정식은

$x=-3$이다.

$\overline{AC}=4$라 주어졌고, $\overline{BD}=a$라 하면

점 A의 x좌표는 $4-3=1$이고

점 B의 x좌표는 $a-3$이다. [너코 122]

점 F는 선분 AB를 $\overline{AF}:\overline{BF}=4:a$로 내분하는 점이므로

$\dfrac{4\times(a-3)+a\times1}{4+a}=3$,

$5a-12=3a+12$에서 $a=12$이다.

$\therefore\ \overline{BD}=a=12$

[풀이 2]

$\overline{AC}=4$라 주어졌고, 포물선 $y^2=12x$의 준선 l의 방정식은

$x=-3$이므로

점 A의 x좌표는 $4-3=1$이다. [너코 122]

이때 포물선의 초점 $F(3, 0)$과 점 $A(1, 2\sqrt{3})$을 지나는 직선의 방정식은

$$y = \frac{2\sqrt{3} - 0}{1 - 3}(x - 3), \text{ 즉 } y = -\sqrt{3}(x - 3)$$이므로

포물선 $y^2 = 12x$와 직선 $y = -\sqrt{3}(x - 3)$의 교점의 x좌표를 구하면

$3(x-3)^2 = 12x$, $x^2 - 6x + 9 = 4x$,

$(x-1)(x-9) = 0$에서 $x = 1$ 또는 $x = 9$이다.

즉, 점 B의 x좌표가 9이므로

$\overline{BD} = 9 + 3 = 12$이다.

풀이 3

점 A에서 x축, 직선 BD에 내린 수선의 발을 각각 A_1, A_2라 할 때 두 직각삼각형 AA_1F, AA_2B가 서로 닮음이므로

$\overline{AF} : \overline{A_1F} = \overline{AB} : \overline{A_2B}$ 를 이용하기 위하여 각각의 선분의 길이를 구해보자.   ······㉠

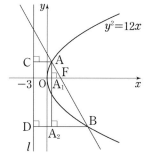

i) $\overline{AF}$, $\overline{A_1F}$의 값 구하기

포물선의 정의에 의하여 $\overline{AF} = \overline{AC} = 4$이고,

포물선 $y^2 = 12x$의 초점 $F(3, 0)$과 준선 $l : x = -3$ 사이의 거리는 6이므로 $\overline{A_1F} = 6 - \overline{AC} = 2$이다. 너코 122

ii) $\overline{AB}$, $\overline{A_2B}$의 값 구하기

포물선의 정의에 의하여 $\overline{BF} = \overline{BD} = k$라 하면 (단, k는 상수)

$\overline{AB} = \overline{AF} + \overline{BF} = 4 + k$이고,

$\overline{A_2B} = \overline{BD} - \overline{AC} = k - 4$이다.

i), ii)에 의하여 ㉠에서

$4 : 2 = (4 + k) : (k - 4)$이므로

$4(k-4) = 2(4+k)$, $2k - 8 = 4 + k$

$\therefore k = 12$

답 ①

M01-11

풀이 1

점 A에서 포물선 $x^2 = 4y$의 준선 $y = -1$에 내린 수선의 발을 H라 하자.

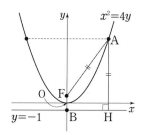

포물선의 정의에 의하여 $\overline{AH} = \overline{AF} = 10$이므로 너코 122

점 A의 y좌표는 $10 - 1 = 9$이고

점 A의 x좌표는 $x^2 = 4 \times 9$에서 $x = -6$ 또는 $x = 6$이다.

즉, $\overline{BH} = 6$이다.

$\therefore a^2 = \overline{AB}^2 = \overline{AH}^2 + \overline{BH}^2 = 136$

풀이 2

점 A에서 포물선 $x^2 = 4y$의 준선 $y = -1$과 직선 $y = 1$에 내린 수선의 발을 각각 C, D라 하자.

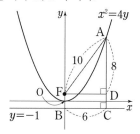

포물선의 정의에 의하여 $\overline{AC} = \overline{AF} = 10$이고, 너코 122

$\overline{CD} = \overline{BF} = 2$이므로

$\overline{AD} = \overline{AC} - \overline{CD} = 8$이다.

피타고라스 정리에 의하여

직각삼각형 ADF에서

$\overline{DF} = \sqrt{\overline{AF}^2 - \overline{AD}^2} = \sqrt{10^2 - 8^2} = 6$이므로

직각삼각형 ACB에서

$\overline{AB} = \sqrt{\overline{AC}^2 + \overline{BC}^2} = \sqrt{10^2 + 6^2} = \sqrt{136}$이다.

$\therefore a^2 = 136$

답 136

M01-12

포물선 $y^2 = 4x$의 초점의 좌표는 $F(1, 0)$이므로 너코 122

두 점 A, B의 x좌표를 각각 a, b $(a \neq b)$라 하면

a, b는 모두 1보다 큰 자연수이고

$\dfrac{1 + a + b}{3} = 6$에서 $a + b = 17$이다.   ······㉠

한편 포물선 $y^2 = 4x$의 준선의 방정식은 $x = -1$이므로

두 점 A, B에서 준선 $x = -1$에 내린 수선의 발을 각각 H, I라 하면

포물선의 정의에 의하여

$\overline{AF} = \overline{AH} = a + 1$, $\overline{BF} = \overline{BI} = b + 1$이다.

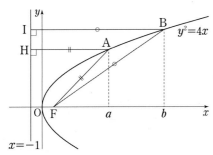

$$\overline{AF} \times \overline{BF} = (a+1)(b+1)$$
$$= (a+1)(18-a) \; (\because \; \textcircled{\scriptsize 1})$$
$$= -a^2 + 17a + 18$$

이때 함수 $y = -a^2 + 17a + 18$은 $a = \dfrac{17}{2}$일 때 최댓값을

가지므로

$a = 8$ 또는 $a = 9$일 때 $\overline{AF} \times \overline{BF}$는 최댓값 90을 갖는다.

답 90

M01-13

포물선의 정의에 의하여 $\overline{AF} = \overline{AB}$이고, 너코 122
주어진 조건에서 $\overline{AB} = \overline{BF}$이므로 삼각형 ABF는
정삼각형이다.
이때 $\overline{OF} = p \; (p > 0)$이므로
$\overline{AF} = \overline{AB} = \overline{BF} = 4p$

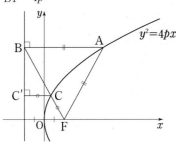

한편 점 C에서 포물선의 준선에 내린 수선의 발을 C'이라 하면
$\angle CBC' = 90° - \angle ABF = 30°$
즉, 직각삼각형 $BC'C$에서 $\overline{BC} : \overline{CC'} = 2 : 1$이고,
포물선의 정의에 의하여 $\overline{CF} = \overline{CC'}$이므로
$\overline{BC} : \overline{CF} = 2 : 1$이다.
따라서 주어진 조건에서 $\overline{BC} + 3\overline{CF} = 5\overline{CF} = 6$이므로
$\overline{CF} = \dfrac{6}{5}$, $\overline{BC} = \dfrac{12}{5}$

이때 $\overline{BF} = 4p = \dfrac{18}{5}$이므로 $p = \dfrac{9}{10}$

답 ③

M01-14

$C_1 : y^2 = 4x$는 초점이 $F_1(1, 0)$이고 준선이 $x = -1$인

포물선이고, 너코 122

$C_2 : (y-3)^2 = 4p\{x - f(p)\}$는 포물선 $y^2 = 4px$를 x축의

방향으로 $f(p)$만큼, y축의 방향으로 3만큼 평행이동한 것이므로

초점이 $F_2(p + f(p), 3)$이고 준선이 $x = -p + f(p)$인

포물선이다. 너코 125

이때 점 A에서 포물선 C_1의 준선 $x = -1$에 내린 수선의 발을

H라 하면 $\overline{AF_1} = \overline{AF_2} = \overline{AH}$이므로 포물선 C_2의 준선도 직선

$x = -1$이다.

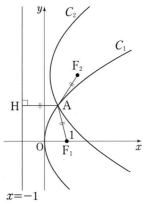

따라서 $-p + f(p) = -1$이므로
$(p+a)^2 - p + 1 = 0$
$\therefore \; p^2 + (2a-1)p + a^2 + 1 = 0$ ......⊙

$\overline{AF_1} = \overline{AF_2}$를 만족시키는 p가 오직 하나가 되려면

이차방정식 ⊙이 $p \geq 1$인 실근을 오직 하나 가져야 한다.

이때 $f(p) = p - 1$에서 $f(p) \geq 0$이므로 $p < 1$이면 ⊙의

실근이 존재하지 않는다.

즉, ⊙이 실근을 갖는다면 모두 $p \geq 1$인 범위에 존재하므로

p가 오직 하나가 되려면 ⊙이 중근을 가져야 한다.

따라서 판별식을 D라 하면 $D = 0$이어야 하므로

$D = (2a-1)^2 - 4(a^2 + 1) = 0$
$-4a - 3 = 0$
$\therefore \; a = -\dfrac{3}{4}$

답 ①

M01-15

포물선 $y^2 = 4px$의 초점은 $F(p, 0)$이고 준선은 $x = -p$이다.

너코 122

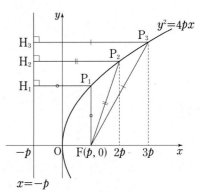

포물선 위의 세 점 P_1, P_2, P_3에서 준선에 내린 수선의 발을 각각 H_1, H_2, H_3이라 하면 포물선의 정의에 의하여
$$\overline{FP_1}+\overline{FP_2}+\overline{FP_3}=\overline{P_1H_1}+\overline{P_2H_2}+\overline{P_3H_3}\text{이다.} \qquad \cdots\cdots \text{㉠}$$
이때 세 점 P_1, P_2, P_3의 x좌표가 각각 p, $2p$, $3p$이므로
$$\overline{P_1H_1}=2p, \quad \overline{P_2H_2}=3p, \quad \overline{P_3H_3}=4p$$
따라서 ㉠에서
$$\overline{FP_1}+\overline{FP_2}+\overline{FP_3}=2p+3p+4p=9p=27$$
이므로 $p=3$이다.

답 ③

M01-16

$y^2=8x=4\times2\times x$이므로 주어진 포물선의 초점은 $F(2,\,0)$이고 준선은 $x=-2$이다. 너코 122

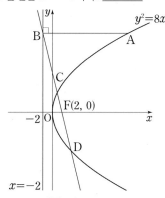

점 A의 좌표를 $A(t,\,\sqrt{8t})$ $(t>0)$라 하면 $B(-2,\,\sqrt{8t})$이므로 직선 BF의 방정식은
$$y=-\frac{\sqrt{8t}}{4}(x-2) \qquad \therefore \ y=-\sqrt{\frac{t}{2}}(x-2)$$
이때 포물선 $y^2=8x$와 직선 $y=-\sqrt{\dfrac{t}{2}}(x-2)$의 두 교점 C,
D의 x좌표는 이차방정식 $\left\{-\sqrt{\dfrac{t}{2}}(x-2)\right\}^2=8x$, 즉
$$tx^2-4(t+4)x+4t=0 \qquad \cdots\cdots \text{㉠}$$
의 두 실근이고, 점 C의 x좌표를 α $(\alpha>0)$라 하면
$\overline{CD}=\overline{BC}$에서 점 D의 x좌표는 $\alpha+(2+\alpha)=2\alpha+2$이다.
즉, 이차방정식 ㉠의 두 실근이 α, $2\alpha+2$이므로 근과 계수의 관계에 의하여
$$3\alpha+2=\frac{4(t+4)}{t}, \quad \alpha(2\alpha+2)=4\text{이다.}$$

$\alpha(2\alpha+2)=4$에서 $\alpha^2+\alpha-2=0$
$(\alpha+2)(\alpha-1)=0 \qquad \therefore \ \alpha=1 \ (\because \ \alpha>0)$

또한 $3\alpha+2=\dfrac{4(t+4)}{t}$에 $\alpha=1$을 대입하면
$$5t=4(t+4) \qquad \therefore \ t=16$$
따라서 세 점 A, B, D의 좌표는
$A(16,\,8\sqrt{2})$, $B(-2,\,8\sqrt{2})$, $D(4,\,-4\sqrt{2})$
이고, 점 D에서 선분 AB에 내린 수선의 발을 H라 하면

$\overline{AB}=16-(-2)=18$, $\overline{DH}=8\sqrt{2}-(-4\sqrt{2})=12\sqrt{2}$
이므로 삼각형 ABD의 넓이는
$$\triangle ABD=\frac{1}{2}\times18\times12\sqrt{2}=108\sqrt{2}$$

답 ③

M01-17

[풀이 1]

포물선 p_1의 준선과 x축의 교점을 E,
포물선 p_2의 준선과 x축의 교점을 F라 하자.
포물선 p_1의 꼭짓점 A와 초점 B 사이의 거리가 $\overline{AB}=2$이므로 꼭짓점 A와 준선 사이의 거리도 $\overline{AE}=2$이다. 너코 122
포물선 p_2의 꼭짓점 B와 초점 O 사이의 거리를 $\overline{OB}=a$라 하면 꼭짓점 B와 준선 사이의 거리도 $\overline{BF}=a$이다. (단, $0<a<2$)
이때 점 C에서 포물선 p_1, p_2의 준선에 내린 수선의 발을 각각 H, I라 하면 다음 그림과 같다.

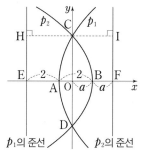

이때 포물선의 정의에 의하여
포물선 p_1에서
$$\overline{CB}=\overline{CH}=\overline{OE}=2+(2-a)=4-a,$$
포물선 p_2에서
$$\overline{OC}=\overline{CI}=\overline{OF}=2a\text{이다.}$$
따라서 직각삼각형 BOC에서
피타고라스 정리에 의하여 $\overline{CB}^2=\overline{OB}^2+\overline{OC}^2$이므로
$$(4-a)^2=a^2+(2a)^2, \ a^2-8a+16=5a^2,$$
$$a^2+2a-4=0\text{에서 } a=-1+\sqrt{5}\text{이다.} \ (\because \ a>0)$$
$$\therefore \ \text{(삼각형 ABC의 넓이)}=\frac{1}{2}\times2\times2a=2(\sqrt{5}-1)$$

[풀이 2]

$\overline{OA}=a$라 하자. (단, $0<a<2$)
포물선 p_1의 꼭짓점 A와 초점 B 사이의 거리가 $\overline{AB}=2$이므로
포물선 p_1의 방정식은
포물선 $y^2=8x$를 x축의 방향으로 $-a$만큼 평행이동시켜 얻은
$y^2=8(x+a)$이다. 너코 122 너코 125 $\qquad \cdots\cdots \text{㉠}$
포물선 p_2의 꼭짓점 B와 초점 O 사이의 거리가
$\overline{OB}=2-a$이므로 포물선 p_2의 방정식은
포물선 $y^2=-4(2-a)x$를 x축의 방향으로 $2-a$만큼

평행이동시켜 얻은

$y^2 = -4(2-a)(x-2+a)$이다. $\cdots\cdots$ㄴ

두 포물선의 교점 C, D가 y축 위에 있으므로

ㄱ, ㄴ에 $x=0$을 대입했을 때의 y^2의 값이 서로 같아야 한다.

즉, $8a = 4(2-a)^2$이므로 정리하면

$2a = a^2 - 4a + 4$, $a^2 - 6a + 4 = 0$에서

$a = 3 - \sqrt{5}$이다. $(\because \ 0 < a < 2)$

따라서 $\overline{OC} = \sqrt{4(a-2)^2} = 2(2-a) = 2(\sqrt{5}-1)$이다.

$$\therefore \ (삼각형 \ ABC의 \ 넓이) = \frac{1}{2} \times \overline{AB} \times \overline{OC}$$
$$= \frac{1}{2} \times 2 \times 2(\sqrt{5}-1)$$
$$= 2(\sqrt{5}-1)$$

답 ③

M01-18

풀이 1

선분 AB의 중점을 M이라 하면

한 변의 길이가 $2\sqrt{3}$인 정삼각형의 높이는

$\overline{OM} = \dfrac{\sqrt{3}}{2} \times 2\sqrt{3} = 3$이다.

이때 정삼각형 OAB의 무게중심 G는

중선 OM을 꼭짓점 O로부터 $2:1$로 내분하므로

$\overline{OG} = 2$, $\overline{GM} = 1$이다.

따라서 포물선의 방정식은 $y^2 = 8x$이고, 준선의 방정식은

$x = -2$이다. 너코 122

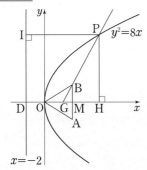

점 P에서 x축, 준선 $x=-2$에 내린 수선의 발을 각각 H, I라 하고

준선 $x=-2$와 x축의 교점을 D라 하자.

포물선의 정의에 의하여 $\overline{GP} = \overline{IP} = a$라 하면

$\overline{DH} = \overline{DG} + \overline{GH}$, 즉 $\overline{IP} = 4 + \overline{GP}\cos\dfrac{\pi}{3}$에서

$a = 4 + \dfrac{a}{2}$이므로 $a = 8$이다.

$\therefore \ \overline{GP} = a = 8$

풀이 2

선분 AB의 중점을 M이라 하면

한 변의 길이가 $2\sqrt{3}$인 정삼각형의 높이는

$\overline{OM} = \dfrac{\sqrt{3}}{2} \times 2\sqrt{3} = 3$이다.

이때 정삼각형 OAB의 무게중심 G는

중선 OM을 꼭짓점 O로부터 $2:1$로 내분하므로

$\overline{OG} = 2$, $\overline{GM} = 1$이다.

따라서 포물선의 방정식은 $y^2 = 8x$이다. $\cdots\cdots$ㄱ

이때 $\angle BGM = \dfrac{\pi}{3}$이므로

직선 GB의 방정식은 $y = \sqrt{3}(x-2)$이다. $\cdots\cdots$ㄴ

ㄴ을 ㄱ에 대입하면

$3(x-2)^2 = 8x$, $3x^2 - 20x + 12 = 0$,

$(3x-2)(x-6) = 0$이므로

점 P의 좌표는 $(6, \sqrt{48})$이다.

$(\because$ 점 P는 제1사분면 위의 점이다.$)$

$\therefore \ \overline{GP} = \sqrt{(6-2)^2 + (\sqrt{48}-0)^2} = 8$

답 8

M01-19

두 점 A, B에서 포물선 $y^2 = 4x$의 준선 $x=-1$에 내린

수선의 발을 각각 A$'$, B$'$이라 하자.

포물선의 정의에 의하여

$\overline{AA'} : \overline{BB'} = \overline{FA} : \overline{FB} = 1 : 2$이므로 너코 122

$\overline{AA'} = a$, $\overline{BB'} = 2a$라 하면 (단, $a > 0$)

(점 A의 x좌표)$= \overline{AA'} - \overline{OP} = a - 1$,

(점 B의 x좌표)$= \overline{BB'} - \overline{OP} = 2a - 1$이다.

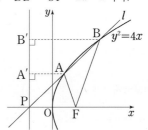

또한 $\overline{PA'} : \overline{PB'} = 1 : 2$, 즉

(점 A의 y좌표)$:$(점 B의 y좌표)$= 1 : 2$이므로

$2\sqrt{a-1} : 2\sqrt{2a-1} = 1 : 2$에서

$4(a-1) = 2a-1$, 즉 $a = \dfrac{3}{2}$이다.

따라서 $A\left(\dfrac{1}{2}, \sqrt{2}\right)$, $B(2, 2\sqrt{2})$이므로

(직선 l의 기울기)$=$(직선 AB의 기울기)

$$= \frac{2\sqrt{2} - \sqrt{2}}{2 - \dfrac{1}{2}} = \frac{2\sqrt{2}}{3}$$

이다.

답 ⑤

M01-20

풀이 1

꼭짓점이 원점 O인 포물선의 초점 F의 좌표를 $(p, 0)$이라 하면
(단, $p > 0$)

포물선의 방정식은 $y^2 = 4px$, 준선의 방정식은 $x = -p$이다.

니코 122

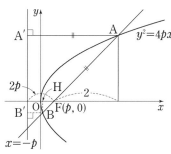

한 변의 길이가 2인 정사각형의 대각선의 길이는

$\overline{AF} = 2\sqrt{2}$이고,

점 A에서 준선 $x = -p$에 내린 수선의 발을 A′이라 하면

$\overline{AA'} = 2p + 2$이다.

이때 포물선의 정의에 의하여

$\overline{AF} = \overline{AA'}$, 즉 $2\sqrt{2} = 2p + 2$이므로 $p = \sqrt{2} - 1$이다.

한편 점 B에서 준선, x축에 내린 수선의 발을 각각 B′, H라
하자.

$\overline{FH} = k$라 하면 (단, $k > 0$)

$\overline{BF} = k\sqrt{2}$이고 $\overline{BB'} = 2p - \overline{FH} = 2p - k$이다.

이때 포물선의 정의에 의하여

$\overline{BF} = \overline{BB'}$, 즉 $k\sqrt{2} = 2p - k$이므로

$k = \dfrac{2\sqrt{2} - 2}{\sqrt{2} + 1} = 6 - 4\sqrt{2}$이다.

따라서

$$\begin{aligned}\overline{AB} &= \overline{AF} + \overline{BF} \\ &= 2\sqrt{2} + k\sqrt{2} \\ &= -8 + 8\sqrt{2}\end{aligned}$$

이다.

$\therefore a^2 + b^2 = (-8)^2 + 8^2 = 128$

풀이 2

꼭짓점이 원점 O인 포물선의 초점 F의 좌표를 $(p, 0)$이라 하자.
(단, $p > 0$)

선분 AF를 대각선으로 하는 정사각형의 한 변의 길이가 2이므로
점 A의 좌표는 $(p + 2, 2)$이다.

또한 포물선의 방정식은 $y^2 = 4px$이고,

점 F를 지나고 기울기가 1인 직선의 방정식은 $y = x - p$이므로

이차방정식 $(x - p)^2 = 4px$, 즉 $x^2 - 6px + p^2 = 0$은

두 점 A, B의 x좌표를 실근으로 갖는다.

따라서 이차방정식의 근과 계수의 관계에 의하여

$(p + 2) + (점 B의 x좌표) = 6p$이므로

$(점 B의 x좌표) = 5p - 2$이다.

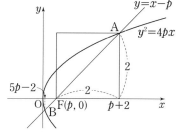

한편 점 $A(p + 2, 2)$는 포물선 $y^2 = 4px$ 위의 점이므로

$2^2 = 4p(p + 2)$에서 $p^2 + 2p - 1 = 0$

$\therefore p = -1 + \sqrt{2}$ ($\because p > 0$)

따라서 두 점 A, B의 x좌표의 차는

$(p + 2) - (5p - 2) = -4p + 4 = -4\sqrt{2} + 8$이므로

$\overline{AB} = (-4\sqrt{2} + 8)\sqrt{2} = -8 + 8\sqrt{2}$이다.

$\therefore a^2 + b^2 = (-8)^2 + 8^2 = 128$

답 128

M01-21

자연수 n에 대하여 포물선 $y^2 = \dfrac{x}{n}$의 초점 F를 지나는

직선이 포물선과 만나는 두 점을 각각 P, Q라 하자.

$\overline{PF} = 1$이고 $\overline{FQ} = a_n$이라 할 때, $\displaystyle\sum_{n=1}^{10} \dfrac{1}{a_n}$의 값은? [4점]

① 210   ② 205   ③ 200

④ 195   ⑤ 190

How To

포물선 $y^2 = \dfrac{x}{n}$의 초점의 x좌표
$= \dfrac{1}{4n}$

‖

선분 PQ를 $1 : a_n$으로 내분하는 점의 x좌표

$= \dfrac{1 \times \left(a_n - \dfrac{1}{4n}\right) + a_n \times \left(1 - \dfrac{1}{4n}\right)}{1 + a_n}$

풀이 1

포물선 $y^2 = \dfrac{x}{n}$의 초점 F의 좌표는 $\left(\dfrac{1}{4n}, 0\right)$이고

준선의 방정식은 $x = -\dfrac{1}{4n}$이다. 니코 122

일반성을 잃지 않고 점 P를 제1사분면 위의 점이라 하자.

포물선 위의 두 점 P, Q의 x좌표를 각각 p, q라 할 때

두 점 P, Q에서 준선 $x = -\dfrac{1}{4n}$에 내린 수선의 발을 각각

P′, Q′이라 하자.

포물선의 정의에 의하여

$\overline{PP'} = \overline{PF}$, 즉 $p + \dfrac{1}{4n} = 1$이므로 $p = 1 - \dfrac{1}{4n}$이고,

$\overline{QQ'} = \overline{FQ}$, 즉 $q + \dfrac{1}{4n} = a_n$이므로 $q = a_n - \dfrac{1}{4n}$이다.

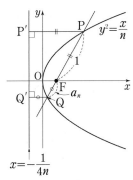

이때 점 F는 선분 PQ를 $1:a_n$으로 내분하는 점이므로

점 F의 x좌표는 $\dfrac{1\times\left(a_n-\dfrac{1}{4n}\right)+a_n\times\left(1-\dfrac{1}{4n}\right)}{1+a_n}=\dfrac{1}{4n}$이다.

$4na_n-1+4na_n-a_n=1+a_n$,

$(8n-2)a_n=2$, $a_n=\dfrac{1}{4n-1}$

$\therefore \displaystyle\sum_{n=1}^{10}\dfrac{1}{a_n}=\sum_{n=1}^{10}(4n-1)$

$\qquad\qquad =4\times\dfrac{10\times11}{2}-10=210$ 너코029

풀이 2

포물선 $y^2=\dfrac{x}{n}$의 초점 F의 좌표는 $\left(\dfrac{1}{4n},0\right)$이고

준선의 방정식은 $x=-\dfrac{1}{4n}$이다. 너코122

일반성을 잃지 않고 점 P를 제1사분면 위의 점이라 하자.

포물선 위의 두 점 P, Q와 초점 F에서 준선 $x=-\dfrac{1}{4n}$에 내린

수선의 발을 각각 P′, Q′, F′이라 하고
점 F에서 선분 PP′에 내린 수선의 발을 H,
점 Q에서 선분 FF′에 내린 수선의 발을 I라 하면
두 직각삼각형 PHF, FIQ가 서로 닮음이다.

또한 $\overline{PF}=1$이고 $\overline{FQ}=a_n$이라 주어졌으므로

$\overline{PH}:\overline{FI}=1:a_n$이다. ······㉠

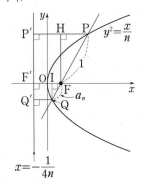

i) $\overline{PH}$의 값

포물선의 정의에 의하여 $\overline{PP'}=\overline{PF}=1$이므로

$\overline{PH}=\overline{PP'}-\overline{HP'}=\overline{PP'}-\overline{FF'}=1-\dfrac{1}{2n}$이다.

---

ii) $\overline{FI}$의 값

포물선의 정의에 의하여 $\overline{QQ'}=\overline{FQ}=a_n$이므로

$\overline{FI}=\overline{FF'}-\overline{QQ'}=\dfrac{1}{2n}-a_n$이다.

i), ii)에서 구한 값을 ㉠에 대입하면

$\left(1-\dfrac{1}{2n}\right):\left(\dfrac{1}{2n}-a_n\right)=1:a_n$에서

$a_n-\dfrac{1}{2n}a_n=\dfrac{1}{2n}-a_n$, $\left(2-\dfrac{1}{2n}\right)a_n=\dfrac{1}{2n}$

$a_n=\dfrac{1}{4n-1}$

$\therefore \displaystyle\sum_{n=1}^{10}\dfrac{1}{a_n}=\sum_{n=1}^{10}(4n-1)$

$\qquad\qquad =4\times\dfrac{10\times11}{2}-10=210$ 너코029

답 ①

M01-22

포물선의 정의에 의하여
중심이 C_1 위에 있고 C_1의 초점 F_1을 지나는 원은 C_1의 준선 $y=-1$에 접하고,
중심이 C_2 위에 있고 C_2의 초점 F_2를 지나는 원은 C_2의 준선 $x=-2$에 접한다. 너코122

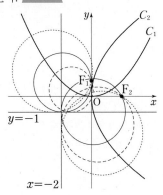

따라서 두 원의 교점 P는 네 점 $(0, 0)$, $(-2, 0)$, $(-2, -1)$, $(0, -1)$을 꼭짓점으로 하는 사각형의 둘레 및 내부에 존재할 수 있다.

따라서 $\overline{\mathrm{OP}}^2$의 최댓값은
점 P의 좌표가 $(-2, -1)$일 때
$(-2-0)^2 + (-1-0)^2 = 5$이다.

답 5

M01-23

$\mathrm{F}'(-p, 0)$이라 하고, 정삼각형 PQR의 한 변의 길이를 k라 하자.

$\overline{\mathrm{F}'\mathrm{Q}} = \overline{\mathrm{FF}'} - \overline{\mathrm{FQ}} = 2p - \dfrac{k}{2}$이고

직각삼각형 $\mathrm{SF}'\mathrm{Q}$에서

$\overline{\mathrm{F}'\mathrm{Q}} = \dfrac{\sqrt{21}}{\tan 60°} = \sqrt{7}$이므로 너코 018

$2p - \dfrac{k}{2} = \sqrt{7}$, 즉 $2p = \dfrac{k}{2} + \sqrt{7}$ 이다. $\qquad$ ㉠

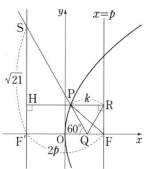

또한 직각삼각형 PRF에서

$\overline{\mathrm{PR}} = k$, $\overline{\mathrm{RF}} = \dfrac{\sqrt{3}}{2}k$이므로

$\overline{\mathrm{PF}} = \sqrt{k^2 + \dfrac{3}{4}k^2} = \dfrac{\sqrt{7}}{2}k$이다.

이때 포물선 $y^2 = 4px$ 위의 점 P에서 준선 $x = -p$에 내린 수선의 발을 H라 하면

포물선의 정의에 의하여 $\overline{\mathrm{PH}} = \overline{\mathrm{PF}} = \dfrac{\sqrt{7}}{2}k$이므로 너코 122

$\overline{\mathrm{RH}} = \overline{\mathrm{FF}'}$에서 $k + \dfrac{\sqrt{7}}{2}k = 2p$이다. $\qquad$ ㉡

㉡을 ㉠에 대입하면

$k + \dfrac{\sqrt{7}}{2}k = \dfrac{k}{2} + \sqrt{7}$, $\dfrac{\sqrt{7}+1}{2}k = \sqrt{7}$

$\therefore\ k = \dfrac{2\sqrt{7}}{\sqrt{7}+1} = \dfrac{\sqrt{7}(\sqrt{7}-1)}{3} = \dfrac{7-\sqrt{7}}{3}$

따라서 $\overline{\mathrm{QF}} = \dfrac{k}{2} = \dfrac{7-\sqrt{7}}{6}$이므로

$a + b = 7 + (-1) = 6$

답 6

M01-24

포물선 $(y-2a)^2 = 8(x-a)$는 포물선 $y^2 = 8x$를

x축의 방향으로 a만큼, y축의 방향으로 $2a$만큼 평행이동시킨 곡선이고, 너코 125

직선 $y = 2x-4$의 기울기는 2이므로

포물선 $y^2 = 8x$와 직선 $y = 2x-4$가 만나는 점 중 A가 아닌 점을 E라 하면 점 E가 점 A로, 점 A가 점 B로 평행이동한다.

따라서 $\overline{\mathrm{AB}} = \overline{\mathrm{AE}}$이고,

세 점 E, A, B의 x좌표를 각각 x_1, x_2, x_3이라 하면

$x_2 = x_1 + a$, $x_3 = x_2 + a$이다.

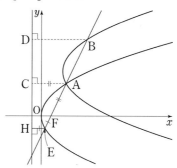

이때 포물선 $y^2 = 8x$와 직선 $y = 2x-4$의
두 교점의 x좌표를 구하면

$8x = (2x-4)^2$에서

$x^2 - 6x + 4 = 0$

$\therefore\ x = 3 \pm \sqrt{5}$

즉, $x_1 = 3 - \sqrt{5}$, $x_2 = 3 + \sqrt{5}$이므로

$a = x_2 - x_1 = 2\sqrt{5}$이다.

한편 포물선 $y^2 = 8x = 4 \times 2 \times x$의 초점을 $\mathrm{F}(2, 0)$이라 하고
점 E에서 포물선의 준선 $x = -2$에 내린 수선의 발을 H라 하면
직선 $y = 2x-4$가 초점 F를 지나므로 포물선의 정의에 의하여
$\overline{\mathrm{AB}} = \overline{\mathrm{AE}} = \overline{\mathrm{AF}} + \overline{\mathrm{EF}} = \overline{\mathrm{AC}} + \overline{\mathrm{EH}}$이다. 너코 122

$\therefore\ \overline{\mathrm{AC}} + \overline{\mathrm{BD}} - \overline{\mathrm{AB}} = \overline{\mathrm{AC}} + (\overline{\mathrm{AC}} + a) - (\overline{\mathrm{AC}} + \overline{\mathrm{EH}})$
$\qquad\qquad = (\overline{\mathrm{AC}} - \overline{\mathrm{EH}}) + a$
$\qquad\qquad = a + a = 2a$
$\qquad\qquad = 4\sqrt{5} = k$

$\therefore\ k^2 = 80$

답 80

M01-25

점 F_1에서 x축에 내린 수선의 발을 H라 할 때,
두 점 F_1, F_2의 좌표가 각각
$\mathrm{F}_1(p, a)$, $\mathrm{F}_2(-1, 0)$이고, 너코 125

$\overline{\mathrm{F}_1\mathrm{F}_2} = 3$이므로 직각삼각형 $\mathrm{F}_1\mathrm{F}_2\mathrm{H}$에서

$(p+1)^2 + a^2 = 9$ $\qquad$ ㉠

한편 두 점 P, Q의 x좌표를 각각 x_1, x_2라 하면

$\overline{\mathrm{PF}_1} = p + x_1$, $\overline{\mathrm{QF}_2} = 1 - x_2$이므로 너코 122

$\overline{\mathrm{PF}_1} + \overline{\mathrm{QF}_2} = \overline{\mathrm{F}_1\mathrm{F}_2} - \overline{\mathrm{PQ}} = 3 - 1 = 2$에서

$p + x_1 + 1 - x_2 = 2$

$\therefore\ x_1 - x_2 = 1 - p$ $\qquad$ ㉡

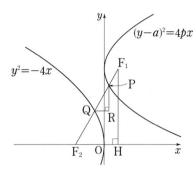

그런데 점 P를 지나고 y축에 평행한 직선과 점 Q를 지나고 x축에 평행한 직선이 만나는 점을 R라 하면
$\overline{QR} = x_1 - x_2$이고,
삼각형 F_1F_2H와 삼각형 PQR는 닮음비가 $3:1$인 닮은 도형이므로 $\overline{F_2H} : \overline{QR} = 3 : 1$에서
$(1+p) : (x_1 - x_2) = 3 : 1$
$\therefore x_1 - x_2 = \dfrac{1}{3}(1+p)$　　　……ⓒ

ⓛ, ⓒ에서 $1 - p = \dfrac{1}{3}(1+p)$이므로

$p = \dfrac{1}{2}$이고, 이를 ㉠에 대입하면

$\left(\dfrac{1}{2} + 1\right)^2 + a^2 = 9$, $a^2 = \dfrac{27}{4}$

$\therefore a^2 + p^2 = \dfrac{27}{4} + \dfrac{1}{4} = \dfrac{28}{4} = 7$

답 ⑤

M01-26

포물선 $y^2 = 8x$의 초점은 $F(2, 0)$이고 준선의 방정식은 $x = -2$이다. 너코 122

점 F'을 초점으로 하고 점 P를 꼭짓점으로 하는 포물선을 C, 포물선 C의 준선을 l이라 하고, 점 Q에서 직선 $x = -2$, 직선 l에 내린 수선의 발을 각각 R, S라 하자.

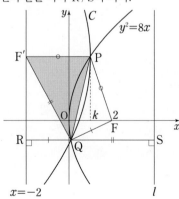

포물선 C의 꼭짓점 P의 x좌표를 k $(k > 0)$라 하면
포물선의 정의에 의하여 $\overline{PF'} = \overline{PF} = k + 2$이고,
준선 l의 방정식이 $x = k + (k+2)$, 즉 $x = 2k + 2$이므로
$\overline{QF} + \overline{QF'} = \overline{QR} + \overline{QS} = \overline{RS}$
　　　　　　$= (2k+2) + 2 = 2k + 4$
이다. 즉, 사각형 PF'QF의 둘레의 길이는

$\overline{PF} + \overline{PF'} + \overline{QF} + \overline{QF'} = 2(k+2) + 2k + 4$
　　　　　　　　　　　　　$= 4k + 8 = 12$
$\therefore k = 1$, $\overline{PF'} = 3$
한편, 점 P의 y좌표는 $y^2 = 8 \times 1$에서
$y = 2\sqrt{2}$ $(\because y > 0)$이다. 　　　……㉠
즉, C는 초점이 $F'(-2, 2\sqrt{2})$이고 준선이 $x = 4$인 포물선으로, 초점이 $(-3, 0)$이고 준선이 $x = 3$인 포물선 $y^2 = -12x$를 x축의 방향으로 1만큼, y축의 방향으로 $2\sqrt{2}$ 만큼 평행이동한 것이다.
따라서 포물선 C의 방정식은
$(y - 2\sqrt{2})^2 = -12(x - 1)$이다. 너코 125
선분 $\overline{PF'}$을 밑변으로 할 때 삼각형 $PF'Q$의 높이는 두 포물선의 교점 P, Q의 y좌표의 차이므로
$y^2 = 8x$, 즉 $x = \dfrac{y^2}{8}$을 $(y - 2\sqrt{2})^2 = -12(x - 1)$에

대입하면 $(y - 2\sqrt{2})^2 = -12\left(\dfrac{y^2}{8} - 1\right)$에서

$5y^2 - 8\sqrt{2}y - 8 = 0$
두 점 P, Q의 y좌표를 각각 y_1, y_2 $(y_2 < y_1)$라 하면 y_1, y_2가 이 이차방정식의 서로 다른 두 실근이므로
근과 계수의 관계에 의하여
$y_1 + y_2 = \dfrac{8\sqrt{2}}{5}$

㉠에서 $y_1 = 2\sqrt{2}$이므로

$y_2 = \dfrac{8\sqrt{2}}{5} - 2\sqrt{2} = -\dfrac{2\sqrt{2}}{5}$

$\therefore y_1 - y_2 = 2\sqrt{2} - \left(-\dfrac{2\sqrt{2}}{5}\right) = \dfrac{12\sqrt{2}}{5}$

따라서 삼각형 $PF'Q$의 넓이는
$\dfrac{1}{2} \times 3 \times \dfrac{12\sqrt{2}}{5} = \dfrac{18\sqrt{2}}{5}$
$\therefore p + q = 5 + 18 = 23$

답 23

M02-01

타원 $x^2 + 9y^2 = 9$, 즉 $\dfrac{x^2}{3^2} + y^2 = 1$의

두 초점의 좌표를 각각 $(c, 0)$, $(-c, 0)$이라 하면 (단, $c > 0$)
$c = \sqrt{3^2 - 1^2} = 2\sqrt{2}$이므로
$d = 2c = 4\sqrt{2}$이다. 너코 123
$\therefore d^2 = 32$

답 32

M02-02

타원 $4x^2 + 9y^2 - 18y - 27 = 0$, 즉 $\dfrac{x^2}{9} + \dfrac{(y-1)^2}{4} = 1$은

타원 $\dfrac{x^2}{3^2}+\dfrac{y^2}{2^2}=1$을 y축의 방향으로 1만큼 평행이동시킨

것이다. 너코 125

이 타원의 두 초점의 좌표는 $(\sqrt{5},0)$, $(-\sqrt{5},0)$이므로

타원 $\dfrac{x^2}{9}+\dfrac{(y-1)^2}{4}=1$의 두 초점의 좌표는 $(\sqrt{5},1)$,

$(-\sqrt{5},1)$이다. 너코 123

$\therefore p^2+q^2=5+1=6$

답 6

M02-03

타원 $\dfrac{(x-2)^2}{a}+\dfrac{(y-2)^2}{4}=1$의 두 초점의 좌표가 $(6,b)$,

$(-2,b)$이므로

이 타원을 x축, y축의 방향으로 모두 -2만큼씩 평행이동시킨

타원 $\dfrac{x^2}{a}+\dfrac{y^2}{4}=1$의 두 초점의 좌표는 $(4,b-2)$,

$(-4,b-2)$이다. 너코 125

따라서 $\sqrt{a-4}=4$, $b-2=0$이어야 하므로 너코 123

$a=20$, $b=2$이다.

$\therefore ab=40$

답 ①

M02-04

직각삼각형 $\mathrm{AF'F}$에서

$\overline{\mathrm{F'F}}=\sqrt{5^2-3^2}=4$

즉, 타원 $\dfrac{x^2}{a^2}+\dfrac{y^2}{5}=1$의 초점이 $\mathrm{F}(2,0)$, $\mathrm{F'}(-2,0)$이므로

$a^2-5=2^2$에서 $a^2=9$ 너코 123

$\therefore a=3 \ (\because a>\sqrt{5})$

타원의 장축의 길이가 $2a=6$이므로 타원의 정의에 의하여

$\overline{\mathrm{PF}}+\overline{\mathrm{PF'}}=6$

따라서 삼각형 $\mathrm{PF'F}$의 둘레의 길이는

$\overline{\mathrm{PF}}+\overline{\mathrm{PF'}}+\overline{\mathrm{FF'}}=6+4=10$

답 ⑤

M02-05

타원 $\dfrac{x^2}{4^2}+\dfrac{y^2}{b^2}=1$에서 $0<b<4$이므로

두 초점의 좌표는 각각

$(\sqrt{16-b^2},0)$, $(-\sqrt{16-b^2},0)$이다. 너코 123

두 초점 사이의 거리가 6이므로

$2\sqrt{16-b^2}=6$

$\sqrt{16-b^2}=3$, $16-b^2=9$

$\therefore b^2=7$

답 ④

M02-06

정육각형의 한 내각의 크기는 $\dfrac{(6-2)\times180°}{6}=120°$이다.

주어진 그림에서 색칠된 삼각형의 두 변의 길이가 a로 같다고

하면 삼각형 1개의 넓이는

$\dfrac{1}{2}\times a^2\times \sin120°=\dfrac{1}{2}\times a^2\times\dfrac{\sqrt{3}}{2}=\dfrac{\sqrt{3}}{4}a^2$이다. 너코 018

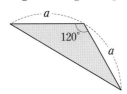

이와 같은 모양의 삼각형 6개의 넓이의 합이 $6\sqrt{3}$이라

주어졌으므로

$\dfrac{\sqrt{3}}{4}a^2\times6=6\sqrt{3}$에서 $a=2$이다.

따라서 타원의 두 초점 사이의 거리는 $10-a\times2=6$이고

장축의 길이는 10이므로

단축의 길이는 $2\sqrt{\left(\dfrac{10}{2}\right)^2-\left(\dfrac{6}{2}\right)^2}=2\sqrt{5^2-3^2}=8$이다.

너코 123

답 ④

M02-07

점 Q를 지나고 직선 AP에 평행한 직선이 x축과 만나는 점을

B라 하자.

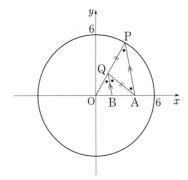

동위각으로 $\angle\mathrm{OPA}=\angle\mathrm{OQB}$이고

엇각으로 $\angle\mathrm{PAQ}=\angle\mathrm{AQB}$이므로

삼각형 APQ는 $\overline{\mathrm{QA}}=\overline{\mathrm{QP}}$인 이등변삼각형이다.

따라서 $\overline{\mathrm{OQ}}+\overline{\mathrm{QA}}=\overline{\mathrm{OQ}}+\overline{\mathrm{QP}}=\overline{\mathrm{OP}}=6$이므로

점 Q는 두 초점 $\mathrm{O}(0,0)$, $\mathrm{A}(4,0)$으로부터 거리의 합이 6인

타원 위에 있다. 너코 123

이 타원의 중심의 좌표가 $(2,0)$이므로

타원의 방정식을 $\dfrac{(x-2)^2}{c^2}+\dfrac{y^2}{d^2}=1$이라 하면 너코 125

$2|c|=6$에서 $|c|=3$이고

$d^2=9-\left(\dfrac{\overline{\mathrm{OA}}}{2}\right)^2=5$이다.

즉, 타원의 방정식은 $\dfrac{(x-2)^2}{9}+\dfrac{y^2}{5}=1$이다.

또한 (점 P의 y좌표) $\neq 0$이므로 집합 X는

두 점 $(-1,\,0)$, $(5,\,0)$을 제외한 타원 $\dfrac{(x-2)^2}{9}+\dfrac{y^2}{5}=1$ 위의

모든 점의 집합이다.

따라서 집합의 포함관계로 옳은 것은 ⑤이다.

답 ⑤

M02-08

풀이 1

장축의 길이가 10, 단축의 길이가 6인 타원의 두 초점 F, F'에
대하여

$\overline{FF'}=2\sqrt{\left(\dfrac{10}{2}\right)^2-\left(\dfrac{6}{2}\right)^2}=8$이다. 너코 123

점 P는 중심이 F이고 점 F'을 지나는 원 위의 점이므로
$\overline{FP}=\overline{FF'}=8$이다.

또한 타원의 정의에 의하여
$\overline{FP}+\overline{F'P}=10$, 즉 $8+\overline{F'P}=10$이므로 $\overline{F'P}=2$이다.

삼각형 PFF'은 이등변삼각형이므로
선분 PF'의 중점을 M이라 하면

$\angle FMP=\dfrac{\pi}{2}$이고 $\overline{MP}=\dfrac{\overline{F'P}}{2}=1$이다.

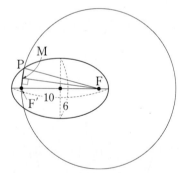

따라서 직각삼각형 FMP에서 피타고라스 정리에 의하여
$\overline{FM}=\sqrt{8^2-1^2}=3\sqrt{7}$이다.

$\therefore$ (삼각형 PFF'의 넓이) $=\dfrac{1}{2}\times\overline{F'P}\times\overline{FM}$

$=\dfrac{1}{2}\times 2\times 3\sqrt{7}=3\sqrt{7}$

풀이 2

장축의 길이가 10, 단축의 길이가 6인 타원의 방정식을

$\dfrac{x^2}{5^2}+\dfrac{y^2}{3^2}=1$이라 하면 ......㉠

초점 F, F'의 좌표는 각각 $(4,\,0)$, $(-4,\,0)$이므로 너코 123

......㉡

중심이 점 F이고 점 F'을 지나는 원의 방정식은
$(x-4)^2+y^2=64$이다. ......㉢

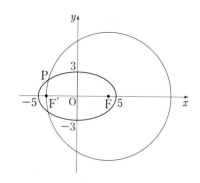

타원과 원의 교점의 x좌표를 구하기 위하여
㉢에서 $y^2=-x^2+8x+48$을 ㉠에 대입하면

$\dfrac{x^2}{25}+\dfrac{-x^2+8x+48}{9}=1$,

$9x^2+(-25x^2+200x+1200)=225$,

$16x^2-200x-975=0,\ (4x+15)(4x-65)=0$

$\therefore x=-\dfrac{15}{4}\ (\because\ x<0)$

이 값을 ㉠에 대입하면

$\dfrac{\dfrac{225}{16}}{25}+\dfrac{y^2}{9}=1,\ \dfrac{y^2}{9}=\dfrac{7}{16}$

$\therefore y=-\dfrac{3\sqrt{7}}{4}$ 또는 $y=\dfrac{3\sqrt{7}}{4}$

따라서 삼각형 PFF'의 밑변의 길이를
$\overline{FF'}=8$이라 할 때 높이는 $\dfrac{3\sqrt{7}}{4}$이다. ($\because$ ㉡)

$\therefore$ (삼각형 PFF'의 넓이) $=\dfrac{1}{2}\times 8\times\dfrac{3\sqrt{7}}{4}$

$=3\sqrt{7}$

답 ④

M02-09

타원의 두 초점 사이의 거리가 $10\sqrt{2}$이므로

$2\sqrt{\left(\dfrac{\overline{BD}}{2}\right)^2-\left(\dfrac{\overline{AC}}{2}\right)^2}=10\sqrt{2}$에서 너코 123

$\overline{BD}^2-\overline{AC}^2=200$이다. ......㉠

한편 사각형 ABCD는 마름모이므로
두 대각선 BD, AC는 서로 수직이다.

이때 $\overline{AB}=10$이므로

$\left(\dfrac{\overline{BD}}{2}\right)^2+\left(\dfrac{\overline{AC}}{2}\right)^2=\overline{AB}^2$에서

$\overline{BD}^2+\overline{AC}^2=400$이다. ......㉡

㉠, ㉡을 연립하여 풀면

$\overline{BD}^2=300,\ \overline{AC}^2=100$이므로

$\overline{BD}=10\sqrt{3},\ \overline{AC}=10$이다.

$$\therefore (\text{마름모 ABCD의 넓이}) = \frac{1}{2} \times \overline{BD} \times \overline{AC}$$
$$= \frac{1}{2} \times 10\sqrt{3} \times 10$$
$$= 50\sqrt{3}$$

답 ③

M02-10

$a > 0$, $b > 0$이라 하면

세 점의 좌표는 $A(-a, 0)$, $B(0, b)$, $F(\sqrt{a^2-b^2}, 0)$이다.

너코 123

이때 $\overline{OB} = \overline{OF} \tan \frac{\pi}{3}$, 즉 $b = \sqrt{a^2-b^2} \times \sqrt{3}$이므로   너코 018

양변을 제곱하면

$b^2 = 3a^2 - 3b^2$에서 $b = \frac{\sqrt{3}}{2}a$이다.

따라서 $A(-a, 0)$, $B\left(0, \frac{\sqrt{3}}{2}a\right)$, $F\left(\frac{a}{2}, 0\right)$이다.

또한 삼각형 AFB의 넓이가 $6\sqrt{3}$이므로

$\frac{1}{2} \times \overline{AF} \times \overline{OB} = 6\sqrt{3}$에서

$\frac{1}{2} \times \frac{3}{2}a \times \frac{\sqrt{3}}{2}a = 6\sqrt{3}$, $a^2 = 16$

$a = 4$이므로 $b = 2\sqrt{3}$이다.

$\therefore a^2 + b^2 = 16 + 12 = 28$

답 ④

M02-11

타원 $\frac{x^2}{25} + \frac{y^2}{9} = 1$의 두 초점 F, F'에 대하여

$\overline{OF} = \overline{OF'} = \sqrt{25-9} = 4$이다.   너코 123

또한 타원의 정의에 의하여

$\overline{FP} + \overline{F'P} = 10$이므로

$$\overline{AP} - \overline{FP} = \overline{AP} - (10 - \overline{F'P})$$
$$= \overline{AP} + \overline{F'P} - 10$$
$$\geq \overline{AF'} - 10$$

이다.

이때 $\overline{AP} - \overline{FP}$의 최솟값이 1이라 주어졌으므로

$\overline{AF'} - 10 = 1$에서 $\overline{AF'} = 11$이다.

즉, $\overline{OF'}^2 + \overline{OA}^2 = \overline{AF'}^2$에서

$4^2 + a^2 = 11^2$이다.

$\therefore a^2 = 121 - 16 = 105$

답 105

M02-12

$\overline{FP} = 9$, $\overline{FH} = 6\sqrt{2}$라 주어졌으므로

직각삼각형 PHF에서 피타고라스 정리에 의하여

$\overline{PH} = \sqrt{9^2 - (6\sqrt{2})^2} = 3$이다.   ......㉠

또한 타원의 정의에 의하여

$\overline{FP} + \overline{F'P} = 14$에서 $\overline{F'P} = 5$이다.   너코 123   ......㉡

㉠, ㉡에 의하여 $\overline{HF'} = \overline{F'P} - \overline{PH} = 2$이므로

직각삼각형 FHF'에서 피타고라스 정리에 의하여

$\overline{FF'} = \sqrt{(6\sqrt{2})^2 + 2^2} = \sqrt{76}$이다.   ......㉢

한편 타원 $\frac{x^2}{49} + \frac{y^2}{a} = 1$의 두 초점 F, F'에 대하여

$\overline{FF'} = 2\sqrt{49-a}$이다.   ......㉣

㉢=㉣이므로 $76 = 4(49-a)$이다.

$\therefore a = 30$

답 ②

M02-13

타원 위의 점 P가 제1사분면 위에 있으므로

$\overline{FP} = a$, $\overline{F'P} = b$라 할 때 $a < b$이다. (단, a, b는 상수)

타원 $\frac{x^2}{9} + \frac{y^2}{4} = 1$에서

장축의 길이가 6이므로 $a + b = 6$이고   너코 123   ......㉠

$\overline{FF'} = 2\sqrt{9-4} = 2\sqrt{5}$이므로

삼각형 FPF'에서 피타고라스 정리에 의하여

$a^2 + b^2 = 20$이다.   ......㉡

㉠에서 $a = 6 - b$를 ㉡에 대입하면

$(36 - 12b + b^2) + b^2 = 20$,

$b^2 - 6b + 8 = 0$, $(b-2)(b-4) = 0$

$\therefore b = 4 \; (\because a < b)$

즉, $\overline{F'P} = 4$이다.

또한 $\overline{FQ} = 6$이라 주어졌으므로

삼각형 QF'F의 넓이는

$\frac{1}{2} \times \overline{FQ} \times \overline{F'P} = \frac{1}{2} \times 6 \times 4 = 12$

답 12

M02-14

점 F를 중심으로 하는 원 위의 점 P에서의 접선이 점 F'을

지나므로 삼각형 FPF'은 $\angle FPF' = \frac{\pi}{2}$인 직각삼각형이다.

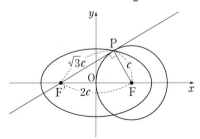

이때 $\overline{PF} = c$, $\overline{FF'} = 2c$이므로 피타고라스 정리에 의하여

$\overline{PF'} = \sqrt{(2c)^2 - c^2} = \sqrt{3}c$이다.

또한 타원의 장축의 길이가 4라 주어졌으므로
$\overline{PF}+\overline{PF'}=4$, 즉 $c+\sqrt{3}\,c=4$이다. 너코 123

$$\therefore \quad c=\frac{4}{\sqrt{3}+1}=\frac{4(\sqrt{3}-1)}{2}=2\sqrt{3}-2$$

답 ④

M02-15

타원 $\dfrac{x^2}{36}+\dfrac{y^2}{27}=1$에 대하여

$\overline{FQ}+\overline{F'Q}=12$이고

$\overline{F'F}=2\sqrt{36-27}=6$이다. 너코 123 ······㉠

또한 조건 (가)에서 $\overline{PF}=2$이고 ······㉡

조건 (나)에 의하여 $\overline{PQ}+\overline{PF'}=\overline{F'Q}$이므로 ······㉢

삼각형 PFQ의 둘레의 길이와 삼각형 $PF'F$의 둘레의 길이의
합은 다음과 같다.

$$(\overline{PF}+\overline{FQ}+\overline{PQ})+(\overline{PF'}+\overline{F'F}+\overline{PF})$$
$$=\{(\overline{PQ}+\overline{PF'})+\overline{FQ}\}+2\overline{PF}+\overline{F'F}$$
$$=(\overline{F'Q}+\overline{FQ})+2\overline{PF}+\overline{F'F}\ (\because\ ㉢)$$
$$=12+2\times2+6=22\ (\because\ ㉠,㉡)$$

답 22

M02-16

타원 $\dfrac{x^2}{16}+\dfrac{y^2}{7}=1$의 두 초점의 좌표는

$F(3,0)$, $F'(-3,0)$이므로 너코 123

점 $A(0,3)$과 점 $F(3,0)$은 직선 $y=x$에 대하여 대칭이고,
점 $B(0,-3)$과 점 $F'(-3,0)$도 직선 $y=x$에 대하여
대칭이다.

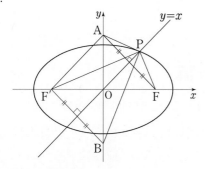

또한 $\overline{AP}=\overline{PF}$라 주어졌으므로
점 P는 직선 $y=x$ 위의 점이고 $\overline{BP}=\overline{PF'}$이다.
따라서 타원의 정의에 의하여

$\overline{AP}+\overline{BP}=\overline{PF}+\overline{PF'}=8$이므로

사각형 $AF'BP$의 둘레의 길이는

$$(\overline{AP}+\overline{BP})+\overline{AF'}+\overline{F'B}=8+3\sqrt{2}+3\sqrt{2}=8+6\sqrt{2}\,\text{이다.}$$
$$\therefore\ a+b=8+6=14$$

답 14

M02-17

타원 $\dfrac{x^2}{49}+\dfrac{y^2}{33}=1$의 두 초점은 $F(4,0)$, $F'(-4,0)$이고

타원의 정의에 의하여 $\overline{FQ}+\overline{F'Q}=14$이다. 너코 123

따라서

$$\overline{PQ}+\overline{FQ}=(\overline{F'Q}-\overline{PF'})+\overline{FQ}$$
$$=(\overline{FQ}+\overline{F'Q})-\overline{PF'}$$
$$=14-\overline{PF'}$$

이므로 $\overline{PQ}+\overline{FQ}$는 $\overline{PF'}$이 최소일 때 최댓값을 갖는다. ······㉠

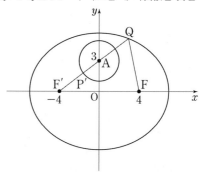

원 $x^2+(y-3)^2=4$의 중심을 $A(0,3)$이라 할 때
원과 선분 AF'의 교점을 P'이라 하면

$$\overline{PF'}\geq\overline{P'F'}$$
$$=\overline{AF'}-\overline{AP'}$$
$$=\sqrt{4^2+3^2}-2=3$$

이므로 $\overline{PF'}$의 최솟값은 3이다.
따라서 ㉠에 의하여
$\overline{PQ}+\overline{FQ}$의 최댓값은 $14-3=11$이다.

답 11

M02-18

삼각형 BPF'의 둘레의 길이를 l_1,
삼각형 BFA의 둘레의 길이를 l_2라 하면

$$l_1=\overline{BP}+\overline{PF'}+\overline{F'B}$$
$$=\overline{BP}+\overline{PF'}+(\overline{F'A}+\overline{AB})$$
$$l_2=\overline{BF}+\overline{FA}+\overline{AB}$$
$$=(\overline{BP}+\overline{PF})+\overline{FA}+\overline{AB}$$

이때 $\overline{FA}=\overline{F'A}$이므로 두 삼각형의 둘레의 길이의 차는

$$l_1-l_2=\overline{PF'}-\overline{PF}=4\text{이다.} \qquad ······㉠$$

한편 타원의 정의에 의하여

$\overline{PF'}+\overline{PF}=10$이므로 너코 123 ······㉡

㉠, ㉡에서 $\overline{PF'}=7$, $\overline{PF}=3$이다.
따라서 직각삼각형 PFF'에서

$\overline{FF'}=\sqrt{7^2-3^2}=2\sqrt{10}$이다.

즉, 초점이 y축 위에 있는 타원 $\dfrac{x^2}{a^2}+\dfrac{y^2}{25}=1$의

한 초점의 좌표가 $(0,\sqrt{10})$이므로

$\sqrt{25-a^2} = \sqrt{10}$ 에서 $a = \sqrt{15}$ 이다.

$\therefore$ (삼각형 AFF'의 넓이) $= \dfrac{1}{2} \times \overline{FF'} \times \overline{OA}$

$\qquad\qquad\qquad\qquad\qquad = \dfrac{1}{2} \times 2\sqrt{10} \times \sqrt{15} = 5\sqrt{6}$

답 ①

M02-19

타원의 중심을 O, 원의 중심을 O′이라 하고 원과 타원이 만나는
한 점을 A라 하자.
점 A는 타원의 한 꼭짓점이고 타원의 장축의 길이가 $2a$이므로
$\overline{AF} = a$이고 $\angle AOF = 90°$이다. 너코 123

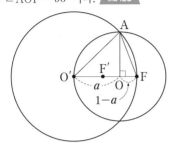

또한 $\overline{OO'} = a$, $\overline{OF} = 1-a$, $\overline{AO'} = 1$이므로
직각삼각형 AOF에서
$\overline{AO}^2 = a^2 - (1-a)^2 = 2a-1$이고,
직각삼각형 AOO'에서
$\overline{AO}^2 = 1^2 - a^2$이다.
따라서 $2a-1 = 1-a^2$에서
$a^2 + 2a - 2 = 0$
$\therefore a = -1 + \sqrt{3}$ $(\because a > 0)$

답 ③

M02-20

원 C와 두 직선 AF, AF'의 접점을 각각 G, G′이라 하고
원 C의 반지름의 길이를 r라 하면
$\overline{BG} = \overline{BG'} = r$이다.

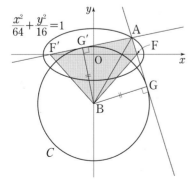

$(사각형\ AFBF') = \triangle ABF + \triangle ABF'$

$\qquad\qquad\qquad = \dfrac{1}{2} \times \overline{AF} \times \overline{BG} + \dfrac{1}{2} \times \overline{AF'} \times \overline{BG'}$

$\qquad\qquad\qquad = \dfrac{1}{2} (\overline{AF} + \overline{AF'}) r$

이고, 타원의 정의에 의하여
$\overline{AF} + \overline{AF'} = 16$이므로 너코 123

$\dfrac{1}{2} \times 16 \times r = 72$에서 $8r = 72$

$\therefore r = 9$

답 ②

M02-21

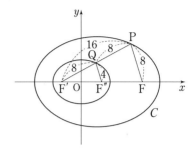

타원 C에서 $\overline{F'F} = 16$이므로

$\overline{F'P} = \overline{F'F} = 16$, $\overline{F'Q} = \dfrac{1}{2}\overline{F'P} = 8$

이고, 타원 C의 장축의 길이가 24이므로
$\overline{PF} = 24 - \overline{F'P} = 24 - 16 = 8$ 너코 123

한편 타원 $\dfrac{x^2}{a^2} + \dfrac{y^2}{b^2} = 1$의 한 초점이 $F'(-4, 0)$이므로 다른
한 초점은 $F''(4, 0)$이다.
이때 두 점 Q, F″은 각각 선분 F′P, F′F의 중점이므로
두 삼각형 $PF'F$와 $QF'F''$은 닮음이고 닮음비는 $2:1$이다.

$\therefore \overline{QF''} = \dfrac{1}{2}\overline{PF} = 4$

따라서 타원 $\dfrac{x^2}{a^2} + \dfrac{y^2}{b^2} = 1$의 장축의 길이는

$2a = \overline{F'Q} + \overline{QF''} = 12$이므로 $a = 6$
또한 $a^2 - b^2 = 4^2$에서 $b^2 = 6^2 - 4^2 = 20$

$\therefore \overline{PF} + a^2 + b^2 = 8 + 36 + 20 = 64$

답 ④

M02-22

풀이 1

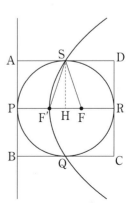

$\overline{AS} = a$, $\overline{AP} = b$라 하고 점 S에서 선분 PR에 내린 수선의 발을
H라 하면 포물선의 정의에 의하여

$\overline{SF}=\overline{SA}=a$ 너코 122

$\overline{SH}=\overline{AP}=b$

이므로 직각삼각형 SFH에서 $\overline{HF}=\sqrt{a^2-b^2}$

이때 포물선의 정의에 의하여 $\overline{PF'}=\overline{F'F}$

타원의 성질에 의하여 $\overline{PF'}=\overline{FR}$이므로

$\overline{PF'}=\overline{F'F}=\overline{FR}$ 너코 123

따라서 $\overline{PR}=6\overline{HF}=6\sqrt{a^2-b^2}$

한편 $\overline{PR}=\overline{AD}=2\overline{AS}=2a$이므로

$6\sqrt{a^2-b^2}=2a$에서 $9(a^2-b^2)=a^2$

$8a^2=9b^2$이므로 $b=\dfrac{2\sqrt{2}}{3}a$ ......㉠

직사각형 ABCD의 넓이는 $2a\times2b=4ab$이므로

$4ab=32\sqrt{2}$에서 $ab=8\sqrt{2}$ ......㉡

㉠, ㉡에서

$\dfrac{2\sqrt{2}}{3}a^2=8\sqrt{2}$이므로 $a^2=12$, $b^2=\dfrac{8}{9}a^2=\dfrac{8}{9}\times12=\dfrac{32}{3}$

따라서

$\overline{FF'}=2\sqrt{a^2-b^2}=2\sqrt{12-\dfrac{32}{3}}=\dfrac{4}{\sqrt{3}}=\dfrac{4\sqrt{3}}{3}$

풀이 2

포물선의 방정식을 $y^2=4px(p>0)$이라 하면 포물선의 정의에 의하여

$\overline{PF'}=\overline{F'F}=p$ 너코 122

타원의 성질에 의하여

$\overline{PF'}=\overline{FR}=p$ 너코 123

$\overline{AD}=3p$이므로 $\overline{AS}=\dfrac{3}{2}p=\overline{SF}$

점 S에서 선분 PR에 내린 수선의 발을 H라 하면

$\overline{HF}=\dfrac{p}{2}$

직각삼각형 SHF에서

$\overline{SH}=\sqrt{\left(\dfrac{3}{2}p\right)^2-\left(\dfrac{p}{2}\right)^2}=\sqrt{2}p$

따라서 $\overline{AB}=2\sqrt{2}p$이므로

직사각형 ABCD의 넓이는

$2\sqrt{2}p\times3p=32\sqrt{2}$에서 $p^2=\dfrac{16}{3}$

$\therefore\ \overline{F'F}=p=\dfrac{4}{\sqrt{3}}=\dfrac{4\sqrt{3}}{3}$

답 ②

M02-23

풀이 1

타원 $\dfrac{x^2}{36}+\dfrac{y^2}{20}=1$의 두 초점 F, F'에 대하여

$\overline{FF'}=2\sqrt{36-20}=8$이다. 너코 123

한편 $\overline{PF}=a$라 하면 타원의 정의에 의하여

$\overline{PF}+\overline{PF'}=12$이므로 $\overline{PF'}=12-a$이다.

또한 점 P에서 x축에 내린 수선의 발을 H라 하면

$\angle PFH=\dfrac{\pi}{3}$이므로 $\overline{HF}=\dfrac{a}{2}$, $\overline{PH}=\dfrac{\sqrt{3}}{2}a$이다. 너코 018

따라서 $\overline{F'H}=\overline{FF'}-\overline{HF}=8-\dfrac{a}{2}$이다.

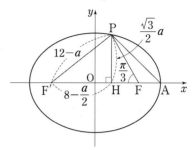

직각삼각형 PHF'에서 피타고라스 정리에 의하여

$\left(\dfrac{\sqrt{3}}{2}a\right)^2+\left(8-\dfrac{a}{2}\right)^2=(12-a)^2$이므로 정리하면

$\dfrac{3}{4}a^2+\left(\dfrac{a^2}{4}-8a+64\right)=a^2-24a+144$,

$16a=80$에서 $a=5$이다.

따라서 $\overline{PH}=\dfrac{5\sqrt{3}}{2}$, $\overline{HA}=\overline{HF}+\overline{FA}=\dfrac{5}{2}+2=\dfrac{9}{2}$이므로

직각삼각형 PHA에서 피타고라스 정리에 의하여

$\overline{PA}^2=\left(\dfrac{5\sqrt{3}}{2}\right)^2+\left(\dfrac{9}{2}\right)^2=\dfrac{156}{4}=39$이다.

풀이 2

점 P는 타원 $\dfrac{x^2}{36}+\dfrac{y^2}{20}=1$과 점 F를 지나고 x축의 양의

방향과 이루는 각의 크기가 $\dfrac{2}{3}\pi$인 직선의 교점 중 제1사분면

위에 있는 점이다.

$\tan(\angle PFA)=-\sqrt{3}$이므로 너코 018

직선 PF의 기울기는 $-\sqrt{3}$이고, 타원의 초점 F$(4,0)$을

지나므로 직선의 방정식은

$y=-\sqrt{3}(x-4)$이다.

타원의 방정식에 이를 대입하면

$\dfrac{x^2}{36}+\dfrac{3(x-4)^2}{20}=1$, $5x^2+27(x-4)^2=180$,

$32x^2-216x+252=0$, $8x^2-54x+63=0$,

$(2x-3)(4x-21)=0$

$\therefore\ x=\dfrac{3}{2}\ (\because\ x<4)$

따라서 P$\left(\dfrac{3}{2},\dfrac{5\sqrt{3}}{2}\right)$이고 A$(6,0)$이다.

$\therefore\ \overline{PA}^2=\left(6-\dfrac{3}{2}\right)^2+\left(0-\dfrac{5\sqrt{3}}{2}\right)^2=\dfrac{156}{4}=39$

답 39

M02-24

일반성을 잃지 않고 타원 위의 점 P가 제1사분면 위에 있다고 하면

$\overline{PF}=a$, $\overline{PF'}=b$라 할 때 $a<b$이다. (단, a, b는 상수)

타원 $\dfrac{x^2}{36}+\dfrac{y^2}{16}=1$에서 타원의 정의에 의하여

$\overline{PF}+\overline{PF'}=12$, 즉 $a+b=12$이다. ㄴ기 123 ······ ㉠

또한 타원의 두 초점 F, F'은

$\overline{FF'}=2\sqrt{36-16}=4\sqrt{5}$를 만족시키며

$\overline{OP}=\overline{OF}=\overline{OF'}$이므로

세 점 P, F, F'은 점 O를 중심으로 하고 반지름의 길이가

$2\sqrt{5}$인 원 위의 점이다.

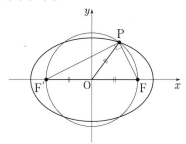

따라서 삼각형 PFF'은 $\angle FPF'=\dfrac{\pi}{2}$인 직각삼각형이므로

피타고라스 정리에 의하여

$\overline{PF}^2+\overline{PF'}^2=\overline{FF'}^2$, 즉 $a^2+b^2=80$이다. ······ ㉡

㉠에서 $b=12-a$이므로 ㉡에 대입하면

$a^2+(144-24a+a^2)=80$, $2a^2-24a+64=0$,

$a^2-12a+32=0$, $(a-4)(a-8)=0$

따라서 $a=4$이고 $b=8$이다. ($\because$ $a<b$)

즉, $\overline{PF}=4$이고 $\overline{PF'}=8$이다.

$\therefore \overline{PF}\times\overline{PF'}=32$

답 32

M02-25

주어진 타원, 포물선 모두 x축에 대하여 대칭이므로

두 교점 P, Q도 x축에 대하여 대칭이다.

따라서 선분 PQ의 중점을 M이라 하면

$\overline{PM}=\dfrac{\overline{PQ}}{2}=\sqrt{10}$이다. ······ ㉠

한편 타원의 장축의 길이가 $\overline{AB}=10$이므로

타원의 두 초점 F, F'과 타원 위의 점 P는

타원의 정의에 의하여 $\overline{PF}+\overline{PF'}=10$을 만족시킨다. ㄴ기 123

이때 $\overline{PF}=a$라 하면 $\overline{PF'}=10-a$이다. ······ ㉡

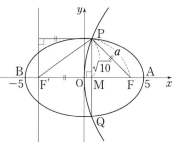

또한 포물선 위의 점 P에서 준선까지의 거리, 즉 $\overline{MF'}$은

포물선의 정의에 의하여 $\overline{MF'}=\overline{PF}=a$이다. ㄴ기 122 ······ ㉢

㉠, ㉡, ㉢에 의하여 직각삼각형 PMF'의 세 변의 길이가

$\overline{PM}=\sqrt{10}$, $\overline{PF'}=10-a$, $\overline{MF'}=a$이므로

피타고라스 정리에 의하여

$(10-a)^2=a^2+(\sqrt{10})^2$,

$a^2-20a+100=a^2+10$,

$20a=90$

$\therefore a=\dfrac{9}{2}$

따라서 $\overline{PF}\times\overline{PF'}=a\times(10-a)=\dfrac{9}{2}\times\dfrac{11}{2}=\dfrac{99}{4}$이다.

$\therefore p+q=4+99=103$

답 103

M02-26

$\overline{FH}:\overline{FP}=\overline{FO}:\overline{FF'}=1:2$에 의하여

두 삼각형 FHO, FPF'은 서로 닮음이므로

$\overline{OH}=\dfrac{\overline{F'P}}{2}$이고 $\angle FPF'=\angle FHO=\dfrac{\pi}{2}$이다.

마찬가지로 두 삼각형 F'IO, F'QF는 서로 닮음이므로

$\overline{OI}=\dfrac{\overline{FQ}}{2}$이고 $\angle F'IO=\angle F'QF=\dfrac{\pi}{2}$이다.

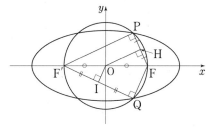

따라서 두 점 P, Q는

x축에 대하여 대칭인 원 $x^2+y^2=5^2$과 타원의 교점이므로

두 점 P, Q도 x축에 대하여 대칭이고

$\overline{FP}=\overline{FQ}$이다. ㄴ기 123 ······ ㉠

한편 $\overline{OH}\times\overline{OI}=10$에서

$\dfrac{\overline{F'P}}{2}\times\dfrac{\overline{FQ}}{2}=10$, 즉 $\overline{F'P}\times\overline{FQ}=40$이다. ······ ㉡

$\therefore l^2=(\overline{F'P}+\overline{FP})^2$

$=(\overline{F'P}^2+\overline{FP}^2)+2\times\overline{F'P}\times\overline{FP}$

$=\overline{FF'}^2+2\times\overline{F'P}\times\overline{FQ}$ ($\because$ ㉠)

$=10^2+2\times40=180$ ($\because$ ㉡)

답 180

M02-27

풀이 1

점 R가 선분 PF를 $1:3$으로 내분하는 점이므로

$\overline{PR}=3$이고 $\overline{PF}=9+3=12$이다. ……㉠

따라서 직각삼각형 PQR에서

$\overline{PQ}=\sqrt{\overline{PR}^2-\overline{QR}^2}=\sqrt{3^2-(\sqrt{5})^2}=2$

점 Q가 선분 PF'의 중점이므로

$\overline{PF'}=2\overline{PQ}=4$ ……㉡

이때 점 P는 타원 $\dfrac{x^2}{a^2}+\dfrac{y^2}{b^2}=1$ 위의 점이므로

타원의 정의에 의하여 $\overline{PF}+\overline{PF'}=2a$에서 너코 123

$2a=16$

$\therefore a=8\ (\because ㉠,㉡)$ ……㉢

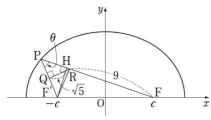

한편, $\angle QPR=\theta$라 하고, 점 F'에서 선분 PF에 내린 수선의 발을 H라 하자.

이때 직각삼각형 PQR에서 $\cos\theta=\dfrac{\overline{PQ}}{\overline{PR}}=\dfrac{2}{3}$이므로

직각삼각형 $PF'H$에서

$\overline{PH}=\overline{PF'}\cos\theta=4\times\dfrac{2}{3}=\dfrac{8}{3}$

$\therefore \overline{F'H}=\sqrt{\overline{PF'}^2-\overline{PH}^2}$

$\qquad =\sqrt{4^2-\left(\dfrac{8}{3}\right)^2}=\dfrac{\sqrt{80}}{3}$

또한 직각삼각형 $FF'H$에서

$\overline{FH}=\overline{PF}-\overline{PH}=12-\dfrac{8}{3}=\dfrac{28}{3}$

$\therefore \overline{FF'}=\sqrt{\overline{FH}^2+\overline{F'H}^2}$

$\qquad =\sqrt{\left(\dfrac{28}{3}\right)^2+\left(\dfrac{\sqrt{80}}{3}\right)^2}=\sqrt{96}$

$\therefore c^2=\overline{OF}^2=\dfrac{1}{4}\overline{FF'}^2=24$

따라서 $c^2=a^2-b^2$에서

$64-b^2=24,\ b^2=40\ (\because ㉢)$

$\therefore a^2+b^2=64+40=104$

풀이 2

점 R가 선분 PF를 $1:3$으로 내분하는 점이므로

$\overline{PR}=3$이고 $\overline{PF}=9+3=12$이다. ……㉠

따라서 직각삼각형 PQR에서

$\overline{PQ}=\sqrt{\overline{PR}^2-\overline{QR}^2}$

$\qquad =\sqrt{3^2-(\sqrt{5})^2}=2$

점 Q가 선분 PF'의 중점이므로

$\overline{PF'}=2\overline{PQ}=4$ ……㉡

이때 점 P는 타원 $\dfrac{x^2}{a^2}+\dfrac{y^2}{b^2}=1$ 위의 점이므로

타원의 정의에 의하여 $\overline{PF}+\overline{PF'}=2a$에서 너코 123

$2a=16$

$\therefore a=8\ (\because ㉠,㉡)$ ……㉢

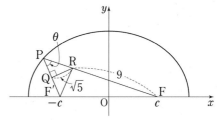

한편, $\angle QPR=\theta$라 하면 직각삼각형 PQR에서

$\cos\theta=\dfrac{\overline{PQ}}{\overline{PR}}=\dfrac{2}{3}$이므로

삼각형 PFF'에서 코사인법칙에 의하여

$\overline{FF'}^2=\overline{PF}^2+\overline{PF'}^2-2\overline{PF}\times\overline{PF'}\cos\theta$ 너코 024

$\qquad =12^2+4^2-2\times12\times4\times\dfrac{2}{3}=96\ (\because ㉠,㉡)$

$\therefore c^2=\overline{OF}^2=\dfrac{1}{4}\overline{FF'}^2=24$

따라서 $c^2=a^2-b^2$에서

$64-b^2=24,\ b^2=40\ (\because ㉢)$

$\therefore a^2+b^2=64+40=104$

답 104

M02-28

$\overline{PA}=\overline{PF}$인 이등변삼각형 PAF에 대하여

점 P에서 선분 AF에 내린 수선의 발을 H라 하면

점 H는 선분 AF의 중점이므로

$\overline{AF}=2$에서 $\overline{AH}=1$이다.

따라서 초점이 $A(a,0)$이고 꼭짓점이 원점 O인 포물선 위의

점 P에서 준선에 내린 수선의 발을 I라 하면

포물선의 정의에 의하여

$\overline{PA}=\overline{PI}=2\overline{OA}+\overline{AH}=2a+1$이다. 너코 122

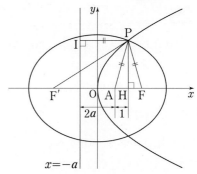

$\overline{FF'}=\overline{PF'}=2a+4$인 이등변삼각형 $F'FP$와

$\overline{PA}=\overline{PF}=2a+1$인 이등변삼각형 PAF는 서로 닮음이므로

$\overline{PF'} : \overline{FP} = \overline{FP} : \overline{AF}$ 에서

$(2a+4) : (2a+1) = (2a+1) : 2$,

$(2a+1)^2 = 2(2a+4)$, $4a^2+4a+1 = 4a+8$,

$\therefore a = \dfrac{\sqrt{7}}{2}$ $(\because a > 0)$

따라서 타원의 장축의 길이는

$\overline{PF} + \overline{PF'} = (2a+1) + (2a+4)$

$= 4a+5 = 5 + 2\sqrt{7}$ [너코 123]

$\therefore p^2 + q^2 = 5^2 + 2^2 = 29$

답 29

M02-29

포물선 $(y-2)^2 = 8(x+2)$는 포물선 $y^2 = 8x$를 x축의
방향으로 -2만큼, y축의 방향으로 2만큼 평행이동한 것이다.

$y^2 = 8x = 4 \times 2 \times x$에서 포물선 $y^2 = 8x$의 초점은 $(2, 0)$,
준선은 $x = -2$이므로 포물선 $(y-2)^2 = 8(x+2)$의 초점은
$(0, 2)$, 준선은 $x = -4$이다. [너코 122] [너코 125]

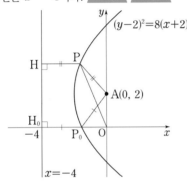

포물선 $(y-2)^2 = 8(x+2)$ 위의 점 P에서 준선 $x = -4$에
내린 수선의 발을 H라 하면 점 A$(0, 2)$가 초점이므로
$\overline{OP} + \overline{PA} = \overline{OP} + \overline{PH}$이다.

이때 세 점 O, P, H가 한 직선 위에 있을 때 $\overline{OP} + \overline{PH}$의 값이
최소이므로 점 P_0은 포물선과 x축의 교점이고, 이때의 점 H를
H_0이라 하면 $H_0(-4, 0)$이다.

$\therefore \overline{OP_0} + \overline{P_0A} = \overline{OH_0} = 4$

따라서 점 Q는 $\overline{OQ} + \overline{QA} = 4$를 만족시키는 점이므로
점 Q는 두 점 A$(0, 2)$, O$(0, 0)$을 초점으로 하고 장축의
길이가 4인 타원 위의 점이다. [너코 123]

이 타원의 중심이 점 $(0, 1)$이므로 점 Q의 y좌표의

최댓값은 $M = 1 + \dfrac{1}{2} \times 4 = 3$

최솟값은 $m = 1 - \dfrac{1}{2} \times 4 = -1$

$\therefore M^2 + m^2 = 9 + 1 = 10$

답 ③

M02-30

타원 $\dfrac{x^2}{9} + \dfrac{y^2}{5} = 1$에서 $a = 3$, $b = \sqrt{5}$이므로

$c = \sqrt{a^2 - b^2} = \sqrt{9-5} = 2$

즉, 이 타원의 한 초점은 F$(2, 0)$이고 다른 한 초점을 F'이라
하면 F'$(-2, 0)$이며, 장축의 길이는 $2a = 6$이다.

또한 점 P가 이 타원 위의 점이므로 타원의 정의에 의하여

$\overline{PF} + \overline{PF'} = 6$이다. [너코 123] ······㉠

한편 주어진 원의 중심을 C$(2, 3)$이라 할 때,
원 위의 점 Q와 타원 위의 점 P에 대하여
$\overline{PQ} - \overline{PF}$의 최솟값이 6이므로

$\overline{PQ} - \overline{PF} = \overline{PQ} - (6 - \overline{PF'})$ $(\because$ ㉠$)$

$= \overline{PQ} + \overline{PF'} - 6$

에서 $\overline{PQ} + \overline{PF'}$의 최솟값은 12이다. ······㉡

이때 최솟값 12가 타원의 장축의 길이 6보다 크므로 주어진
원은 타원을 포함하는 원이다.

따라서 움직이는 두 점 P, Q에 대하여 ㉡이 성립할 때는
다음 그림과 같이 네 점 Q, P, F', C가 이 순서대로 원의
반지름 QC 위에 위치할 때이다.

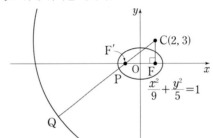

위의 그림에서 $\overline{PQ} + \overline{PF'} = \overline{QF'} = 12$이고 $(\because$ ㉡$)$

$\overline{F'C} = \sqrt{4^2 + 3^2} = 5$이므로

$r = \overline{QF'} + \overline{F'C} = 12 + 5 = 17$

답 17

M03-01

타원 $\dfrac{x^2}{5^2} + \dfrac{y^2}{4^2} = 1$의 두 초점의 좌표는 $(3, 0)$, $(-3, 0)$이므로

[너코 123]

타원과 두 초점을 공유하는 쌍곡선의 방정식을

$\dfrac{x^2}{a^2} - \dfrac{y^2}{b^2} = 1$이라 하면

$a^2 + b^2 = 3^2$이다. (단, $a > 0$, $b > 0$) [너코 124] ······㉠

한편 이 쌍곡선의 한 점근선이 $y = \sqrt{35}\,x$라 주어졌으므로

$\dfrac{b}{a} = \sqrt{35}$, 즉 $b^2 = 35a^2$이다. ······㉡

㉡을 ㉠에 대입하면

$36a^2 = 9$에서 $a = \dfrac{1}{2}$이다.

따라서 이 쌍곡선의 두 꼭짓점 사이의 거리는 $2a = 1$이다.

답 ④

M03-02

쌍곡선 $\dfrac{x^2}{5} - \dfrac{y^2}{4} = 1$의 두 초점 F, F$'$에 대하여

$\overline{\text{FF}'} = 2\sqrt{5+4} = 6$이다. [너코 124] ······㉠

두 점 P, Q는 원점에 대하여 대칭이고

사각형 F$'$QFP의 넓이가 24가 되는 점 P의 좌표가

(a, b)이므로

P(a, b)일 때 삼각형 PFF$'$의 넓이는 12이다.

즉, $\dfrac{1}{2} \times \overline{\text{FF}'} \times |b| = 12$에서 ㉠에 의하여

$3|b| = 12$, 즉 $|b| = 4$이다.

점 P(a, b)는 쌍곡선 $\dfrac{x^2}{5} - \dfrac{y^2}{4} = 1$ 위의 점이므로

$\dfrac{a^2}{5} - \dfrac{16}{4} = 1$에서 $a^2 = 25$, 즉 $|a| = 5$이다.

$\therefore |a| + |b| = 5 + 4 = 9$

답 ①

M03-03

쌍곡선 $\dfrac{x^2}{16} - \dfrac{y^2}{9} = 1$의 두 초점 F$(5, 0)$, F$'(-5, 0)$에 대하여

점 P는 제1사분면 위에 있고,

점 Q는 제2사분면 위에 있으므로

쌍곡선의 정의에 의하여

$\overline{\text{PF}'} - \overline{\text{PF}} = \overline{\text{QF}} - \overline{\text{QF}'} = 8$이다. [너코 124]

이때 $\overline{\text{PF}'} - \overline{\text{QF}'} = 3$이라 주어졌으므로

$\begin{aligned} \overline{\text{QF}} - \overline{\text{PF}} &= (\overline{\text{QF}'} + 8) - (\overline{\text{PF}'} - 8) \\ &= 16 - (\overline{\text{PF}'} - \overline{\text{QF}'}) \\ &= 16 - 3 = 13 \end{aligned}$

이다.

답 13

M03-04

다음 그림과 같이 중심이 $(4, 0)$인 원이 쌍곡선의 꼭짓점

$(-1, 0)$을 지날 때, [너코 124]

즉 $r = 5$일 때 원과 쌍곡선이 서로 다른 세 점에서 만난다.

한편 $r > 5$일 때 서로 다른 네 점에서 만난다.

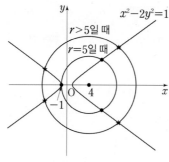

따라서 구하는 양수 r의 최댓값은 5이다.

답 ②

M03-05

쌍곡선 $\dfrac{x^2}{a^2} - \dfrac{y^2}{9} = 1$의 두 꼭짓점의 좌표는

$(a, 0)$, $(-a, 0)$이다. [너코 124]

이 두 꼭짓점이 타원 $\dfrac{x^2}{13} + \dfrac{y^2}{b^2} = 1$의 두 초점이고

타원의 두 초점의 좌표는

$(\sqrt{13-b^2}, 0)$, $(-\sqrt{13-b^2}, 0)$이므로

$13 - b^2 = a^2$이어야 한다. [너코 123]

$\therefore a^2 + b^2 = 13$

답 ④

M03-06

타원 $x^2 + \dfrac{y^2}{a^2} = 1$의 두 초점의 좌표는

$(0, \sqrt{a^2-1})$, $(0, -\sqrt{a^2-1})$이다. ($\because a > 1$) [너코 123]

쌍곡선 $x^2 - y^2 = 1$의 두 초점의 좌표는

$(\sqrt{1^2+1^2}, 0)$, $(-\sqrt{1^2+1^2}, 0)$이다. [너코 124]

이때 네 점을 꼭짓점으로 하는 사각형의 넓이가 12이므로

$\dfrac{1}{2} \times 2\sqrt{a^2-1} \times 2\sqrt{2} = 12$

$\sqrt{2a^2-2} = 6$, $2a^2 - 2 = 36$

$\therefore a^2 = 19$

답 19

M03-07

쌍곡선 $\dfrac{x^2}{a^2} - \dfrac{y^2}{b^2} = 1$의 주축의 길이가 4이므로

$2|a| = 4$, 즉 $|a| = 2$이다. [너코 124]

또한 점근선의 방정식이 $y = \pm \dfrac{5}{2} x$이므로

$\dfrac{b^2}{a^2} = \left(\dfrac{5}{2}\right)^2$, 즉 $b^2 = \dfrac{25}{4} \times 4 = 25$이다.

$\therefore a^2 + b^2 = 4 + 25 = 29$

답 ⑤

M03-08

조건 (가)에 의하여 쌍곡선의 두 초점 $(5, 0)$, $(-5, 0)$은 모두

x축 위에 있으며 y축에 대하여 대칭이므로

쌍곡선의 방정식을 $\dfrac{x^2}{a^2} - \dfrac{y^2}{b^2} = 1$이라 할 때

$a^2 + b^2 = 25$이다. (단, $a > 0$, $b > 0$) [너코 124] ······㉠

또한 조건 (나)에 의하여 쌍곡선의 두 점근선의 기울기의 곱이

-1이므로

$\dfrac{b}{a} \times \left(-\dfrac{b}{a}\right) = -1$, 즉 $a^2 = b^2$이다. ······㉡

㉠, ㉡에 의하여 $a=b=\dfrac{5\sqrt{2}}{2}$이므로

이 쌍곡선의 주축의 길이는 $2a=5\sqrt{2}$ 이다.

답 ④

M03-09

쌍곡선 $\dfrac{x^2}{a^2}-\dfrac{y^2}{36}=1$의 두 초점의 좌표는

$(\sqrt{a^2+36},\,0)$, $(-\sqrt{a^2+36},\,0)$이다. 너코 124

두 초점 사이의 거리가 $6\sqrt{6}$ 이라 주어졌으므로

$2\sqrt{a^2+36}=6\sqrt{6}$ 에서

$\sqrt{a^2+36}=3\sqrt{6}$, $a^2+36=54$

$\therefore a^2=18$

답 ③

M03-10

정사각형 $\mathrm{ABF'F}$의 한 변의 길이가

$\overline{\mathrm{FF'}}=\overline{\mathrm{AF}}=2c$이므로 ⋯⋯㉠

대각선 $\mathrm{AF'}$의 길이는 $2\sqrt{2}c$이다. ⋯⋯㉡

한편 쌍곡선의 주축의 길이가 2라 주어졌으므로

쌍곡선의 정의에 의하여 $\overline{\mathrm{AF'}}-\overline{\mathrm{AF}}=2$이다. 너코 124 ⋯⋯㉢

㉢에 ㉠, ㉡을 대입하면

$2\sqrt{2}c-2c=2$이므로

$(\sqrt{2}-1)c=1$

$\therefore c=\dfrac{1}{\sqrt{2}-1}=\sqrt{2}+1$

따라서 정사각형 $\mathrm{ABF'F}$의 대각선의 길이는

$\overline{\mathrm{AF'}}=2\sqrt{2}c=2\sqrt{2}(\sqrt{2}+1)=4+2\sqrt{2}$이다.

답 ③

M03-11

쌍곡선 $\dfrac{x^2}{a^2}-\dfrac{y^2}{16}=1$의 점근선의 방정식은

$y=\pm\dfrac{4}{a}x$ 너코 124

점근선 중 하나의 기울기가 3이므로

$\dfrac{4}{a}=3\ (\because a>0)$

$\therefore a=\dfrac{4}{3}$

답 ④

M03-12

쌍곡선 $\dfrac{x^2}{a^2}-\dfrac{y^2}{6}=1$의 한 초점의 좌표가 $(3\sqrt{2},\,0)$이므로

$a^2=(3\sqrt{2})^2-6=12$ 너코 124

$\therefore a=2\sqrt{3}\ (\because a$는 양수$)$

따라서 이 쌍곡선의 주축의 길이는

$2a=4\sqrt{3}$이다.

답 ③

M03-13

쌍곡선 $\dfrac{x^2}{a^2}-\dfrac{y^2}{b^2}=1$의 주축의 길이가 6이므로

$2a=6$에서 $a=3$ 너코 124

쌍곡선 $\dfrac{x^2}{9}-\dfrac{y^2}{b^2}=1$의 점근선의 방정식은 $y=\pm\dfrac{b}{3}x$이고

한 점근선의 방정식이 $y=2x$이므로

$\dfrac{b}{3}=2$에서 $b=6$

따라서 쌍곡선 $\dfrac{x^2}{9}-\dfrac{y^2}{36}=1$의 두 초점 사이의 거리는

$2\sqrt{a^2+b^2}=2\sqrt{9+36}=2\sqrt{45}=6\sqrt{5}$

답 ②

M03-14

쌍곡선 $9x^2-16y^2=144$, 즉 $\dfrac{x^2}{16}-\dfrac{y^2}{9}=1$의

두 초점의 좌표는 $(\sqrt{16+9},\,0)$, $(-\sqrt{16+9},\,0)$이고

점근선의 기울기는 $\pm\sqrt{\dfrac{9}{16}}$, 즉 $\pm\dfrac{3}{4}$이다. 너코 124

이때 점 $(-5,\,0)$을 지나고 기울기가 $\dfrac{3}{4}$인 직선의 방정식은

$y=\dfrac{3}{4}(x+5)$이고 이 직선의 y절편은 $\dfrac{15}{4}$이다.

나머지 직선은 이 직선을 다음 그림과 같이

x축, y축, 원점에 대하여 대칭이동시킨 것과 같으므로

4개의 직선으로 둘러싸인 도형은

네 점 $(-5,\,0)$, $(5,\,0)$, $\left(0,\,\dfrac{15}{4}\right)$, $\left(0,\,-\dfrac{15}{4}\right)$를 꼭짓점으로

하는 사각형이다.

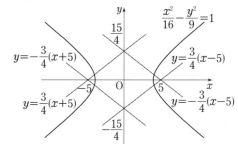

따라서 구하는 도형의 넓이는 $\dfrac{1}{2}\times 10\times\dfrac{15}{2}=\dfrac{75}{2}$이다.

답 ⑤

M03-15

쌍곡선 $\dfrac{4x^2}{9}-\dfrac{y^2}{40}=1$, 즉 $\dfrac{x^2}{\frac{9}{4}}-\dfrac{y^2}{40}=1$의 초점 F에 대하여

$\overline{OF}=\sqrt{\dfrac{9}{4}+40}=\dfrac{13}{2}$이다. 너코 124

이때 한 꼭짓점 $\left(\dfrac{3}{2},\,0\right)$을 A라 하면

$\overline{AF}=\overline{OF}-\overline{OA}=\dfrac{13}{2}-\dfrac{3}{2}=5$,

즉 원 C의 반지름의 길이가 5이다.

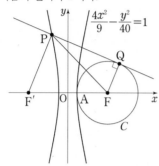

또한 직각삼각형 FQP에서 $\overline{PQ}=12$라 주어졌으므로
피타고라스 정리에 의하여 $\overline{PF}=\sqrt{12^2+5^2}=13$이다.
따라서 쌍곡선의 정의에 의하여
$\overline{PF}-\overline{PF'}=3$, 즉 $13-\overline{PF'}=3$이다.

∴ $\overline{PF'}=10$

답 ①

M03-16

원 C의 반지름의 길이를 $r\,(r>0)$라 하자.

쌍곡선 $\dfrac{x^2}{16}-\dfrac{y^2}{9}=1$에서 $\overline{PF'}<\overline{PF}$이므로

쌍곡선의 정의에 의하여
$\overline{PF}-\overline{PF'}=8$, 즉 $\overline{PF}-r=8$이다. 너코 124 ······㉠
또한 원 C와 직선 PF가 만나는 두 점 중 점 F에 가까운 점을
A, 먼 점을 B라 하면
$\overline{FA}\le\overline{FQ}\le\overline{FB}$, 즉 $\overline{PF}-r\le\overline{FQ}\le\overline{PF}+r$이다.

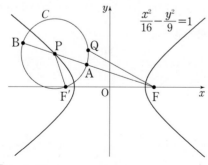

이때 $\overline{FQ}$의 최댓값이 14라 주어졌으므로
$\overline{PF}+r=14$이다. ······㉡
㉠, ㉡에 의하여 $r=3$이므로 원 C의 넓이는 9π이다.

답 ③

M03-17

$\overline{QP}:\overline{PF}=5:3$이므로 $\overline{QP}=\overline{QR}=5a$, $\overline{PF}=3a$라 하자.
(단, $a>0$)

직각삼각형 QFF′에서
원점 O는 선분 FF′의 중점이고
두 선분 OR, FQ가 서로 평행하므로 너코 124
점 R는 선분 QF′의 중점이다.

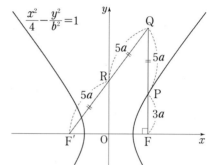

즉, $\overline{QF'}=2\overline{QR}=10a$이므로
피타고라스 정리에 의하여
$\overline{FF'}=\sqrt{\overline{QF'^2}-\overline{QF^2}}=\sqrt{(10a)^2-(8a)^2}=6a\ (\because\ a>0)$
따라서 점 P의 좌표는 $(3a,\,3a)$이므로

$\dfrac{x^2}{4}-\dfrac{y^2}{b^2}=1$에 이를 대입하면

$\dfrac{9a^2}{4}-\dfrac{9a^2}{b^2}=1$ ······㉠

또한 쌍곡선의 두 초점이 $F(3a,\,0)$, $F'(-3a,\,0)$이므로
$4+b^2=9a^2$ ······㉡
㉡을 ㉠에 대입하면

$\dfrac{4+b^2}{4}-\dfrac{4+b^2}{b^2}=1$이고 양변에 $4b^2$을 곱하면

$b^4-16=4b^2$, $b^4-4b^2-16=0$
∴ $b^2=2+\sqrt{4+16}=2+2\sqrt{5}$

답 ④

M03-18

쌍곡선 C의 방정식을 $\dfrac{x^2}{a^2}-\dfrac{y^2}{b^2}=1\,(a>0,\,b>0)$이라 하면

점근선의 방정식은 $y=\pm\dfrac{b}{a}x$이고 ······㉠

초점 F의 x좌표는 $c=\sqrt{a^2+b^2}$이다. 너코 124 ······㉡
그림과 같이 선분 PP′의 중점을 M이라 하고 점 P에서 x축에
내린 수선의 발을 H라 하자.

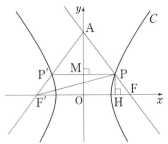

$\overline{AP} : \overline{PP'} = 5 : 6$에서 $\overline{AP} : \overline{PM} = 5 : 3$이고,
삼각형 AMP가 직각삼각형이므로 $\overline{AM} : \overline{PM} = 4 : 3$이다.

즉, 직선 AF의 기울기는 $-\dfrac{4}{3}$이고 직선 AF가 쌍곡선 C의 한

점근선과 평행하므로 ㉠에서 $\dfrac{b}{a} = \dfrac{4}{3}$이다.

따라서 $a = 3k$, $b = 4k$ $(k > 0)$라 하면

$c = \sqrt{9k^2 + 16k^2} = 5k$ ($\because$ ㉡) $\qquad \cdots\cdots$ ㉢

또한 두 직각삼각형 AMP, PHF는 AA 닮음이므로

$\overline{PF} : \overline{PH} : \overline{HF} = 5 : 4 : 3$이다.

$\therefore$ $\overline{PH} = \dfrac{4}{5}$, $\overline{HF} = \dfrac{3}{5}$ ($\because$ $\overline{PF} = 1$)

이때 $\overline{F'H} = \overline{F'F} - \overline{HF} = 2c - \dfrac{3}{5} = 10k - \dfrac{3}{5}$ ($\because$ ㉢)이고

쌍곡선의 정의에 의하여 $\overline{PF'} = 2a + \overline{PF} = 6k + 1$이므로
직각삼각형 PF'H에서

$(6k+1)^2 = \left(10k - \dfrac{3}{5}\right)^2 + \left(\dfrac{4}{5}\right)^2$

$36k^2 + 12k + 1 = 100k^2 - 12k + \dfrac{9}{25} + \dfrac{16}{25}$

$64k^2 - 24k = 0$, $8k^2 - 3k = 0$

$k(8k-3) = 0$ $\qquad \therefore$ $k = \dfrac{3}{8}$ ($\because$ $k > 0$)

따라서 쌍곡선 C의 주축의 길이는

$2a = 6k = 6 \times \dfrac{3}{8} = \dfrac{9}{4}$

참고

점 P의 x좌표를 $c - \dfrac{3}{5} = 5k - \dfrac{3}{5}$, y좌표를 $\dfrac{4}{5}$라 할 수 있고

점 P가 쌍곡선 C 위의 점이므로 $\dfrac{x^2}{a^2} - \dfrac{y^2}{b^2} = 1$에 대입한 후

정리하면 다음과 같이 k의 값을 구할 수도 있다.

$b^2\left(5k - \dfrac{3}{5}\right)^2 - a^2\left(\dfrac{4}{5}\right)^2 = a^2 b^2$

$16k^2\left(5k - \dfrac{3}{5}\right)^2 - 9k^2\left(\dfrac{4}{5}\right)^2 = 16 \times 9 \times k^4$ ($\because$ $a = 3k$, $b = 4k$)

$16\left(25k^2 - 6k + \dfrac{9}{25}\right) - 9 \times \dfrac{16}{25} = 16 \times 9 \times k^2$ ($\because$ $k > 0$)

$25k^2 - 6k + \dfrac{9}{25} - 9 \times \dfrac{1}{25} = 9 \times k^2$

$25k^2 - 6k = 9k^2$, $8k^2 - 3k = 0$

$k(8k-3) = 0$ $\qquad \therefore$ $k = \dfrac{3}{8}$ ($\because$ $k > 0$)

답 ②

M 03-19

조건 (나)에서 삼각형 PF'F는 이등변삼각형이므로 다음과
같이 두 경우로 나누어 생각할 수 있다.

i) $\overline{FF'} = \overline{PF'}$인 경우

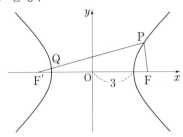

$\overline{QF'} = a$, $\overline{PQ} = b$라 하면 쌍곡선의 정의에 의하여

$\overline{QF} - \overline{QF'} = 6$, $\overline{PF'} - \overline{PF} = 6$이므로 [너코 124]

$\overline{QF} = a + 6$, $\overline{PF} = a + b - 6$

이때 삼각형 PQF의 둘레의 길이가 28이므로

$b + (a + b - 6) + a + 6 = 28$에서 $a + b = 14$이다.

$\overline{FF'} = \overline{PF'} = a + b = 14$이므로

$2c = 14$에서 $c = 7$

ii) $\overline{FF'} = \overline{PF}$인 경우

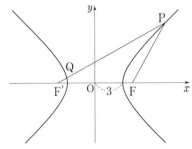

$\overline{QF'} = a$, $\overline{PQ} = b$라 하면 쌍곡선의 정의에 의하여

$\overline{QF} - \overline{QF'} = 6$, $\overline{PF'} - \overline{PF} = 6$이므로

$\overline{QF} = a + 6$, $\overline{PF} = a + b - 6$

이때 삼각형 PQF의 둘레의 길이가 28이므로

$b + (a + b - 6) + a + 6 = 28$에서 $a + b = 14$이다.

$\overline{FF'} = \overline{PF} = 14 - 6 = 8$이므로

$2c = 8$에서 $c = 4$

i), ii)에서 구하는 모든 c의 값의 합은

$7 + 4 = 11$

답 11

M 03-20

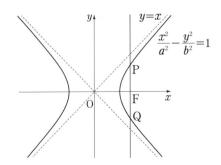

쌍곡선 $\dfrac{x^2}{a^2} - \dfrac{y^2}{b^2} = 1 \ (a > 0, \ b > 0)$의 점근선의 방정식은

$y = \pm \dfrac{b}{a}x$이므로 [너코 124]

$\dfrac{b}{a} = 1$에서 $a = b$

이 쌍곡선의 초점 $\mathrm{F}(c, 0) \ (c > 0)$에서

$c = \sqrt{a^2 + b^2} = \sqrt{a^2 + a^2} = \sqrt{2}\,a$

이므로 점 P의 y좌표는

$\dfrac{(\sqrt{2}\,a)^2}{a^2} - \dfrac{y^2}{a^2} = 1$에서 $y = a$ 또는 $y = -a$

이때 $\overline{\mathrm{PQ}} = 8$이므로 $2a = 8$에서 $a = 4$

따라서

$a^2 + b^2 + c^2 = a^2 + a^2 + (\sqrt{2}\,a)^2$
$\qquad\qquad = 4a^2 = 4 \times 4^2 = 64$

답 ③

M03-21

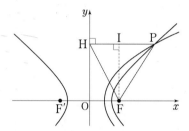

쌍곡선 $\dfrac{x^2}{a^2} - \dfrac{y^2}{b^2} = 1$의 두 초점의 좌표는

$\mathrm{F}(4, 0)$, $\mathrm{F}'(-4, 0)$이므로

$\sqrt{a^2 + b^2} = 4$에서 $a^2 + b^2 = 16$ [너코 124] $\quad\cdots\cdots\ \bigcirc$

$\overline{\mathrm{PH}} : \overline{\mathrm{HF}} = 3 : 2\sqrt{2}$이므로

$\overline{\mathrm{PH}} = 3k$, $\overline{\mathrm{HF}} = 2\sqrt{2}\,k \ (k > 0)$라 하면 포물선의 정의에 의해

$\overline{\mathrm{PF}} = \overline{\mathrm{PH}} = 3k$ [너코 122]

점 F에서 선분 PH에 내린 수선의 발을 I 라 하면

$\overline{\mathrm{PI}} = \overline{\mathrm{PH}} - \overline{\mathrm{HI}} = 3k - 4$

직각삼각형 PIF와 직각삼각형 HIF에서 피타고라스 정리를 이용하면

$(3k)^2 - (3k - 4)^2 = (2\sqrt{2}\,k)^2 - 4^2$

$24k - 16 = 8k^2 - 16$

$3k - k^2 = 0$, $k = 3 \ (\because k > 0)$

따라서

$\overline{\mathrm{PH}} = 3 \times 3 = 9$

$\overline{\mathrm{FI}} = \sqrt{9^2 - 5^2} = \sqrt{56} = 2\sqrt{14}$

$\overline{\mathrm{PF}'} = \sqrt{13^2 + (2\sqrt{14})^2} = \sqrt{225} = 15$

쌍곡선의 정의에 의해

$\overline{\mathrm{PF}'} - \overline{\mathrm{PF}} = 2a$이므로 $2a = 15 - 9 = 6$

$a = 3$, $b^2 = 16 - 9 = 7$

따라서 $a^2 \times b^2 = 63$

답 63

M03-22

쌍곡선 $x^2 - \dfrac{y^2}{35} = 1$의 두 초점이

$\mathrm{F}(c, 0)$, $\mathrm{F}'(-c, 0) \ (c > 0)$이므로

$c = \sqrt{1 + 35} = 6$ [너코 124]

$\overline{\mathrm{FF}'} = 2c = 12$

$\overline{\mathrm{PQ}} = \overline{\mathrm{PF}} = k \ (k > 0)$라 하면 쌍곡선의 정의에 의하여

$\overline{\mathrm{PF}'} = k + 2$

삼각형 QF$'$F와 삼각형 FF$'$P가 서로 닮음이므로

$\overline{\mathrm{QF}'} : \overline{\mathrm{FF}'} = \overline{\mathrm{FF}'} : \overline{\mathrm{PF}'}$에서

$(2k + 2) : 12 = 12 : (k + 2)$

$(2k + 2)(k + 2) = 12 \times 12$

$k^2 + 3k + 2 = 72$

$k^2 + 3k - 70 = 0$

$(k + 10)(k - 7) = 0$

$k = 7 \ (k > 0)$

또, $\overline{\mathrm{QF}} : \overline{\mathrm{FF}'} = \overline{\mathrm{PF}} : \overline{\mathrm{PF}'}$에서

$\overline{\mathrm{QF}} : 12 = 7 : 9$

$\overline{\mathrm{QF}} = \dfrac{28}{3}$

삼각형 PFQ는 이등변삼각형이므로 점 P에서 선분 QF에 내린 수선의 발을 H라 하면

$\overline{\mathrm{QH}} = \dfrac{14}{3}$

$\overline{\mathrm{PH}} = \sqrt{7^2 - \left(\dfrac{14}{3}\right)^2} = \dfrac{7\sqrt{5}}{3}$

삼각형 PFQ의 넓이는

$\dfrac{1}{2} \times \dfrac{28}{3} \times \dfrac{7\sqrt{5}}{3} = \dfrac{98}{9}\sqrt{5}$

$\therefore \ p + q = 9 + 98 = 107$

답 107

M03-23

쌍곡선 $\dfrac{x^2}{9} - \dfrac{y^2}{3} = 1$의 두 초점이

$\mathrm{F}(2\sqrt{3}, 0)$, $\mathrm{F}'(-2\sqrt{3}, 0)$이고,

점 P의 x좌표가 양수이므로

쌍곡선의 정의에 의하여 $\overline{\mathrm{F}'\mathrm{P}} - \overline{\mathrm{FP}} = 6$이다. [너코 124]

이때 $\overline{\mathrm{FP}} = \overline{\mathrm{PQ}}$를 만족시키므로

$\overline{\mathrm{F}'\mathrm{P}} - \overline{\mathrm{PQ}} = 6$, 즉 $\overline{\mathrm{F}'\mathrm{Q}} = 6$이다.

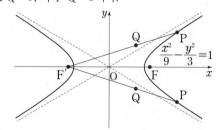

한편 쌍곡선의 두 점근선의 기울기는 각각 $\dfrac{\sqrt{3}}{3}$, $-\dfrac{\sqrt{3}}{3}$이고

$\tan 30° = \dfrac{\sqrt{3}}{3}$이므로 두 점근선이 이루는 예각의 크기는

$60°$이다.

따라서 점 Q가 나타내는 도형 전체의 길이는

반지름의 길이가 6, 중심각의 크기가 $60°$인 부채꼴의 호의

길이와 같으므로 $12\pi \times \dfrac{60}{360} = 2\pi$이다.

답 ③

M03-24

두 점 P, Q는 원점에 대하여 대칭이고

두 점 F, F$'$도 원점에 대하여 대칭이며

두 점 G, G$'$도 원점에 대하여 대칭이다. 너코 124

따라서

$\overline{\text{QF}} = \overline{\text{PF}'}$이고 ......㉠

$\overline{\text{QG}} = \overline{\text{PG}'}$이다. ......㉡

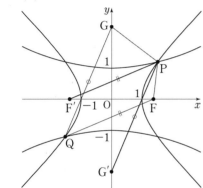

두 점 F, F$'$을 초점으로 갖는 쌍곡선에서

쌍곡선의 정의에 의하여

$\overline{\text{PF}'} - \overline{\text{PF}} = 2$이므로

㉠을 대입하면 $\overline{\text{QF}} - \overline{\text{PF}} = 2$이다.

또한 $\overline{\text{PF}} \times \overline{\text{QF}} = 4$라 주어졌으므로

$(\overline{\text{QF}} + \overline{\text{PF}})^2 = (\overline{\text{QF}} - \overline{\text{PF}})^2 + 4 \times \overline{\text{PF}} \times \overline{\text{QF}}$

$\qquad\qquad = 2^2 + 4 \times 4 = 20$ ......㉢

이다.

한편 두 점 G, G$'$을 초점으로 갖는 쌍곡선에서

쌍곡선의 정의에 의하여

$\overline{\text{PG}'} - \overline{\text{PG}} = 2$이므로

㉡을 대입하면 $\overline{\text{QG}} - \overline{\text{PG}} = 2$이다.

또한 $\overline{\text{PG}} \times \overline{\text{QG}} = 8$이라 주어졌으므로

$(\overline{\text{QG}} + \overline{\text{PG}})^2 = (\overline{\text{QG}} - \overline{\text{PG}})^2 + 4 \times \overline{\text{PG}} \times \overline{\text{QG}}$

$\qquad\qquad = 2^2 + 4 \times 8 = 36$ ......㉣

이다.

따라서 ㉢, ㉣에 의하여 사각형 PGQF의 둘레의 길이는

$(\overline{\text{QG}} + \overline{\text{PG}}) + (\overline{\text{QF}} + \overline{\text{PF}}) = \sqrt{36} + \sqrt{20}$

$\qquad\qquad\qquad\qquad = 6 + 2\sqrt{5}$

이다.

답 ④

M03-25

쌍곡선 $x^2 - \dfrac{y^2}{3} = 1$의 두 초점 F, F$'$의 좌표를 각각 $(2, 0)$,

$(-2, 0)$이라 하면 너코 124

조건 (가)에 의하여 $\overline{\text{PF}'} - \overline{\text{PF}} = 2$이다. ......㉠

이때 조건 (나)에서 삼각형 PF$'$F가 이등변삼각형이므로

$\overline{\text{PF}'} = \overline{\text{FF}'}$ 또는 $\overline{\text{PF}} = \overline{\text{FF}'}$인 경우로 나누어 생각해보자.

ⅰ) $\overline{\text{PF}'} = \overline{\text{FF}'} = 4$일 때

㉠에 의하여 $\overline{\text{PF}} = 2$이고,

점 F$'$에서 선분 PF에 내린 수선의 발을 M이라 하면

점 M은 선분 PF의 중점이므로 $\overline{\text{PM}} = \dfrac{1}{2}\overline{\text{PF}} = 1$이고,

$\overline{\text{F}'\text{M}} = \sqrt{4^2 - 1^2} = \sqrt{15}$이다.

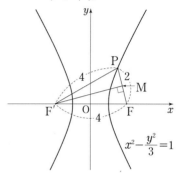

이때 삼각형 PF$'$F의 넓이는

$a = \dfrac{1}{2} \times \overline{\text{PF}} \times \overline{\text{F}'\text{M}} = \dfrac{1}{2} \times 2 \times \sqrt{15} = \sqrt{15}$이다.

ⅱ) $\overline{\text{PF}} = \overline{\text{FF}'} = 4$일 때

㉠에 의하여 $\overline{\text{PF}'} = 6$이고,

점 F에서 선분 PF$'$에 내린 수선의 발을 N이라 하면

점 N은 선분 PF$'$의 중점이므로 $\overline{\text{PN}} = \dfrac{1}{2}\overline{\text{PF}'} = 3$이고,

$\overline{\text{FN}} = \sqrt{4^2 - 3^2} = \sqrt{7}$이다.

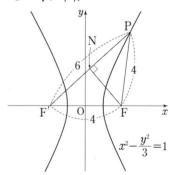

이때 삼각형 PF$'$F의 넓이는

$a = \dfrac{1}{2} \times \overline{\text{PF}'} \times \overline{\text{FN}} = \dfrac{1}{2} \times 6 \times \sqrt{7} = 3\sqrt{7}$이다.

ⅰ), ⅱ)에 의하여 구하는 모든 a의 값의 곱은

$\sqrt{15} \times 3\sqrt{7} = 3\sqrt{105}$이다.

답 ⑤

M03-26

쌍곡선의 점근선의 방정식이 $y=\pm\dfrac{4}{3}x$ 이고,

두 초점 F, F′이 모두 x축 위에 있으므로 쌍곡선의 방정식을

$\dfrac{x^2}{(3a)^2}-\dfrac{y^2}{(4a)^2}=1$ 이라 할 수 있다. (단, $a>0$) 너코 124

이때 쌍곡선의 두 초점은 $F(5a,0)$, $F'(-5a,0)$ 이고

x좌표가 양수인 꼭짓점 A의 좌표는 $(3a,0)$ 이다.

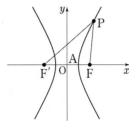

조건 (가)에서 $\overline{PF}<\overline{PF'}$ 이므로

쌍곡선의 정의에 의하여 $\overline{PF'}-\overline{PF}=6a$ 이다.

또한 $\overline{PF'}=30$ 이므로 $\overline{PF}=30-6a$ 이다.

따라서 $16\le\overline{PF}\le20$ 에서

$16\le30-6a\le20$, 즉 $\dfrac{5}{3}\le a\le\dfrac{7}{3}$ 이다.

한편 $\overline{AF}=5a-3a=2a$ 이므로

조건 (나)에 의하여 $\dfrac{10}{3}\le2a\le\dfrac{14}{3}$ 를 만족시키는

자연수 $2a$의 값은 4이다.

따라서 이 쌍곡선의 주축의 길이는 $6a=12$ 이다.

답 12

M03-27

원 C의 중심을 A라 하고 직선 FP와 원 C의 교점을 R라 하면

$\overline{PQ}=\overline{PR}$ 이다. ……㉠

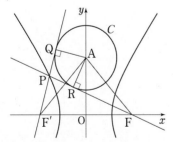

또한 두 직각삼각형 AQF', ARF에 대하여

$\overline{AQ}=\overline{AR}$, $\overline{AF'}=\overline{AF}$ 이므로 두 직각삼각형은 서로 합동이다.

따라서 $\overline{F'Q}=\overline{FR}=5\sqrt{2}$ 이다. ……㉡

㉠, ㉡에 의하여

$\overline{FP}+\overline{F'P}=(\overline{FR}+\overline{PR})+(\overline{F'Q}-\overline{PQ})$

$\qquad\qquad\quad=(\overline{FR}+\overline{F'Q})+(\overline{PR}-\overline{PQ})$

$\qquad\qquad\quad=10\sqrt{2}+0=10\sqrt{2}$ ……㉢

이다.

한편 쌍곡선의 정의에 의하여

$\overline{FP}-\overline{F'P}=4\sqrt{2}$ 이므로 너코 124 ……㉣

㉢, ㉣에 의하여 $\overline{FP}=7\sqrt{2}$, $\overline{F'P}=3\sqrt{2}$ 이다.

$\therefore\ \overline{FP}^2+\overline{F'P}^2=98+18=116$

답 116

M03-28

점 P와 Q는 각각 쌍곡선 C_1과 C_2 위의 점이고

두 쌍곡선 C_1, C_2의 주축의 길이는 각각 2, 4이므로

쌍곡선의 정의에 의하여

$\overline{PF}-\overline{PF'}=2$, $\overline{QF}-\overline{QF'}=4$ 너코 124 ……㉠

또한 $\overline{PQ}=\overline{PF'}-\overline{QF'}$ ……㉡

이때 $2\overline{PF'}$ 은 $\overline{PQ}+\overline{QF}$ 와 $\overline{PF}+\overline{PF'}$ 의 등차중항이므로

$4\overline{PF'}=\overline{PQ}+\overline{QF}+\overline{PF}+\overline{PF'}$ 너코 025

$(\overline{PF'}-\overline{QF'})+\overline{QF}+\overline{PF}-3\overline{PF'}=0$ $(\because ㉡)$

$(\overline{QF}-\overline{QF'})+(\overline{PF}-\overline{PF'})-\overline{PF'}=0$

$4+2-\overline{PF'}=0$ $(\because ㉠)$

$\therefore\ \overline{PF'}=6$, $\overline{PF}=\overline{PF'}+2=8$

또한 쌍곡선 C_1에서 $c=\sqrt{1+24}=5$ 이므로

$\overline{F'F}=10$

따라서 삼각형 $PF'F$는 $\angle F'PF=90°$ 인 직각삼각형이다.

이때 $\tan(\angle PF'F)=\dfrac{4}{3}$ 이고 직선 PQ의 기울기는 직선

PF'의 기울기와 같으므로 $m=\dfrac{4}{3}$ 이다.

$\therefore\ 60m=80$

답 80

M03-29

$\left|y^2-1\right|=\dfrac{x^2}{a^2}$ 에서

$y^2-1=\dfrac{x^2}{a^2}$ 또는 $y^2-1=-\dfrac{x^2}{a^2}$

i) $y^2-1=\dfrac{x^2}{a^2}$ 인 경우 $(y^2-1>0)$

$\dfrac{x^2}{a^2}-y^2=-1$ 이므로 초점의 좌표는 $(0,\pm\sqrt{a^2+1})$ 이고

주축의 길이는 2인 쌍곡선이다. 너코 124

ii) $y^2-1=-\dfrac{x^2}{a^2}$ 인 경우 $(y^2-1\le0)$

$\dfrac{x^2}{a^2}+y^2=1$

이때 주어진 곡선 위의 점 중 y좌표의 절댓값이 1보다

작거나 같은 모든 점 P에 대하여 $\overline{PC}+\overline{PD}=\sqrt{5}$ 이므로

두 점 C와 D는 타원의 초점이고 타원의 정의에 의하여

$2a=\sqrt{5}$ 에서 $a=\dfrac{\sqrt{5}}{2}$ 너코 123

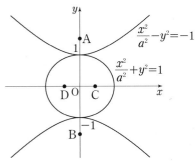

따라서 점 C의 x좌표는

$$c = \sqrt{a^2-1} = \sqrt{\left(\frac{\sqrt{5}}{2}\right)^2 - 1} = \frac{1}{2}$$

이므로 점 A의 y좌표는

$$c+1 = \frac{1}{2} + 1 = \frac{3}{2}$$

이때

$$\sqrt{a^2+1} = \sqrt{\left(\frac{\sqrt{5}}{2}\right)^2 + 1} = \frac{3}{2}$$

이므로 두 점 A와 B는 쌍곡선의 초점과 일치한다.
이때 곡선 위의 점 Q가 제1사분면에 있고 $\overline{\text{AQ}} = 10$이므로
점 Q는 쌍곡선 위의 점이고 쌍곡선의 정의에 의하여
$\overline{\text{BQ}} - \overline{\text{AQ}} = 2$, 즉 $\overline{\text{BQ}} - 10 = 2$에서 $\overline{\text{BQ}} = 12$
따라서 삼각형 ABQ의 둘레의 길이는

$$\overline{\text{AB}} + \overline{\text{AQ}} + \overline{\text{BQ}} = 2 \times \frac{3}{2} + 10 + 12 = 25$$

답 25

2 이차곡선과 직선

M04-01

쌍곡선 $\dfrac{x^2}{a} - \dfrac{y^2}{2} = 1$에 접하고 기울기가 3인 직선의 방정식은
$y = 3x \pm \sqrt{9a-2}$이다. 너코 128
직선 $y = 3x+5$가 이 쌍곡선에 접한다고 주어졌으므로
$\sqrt{9a-2} = 5$, 즉 $9a-2 = 25$에서 $a = 3$이다.
따라서 쌍곡선의 방정식이 $\dfrac{x^2}{3} - \dfrac{y^2}{2} = 1$이므로
두 초점 사이의 거리는 $2\sqrt{3+2} = 2\sqrt{5}$이다.

답 ④

M04-02

포물선 $y^2 = 12x$에 접하고 기울기가 1인 직선 l의 방정식은
$y = x+3$이므로 점 Q의 좌표는 $(0, 3)$이다. 너코 126
한편 $y = x+3$을 $y^2 = 12x$에 대입하면
$(x+3)^2 = 12x$, $x^2 - 6x + 9 = 0$,

$(x-3)^2 = 0$이므로
접점 P의 좌표는 $(3, 6)$이다.

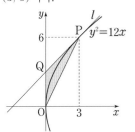

따라서 삼각형 OPQ의 넓이는 $\dfrac{1}{2} \times 3 \times 3 = \dfrac{9}{2}$이다.

답 ③

M04-03

포물선 $y^2 = 4x$ 위의 점 $P(a, b)$에서의 접선이
x축과 만나는 점은 $Q(-a, 0)$이다. 너코 126
따라서 $\overline{\text{PQ}} = 4\sqrt{5}$, 즉 $\overline{\text{PQ}}^2 = 80$에서
$4a^2 + b^2 = 80$이다. ......㉠
또한 점 $P(a, b)$는 포물선 위의 점이므로
$b^2 = 4a$이다. ......㉡
㉡을 ㉠에 대입하면
$4a^2 + 4a - 80 = 0$, $a^2 + a - 20 = 0$,
$(a+5)(a-4) = 0$
$\therefore a = 4 \;(\because a > 0)$
따라서 ㉡에서 $b^2 = 16$이므로
$a^2 + b^2 = 16 + 16 = 32$

답 ②

M04-04

쌍곡선 $x^2 - y^2 = 2$, 즉 $\dfrac{x^2}{2} - \dfrac{y^2}{2} = 1$에 접하고
기울기가 m인 직선의 방정식은
$y = mx \pm \sqrt{2m^2 - 2}$이다. (단, $2m^2 - 2 > 0$) 너코 128
이 직선이 점 $(-1, 0)$을 지나므로
$0 = -m \pm \sqrt{2m^2 - 2}$, 즉
$m^2 = 2m^2 - 2$에서 $m^2 = 2$
따라서 $n^2 = 2m^2 - 2 = 2$이므로
$m^2 + n^2 = 4$

답 ④

M04-05

쌍곡선 $x^2 - 4y^2 = a$, 즉 $\dfrac{x^2}{a} - \dfrac{y^2}{\frac{a}{4}} = 1$ 위의 점 $(b, 1)$에서의

접선의 방정식은 $\dfrac{bx}{a} - \dfrac{y}{\frac{a}{4}} = 1$이므로

접선의 기울기는 $\dfrac{b}{4}$이다. 너코 128

또한 쌍곡선의 점근선의 기울기는

$$\pm\sqrt{\dfrac{\frac{a}{4}}{a}}=\pm\dfrac{1}{2}\text{이다.}$$ 너코 124

이때 a, b는 양수이고 접선과 쌍곡선의 한 점근선이 수직이므로

$\dfrac{b}{4}\times\left(-\dfrac{1}{2}\right)=-1$, 즉 $b=8$이어야 한다.

점 $(8, 1)$은 쌍곡선 $x^2-4y^2=a$ 위의 점이므로

$a=8^2-4\times1^2=60$이다.

$\therefore\ a+b=60+8=68$

답 ①

M04-06

방정식 $2x^2-3x+1=0$의 서로 다른 두 근을 구하면

$(2x-1)(x-1)=0$에서 $x=\dfrac{1}{2}$ 또는 $x=1$이다.

이때 $m_1=\dfrac{1}{2}$, $m_2=1$이라 하면

직선 l_1의 방정식은 $y=\dfrac{1}{2}x+\dfrac{2}{\frac{1}{2}}$, 즉 $y=\dfrac{1}{2}x+4$이고

직선 l_2의 방정식은 $y=x+\dfrac{2}{1}$, 즉 $y=x+2$이다. 너코 126

따라서 l_1과 l_2의 교점의 x좌표를 구하면

$\dfrac{1}{2}x+4=x+2$에서 $x=4$이다.

답 ④

M04-07

쌍곡선 $\dfrac{x^2}{8}-y^2=1$ 위의 점 $A(4, 1)$에서의 접선의 방정식은

$\dfrac{4x}{8}-y=1$이므로 이 접선이 x축과 만나는 점 B의 좌표는

$(2, 0)$이다. 너코 128

한편 쌍곡선의 두 초점 중 x좌표가 양수인 점 F의 좌표는

$(3, 0)$이다. 너코 124

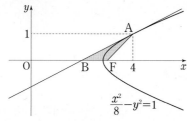

따라서 삼각형 FAB의 넓이는

$\dfrac{1}{2}\times(3-2)\times1=\dfrac{1}{2}$이다.

답 ②

M04-08

꼭짓점의 좌표가 $(0, 0)$이고 초점이 $(a_n, 0)$인 포물선에 접하는 기울기가 n인 직선의 방정식은

$y=nx+\dfrac{a_n}{n}$이다. 너코 126

따라서 $\dfrac{a_n}{n}=n+1$에서 $a_n=n^2+n$이다.

$$\therefore\ \sum_{n=1}^{5}a_n=\sum_{n=1}^{5}(n^2+n)$$

$$=\dfrac{5\times6\times11}{6}+\dfrac{5\times6}{2}=70$$ 너코 028 너코 029

답 ①

M04-09

포물선 $y^2=20x$에 접하고 기울기가 $\dfrac{1}{2}$인 직선의 방정식은

$y=\dfrac{1}{2}x+\dfrac{5}{\frac{1}{2}}$, 즉 $y=\dfrac{1}{2}x+10$이다. 너코 126

따라서 이 직선의 y절편은 10이다.

답 10

M04-10

포물선 $y^2=4x$ 위의 점 $A(4, 4)$에서의 접선 l의 방정식은

$4y=2(x+4)$, 즉 $y=\dfrac{1}{2}x+2$이므로 너코 126

직선 l과 포물선의 준선 $x=-1$, x축이 만나는 점은 각각

$B\left(-1, \dfrac{3}{2}\right)$, $C(-4, 0)$이다.

또한 포물선의 준선 $x=-1$과 x축이 만나는 점은

$D(-1, 0)$이다.

$\therefore$ (삼각형 BCD의 넓이)$=\dfrac{1}{2}\times\overline{CD}\times\overline{BD}$

$$=\dfrac{1}{2}\times3\times\dfrac{3}{2}=\dfrac{9}{4}$$

답 ③

M04-11

타원 $x^2+3y^2=19$와 직선 l이

제1사분면 위의 점 (a, b)에서 접한다고 하면

$a^2+3b^2=19$이고 ……㉠

접선 l의 방정식은 $ax+3by-19=0$이다. 너코 127

원점과 직선 l 사이의 거리는 $\dfrac{19}{5}$이므로

$\dfrac{|-19|}{\sqrt{a^2+9b^2}}=\dfrac{19}{5}$에서 $a^2+9b^2=25$ ……㉡

⊙, ⓒ을 연립하여 풀면 $a^2=16$, $b^2=1$이므로
$a=4$, $b=1$이다. ($\because$ $a>0$, $b>0$)

따라서 직선 l의 기울기는 $-\dfrac{a}{3b}=-\dfrac{4}{3}$이다.

답 ⑤

M04-12

타원 $\dfrac{x^2}{8}+\dfrac{y^2}{4}=1$ 위의 점 $(2,\ \sqrt{2})$에서의 접선의 방정식은

$\dfrac{2x}{8}+\dfrac{\sqrt{2}\,y}{4}=1$이다. 너코127

따라서 이 접선의 x절편은

$\dfrac{2x}{8}+0=1$에서 $x=4$이다.

답 ⑤

M04-13

쌍곡선 $\dfrac{x^2}{a^2}-y^2=1$ 위의 점 $(2a,\ \sqrt{3})$에서의 접선의 방정식은

$\dfrac{2ax}{a^2}-\sqrt{3}\,y=1$에서 너코128

$y=\dfrac{2}{\sqrt{3}\,a}x-\dfrac{1}{\sqrt{3}}$

이때 이 접선이 직선 $y=-\sqrt{3}\,x+1$과 수직이므로

$\dfrac{2}{\sqrt{3}\,a}\times(-\sqrt{3})=-1$에서

$a=2$

답 ②

M04-14

쌍곡선 $\dfrac{x^2}{7}-\dfrac{y^2}{6}=1$ 위의 점 $(7,\ 6)$에서의 접선의 방정식은

$\dfrac{7x}{7}-\dfrac{6y}{6}=1$, 즉 $y=x-1$이다. 너코128

따라서 이 접선의 x절편은 1이다.

답 ①

M04-15

점 $(\sqrt{3},\ -2)$가 타원 $\dfrac{x^2}{a^2}+\dfrac{y^2}{6}=1$ 위의 점이므로

$\dfrac{3}{a^2}+\dfrac{4}{6}=1$에서 $a^2=9$

따라서 타원의 방정식은 $\dfrac{x^2}{9}+\dfrac{y^2}{6}=1$이고, 타원 위의 점

$(\sqrt{3},\ -2)$에서의 접선의 방정식은

$\dfrac{\sqrt{3}\,x}{9}-\dfrac{2y}{6}=1$, 즉 $y=\dfrac{\sqrt{3}}{3}x-3$이다. 너코127

따라서 이 접선의 기울기는 $\dfrac{\sqrt{3}}{3}$이다.

답 ③

M04-16

점 $(3,\ \sqrt{5})$가 타원 $\dfrac{x^2}{18}+\dfrac{y^2}{b^2}=1$ 위의 점이므로

$\dfrac{9}{18}+\dfrac{5}{b^2}=1$에서 $b^2=10$

따라서 타원의 방정식은 $\dfrac{x^2}{18}+\dfrac{y^2}{10}=1$이고, 타원 위의 점

$(3,\ \sqrt{5})$에서의 접선의 방정식은

$\dfrac{3x}{18}+\dfrac{\sqrt{5}\,y}{10}=1$이다. 너코127

따라서 이 직선의 y절편은

$0+\dfrac{\sqrt{5}\,y}{10}=1$에서 $y=\dfrac{10}{\sqrt{5}}=2\sqrt{5}$이다.

답 ②

M04-17

포물선 $y^2=x$ 위의 점 $P(x_1,\ y_1)$에서의 접선의 방정식은

$\boxed{y_1y=\dfrac{1}{2}(x+x_1)}$ 이다. (단, $x_1y_1\neq 0$) 너코126

이 식에 $y=0$을 대입하면 교점 T의 좌표는 $(-x_1,\ 0)$이다.

초점 F의 좌표는 $\boxed{\left(\dfrac{1}{4},\ 0\right)}$ 이므로 너코122

$\overline{\mathrm{FT}}=\dfrac{1}{4}-(-x_1)=\boxed{x_1+\dfrac{1}{4}}$

한편

$$\begin{aligned}\overline{\mathrm{FP}}&=\sqrt{\left(x_1-\dfrac{1}{4}\right)^2+(y_1-0)^2}\\&=\sqrt{\left(x_1-\dfrac{1}{4}\right)^2+x_1}\ (\because\ y_1{}^2=x_1)\\&=\sqrt{\left(x_1+\dfrac{1}{4}\right)^2}=\boxed{x_1+\dfrac{1}{4}}\end{aligned}$$

따라서 $\overline{\mathrm{FP}}=\overline{\mathrm{FT}}$이다.

답 ②

M04-18

ㄱ. 쌍곡선 $\dfrac{x^2}{1^2}-\dfrac{y^2}{1^2}=1$의 점근선의 방정식은

$y=\pm\dfrac{1}{1}x$, 즉 $y=\pm x$이다. 너코124 (참)

ㄴ. 쌍곡선 위의 점 $(x_1,\ y_1)$에서의 접선의 방정식은

$x_1x-y_1y=1$, 즉 $y=\dfrac{x_1}{y_1}x-\dfrac{1}{y_1}$이다. 너코128

이 접선이 점근선과 평행하려면

$\dfrac{x_1}{y_1}=1$ 또는 $\dfrac{x_1}{y_1}=-1$, 즉 $x_1=\pm y_1$이어야 한다.

이때 $(x_1)^2-(y_1)^2=0$이므로 이 점은 쌍곡선 위의 점이 될 수 없다.

따라서 쌍곡선 위의 점에서 그은 접선 중 점근선과 평행한 접선은 존재하지 않는다. (거짓)

ㄷ. $x^2-y^2=1$에 $y^2=4px$ ($p\neq0$)를 대입하면

$x^2-4px-1=0$이다.

이 이차방정식의 판별식을 D라 하면

$\dfrac{D}{4}=4p^2+1>0$이고 상수항이 음수이므로

이차방정식은 서로 다른 부호의 두 실근을 갖는다.

그런데 포물선 $y^2=4px$ 위의 모든 점은

$p>0$일 때 x좌표가 양수이고,

$p<0$일 때 x좌표가 음수이므로

포물선과 쌍곡선의 교점의 x좌표는 유일하다.

이때 포물선과 쌍곡선 모두 x축에 대하여 대칭이므로 다음 그림과 같이 두 곡선은 항상 두 점에서 만난다. (참)

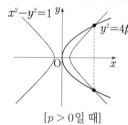

[$p>0$일 때]　　　[$p<0$일 때]

따라서 옳은 것은 ㄱ, ㄷ이다.

답 ③

M04-19

점 P가 타원 위의 모든 점을 지날 때,
점 Q는 점 A를 지나는 직선이 타원에 접할 때를 기준으로 만들어지는 호 위의 점이다.

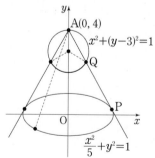

타원 $\dfrac{x^2}{5}+y^2=1$에 접하고 기울기가 m ($m\neq0$)인 접선의

방정식 중 y절편이 양수인 것은

$y=mx+\sqrt{5m^2+1}$이고, 너코127

이 직선이 점 $A(0, 4)$를 지나므로

$4=\sqrt{5m^2+1}$, 즉 $5m^2+1=16$에서

$m^2=3$이므로 $m=-\sqrt{3}$ 또는 $m=\sqrt{3}$이다.

이때 $\tan60°=\sqrt{3}$, $\tan120°=-\sqrt{3}$이므로 너코018
두 접선이 이루는 예각의 크기는 $60°$이다.

한 호에 대한 중심각의 크기는 원주각의 크기의 2배이므로 점 Q가 나타내는 도형의 길이는
반지름의 길이가 1이고 중심각의 크기가 $120°$인 호의 길이와 같다.

따라서 구하는 도형의 길이는 $2\pi\times\dfrac{120}{360}=\dfrac{2}{3}\pi$이다.

답 ④

M04-20

타원 $\dfrac{(x-2)^2}{4}+y^2=1$은 타원의 중심 $(2, 0)$에 대하여

대칭이므로 너코123 너코125
점 $(2, 0)$을 지나는 모든 직선은 타원의 넓이를 이등분한다.

쌍곡선 $\dfrac{x^2}{12}-\dfrac{y^2}{8}=1$ 위의 점 (a, b)에서의

접선의 방정식은 $\dfrac{ax}{12}-\dfrac{by}{8}=1$이고, 너코128

이 직선이 타원의 넓이를 이등분하려면 점 $(2, 0)$을 지나야 하므로

$\dfrac{a}{6}-0=1$에서 $a=6$이다.

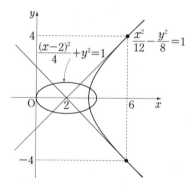

점 $(6, b)$는 쌍곡선 $\dfrac{x^2}{12}-\dfrac{y^2}{8}=1$ 위의 점이므로

$\dfrac{6^2}{12}-\dfrac{b^2}{8}=1$에서 $b^2=16$이다.

$\therefore\ a^2+b^2=36+16=52$

답 52

M04-21

포물선 $y^2=nx$의 초점은 $\left(\dfrac{n}{4}, 0\right)$이고, 너코122

점 (n, n)에서의 접선의 방정식은

$ny=\dfrac{n}{2}(x+n)$, 즉 $x-2y+n=0$이다. 너코126

따라서 점 $\left(\dfrac{n}{4}, 0\right)$과 직선 $x-2y+n=0$ 사이의 거리는

$d=\dfrac{\left|\dfrac{n}{4}-0+n\right|}{\sqrt{1^2+(-2)^2}}=\dfrac{\dfrac{5}{4}n}{\sqrt{5}}=\dfrac{\sqrt{5}}{4}n$이다.

이때 $d^2 \geq 40$, 즉 $\dfrac{5}{16}n^2 \geq 40$에서 $n^2 \geq 128$이고

$11^2 = 121$, $12^2 = 144$이므로

부등식을 만족시키는 자연수 n의 최솟값은 12이다.

답 12

M04-22

직선 l의 기울기를 m이라 하면

쌍곡선 $\dfrac{x^2}{a^2} - \dfrac{y^2}{b^2} = 1$의 점근선의 방정식이 $y = \pm\dfrac{b}{a}x$이므로

너코 124

이 점근선에 평행한 직선 l의 기울기는 $m = \pm\dfrac{b}{a}$ ······㉠

한편 직선 l은 타원 $\dfrac{x^2}{8a^2} + \dfrac{y^2}{b^2} = 1$에 접하므로 직선 l의 방정식은

$y = mx \pm \sqrt{8a^2m^2 + b^2}$, 즉 $mx - y \pm \sqrt{8a^2m^2 + b^2} = 0$

너코 127

원점과 직선 l 사이의 거리가 1이므로

$\dfrac{\sqrt{8a^2m^2 + b^2}}{\sqrt{m^2 + 1}} = 1$, $8a^2m^2 + b^2 = m^2 + 1$

㉠에서 $m^2 = \dfrac{b^2}{a^2}$이므로 이를 위 식에 대입하면

$8b^2 + b^2 = \dfrac{b^2}{a^2} + 1$, $9b^2 = \dfrac{b^2}{a^2} + 1$

양변을 b^2으로 나누면

$\dfrac{1}{a^2} + \dfrac{1}{b^2} = 9$

답 ①

M04-23

풀이 1

타원 $x^2 + \dfrac{y^2}{2} = 1$에 접하고 기울기가 $m(m \neq 0)$인 접선의

방정식은

$y = mx \pm \sqrt{m^2 + 2}$ 너코 127

이 접선이 직선 $y = 2$ 위의 점 $\mathrm{P}(k, 2)$를 지나므로

$2 = mk \pm \sqrt{m^2 + 2}$, $2 - mk = \pm\sqrt{m^2 + 2}$

양변을 제곱하면

$(2 - mk)^2 = m^2 + 2$, $m^2k^2 - 4mk + 4 = m^2 + 2$

$(k^2 - 1)m^2 - 4km + 2 = 0$

이때 두 접선의 기울기의 곱이 $\dfrac{1}{3}$이므로

위의 식을 m에 대한 이차방정식으로 생각하면

근과 계수의 관계에 의하여

$\dfrac{2}{k^2 - 1} = \dfrac{1}{3}$, $k^2 - 1 = 6$

$\therefore k^2 = 7$

풀이 2

점 P에서 타원 $x^2 + \dfrac{y^2}{2} = 1$에 그은 접선의 기울기를

$m(m \neq 0)$이라 하면

직선 $y = 2$ 위의 점 $\mathrm{P}(k, 2)$를 지나는 직선의 방정식은

$y = m(x - k) + 2$

$\therefore y = mx - mk + 2$

이 직선이 타원 $x^2 + \dfrac{y^2}{2} = 1$에 접하므로

$x^2 + \dfrac{y^2}{2} = 1$에 $y = mx - mk + 2$를 대입하면

$x^2 + \dfrac{(mx - mk + 2)^2}{2} = 1$

$(m^2 + 2)x^2 + 2(2m - m^2k)x + m^2k^2 - 4mk + 2 = 0$

위의 x에 대한 이차방정식의 판별식을 D라 하면

$\dfrac{D}{4} = (2m - m^2k)^2 - (m^2 + 2)(m^2k^2 - 4mk + 2) = 0$에서

$(k^2 - 1)m^2 - 4km + 2 = 0$

이때 두 접선의 기울기의 곱이 $\dfrac{1}{3}$이므로

위의 식을 m에 대한 이차방정식으로 생각하면

근과 계수의 관계에 의하여

$\dfrac{2}{k^2 - 1} = \dfrac{1}{3}$, $k^2 - 1 = 6$

$\therefore k^2 = 7$

답 ②

M04-24

쌍곡선 $\dfrac{x^2}{a^2} - \dfrac{y^2}{b^2} = 1$ 위의 점 $\mathrm{P}(4, k)$에서의

접선의 방정식은 $\dfrac{4x}{a^2} - \dfrac{ky}{b^2} = 1$이다. 너코 128

두 초점 $\mathrm{F}(3, 0)$, $\mathrm{F}'(-3, 0)$에 대하여

선분 $\mathrm{F}'\mathrm{F}$를 $2 : 1$로 내분하는 점의 좌표는

$\left(\dfrac{2 \times 3 + 1 \times (-3)}{2 + 1}, 0\right)$, 즉 $(1, 0)$이다.

따라서 직선 $\dfrac{4x}{a^2} - \dfrac{ky}{b^2} = 1$이 점 $(1, 0)$을 지나야 하므로

$\dfrac{4}{a^2} = 1$에서 $a^2 = 4$이다.

이때 쌍곡선 $\dfrac{x^2}{4} - \dfrac{y^2}{b^2} = 1$의 두 초점이

$\mathrm{F}(3, 0)$, $\mathrm{F}'(-3, 0)$이므로

$4 + b^2 = 3^2$에서 $b^2 = 5$이다. 너코 124

점 $\mathrm{P}(4, k)$는 쌍곡선 $\dfrac{x^2}{4} - \dfrac{y^2}{5} = 1$ 위의 점이므로

$\dfrac{16}{4} - \dfrac{k^2}{5} = 1$, $\dfrac{k^2}{5} = 3$

$\therefore k^2 = 15$

답 15

M04-25

점 P의 좌표를 (x_1, y_1)이라 하면

포물선 $y^2 = 4x$ 위의 점 $P(x_1, y_1)$에서의 접선의 방정식은
$y_1 y = 2(x + x_1)$이고 이 직선이 점 $(-2, 0)$을 지나므로
$x_1 = 2$이다. [너코 126]

또한 점 P는 포물선 $y^2 = 4x$ 위의 점이므로
$y_1^2 = 4 \times 2$에서 $y_1 = -2\sqrt{2}$ 또는 $y_1 = 2\sqrt{2}$이다.

한편 포물선 $y^2 = 4x$의 초점은 $F(1, 0)$이므로 [너코 122]
점 P에서 x축에 내린 수선의 발을 H라 하면
$\overline{FH} = 2 - 1 = 1$, $\overline{PH} = 2\sqrt{2}$이고
$\overline{PF} = \sqrt{1^2 + (2\sqrt{2})^2} = 3$이다.

$\therefore \cos(\angle PFO) = -\cos(\angle PFH) = -\dfrac{\overline{FH}}{\overline{PF}} = -\dfrac{1}{3}$ [너코 020]

답 ②

M04-26

포물선 $y^2 = 4x$ 위의 점 $A(t^2, 2t)$에서의 접선의 방정식은
$2ty = 2(x + t^2)$, 즉

$y = \boxed{\dfrac{1}{t}} \times x + t$이다. [너코 126] ……㉠

포물선 $y^2 = 4x$의 준선의 방정식이 $x = -1$이므로 [너코 122]
$B(\boxed{-1}, 2t)$이고 직선 OB의 방정식은

$y = \dfrac{2t}{\boxed{-1}} x$이다. ……㉡

㉠, ㉡을 연립하여 점 P의 좌표를 구하면

$\dfrac{x}{t} + t = -2tx$, $\dfrac{2t^2 + 1}{t} x = -t$에서

$x = -\dfrac{t^2}{2t^2 + 1}$이고

이를 다시 ㉡에 대입하면 $y = \dfrac{2t^3}{2t^2 + 1}$이므로

점 P의 좌표는 $\left(\dfrac{-t^2}{2t^2 + 1}, \boxed{\dfrac{2t^3}{2t^2 + 1}} \right)$이다.

따라서 $f(t) = \dfrac{1}{t}$, $a = -1$, $g(t) = \dfrac{2t^3}{2t^2 + 1}$이므로

$f(a) \times g(a) = -1 \times \dfrac{-2}{3} = \dfrac{2}{3}$

답 ③

M04-27

쌍곡선 $\dfrac{x^2}{a^2} - \dfrac{y^2}{b^2} = 1$ 위의 점 $P(4, k)$에서의 접선의 방정식은

$\dfrac{4x}{a^2} - \dfrac{ky}{b^2} = 1$이므로 [너코 128]

$Q\left(\dfrac{a^2}{4}, 0 \right)$, $R\left(0, -\dfrac{b^2}{k} \right)$이다.

따라서 삼각형 QOR의 넓이는

$A_1 = \dfrac{1}{2} \times \overline{OQ} \times \overline{OR} = \dfrac{1}{2} \times \dfrac{a^2}{4} \times \dfrac{b^2}{k} = \dfrac{a^2 b^2}{8k}$이고

삼각형 PRS의 넓이는

$A_2 = \dfrac{1}{2} \times \overline{PS} \times \overline{OS} = \dfrac{1}{2} \times k \times 4 = 2k$이다.

이때 $A_1 : A_2 = 9 : 4$, 즉 $\dfrac{a^2 b^2}{8k} : 2k = 9 : 4$이므로

$\dfrac{a^2 b^2}{2k} = 18k$에서 $k^2 = \dfrac{a^2 b^2}{36}$ ……㉠

한편 점 $P(4, k)$는 쌍곡선 위의 점이므로

$\dfrac{16}{a^2} - \dfrac{k^2}{b^2} = 1$이다. ……㉡

㉠을 ㉡에 대입하여 정리하면

$\dfrac{16}{a^2} - \dfrac{a^2}{36} = 1$

$a^4 + 36a^2 - 16 \times 36 = 0$

$(a^2 - 12)(a^2 + 48) = 0$

$a^2 = 12$

$|a| = 2\sqrt{3}$

따라서 이 쌍곡선의 주축의 길이는

$2 \times 2\sqrt{3} = 4\sqrt{3}$ [너코 124]

답 ③

M04-28

타원 $\dfrac{x^2}{16} + \dfrac{y^2}{12} = 1$ 위의 점 $P(2, 3)$에서의 접선 l의 방정식은

$\dfrac{2x}{16} + \dfrac{3y}{12} = 1$, 즉 $\dfrac{1}{8}x + \dfrac{1}{4}y = 1$이므로 [너코 127]

점 S의 x좌표는 8이다.

한편 타원 $\dfrac{x^2}{16} + \dfrac{y^2}{12} = 1$의 초점 F의 x좌표는

$c^2 = 16 - 12 = 4$에서 $c = 2$이다. ($\because c > 0$) [너코 123]

이때 직선 l과 직선 FQ는 서로 평행하고
$\overline{FF'} = 4$, $\overline{F'S} = 10$이므로
두 삼각형 FQF'과 SRF'은 닮음비가 $2 : 5$인 닮은 도형이다.

타원의 정의에 의하여 $\overline{FQ} + \overline{QF'} = 2 \times 4 = 8$이므로

삼각형 FQF'의 둘레의 길이는
$\overline{FF'} + \overline{FQ} + \overline{QF'} = 4 + 8 = 12$

따라서 삼각형 SRF'의 둘레의 길이는

$12 \times \dfrac{5}{2} = 30$

답 ①

M04-29

두 점 A, C는 타원 $\dfrac{x^2}{3} + y^2 = 1$과 직선 $l : y = x - 1$의

교점이므로 두 점 A, C의 x좌표는

$\frac{x^2}{3}+(x-1)^2=1$에서 $4x^2-6x=0$

$2x(2x-3)=0$ $\quad\therefore x=0$ 또는 $x=\dfrac{3}{2}$

즉, 두 점 A, C의 좌표는 각각

$A\left(\dfrac{3}{2},\ \dfrac{1}{2}\right)$, $C(0,\ -1)$이다.

$\therefore \overline{AC}=\sqrt{\left(\dfrac{3}{2}\right)^2+\left(\dfrac{1}{2}+1\right)^2}=\dfrac{3\sqrt{2}}{2}$

한편, 사각형 $ABCD$의 넓이가 최대가 되려면 두 삼각형 ABC, ACD의 넓이가 최대가 되어야 하므로 두 점 B, D는 직선 l에서 가장 멀리 떨어져 있는 점이어야 한다.

즉, 두 점 B, D는 타원 $\dfrac{x^2}{3}+y^2=1$과 기울기가 1인 접선의 접점이 되어야 한다.

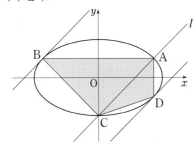

타원 $\dfrac{x^2}{3}+y^2=1$에 접하는 기울기가 1인 접선의 방정식은

$y=x\pm\sqrt{3\times1+1}$ $\quad\therefore y=x\pm2$ 너코 127

이때 점 B는 타원 $\dfrac{x^2}{3}+y^2=1$과 접선 $y=x+2$의 접점이고,

점 B와 직선 $l:x-y-1=0$ 사이의 거리는

접선 위의 한 점 $(0,\ 2)$와 직선 l 사이의 거리인

$\dfrac{|0-2-1|}{\sqrt{1^2+(-1)^2}}=\dfrac{3}{\sqrt{2}}$과 같다.

또한 점 D는 타원 $\dfrac{x^2}{3}+y^2=1$과 접선 $y=x-2$의 접점이고,

점 D와 직선 $l:x-y-1=0$ 사이의 거리는

접선 위의 한 점 $(0,\ -2)$와 직선 l 사이의 거리인

$\dfrac{|0+2-1|}{\sqrt{1^2+(-1)^2}}=\dfrac{1}{\sqrt{2}}$과 같다.

따라서 사각형 $ABCD$의 넓이의 최댓값은

$\dfrac{1}{2}\times\dfrac{3\sqrt{2}}{2}\times\dfrac{3}{\sqrt{2}}+\dfrac{1}{2}\times\dfrac{3\sqrt{2}}{2}\times\dfrac{1}{\sqrt{2}}=3$

답 ⑤

M 04-30

직선 $y=2x-3$ 위를 움직이는 각각의 점 P에 대하여 $\overline{PB}-\overline{PA}=2a\ (a>0)$라 하면

점 P는 [그림 1]과 같이 두 점 $A(c,\ 0)$, $B(-c,\ 0)$을 초점으로 하고 주축의 길이가 $2a$인 쌍곡선과 직선 $y=2x-3$의 교점이다.

너코 124

이때 점 P가 점 $(3,\ 3)$에 위치할 때 $2a$의 값이 최대가 되려면 점 $(3,\ 3)$이 주축의 길이가 가장 긴 쌍곡선과 직선 $y=2x-3$의 교점이 되어야 한다.

이는 [그림 2]와 같이 점 $(3,\ 3)$에서 직선 $y=2x-3$에 접하는 쌍곡선이 주축의 길이가 가장 긴 쌍곡선이 됨을 뜻한다.

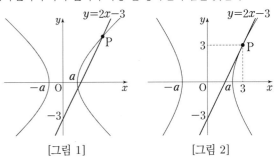

[그림 1]　　　[그림 2]

즉, 주축의 길이가 가장 긴 쌍곡선의 방정식을

$\dfrac{x^2}{a^2}-\dfrac{y^2}{b^2}=1\ (a>0,\ b>0)$이라 하면

쌍곡선 위의 점 $(3,\ 3)$에서의 접선의 방정식은

$\dfrac{3x}{a^2}-\dfrac{3y}{b^2}=1$, 즉 $y=\dfrac{b^2}{a^2}x-\dfrac{b^2}{3}$이고, 너코 128

이는 직선 $y=2x-3$과 일치해야 하므로

$\dfrac{b^2}{a^2}=2$, $\dfrac{b^2}{3}=3$

따라서 $b^2=9$, $a^2=\dfrac{b^2}{2}=\dfrac{9}{2}$이므로

$c=\sqrt{a^2+b^2}=\sqrt{\dfrac{27}{2}}=\dfrac{3\sqrt{6}}{2}$

답 ①

M 04-31

풀이 1

타원 $\dfrac{x^2}{a^2}+\dfrac{y^2}{b^2}=1$ 위의 점 $(2,\ 1)$에서의 접선의 방정식은

$\dfrac{2x}{a^2}+\dfrac{y}{b^2}=1$ 너코 127

$\therefore y=-\dfrac{2b^2}{a^2}x+b^2$

이 직선의 기울기가 $-\dfrac{1}{2}$이므로 $-\dfrac{2b^2}{a^2}=-\dfrac{1}{2}$에서

$4b^2=a^2$ $\quad\therefore a=2b\ (\because a>0,\ b>0)$ ……㉠

또한 점 $(2,\ 1)$은 타원 $\dfrac{x^2}{a^2}+\dfrac{y^2}{b^2}=1$ 위의 점이므로

$\dfrac{4}{a^2}+\dfrac{1}{b^2}=1$, $\dfrac{4}{4b^2}+\dfrac{1}{b^2}=1\ (\because ㉠)$

$b^2=2$ $\quad\therefore b=\sqrt{2}\ (\because b>0)$

㉠에서 $a=2\sqrt{2}$

따라서 이 타원의 두 초점 사이의 거리는

$2\sqrt{a^2-b^2}=2\times\sqrt{8-2}=2\sqrt{6}$ 너코 123

풀이 2

점 $(2,\ 1)$은 타원 $\dfrac{x^2}{a^2}+\dfrac{y^2}{b^2}=1$ 위의 점이므로

$$\dfrac{4}{a^2}+\dfrac{1}{b^2}=1 \qquad\qquad \cdots\cdots\ \bigcirc$$

또한 점 $(2,\ 1)$은 제1사분면 위의 점이므로 타원에 접하고

기울기가 $-\dfrac{1}{2}$인 접선의 y절편은 양수이다.

즉, 접선의 방정식은 $y=-\dfrac{1}{2}x+\sqrt{\dfrac{1}{4}a^2+b^2}$ 이고 〔너코 **127**〕

이 접선이 점 $(2,\ 1)$을 지나므로

$$1=-1+\sqrt{\dfrac{1}{4}a^2+b^2},\ \dfrac{1}{4}a^2+b^2=4$$

$$\therefore\ a^2=16-4b^2 \qquad\qquad \cdots\cdots\ \bigcirc\hspace{-0.55em}\bigcirc$$

$\bigcirc\hspace{-0.55em}\bigcirc$을 $\bigcirc$에 대입하면 $\dfrac{4}{16-4b^2}+\dfrac{1}{b^2}=1$에서

$$\dfrac{1}{4-b^2}+\dfrac{1}{b^2}=1,\ b^2+4-b^2=b^2(4-b^2)$$

$$b^4-4b^2+4=0,\ (b^2-2)^2=0$$

즉 $b^2=2$이고 $a^2=8$이다. $(\because\ \bigcirc\hspace{-0.55em}\bigcirc)$

따라서 이 타원의 두 초점 사이의 거리는

$$2\sqrt{a^2-b^2}=2\times\sqrt{8-2}=2\sqrt{6}\ \text{〔너코 123〕}$$

답 ④

M04-32

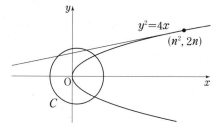

포물선 $y^2=4x$ 위의 점 $(n^2,\ 2n)$에서의 접선의 방정식은

$2ny=2(x+n^2)$, 즉 $x-ny+n^2=0$이다. 〔너코 **126**〕

이 접선이 원 C와 만나려면 원 C의 중심 $(1,\ 0)$에서

접선까지의 거리가 원 C의 반지름의 길이보다 작거나 같아야

한다.

따라서 $\dfrac{|1+n^2|}{\sqrt{1+n^2}}=\sqrt{1+n^2}\le 6$에서

$$1+n^2\le 36$$

이를 만족시키는 자연수 n의 값은 $1,\ 2,\ 3,\ 4,\ 5$로 5개이다.

답 ③

M04-33

점 P의 y좌표를 y_1이라 하면

타원 $C_1:\dfrac{x^2}{2}+y^2=1$ 위의 점 $\mathrm{P}\!\left(\dfrac{1}{n},\ y_1\right)$에서의 접선의

방정식은

$\dfrac{x}{2n}+y_1y=1$이므로 x절편은 $\dfrac{x}{2n}+0=1$에서

$x=2n$ 〔너코 **127**〕

점 Q의 y좌표를 y_2라 하면

타원 $C_2:2x^2+\dfrac{y^2}{2}=1$ 위의 점 $\mathrm{Q}\!\left(\dfrac{1}{n},\ y_2\right)$에서의 접선의

방정식은

$\dfrac{2x}{n}+\dfrac{y_2y}{2}=1$이므로 x절편은 $\dfrac{2x}{n}+0=1$에서 $x=\dfrac{n}{2}$

따라서 $\alpha=2n,\ \beta=\dfrac{n}{2}$이므로

$6\le \alpha-\beta\le 15$에서

$6\le \dfrac{3}{2}n\le 15$

$4\le n\le 10$

조건을 만족시키는 자연수 n은 $4,\ 5,\ 6,\ \cdots,\ 10$으로 7개이다.

답 ①

M04-34

풀이 1

쌍곡선 $x^2-y^2=32$, 즉 $\dfrac{x^2}{32}-\dfrac{y^2}{32}=1$ 위의 점 $\mathrm{P}(-6,\ 2)$에서의

접선 l의 방정식은

$\dfrac{-6x}{32}-\dfrac{2y}{32}=1$, 즉 $y=-3x-16$이다. 〔너코 **128**〕

따라서 원점을 지나고 직선 l과 수직인 직선 OH의 방정식은

$y=\dfrac{1}{3}x$이다.

선분 OH의 길이는 원점 O와 직선 $y=-3x-16$, 즉

$3x+y+16=0$ 사이의 거리와 같으므로

$\overline{\mathrm{OH}}=\dfrac{|16|}{\sqrt{3^2+1^2}}=\dfrac{16}{\sqrt{10}}=\dfrac{8\sqrt{10}}{5}$이다.

한편 직선 $y=\dfrac{1}{3}x$와 쌍곡선 $x^2-y^2=32$가 제1사분면에서

만나는 점 Q의 x좌표를 구하면

$x^2-\dfrac{1}{9}x^2=32$에서 $x=6$이고 $(\because\ x>0)$

y좌표를 구하면 $y=2$이므로

$\overline{\mathrm{OQ}}=\sqrt{6^2+2^2}=\sqrt{40}=2\sqrt{10}$이다.

$\therefore\ \overline{\mathrm{OH}}\times\overline{\mathrm{OQ}}=\dfrac{8\sqrt{10}}{5}\times 2\sqrt{10}=32$

풀이 2

쌍곡선 $x^2-y^2=32$, 즉 $\dfrac{x^2}{32}-\dfrac{y^2}{32}=1$ 위의 점 $\mathrm{P}(-6,\ 2)$에서의

접선 l의 방정식은

$\dfrac{-6x}{32}-\dfrac{2y}{32}=1$, 즉 $y=-3x-16$이다. 〔너코 **128**〕

한편 점 P를 x축, y축에 대하여 각각 대칭이동시킨

두 점 $(-6,\ -2)$, $(6,\ 2)$를 지나는 직선의 방정식은

$y = \frac{1}{3}x$이다.

또한 세 점 O, H, Q를 지나고 직선 l과 수직인 직선의

방정식이 $y = \frac{1}{3}x$이므로

점 P를 y축에 대하여 대칭이동시킨 점은 Q(6, 2)이고

점 Q를 원점에 대하여 대칭이동시킨 점은 Q$'(-6, -2)$라 할

수 있다.

$\overline{PQ} = 12$, $\overline{PQ'} = 4$이고

$\overline{QQ'} = \sqrt{12^2 + 4^2} = 4\sqrt{10}$이다.

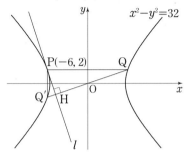

두 직각삼각형 QPQ$'$, PHQ$'$이 서로 닮음이므로

$\overline{PQ'} : \overline{HQ'} = \overline{QQ'} : \overline{PQ'}$에서

$4 : \overline{HQ'} = 4\sqrt{10} : 4$, 즉 $\overline{HQ'} = \frac{4}{\sqrt{10}} = \frac{2\sqrt{10}}{5}$이다.

따라서 $\overline{OH} = \overline{OQ'} - \overline{HQ'} = 2\sqrt{10} - \frac{2\sqrt{10}}{5} = \frac{8\sqrt{10}}{5}$이다.

$\therefore \overline{OH} \times \overline{OQ} = \frac{8\sqrt{10}}{5} \times 2\sqrt{10} = 32$

답 32

M04-35

타원 $\frac{x^2}{4} + y^2 = 1$의 네 꼭짓점은

$(2, 0)$, $(-2, 0)$, $(0, 1)$, $(0, -1)$이므로

네 꼭짓점을 연결하여 만든 사각형의 네 변은 각각

네 직선 $y = \frac{1}{2}x + 1$, $y = -\frac{1}{2}x + 1$, $y = \frac{1}{2}x - 1$,

$y = -\frac{1}{2}x - 1$ 위에 놓여 있다.

타원 $\frac{x^2}{a^2} + \frac{y^2}{b^2} = 1$에 접하고

기울기가 $-\frac{1}{2}$ 또는 $\frac{1}{2}$인 직선의 y절편은

$\pm\sqrt{a^2 \times \frac{1}{4} + b^2}$이므로 $\frac{a^2}{4} + b^2 = 1$이다. 너코 127 ……㉠

한편 타원의 초점이 F$(b, 0)$, F$'(-b, 0)$이므로

$a^2 - b^2 = b^2$, 즉 $a^2 = 2b^2$이다. 너코 123 ……㉡

㉡을 ㉠에 대입하면

$\frac{2b^2}{4} + b^2 = 1$에서 $b^2 = \frac{2}{3}$이고

이를 다시 ㉡에 대입하면 $a^2 = \frac{4}{3}$이므로

$a^2 b^2 = \frac{8}{9}$이다.

$\therefore p + q = 9 + 8 = 17$

답 17

M04-36

타원 $\frac{x^2}{8} + \frac{y^2}{2} = 1$이 y축에 대하여 대칭이므로

두 점 P, Q도 y축에 대하여 대칭이다. 너코 123

따라서 점 P(x_1, y_1), Q$(-x_1, y_1)$이라 하면 (단, $x_1 < 0$)

타원 $\frac{x^2}{8} + \frac{y^2}{2} = 1$ 위의 점 P에서의 접선의 방정식은

$\frac{x_1 x}{8} + \frac{y_1 y}{2} = 1$이고, 이 직선이 점 $(0, 2)$를 지나므로 너코 127

$0 + \frac{2y_1}{2} = 1$에서 $y_1 = 1$이다.

이때 점 P$(x_1, 1)$은 타원 $\frac{x^2}{8} + \frac{y^2}{2} = 1$ 위의 점이므로

$\frac{x_1^2}{8} + \frac{1}{2} = 1$에서 $x_1 = -2$이다. ($\because x_1 < 0$)

따라서 P$(-2, 1)$, Q$(2, 1)$이므로 $\overline{PQ} = 4$이다.

한편 타원의 다른 한 초점을 F$'$이라 하면

두 점 F, F$'$도 y축에 대하여 대칭이므로 $\overline{FQ} = \overline{F'P}$이다.

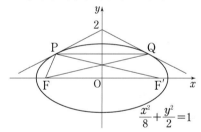

삼각형 PFQ의 둘레의 길이는 타원의 정의에 의하여

$\overline{FP} + \overline{FQ} + \overline{PQ} = (\overline{FP} + \overline{F'P}) + \overline{PQ} = 4\sqrt{2} + 4$

이다.

$\therefore a^2 + b^2 = 4^2 + 4^2 = 32$

답 32

M04-37

포물선 $y^2 = 16x$ 위의 점 A의 좌표를 $\left(\frac{a^2}{16}, a\right)$라 하면

점 A$\left(\frac{a^2}{16}, a\right)$에서의 접선의 방정식은

$ay = 8\left(x + \frac{a^2}{16}\right)$이므로 너코 126

이 접선이 y축과 만나는 점의 좌표는 $\left(0, \frac{a}{2}\right)$이다.

따라서 세 점 $(0, 0)$, $\left(\frac{a^2}{16}, a\right)$, $\left(0, \frac{a}{2}\right)$를 세 꼭짓점으로 하는

삼각형의 무게중심은 B$\left(\frac{a^2}{48}, \frac{a}{2}\right)$이다.

$x = \dfrac{a^2}{48}$, $y = \dfrac{a}{2}$ 로 놓으면 $a^2 = 48x$, $a = 2y$이므로

$(2y)^2 = 48x$, 즉 $y^2 = 12x$이다.

따라서 점 B가 나타내는 곡선 C는 포물선 $y^2 = 12x$이고,

이 포물선의 초점을 F라 하면 F의 좌표는 $(3, 0)$이다. [너코 122]

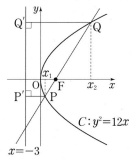

점 $F(3, 0)$을 지나는 직선이 포물선 C와 만나는 두 점 P, Q의

x좌표를 각각 x_1, x_2라 하고

두 점 P, Q에서 포물선 C의 준선 $x = -3$에 내린 수선의 발을

각각 P′, Q′이라 하면 포물선의 정의에 의하여

$\overline{PQ} = \overline{PF} + \overline{QF} = \overline{PP'} + \overline{QQ'}$

$\quad = (x_1 + 3) + (x_2 + 3) = 20$

$\therefore x_1 + x_2 = 14$

답 14

M04-38

$\overline{AP} = \overline{AQ}$이고 $\angle PAQ = \dfrac{\pi}{3}$이므로

삼각형 APQ는 정삼각형이다.

또한 점 $A(-k, 0)$에서 포물선 $y^2 = 4px$에 그은 두 접선의

접점의 x좌표가 k이므로 [너코 126]

선분 PQ의 중점을 M이라 할 때 $\overline{AM} = 2k$이다.

따라서 높이가 $2k$인 정삼각형 APQ의 한 변의 길이를 a라 하면

$\dfrac{\sqrt{3}}{2}a = 2k$에서 $a = \dfrac{4\sqrt{3}}{3}k$이다.

또한 점 O는 $\overline{AM}$의 중점이고 두 직선 FF′, PQ가 평행하므로

두 점 F, F′은 각각 두 선분 AP, AQ의 중점이다.

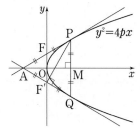

한편 두 점 F, F′을 초점으로 하고 두 점 P, Q를 지나는

타원의 장축의 길이가 $4\sqrt{3} + 12$라 주어졌으므로

$\overline{FP} + \overline{F'P} = 4\sqrt{3} + 12$이다. [너코 123]

이때 $\overline{FP} = \dfrac{a}{2} = \dfrac{2\sqrt{3}}{3}k$, $\overline{F'P} = \overline{AM} = 2k$이므로

$\dfrac{2k}{3}(\sqrt{3} + 3) = 4(\sqrt{3} + 3)$, 즉 $\dfrac{2k}{3} = 4$에서 $k = 6$이다.

따라서 점 P의 좌표는 $\left(k, \dfrac{2\sqrt{3}}{3}k\right)$, 즉 $(6, 4\sqrt{3})$이고

점 P는 포물선 $y^2 = 4px$ 위의 점이므로

$48 = 24p$에서 $p = 2$이다.

$\therefore k + p = 8$

답 ①

M04-39

두 포물선 $x^2 = 2y$와 $\left(y + \dfrac{1}{2}\right)^2 = 4px$에 동시에 접하는 직선의

개수가 2일 때의 양수 p의 값을 α라 하면

i) $|p| = \alpha$일 때 $f(p) = 2$이다.

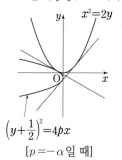

[$p = -\alpha$일 때]

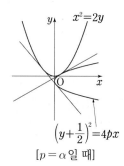

[$p = \alpha$일 때]

ii) $|p| > \alpha$일 때 $f(p) = 1$이다.

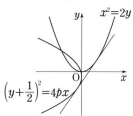

[$p < -\alpha$일 때]

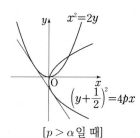

[$p > \alpha$일 때]

iii) $0 < |p| < \alpha$일 때 $f(p) = 3$이다.

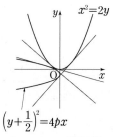

[$-\alpha < p < 0$일 때]   [$0 < p < \alpha$일 때]

i)~iii)에 의하여 함수 $y = f(p)$의 그래프는 다음 그림과

같으므로 $\displaystyle\lim_{p \to k+} f(p) > f(k)$를 만족시키는 실수 k의 값은

$-\alpha$이다. [너코 032]   ……㉠

이 i)의 첫 번째 그림과 같이

두 포물선 $x^2 = 2y$, $\left(y + \dfrac{1}{2}\right)^2 = -4\alpha x$가 접할 때

접점을 $C\left(c, \dfrac{c^2}{2}\right)$이라 하자. (단, $c<0$)

포물선 $x^2=2y$ 위의 점 $C\left(c, \dfrac{c^2}{2}\right)$에서의 접선의 방정식은

$cx=y+\dfrac{c^2}{2}$, 즉 $y=cx-\dfrac{c^2}{2}$이다. $\qquad\cdots\cdots$ ㉡

($\because$ 포물선 $x^2=4py$ 위의 점 (x_1, y_1)에서의 접선의 방정식은

$\quad x_1x=2p(y+y_1)$이므로)

포물선 $\left(y+\dfrac{1}{2}\right)^2=-4\alpha x$ 위의 점 $C\left(c, \dfrac{c^2}{2}\right)$에서의 접선의

방정식은

포물선 $y^2=-4\alpha x$ 위의 점 $\left(c, \dfrac{c^2+1}{2}\right)$에서의 접선

$\dfrac{c^2+1}{2}y=-2\alpha(x+c)$를 y축의 방향으로 $-\dfrac{1}{2}$만큼

평행이동시킨 $\dfrac{c^2+1}{2}\left(y+\dfrac{1}{2}\right)=-2\alpha(x+c)$, 즉

$y=-\dfrac{4\alpha}{c^2+1}x-\dfrac{4\alpha c}{c^2+1}-\dfrac{1}{2}$과 같다. 너코 126 $\quad\cdots\cdots$ ㉢

㉡, ㉢에서 구한 두 직선이 일치하므로

기울기가 $c=-\dfrac{4\alpha}{c^2+1}$로 같고, $\qquad\cdots\cdots$ ㉣

y절편이 $-\dfrac{c^2}{2}=-\dfrac{4\alpha c}{c^2+1}-\dfrac{1}{2}$로 같아야 한다. $\quad\cdots\cdots$ ㉤

㉣에서 $-\dfrac{4\alpha c}{c^2+1}=c^2$이므로 이를 ㉤에 대입하면

$-\dfrac{c^2}{2}=c^2-\dfrac{1}{2}$, 즉 $\dfrac{3}{2}c^2=\dfrac{1}{2}$에서 $c=-\dfrac{\sqrt{3}}{3}$이고($\because\ c<0$)

㉣에 다시 대입하면 $\alpha=-\dfrac{c(c^2+1)}{4}=\dfrac{\sqrt{3}}{9}$이다.

따라서 ㉠에서 구하는 실수 k의 값은 $-\dfrac{\sqrt{3}}{9}$이다.

답 ③

빈출 QnA

Q. 좀 더 빠르게 c와 α의 값을 구할 수 있는 방법이 있을까요?

A. 네. 너코 126의 ②에서 접점의 x좌표와 접선의 x절편이
절댓값은 서로 같고 부호가 반대임을 이용하면 좀 더 빠르게
c와 α의 값을 구할 수 있습니다.
포물선 $\left(y+\dfrac{1}{2}\right)^2=-4\alpha x$ 위의 점 $\left(c, \dfrac{c^2}{2}\right)$에서의 접선 l의

y절편은 포물선 $y^2=-4\alpha x$ 위의

$\left\{\text{점 }\left(c, \dfrac{c^2+1}{2}\right)\text{에서의 접선 }l'\text{의 }y\text{절편}\right\}-\dfrac{1}{2}$과 같습니다.

이때 색칠한 도형에서 두 삼각형은 닮음비가 $2:1$인 닮은
도형이므로 직선 l'의 y절편은 $\dfrac{c^2+1}{4}$임을 알 수 있습니다.

따라서 직선 l의 y절편은 $\dfrac{c^2+1}{4}-\dfrac{1}{2}=\dfrac{c^2-1}{4}$입니다.

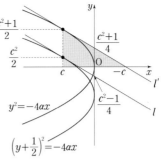

㉡에 의하여 $-\dfrac{c^2}{2}=\dfrac{c^2-1}{4}$이어야 하므로

$c=-\dfrac{\sqrt{3}}{3}$이고, ($\because\ c<0$)

점 $\left(-\dfrac{\sqrt{3}}{3}, \dfrac{1}{6}\right)$이 포물선 $\left(y+\dfrac{1}{2}\right)^2=-4\alpha x$ 위의 점이므로

$\dfrac{4}{9}=\dfrac{4\sqrt{3}}{3}\alpha$에서 $\alpha=\dfrac{\sqrt{3}}{9}$임을 알 수 있습니다.

M 04-40

두 점 $A(-2, 0)$, $B(2, 0)$을 초점으로 하고

점 $(0, 6)$을 지나는 타원의 방정식을 $\dfrac{x^2}{a^2}+\dfrac{y^2}{b^2}=1$이라 하자.

(단, $a>b>0$)

$a^2-b^2=2^2$이고 $\dfrac{6^2}{b^2}=1$이므로 너코 123

$a^2=40$, $b^2=36$이다.

즉, 이때의 타원의 방정식은 $\dfrac{x^2}{40}+\dfrac{y^2}{36}=1$이다.

두 점 $A(-2, 0)$, $B(2, 0)$을 초점으로 하고

점 $\left(\dfrac{5}{2}, \dfrac{3}{2}\right)$을 지나는 타원의 방정식을 $\dfrac{x^2}{c^2}+\dfrac{y^2}{d^2}=1$이라 하자.

(단, $c>d>0$)

$c^2-d^2=2^2$이고 $\dfrac{\left(\dfrac{5}{2}\right)^2}{c^2}+\dfrac{\left(\dfrac{3}{2}\right)^2}{d^2}=1$이므로

$25(c^2-4)+9c^2=4c^2(c^2-4)$,

$34c^2-100=4c^4-16c^2$, $2c^4-25c^2+50=0$

$(2c^2-5)(c^2-10)=0$

$\therefore\ c^2=10$, $d^2=6$ ($\because\ c>d>0$)

즉, 이때의 타원의 방정식은 $\dfrac{x^2}{10}+\dfrac{y^2}{6}=1$이다.

따라서 점 $(0, 6)$을 Q라 하고 점 $\left(\dfrac{5}{2}, \dfrac{3}{2}\right)$을 R라 할 때

직사각형은 두 점 Q, R를 모두 지나고,

타원 $\dfrac{x^2}{40}+\dfrac{y^2}{36}=1$의 둘레 및 내부와 타원 $\dfrac{x^2}{10}+\dfrac{y^2}{6}=1$의

둘레 및 외부의 공통부분에 존재해야 한다. $\qquad\cdots\cdots$ ㉠

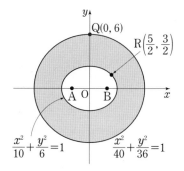

이때 만약 점 Q가 직사각형의 꼭짓점이 아니면

아래 그림과 같이 직사각형 위의 점 중 타원 $\dfrac{x^2}{40}+\dfrac{y^2}{36}=1$의

외부에 있는 점이 반드시 존재하므로 ㉠을 만족시키지 않는다.

즉, 점 Q는 반드시 이 직사각형의 한 꼭짓점이어야 한다.

한편 타원 $\dfrac{x^2}{10}+\dfrac{y^2}{6}=1$ 위의 점 R에서의 접선을 l이라 하고

점 Q를 지나고 직선 l과 평행한 직선을 l'이라 하자.

i) 점 R가 직사각형의 꼭짓점인 경우

선분 QR가 직사각형의 한 변이면 직사각형 위의 점 중

타원 $\dfrac{x^2}{40}+\dfrac{y^2}{36}=1$의 외부에 있는 점이나

타원 $\dfrac{x^2}{10}+\dfrac{y^2}{6}=1$의 내부에 있는 점이 반드시 존재한다.

따라서 ㉠을 만족시키려면 선분 QR는 직사각형의
대각선이어야 하고,

[그림 1]과 같이 직사각형의 점 Q, R가 아닌 두 꼭짓점을
S, T라 할 때 직선 RS의 기울기가 직선 l의 기울기보다
작거나 같아야 한다.

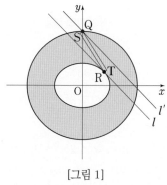

[그림 1]

ii) 점 R가 직사각형의 꼭짓점이 아닌 경우

점 R를 포함한 직사각형의 한 변을 품는 직선이 직선 l과
일치하지 않으면 직사각형 위의 점 중

타원 $\dfrac{x^2}{10}+\dfrac{y^2}{6}=1$의 내부에 있는 점이 반드시 존재한다.

따라서 ㉠을 만족시키려면

[그림 2]와 같이 점 R를 포함한 직사각형의 한 변을 품는
직선이 직선 l과 일치해야 한다.

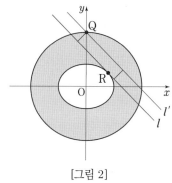

[그림 2]

i), ii)에 의하여 [그림 3]과 같이

타원 $\dfrac{x^2}{40}+\dfrac{y^2}{36}=1$과 직선 l'의 두 교점을 직사각형의

꼭짓점으로 가질 때 직사각형의 넓이가 최대이다.

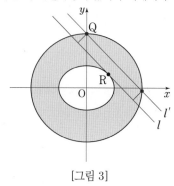

[그림 3]

타원 $\dfrac{x^2}{10}+\dfrac{y^2}{6}=1$ 위의 점 $R\left(\dfrac{5}{2},\dfrac{3}{2}\right)$에서의 접선 l의

방정식은

$\dfrac{1}{4}x+\dfrac{1}{4}y=1$, 즉 $y=-x+4$이므로 `너코 127`

점 Q$(0,6)$을 지나고 직선 l에 평행한 직선 l'의 방정식은
$y=-x+6$이다.

이때 타원 $\dfrac{x^2}{40}+\dfrac{y^2}{36}=1$과 직선 $y=-x+6$의 점 Q가 아닌

교점의 x좌표를 구하면

$\dfrac{x^2}{40}+\dfrac{(-x+6)^2}{36}=1$에서

$9x^2+10(x-6)^2=360$, $19x^2-120x=0$

$\therefore x=\dfrac{120}{19}\ (\because\ x>0)$

이때 두 직선 l, l'의 기울기가 모두 -1이므로
직사각형의 길이가 짧은 변의 길이는
빗금 친 직각이등변삼각형의 빗변이 아닌 변의 길이가 $\sqrt{2}$와 같고,
직사각형의 길이가 긴 변의 길이는

색칠된 직각이등변삼각형의 빗변의 길이 $\dfrac{120}{19}\sqrt{2}$와 같다.

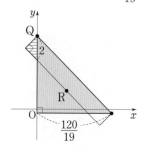

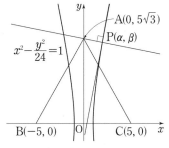

따라서 구하는 넓이의 최댓값은

$$\sqrt{2} \times \frac{120}{19}\sqrt{2} = \frac{240}{19} \text{이다.}$$

답 ⑤

M04-41

한 변의 길이가 10인 정삼각형 ABC의 높이는

$$\frac{\sqrt{3}}{2} \times 10 = 5\sqrt{3} \text{이므로}$$

$A(0, 5\sqrt{3})$, $B(-5, 0)$, $C(5, 0)$이라 하자.

이때 쌍곡선의 정의에 의하여

$\overline{PB} - \overline{PC} = 2$를 만족시키는 점 P는

두 초점이 $B(-5, 0)$, $C(5, 0)$이고 주축의 길이가 2인 쌍곡선 위의 점 중 x좌표가 양수인 점이다. 너코124

따라서 이 쌍곡선의 방정식을 $\dfrac{x^2}{a^2} - \dfrac{y^2}{b^2} = 1 \ (x > 0)$이라 할 때

(단, $a > 0$, $b > 0$)

$2a = 2$에서 $a = 1$이고

$a^2 + b^2 = 25$에서 $b^2 = 24$이므로

점 P가 나타내는 도형의 방정식은 $x^2 - \dfrac{y^2}{24} = 1 \ (x > 0)$이다.

쌍곡선 $x^2 - \dfrac{y^2}{24} = 1 \ (x > 0)$ 위의 점 P에 대하여 선분 PA의 길이가 최소일 때는 쌍곡선 위의 점 P에서의 접선이 직선 PA와 수직일 때이다.

이때의 점 P의 좌표를 (α, β)라 하면

쌍곡선 $x^2 - \dfrac{y^2}{24} = 1$ 위의 점 $P(\alpha, \beta)$에서의 접선의 방정식은

$\alpha x - \dfrac{\beta y}{24} = 1$이므로 접선의 기울기는 $\dfrac{24\alpha}{\beta}$이다. 너코128

한편 직선 PA의 기울기는 $\dfrac{\beta - 5\sqrt{3}}{\alpha - 0}$이다.

두 직선의 기울기의 곱이 -1이어야 하므로

$$\frac{24\alpha}{\beta} \times \frac{\beta - 5\sqrt{3}}{\alpha} = -1, \quad 24(\beta - 5\sqrt{3}) = -\beta,$$

$$25\beta = 120\sqrt{3}, \quad \beta = \frac{24\sqrt{3}}{5}$$

따라서 삼각형 PBC의 넓이는

$$\frac{1}{2} \times \overline{BC} \times \beta = \frac{1}{2} \times 10 \times \frac{24\sqrt{3}}{5} = 24\sqrt{3} \text{이다.}$$

답 ⑤

N01-01

$\overrightarrow{PB}+\overrightarrow{PC}=\vec{0}$이므로 점 P는 선분 BC의 중점이다. 너코130

$\overline{AB}=2$, $\angle B=90°$, $\angle C=30°$인 직각삼각형 ABC에서

$\overline{BC}=\dfrac{\overline{AB}}{\tan30°}=2\sqrt{3}$이므로 너코018

$\overline{BP}=\dfrac{\overline{BC}}{2}=\sqrt{3}$이다.

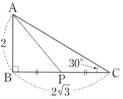

따라서 직각삼각형 ABP에서 피타고라스 정리에 의하여

$\left|\overrightarrow{PA}\right|^2=\overline{PA}^2=2^2+(\sqrt{3})^2=7$이다.

답 ③

N01-02

$\overrightarrow{AE}=\overrightarrow{BD}$이므로 선분 CD의 중점을 M이라 하면

$\left|\overrightarrow{AE}+\overrightarrow{BC}\right|=\left|\overrightarrow{BD}+\overrightarrow{BC}\right|=\left|2\overrightarrow{BM}\right|$이다. 너코131

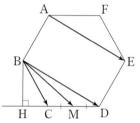

점 B에서 직선 CD에 내린 수선의 발을 H라 하면

$\overline{BC}=1$, $\angle BCH=60°$이므로

$\overline{BH}=\overline{BC}\times\sin60°=\dfrac{\sqrt{3}}{2}$

$\overline{CH}=\overline{BC}\times\cos60°=\dfrac{1}{2}$

따라서 직각삼각형 BHM에서

$\overline{BM}=\sqrt{\left(\dfrac{1}{2}+\dfrac{1}{2}\right)^2+\left(\dfrac{\sqrt{3}}{2}\right)^2}=\dfrac{\sqrt{7}}{2}$

$\therefore\left|\overrightarrow{AE}+\overrightarrow{BC}\right|=\left|2\overrightarrow{BM}\right|=2\overline{BM}=\sqrt{7}$

답 ②

N01-03

$\vec{a}+3(\vec{a}-\vec{b})=4\vec{a}-3\vec{b}$ 너코131

$k\vec{a}-3\vec{b}=4\vec{a}-3\vec{b}$에서

$(k-4)\vec{a}=0$

$\vec{a}\neq\vec{0}$이므로 $k=4$이다.

답 ④

N01-04

타원 $\dfrac{x^2}{4}+y^2=1$의 두 초점 F, F′은 원점에 대하여 대칭이므로

$\overrightarrow{OF}=-\overrightarrow{OF'}$이다. 니코129

따라서 $\overrightarrow{OP}+\overrightarrow{OF}=\overrightarrow{OP}-\overrightarrow{OF'}=\overrightarrow{F'P}$이므로 니코130

$|\overrightarrow{OP}+\overrightarrow{OF}|=1$에서 $|\overrightarrow{F'P}|=1$, 즉 $\overline{F'P}=1$이다.

이때 타원의 정의에 의하여 $\overline{PF}+\overline{F'P}=4$이므로 니코123

$\overline{PF}=4-\overline{F'P}=4-1=3$이다.

$\therefore 5k=5\overline{PF}=15$

답 15

빈출 QnA

Q. 점 P의 좌표를 구해서 풀이할 수도 있나요?

A. 네. 가능하지만 타원의 정의를 이용한 방법과 비교했을 때 계산이 번거롭기 때문에 비효율적임을 확인할 수 있습니다. 타원의 정의를 이용하지 않고 점 P의 좌표를 직접 구해보면 다음과 같습니다.

$|\overrightarrow{OP}+\overrightarrow{OF}|=|\overrightarrow{OP}-\overrightarrow{OF'}|=|\overrightarrow{F'P}|=1$이므로 점 P는 점 F′을 중심으로 하고 반지름의 길이가 1인 원 위의 점입니다. 니코137

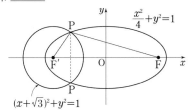

타원 위의 두 초점 F, F′의 좌표를 각각 $(\sqrt{3},0)$, $(-\sqrt{3},0)$ 이라 하면

점 P는 타원 $\dfrac{x^2}{4}+y^2=1$과 원 $(x+\sqrt{3})^2+y^2=1$의

교점이므로

점 P의 x좌표를 구하면

$(x+\sqrt{3})^2=\dfrac{x^2}{4}$에서

$x+\sqrt{3}=-\dfrac{x}{2}$ 또는 $x+\sqrt{3}=\dfrac{x}{2}$이므로

$x=-\dfrac{2\sqrt{3}}{3}$이고, y좌표는 $\pm\sqrt{\dfrac{2}{3}}$ 입니다. ($\because\ -\sqrt{3}<x<0$)

따라서 $\overline{PF}=\sqrt{\left\{\sqrt{3}-\left(-\dfrac{2\sqrt{3}}{3}\right)\right\}^2+\left(\pm\sqrt{\dfrac{2}{3}}\right)^2}=3$임을 알 수 있습니다.

N01-05

풀이 1

두 선분 BD, EF의 중점을 각각 M, N이라 하면

$|\overrightarrow{BF}+\overrightarrow{DE}|^2=|2\overrightarrow{MN}|^2=4\overline{MN}^2$이다. 니코131

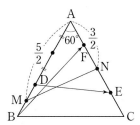

점 M은 선분 AB를 5 : 1로 내분하는 점이므로

$\overline{AM}=3\times\dfrac{5}{6}=\dfrac{5}{2}$이고,

점 N은 선분 AC의 중점이므로

$\overline{AN}=3\times\dfrac{1}{2}=\dfrac{3}{2}$이다.

따라서 삼각형 AMN에서 코사인법칙에 의하여

$\overline{MN}^2=\overline{AM}^2+\overline{AN}^2-2\times\overline{AM}\times\overline{AN}\times\cos 60°$ 니코024

$=\left(\dfrac{5}{2}\right)^2+\left(\dfrac{3}{2}\right)^2-2\times\dfrac{5}{2}\times\dfrac{3}{2}\times\dfrac{1}{2}=\dfrac{19}{4}$

$\therefore |\overrightarrow{BF}+\overrightarrow{DE}|^2=4\overline{MN}^2=19$

풀이 2

$\overrightarrow{AB}=\vec{a}$, $\overrightarrow{AC}=\vec{b}$라 하면

$\overrightarrow{BF}=\overrightarrow{AF}-\overrightarrow{AB}=\dfrac{1}{4}\vec{b}-\vec{a}$이고

$\overrightarrow{DE}=\overrightarrow{AE}-\overrightarrow{AD}=\dfrac{3}{4}\vec{b}-\dfrac{2}{3}\vec{a}$이므로

$\overrightarrow{BF}+\overrightarrow{DE}=\vec{b}-\dfrac{5}{3}\vec{a}$이다. 니코132

$\therefore |\overrightarrow{BF}+\overrightarrow{DE}|^2$

$=\left|\vec{b}-\dfrac{5}{3}\vec{a}\right|^2=|\vec{b}|^2-\dfrac{10}{3}\vec{b}\cdot\vec{a}+\dfrac{25}{9}|\vec{a}|^2$

$=3^2-\dfrac{10}{3}\times 3\times 3\times\cos 60°+\dfrac{25}{9}\times 3^2$ 니코134

$=9-15+25=19$

풀이 3

그림과 같이 좌표평면 위에 삼각형 ABC가 한 변의 길이가 3인 정삼각형이 되도록 세 점 A, B, C를

$A\left(0,\dfrac{3\sqrt{3}}{2}\right)$, $B\left(-\dfrac{3}{2},0\right)$, $C\left(\dfrac{3}{2},0\right)$이라 놓자.

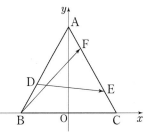

선분 AB를 2 : 1로 내분하는 점 D의 좌표는 $\left(-1,\dfrac{\sqrt{3}}{2}\right)$

선분 AC를 3 : 1로 내분하는 점 E의 좌표는 $\left(\dfrac{9}{8},\dfrac{3\sqrt{3}}{8}\right)$

선분 AC를 $1:3$으로 내분하는 점 F의 좌표는 $\left(\dfrac{3}{8}, \dfrac{9\sqrt{3}}{8}\right)$이다.

따라서
$$\overrightarrow{BF} = \overrightarrow{OF} - \overrightarrow{OB}$$
$$= \left(\dfrac{3}{8}, \dfrac{9\sqrt{3}}{8}\right) - \left(-\dfrac{3}{2}, 0\right) = \left(\dfrac{15}{8}, \dfrac{9\sqrt{3}}{8}\right)$$

이고
$$\overrightarrow{DE} = \overrightarrow{OE} - \overrightarrow{OD}$$
$$= \left(\dfrac{9}{8}, \dfrac{3\sqrt{3}}{8}\right) - \left(-1, \dfrac{\sqrt{3}}{2}\right) = \left(\dfrac{17}{8}, -\dfrac{\sqrt{3}}{8}\right)$$

이다. `너코 132` `너코 133`

따라서
$$\overrightarrow{BF} + \overrightarrow{DE} = \left(\dfrac{15}{8} + \dfrac{17}{8}, \dfrac{9\sqrt{3}}{8} + \left(-\dfrac{\sqrt{3}}{8}\right)\right) = (4, \sqrt{3})$$

이므로
$$|\overrightarrow{BF} + \overrightarrow{DE}|^2 = 4^2 + (\sqrt{3})^2 = 19$$

답 ③

N01-06

ㄱ. $\overrightarrow{PA} + \overrightarrow{PB} + \overrightarrow{PC} + \overrightarrow{PD} = \overrightarrow{CA}$ 에서
$$\overrightarrow{PB} + \overrightarrow{PD} = \overrightarrow{CA} - \overrightarrow{PA} - \overrightarrow{PC}$$
$$= (\overrightarrow{CP} + \overrightarrow{PA}) - \overrightarrow{PA} + \overrightarrow{CP}$$
$$= 2\overrightarrow{CP} \quad \text{`너코 130`} \quad (\text{참})$$

ㄴ. 선분 BD의 중점을 M이라 하면
$\overrightarrow{PB} + \overrightarrow{PD} = 2\overrightarrow{PM}$이므로 ㄱ에 의하여 `너코 131`
$\overrightarrow{PM} = \overrightarrow{CP}$, 즉 $\overrightarrow{PM} + \overrightarrow{PC} = \vec{0}$이므로 점 P는 선분 MC의 중점이다. `너코 130`

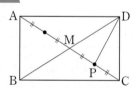

$$\therefore \overrightarrow{AP} = \dfrac{3}{4}\overrightarrow{AC} \ (\text{참})$$

ㄷ. ㄴ에 의하여 $\overline{AP} : \overline{AC} = 3:4$이므로
(삼각형 ADC의 넓이)=(삼각형 ADP의 넓이)$\times \dfrac{4}{3} = 4$
이다.

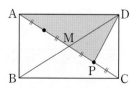

$\therefore$ (직사각형 ABCD의 넓이)$= 4 \times 2 = 8$ (참)
따라서 옳은 것은 ㄱ, ㄴ, ㄷ이다.

답 ⑤

빈출 QnA

Q. ㄴ이 참임을 확인할 수 있는 또 다른 방법은 없나요?

A. 다음과 같이 ㄴ이 참임을 확인할 수 있습니다.
$\overrightarrow{PA} + \overrightarrow{PB} + \overrightarrow{PC} + \overrightarrow{PD} = \overrightarrow{CA}$ 에서
$\overrightarrow{PA} + (\overrightarrow{PA} + \overrightarrow{AB}) + (\overrightarrow{PA} + \overrightarrow{AC}) + (\overrightarrow{PA} + \overrightarrow{AD}) = \overrightarrow{CA}$
`너코 130`
$4\overrightarrow{PA} + 2\overrightarrow{AC} = \overrightarrow{CA} \ (\because \overrightarrow{AB} + \overrightarrow{AD} = \overrightarrow{AC})$
$4\overrightarrow{PA} = 3\overrightarrow{CA}$
$\therefore \overrightarrow{AP} = \dfrac{3}{4}\overrightarrow{AC}$ `너코 129`

하지만 ㄱㄴㄷ합답형 형태의 문항은 출제의도상 보기 간 연계성을 고려한 경우가 많으므로, 제시된 보기의 순서대로 풀면서 앞서 얻은 결과를 활용하면 보다 쉽게 참/거짓을 판단할 수 있습니다.

N01-07

`풀이 1`

점 C를 지나고 직선 AB에 평행한 직선이 호 AE와 만나는 점 중 C가 아닌 점을 C′이라 하자.
$\overrightarrow{O_2Q} = \overrightarrow{O_1Q'}$이 되도록 점 Q′을 잡으면 점 Q′은 호 AC′ 위를 움직이는 점이다.
이때 선분 PQ′의 중점을 M이라 하면
$$|\overrightarrow{O_1P} + \overrightarrow{O_2Q}| = |\overrightarrow{O_1P} + \overrightarrow{O_1Q'}|$$
$$= |2\overrightarrow{O_1M}| = 2\overline{O_1M} \geq \dfrac{1}{2} \quad \text{`너코 129`} \quad \text{`너코 131`}$$

이다.

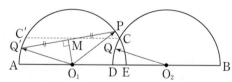

점 P가 점 C와 일치하고 점 Q′이 점 A와 일치할 때
$\overline{O_1M}$이 최솟값을 가지므로
선분 AC의 중점을 N이라 하면
$2\overline{O_1N} = \dfrac{1}{2}$, 즉 $\overline{O_1N} = \dfrac{1}{4}$이다.
따라서 직각삼각형 O_1NA에서 피타고라스 정리에 의하여
$$\overline{AN} = \sqrt{1^2 - \left(\dfrac{1}{4}\right)^2} = \dfrac{\sqrt{15}}{4}$$이다.

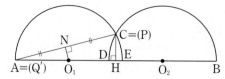

이때 점 C에서 선분 AB에 내린 수선의 발을 H라 하면
두 직각삼각형 O_1NA, CHA가 서로 닮음이므로

$\overline{AO_1} : \overline{AN} = \overline{AC} : \overline{AH}$에서

$1 : \dfrac{\sqrt{15}}{4} = \dfrac{\sqrt{15}}{2} : \overline{AH}$, 즉 $\overline{AH} = \dfrac{15}{8}$이고

$\overline{AB} = 2\overline{AH} = \dfrac{15}{4}$이다.

$\therefore p+q = 4+15 = 19$

풀이 2

점 C를 지나고 직선 AB에 평행한 직선이 호 AE와 만나는 점 중 C가 아닌 점을 C′이라 하자.

$\overrightarrow{O_2Q} = \overrightarrow{O_1Q'}$이 되도록 점 Q′을 잡으면 점 Q′은 호 AC′ 위를 움직이는 점이다.

두 벡터 $\overrightarrow{O_1P}$, $\overrightarrow{O_1Q'}$이 이루는 각의 크기를 θ라 하면

(단, $0 \le \theta \le \angle AO_1C$)

$$\begin{aligned} \left| \overrightarrow{O_1P} + \overrightarrow{O_2Q} \right|^2 &= \left| \overrightarrow{O_1P} + \overrightarrow{O_1Q'} \right|^2 \\ &= \left| \overrightarrow{O_1P} \right|^2 + \left| \overrightarrow{O_1Q'} \right|^2 + 2\left| \overrightarrow{O_1P} \right| \left| \overrightarrow{O_1Q'} \right| \cos\theta \\ &= 2 + 2\cos\theta \quad \text{[너코 134]} \end{aligned}$$

이므로 θ의 값이 최대일 때

최솟값 $\left(\dfrac{1}{2} \right)^2 = \dfrac{1}{4}$을 갖는다. [너코 135]   ……㉠

θ의 값이 최대이려면 그림과 같이 점 P가 점 C와 일치하고 점 Q′이 점 A와 일치하면 된다.

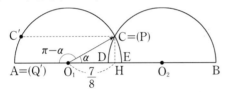

$\angle CO_1E = \alpha$라 하면 ㉠에서 $2 + 2\cos(\pi-\alpha) = \dfrac{1}{4}$이므로

$\cos(\pi-\alpha) = -\dfrac{7}{8}$, 즉 $\cos\alpha = \dfrac{7}{8}$이다. [너코 020]

이때 점 C에서 선분 AB에 내린 수선의 발을 H라 하면

$$\begin{aligned} \overline{AH} &= \overline{O_1A} + \overline{O_1H} \\ &= 1 + 1 \times \cos\alpha = 1 + \dfrac{7}{8} = \dfrac{15}{8} \end{aligned}$$

이므로

$\overline{AB} = 2\overline{AH} = \dfrac{15}{4}$

$\therefore p+q = 4+15 = 19$

답 19

N01-08

선분 AB 위의 점 B′, 선분 CA 위의 점 C′을

$\overrightarrow{AB'} = \dfrac{1}{4}\overrightarrow{AB}$, $\overrightarrow{AC'} = \dfrac{1}{4}\overrightarrow{AC}$가 되도록 잡고

$\overrightarrow{AB'} + \overrightarrow{AC'} = \overrightarrow{AD}$라 하자. [너코 130]

$\dfrac{1}{4}\overrightarrow{AP} = s\overrightarrow{AB'}$, $\dfrac{1}{4}\overrightarrow{AR} = t\overrightarrow{AC'}$이므로

(단, $0 \le s \le 1$, $0 \le t \le 1$)

$\dfrac{1}{4}(\overrightarrow{AP} + \overrightarrow{AR}) = \overrightarrow{AS}$라 하면

점 S는 평행사변형 AB′DC′의 둘레 및 내부에 있는 점이다.

[너코 132]

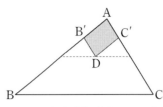

한편 두 선분 AB, CA의 중점을 각각 M, N이라 할 때

$\dfrac{1}{2}\overrightarrow{AQ} = \overrightarrow{AT}$라 하면

점 T는 선분 MN 위의 점이므로

$\overrightarrow{AX} = \overrightarrow{AS} + \overrightarrow{AT}$에서

점 X가 나타내는 영역은 다음 그림의 어두운 부분과 같다.

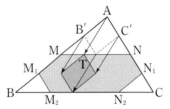

두 선분 BM, CN의 중점을 각각 M_1, N_1이라 하고,

점 M_1을 지나고 직선 AC와 평행한 직선이 선분 BC와 만나는 점을 M_2,

점 N_1을 지나고 직선 AB와 평행한 직선이 선분 BC와 만나는 점을 N_2라 하자.

삼각형 ABC의 넓이가 9이므로

삼각형 AMN의 넓이는 $9 \times \dfrac{1}{4} = \dfrac{9}{4}$,

삼각형 BM_1M_2의 넓이는 $9 \times \dfrac{1}{16} = \dfrac{9}{16}$,

삼각형 CN_1N_2의 넓이는 $9 \times \dfrac{1}{16} = \dfrac{9}{16}$이다.

따라서 점 X가 나타내는 영역의 넓이는

$9 - \left(\dfrac{9}{4} + \dfrac{9}{16} + \dfrac{9}{16} \right) = \dfrac{45}{8}$이다.

$\therefore p+q = 8+45 = 53$

답 53

N01-09

풀이 1

$\overrightarrow{OP} = \overrightarrow{OY} - \overrightarrow{OX}$에서 $\overrightarrow{XO} = \overrightarrow{OP} - \overrightarrow{OY} = \overrightarrow{YP}$이다. [너코 130]

점 X를 원점에 대하여 대칭이동시킨 점을 X′이라 하면

$\overrightarrow{XO} = \overrightarrow{OX'}$이고, [너코 129]

점 X′은 점 O를 중심으로 하고 반지름의 길이가 1인 ◔ 모양의 사분원의 호 위를 움직인다.

따라서 $\overrightarrow{\mathrm{OP}}=\overrightarrow{\mathrm{OY}}-\overrightarrow{\mathrm{OX}}$를 만족시키는 점 P가 나타내는 영역 R는 $\overrightarrow{\mathrm{OX'}}=\overrightarrow{\mathrm{YP}}$를 만족시키는 점 P가 나타내는 영역과 같다.

즉, 곡선 $y=(x-2)^2+1\,(2\le x\le3)$ 위를 움직이는 점 Y를 중심으로 하고,

반지름의 길이가 1인 ◡ 모양의 사분원의 호가 나타내는 영역 R를 나타내면 다음 그림에서 색칠된 부분과 같다.

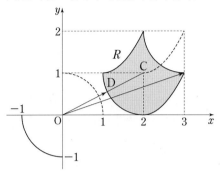

이때 C$(2,1)$이라 할 때

직선 OC와 사분원

$(x-2)^2+(y-1)^2=1\,(1\le x\le2,\,0\le y\le1)$의 교점을 D라 하자.

점 O로부터 영역 R에 있는 점까지의 거리의 최솟값은

$m=\overline{\mathrm{OD}}=\overline{\mathrm{OC}}-\overline{\mathrm{CD}}=\sqrt{2^2+1^2}-1=\sqrt{5}-1$이다.

점 O로부터 영역 R에 있는 점까지의 거리의 최댓값은

점 O와 점 $(2,2)$ 사이의 거리, 점 O와 점 $(3,1)$ 사이의 거리 중 더 큰 값이다.

각각 $\sqrt{2^2+2^2}=\sqrt{8}$, $\sqrt{3^2+1^2}=\sqrt{10}$이므로

$M=\sqrt{10}$이다.

$\therefore\ M^2+m^2=10+(\sqrt{5}-1)^2=16-2\sqrt{5}$

풀이 2

$\overrightarrow{\mathrm{OP}}=\overrightarrow{\mathrm{OY}}-\overrightarrow{\mathrm{OX}}=\overrightarrow{\mathrm{XY}}$이므로 너코 130

점 O로부터 영역 R에 있는 점까지의 거리의 최댓값 M, 최솟값 m은 각각 $\overline{\mathrm{XY}}$의 최댓값, 최솟값과 같다.

(점 X의 x좌표)$\le$(점 Y의 x좌표)이고

(점 X의 y좌표)$\le$(점 Y의 y좌표)이므로

호 AB 위를 움직이는 점 X에 대하여 $\overline{\mathrm{XY}}$는

점 Y의 좌표가 $(2,1)$일 때 최솟값을 갖고, $(3,2)$일 때 최댓값을 갖는다.

따라서 C$(2,1)$, D$(3,2)$라 하면 구하는 최솟값은

호 AB로부터 점 C까지의 거리의 최솟값이고, 구하는 최댓값은

호 AB로부터 점 D까지의 거리의 최댓값이다.

먼저 $\overline{\mathrm{XY}}$의 최솟값을 구하면

$m=\overline{\mathrm{OC}}-1=\sqrt{2^2+1^2}-1=\sqrt{5}-1$이다.

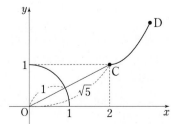

$\overline{\mathrm{XY}}$의 최댓값은

점 A$(1,0)$과 점 D$(3,2)$ 사이의 거리, 점 B$(0,1)$과 점 D$(3,2)$ 사이의 거리 중 더 큰 값이다.

각각 $\sqrt{2^2+2^2}=\sqrt{8}$, $\sqrt{3^2+1^2}=\sqrt{10}$이므로 $M=\sqrt{10}$이다.

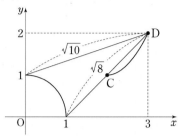

$\therefore\ M^2+m^2=10+(\sqrt{5}-1)^2=16-2\sqrt{5}$

답 ①

N01-10

선분 AC, BC, CD, CE, CF의 중점을 각각 A′, B′, D′, E′, F′이라 하면 육각형 A′B′CD′E′F′은 한 변의 길이가 2인 정육각형이다.

조건 (가)에서 $\dfrac{1}{2}\overrightarrow{\mathrm{CP}}=\overrightarrow{\mathrm{CP'}}$이라 하면

점 P′은 정육각형 A′B′CD′E′F′의 변 위를 움직이고

점 Q는 점 C를 중심으로 하고 반지름의 길이가 1인 원 위를 움직이는 점이므로

$\overrightarrow{\mathrm{CX}}=\dfrac{1}{2}\overrightarrow{\mathrm{CP}}+\overrightarrow{\mathrm{CQ}}=\overrightarrow{\mathrm{CP'}}+\overrightarrow{\mathrm{CQ}}$인 점 X가 움직이는 영역은

다음 그림의 어두운 부분과 같다. 너코 130 너코 132

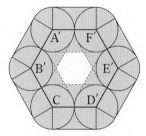

한편, 조건 (나)에서 $\overrightarrow{\mathrm{XA}}+\overrightarrow{\mathrm{XC}}+2\overrightarrow{\mathrm{XD}}=k\overrightarrow{\mathrm{CD}}$이므로

$(\overrightarrow{\mathrm{CA}}-\overrightarrow{\mathrm{CX}})-\overrightarrow{\mathrm{CX}}+(2\overrightarrow{\mathrm{CD}}-2\overrightarrow{\mathrm{CX}})=k\overrightarrow{\mathrm{CD}}$

$4\overrightarrow{\mathrm{CX}}=\overrightarrow{\mathrm{CA}}+(2-k)\overrightarrow{\mathrm{CD}}$

$\therefore\ \overrightarrow{\mathrm{CX}}=\dfrac{1}{4}\overrightarrow{\mathrm{CA}}+\dfrac{2-k}{4}\overrightarrow{\mathrm{CD}}$

$\qquad\ =\dfrac{1}{2}\overrightarrow{\mathrm{CA'}}+\dfrac{2-k}{2}\overrightarrow{\mathrm{CD'}}$

이때 선분 A′C의 중점을 A″이라 하면

$\overrightarrow{\mathrm{CX}}=\overrightarrow{\mathrm{CA''}}+\dfrac{2-k}{2}\overrightarrow{\mathrm{CD'}}$이므로 ······㉠

점 X는 점 A″을 지나고 직선 CD′과 평행한 직선, 즉 직선 B′E′ 위를 움직이는 점이다.

따라서 직선 B′E′이 점 E′을 중심으로 하고 반지름의 길이가
1인 원과 만나는 점 중 점 A″에서 더 멀리 떨어져 있는 점을
G라 하면 $|\overrightarrow{CX}|$의 값은 점 X가 점 A″에 위치할 때 최소이고,
점 G에 위치할 때 최대이다.

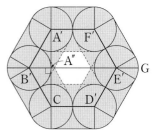

즉, $|\overrightarrow{CX}|$의 값이 최소가 될 때는

㉠에서 $\dfrac{2-k}{2}\overrightarrow{CD'}=\vec{0}$이어야 하므로 이때의 k의 값은

$\dfrac{2-k}{2}=0$에서 $k=2$, 즉 $\alpha=2$

또한, $|\overrightarrow{CX}|$의 값이 최대가 될 때는

㉠에서 $\dfrac{2-k}{2}\overrightarrow{CD'}=\overrightarrow{A''G}$이어야 하고,

이때 $\overrightarrow{A''G}=4$, $\overrightarrow{CD'}=2$이고 $\overrightarrow{A''G}$와 $\overrightarrow{CD'}$이 방향이 서로
같으므로 k의 값은

$\dfrac{2-k}{2}\times 2=4$에서 $k=-2$, 즉 $\beta=-2$

$\therefore \alpha^2+\beta^2=2^2+(-2)^2=8$

답 8

N01-11

점 X의 좌표의 부호를 생각하지 않을 때
점 P의 위치를 하나로 고정해 보면
$\overrightarrow{OX}=\overrightarrow{OP}+\overrightarrow{OQ}$를 만족시키는 점 X는 주어진 타원을 중심이
점 P가 되도록 평행이동한 타원을 나타낸다. 너코 130
이때 점 P를 직선 $2x+y=0$을 따라 연속적으로 이동시키면
점 P에 대응하는 타원도 연속적으로 이동하므로
$\overrightarrow{OX}=\overrightarrow{OP}+\overrightarrow{OQ}$를 만족시키는 점 X는 다음 그림과 같이 직선
$2x+y=0$과 평행하고 타원 $2x^2+y^2=3$에 접하는 두 접선
l_1, l_2 사이의 영역에 속하는 점임을 알 수 있다.

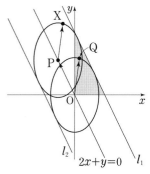

그런데 점 X의 x좌표와 y좌표가 모두 0 이상이므로
점 X가 나타내는 영역은 접선 l_1과 x축 및 y축으로 둘러싸인
삼각형이다.

$2x+y=0$에서 $y=-2x$, $2x^2+y^2=3$에서 $\dfrac{x^2}{\frac{3}{2}}+\dfrac{y^2}{3}=1$

이므로 기울기가 -2이고 타원에 접하는 접선 l_1의 방정식은

$y=-2x+\sqrt{\dfrac{3}{2}\times 4+3}$ 너코 123

$\therefore y=-2x+3$

따라서 접선 l_1의 x절편이 $\dfrac{3}{2}$, y절편이 3이므로

구하는 영역의 넓이는 $\dfrac{1}{2}\times\dfrac{3}{2}\times 3=\dfrac{9}{4}$

$\therefore p+q=13$

답 13

N01-12

조건 (가)를 만족시키는 세 점 P, Q, R는 각각 세 점 D, E,
F를 중심으로 하고 반지름의 길이가 1인 원 위에 존재한다.

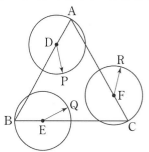

이때 조건 (나)에서
$\overrightarrow{AX}=\overrightarrow{PB}+\overrightarrow{QC}+\overrightarrow{RA}$
$=(\overrightarrow{PD}+\overrightarrow{DB})+(\overrightarrow{QE}+\overrightarrow{EC})+(\overrightarrow{RF}+\overrightarrow{FA})$
$=(\overrightarrow{PD}+\overrightarrow{QE}+\overrightarrow{RF})+(\overrightarrow{DB}+\overrightarrow{EC}+\overrightarrow{FA})$ 너코 130

이고, $\overrightarrow{AB}+\overrightarrow{BC}+\overrightarrow{CA}=\vec{0}$이므로

$\overrightarrow{DB}+\overrightarrow{EC}+\overrightarrow{FA}=\dfrac{3}{4}(\overrightarrow{AB}+\overrightarrow{BC}+\overrightarrow{CA})=\vec{0}$이다. 너코 131

$\therefore \overrightarrow{AX}=\overrightarrow{PD}+\overrightarrow{QE}+\overrightarrow{RF}$
$=-(\overrightarrow{DP}+\overrightarrow{EQ}+\overrightarrow{FR})$

따라서 $|\overrightarrow{AX}|$의 값은 세 벡터 $\overrightarrow{DP}$, $\overrightarrow{EQ}$, $\overrightarrow{FR}$의 방향이 모두
같을 때 최대가 된다. 너코 129

한편 $|\overrightarrow{AX}|$의 값이 최대일 때의 세 점 P, Q, R의 위치를
그림과 같이 $\overrightarrow{DP}/\!/\overrightarrow{EQ}/\!/\overrightarrow{FR}/\!/\overrightarrow{BC}$가 되도록 정해도 일반성을
잃지 않는다.
이때 삼각형 PQR는 정삼각형 DEF와 합동이다.

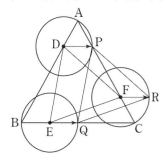

삼각형 DBE에서 $\angle \mathrm{DBE} = \dfrac{\pi}{3}$이므로 코사인법칙에 의하여

$\overline{\mathrm{DE}}^2 = 3^2 + 1^2 - 2 \times 3 \times 1 \times \cos\dfrac{\pi}{3} = 10 - 3 = 7$ 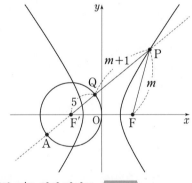너코 024

즉, 정삼각형 DEF의 넓이는

$\dfrac{\sqrt{3}}{4}\overline{\mathrm{DE}}^2 = \dfrac{\sqrt{3}}{4} \times 7 = \dfrac{7\sqrt{3}}{4}$

따라서 $S = \dfrac{7\sqrt{3}}{4}$이므로

$16S^2 = 16 \times \dfrac{49 \times 3}{16} = 147$

답 147

N01-13

두 초점의 좌표가 $\mathrm{F}(5, 0)$, $\mathrm{F'}(-5, 0)$이고, 주축의 길이가 6인 쌍곡선의 방정식은

$\dfrac{x^2}{9} - \dfrac{y^2}{16} = 1$ 너코 124

$\overline{\mathrm{PF}} = m$이라 하면 $\overline{\mathrm{PF'}} = m + 6$

$(m+1)\overrightarrow{\mathrm{F'Q}} = 5\overrightarrow{\mathrm{QP}}$에서

$\overline{\mathrm{F'Q}} : \overline{\mathrm{QP}} = 5 : (m+1)$이므로

$\overline{\mathrm{F'Q}} = 5$, $\overline{\mathrm{QP}} = m + 1$이다.

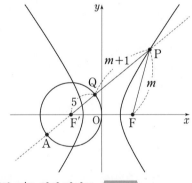

점 Q는 선분 F'P 위의 점이고, 너코 131

$\overline{\mathrm{AF'}} = \overline{\mathrm{F'Q}} = 5$이므로 세 점 A, F', Q가 한 직선 위에 있을 때 $|\overrightarrow{\mathrm{AQ}}|$의 크기는 최대이다.

$\therefore M = 5 + 5 = 10$

답 10

N01-14

$\overrightarrow{\mathrm{OR}} = \overrightarrow{\mathrm{OQ}} + \overrightarrow{\mathrm{OE}}$라 하자.
삼각형 CDB를 x축의 방향으로 -4, y축의 방향으로 2만큼 평행이동시킨 삼각형을 C′D′B′라 하면 점 R은 삼각형 C′D′B′의 변 위를 움직인다.

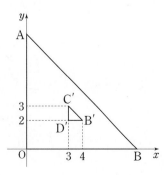

$\overrightarrow{\mathrm{PQ}} + \overrightarrow{\mathrm{OE}} = \overrightarrow{\mathrm{OQ}} - \overrightarrow{\mathrm{OP}} + \overrightarrow{\mathrm{OE}}$ 너코 130

$= \overrightarrow{\mathrm{OR}} - \overrightarrow{\mathrm{OP}}$

$= \overrightarrow{\mathrm{PR}}$

즉, $|\overrightarrow{\mathrm{PQ}} + \overrightarrow{\mathrm{OE}}|$의 값은 선분 PR의 길이와 같다.

선분 AB′의 길이가 선분 PR의 길이의 최댓값이므로 $|\overrightarrow{\mathrm{PQ}} + \overrightarrow{\mathrm{OE}}|$의 최댓값은

$\sqrt{(4-0)^2 + (2-8)^2} = \sqrt{52}$

점 R이 선분 C′B′ 위에 있을 때 점 R에서 선분 AB 까지의 거리가 선분 PR의 길이의 최솟값이다.

점 $(4, 2)$에서 직선 $x + y = 8$까지의 거리는

$\dfrac{|4 + 2 - 8|}{\sqrt{2}} = \sqrt{2}$

$\therefore M + m = (\sqrt{52})^2 + (\sqrt{2})^2 = 54$

답 54

2 평면벡터의 성분과 내적

N02-01

$\overrightarrow{\mathrm{OB}} = (a, 2)$,

$\overrightarrow{\mathrm{AB}} = \overrightarrow{\mathrm{OB}} - \overrightarrow{\mathrm{OA}}$ 너코 130 너코 132

$= (a, 2) - (1, a) = (a-1, 2-a)$ 너코 133

이므로 $\overrightarrow{\mathrm{OB}} \cdot \overrightarrow{\mathrm{AB}} = 14$에 의하여

$(a, 2) \cdot (a-1, 2-a) = a(a-1) + 2(2-a)$ 너코 134

$= a^2 - 3a + 4 = 14$

$a^2 - 3a - 10 = 0$, $(a+2)(a-5) = 0$

$\therefore a = 5 \; (\because a > 0)$

답 5

N02-02

$\overrightarrow{\mathrm{OA}} = (4, 2)$,

$\overrightarrow{\mathrm{BC}} = \overrightarrow{\mathrm{OC}} - \overrightarrow{\mathrm{OB}}$ 너코 130 너코 132

$= (2, 0) - (0, 2) = (2, -2)$ 너코 133

$\therefore \overrightarrow{\mathrm{OA}} \cdot \overrightarrow{\mathrm{BC}} = (4, 2) \cdot (2, -2)$ 너코 134

$= 4 \times 2 + 2 \times (-2) = 4$

답 ⑤

N02-03

$5\vec{a} = 5(3, -1) = (15, -5)$이므로

벡터 $5\vec{a}$의 모든 성분의 합은 $15 + (-5) = 10$이다. 너코 133

답 ⑤

N02-04

$$\vec{a} \cdot \vec{b} = (4, 1) \cdot (-2, k)$$
$$= 4 \times (-2) + 1 \times k \quad \boxed{\text{너코 134}}$$
$$= k - 8 = 0$$
$$\therefore \ k = 8$$

답 8

N02-05

$\vec{a} + \vec{b} = (2, -1) + (1, 3) = (3, 2)$이므로

벡터 $\vec{a} + \vec{b}$ 의 모든 성분의 합은 $3 + 2 = 5$이다. $\boxed{\text{너코 133}}$

답 ⑤

N02-06

$\vec{a} - \vec{b} = (1, 3) - (5, -6) = (-4, 9)$이므로

벡터 $\vec{a} - \vec{b}$ 의 모든 성분의 합은 $(-4) + 9 = 5$이다. $\boxed{\text{너코 133}}$

답 ⑤

N02-07

$\vec{a} + \vec{b} = (2, 4) + (1, 1) = (3, 5)$이므로

벡터 $\vec{a} + \vec{b}$ 의 모든 성분의 합은 $3 + 5 = 8$이다. $\boxed{\text{너코 133}}$

답 ④

N02-08

$\vec{a} - \vec{b} = (6, 2) - (0, 4) = (6, -2)$이므로

벡터 $\vec{a} - \vec{b}$ 의 모든 성분의 합은 $6 + (-2) = 4$이다. $\boxed{\text{너코 133}}$

답 ④

N02-09

$\vec{a} + \vec{b} = (3, -1) + (1, 2) = (4, 1)$이므로

벡터 $\vec{a} + \vec{b}$ 의 모든 성분의 합은 $4 + 1 = 5$이다. $\boxed{\text{너코 133}}$

답 ⑤

N02-10

$\vec{a} + 2\vec{b} = (2, 4) + 2(1, 3) = (2, 4) + (2, 6) = (4, 10)$이므로

벡터 $\vec{a} + 2\vec{b}$ 의 모든 성분의 합은 $4 + 10 = 14$이다. $\boxed{\text{너코 133}}$

답 14

N02-11

$$2\vec{a} - \vec{b} = 2(4, 1) - (3, -2)$$
$$= (8, 2) - (3, -2) = (5, 4)$$

이므로 벡터 $2\vec{a} - \vec{b}$ 의 모든 성분의 합은 $5 + 4 = 9$이다. $\boxed{\text{너코 133}}$

답 ⑤

N02-12

$$\vec{a} + 2\vec{b} = (1, -2) + 2(-1, 4)$$
$$= (1, -2) + (-2, 8) = (-1, 6)$$

이므로 벡터 $\vec{a} + 2\vec{b}$ 의 모든 성분의 합은 $(-1) + 6 = 5$이다.

$\boxed{\text{너코 133}}$

답 ⑤

N02-13

$10\vec{a} = 10(2, 1) = (20, 10)$이므로

벡터 $10\vec{a}$ 의 모든 성분의 합은 $20 + 10 = 30$이다. $\boxed{\text{너코 133}}$

답 30

N02-14

$$\vec{a} + 2\vec{b} = (1, 0) + 2(1, 1)$$
$$= (1, 0) + (2, 2) = (3, 2)$$

이므로 벡터 $\vec{a} + 2\vec{b}$ 의 모든 성분의 합은 $3 + 2 = 5$이다. $\boxed{\text{너코 133}}$

답 ⑤

N02-15

$\vec{a} + \dfrac{1}{2}\vec{b} = (3, 1) + \dfrac{1}{2}(-2, 4) = (2, 3)$이므로

벡터 $\vec{a} + \dfrac{1}{2}\vec{b}$ 의 모든 성분의 합은 $2 + 3 = 5$이다. $\boxed{\text{너코 133}}$

답 ⑤

N02-16

$|2\vec{a} - \vec{b}| = \sqrt{17}$ 의 양변을 제곱하면

$4|\vec{a}|^2 - 4\vec{a} \cdot \vec{b} + |\vec{b}|^2 = 17$ $\boxed{\text{너코 134}}$

$\therefore \ \vec{a} \cdot \vec{b} = 9$

이때

$$|\vec{a} - \vec{b}|^2 = |\vec{a}|^2 - 2\vec{a} \cdot \vec{b} + |\vec{b}|^2$$
$$= 11 - 2 \times 9 + 9 = 2$$

이므로

$|\vec{a} - \vec{b}| = \sqrt{2}$

답 ②

N02-17

$2\vec{a} + \vec{b} = 2(4, 0) + (1, 3) = (9, 3)$

$(9, 3) = (9, k)$이므로 $k = 3$이다. $\boxed{\text{너코 133}}$

답 ③

N02-18

$\vec{a}+3\vec{b}=(k,3)+3(1,2)=(k+3,9)$

$(k+3,9)=(6,9)$이므로 $k=3$이다. _{너코}133

답 ③

N02-19

$|\vec{a}-\vec{b}|=1$의 양변을 제곱하면

$|\vec{a}|^2-2\vec{a}\cdot\vec{b}+|\vec{b}|^2=1$

$|\vec{a}|^2-2|\vec{a}||\vec{b}|\cos\theta+|\vec{b}|^2=1$ 너코134

이때 $|\vec{a}|=1$, $|\vec{b}|=1$이라 주어졌으므로 너코129

$1^2-2\times1\times1\times\cos\theta+1^2=1$에서

$2-2\cos\theta=1$, $\cos\theta=\dfrac{1}{2}$

$\therefore \theta=\dfrac{\pi}{3}$ $(\because 0\le\theta\le\pi)$

답 ③

N02-20

$|2\vec{a}+\vec{b}|=4$의 양변을 제곱하면

$4|\vec{a}|^2+4\vec{a}\cdot\vec{b}+|\vec{b}|^2=16$

$4|\vec{a}|^2+4|\vec{a}||\vec{b}|\cos\theta+|\vec{b}|^2=16$ 너코134

이때 $|\vec{a}|=1$, $|\vec{b}|=3$이라 주어졌으므로

$4+4\times1\times3\times\cos\theta+9=16$에서

$13+12\cos\theta=16$

$\therefore \cos\theta=\dfrac{1}{4}$

답 ③

N02-21

원 C 위의 임의의 점 P의 좌표를 (x,y)라 하자.

$|\overrightarrow{OP}|^2-\overrightarrow{OA}\cdot\overrightarrow{OP}=\overrightarrow{OP}\cdot(\overrightarrow{OP}-\overrightarrow{OA})$ 너코134

$\qquad =(x,y)\cdot(x-4,y-6)$

$\qquad =x(x-4)+y(y-6)$

$\qquad =(x-2)^2+(y-3)^2-13=3$

즉, 점 P가 나타내는 원 C의 방정식은

$(x-2)^2+(y-3)^2=4^2$이므로

원 C의 반지름의 길이는 4이다.

답 ④

N02-22

풀이 1

원점 O와 두 점 P, Q에 대하여

$\vec{p}=\overrightarrow{OP}=(x,y)$, $\vec{q}=\overrightarrow{OQ}=(x',y')$이라 하자.

먼저 $\vec{p}\cdot\vec{a}=\vec{a}\cdot\vec{b}$에서 $\vec{a}\cdot(\vec{p}-\vec{b})=0$이므로 너코130

$(3,0)\cdot(x-1,y-2)=0$ 너코134

$3x-3=0$

$\therefore x=1$

즉, 점 P는 직선 $x=1$ 위의 점이다.

또한 $|\vec{q}-\vec{c}|=1$에서 $|\vec{q}-\vec{c}|^2=1$이므로

$|(x'-4,y'-2)|^2=1$

$\therefore (x'-4)^2+(y'-2)^2=1$

즉, 점 Q는 중심이 $C(4,2)$이고 반지름의 길이가 1인 원 위의 점이다.

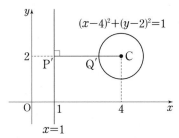

이때 $|\vec{p}-\vec{q}|=|\overrightarrow{OP}-\overrightarrow{OQ}|=|\overrightarrow{QP}|=\overline{PQ}$이므로

$|\vec{p}-\vec{q}|$의 최솟값은 선분 PQ의 길이의 최솟값과 같다.

원의 중심 $C(4,2)$에서 직선 $x=1$에 내린 수선의 발을 P′, 선분 CP′과 이 원의 교점을 Q′이라 하면

$\overline{PQ}\ge\overline{P'Q'}=3-1=2$

따라서 $|\vec{p}-\vec{q}|$의 최솟값은 2이다.

풀이 2

좌표평면에서 각 벡터에 대응하는 점을 설정하여 점 P와 점 Q가 나타내는 도형의 방정식을 구할 수도 있다.

즉, 원점 O와 세 점 $A(3,0)$, $B(1,2)$, $C(4,2)$에 대하여

$\vec{a}=\overrightarrow{OA}=(3,0)$, $\vec{b}=\overrightarrow{OB}=(1,2)$, $\vec{c}=\overrightarrow{OC}=(4,2)$라 하고,

두 점 P, Q에 대하여

$\vec{p}=\overrightarrow{OP}=(x,y)$, $\vec{q}=\overrightarrow{OQ}=(x',y')$이라 하자.

먼저 $\vec{p}\cdot\vec{a}=\vec{a}\cdot\vec{b}$에서 $\vec{a}\cdot(\vec{p}-\vec{b})=0$ 너코130

$\overrightarrow{OA}\cdot(\overrightarrow{OP}-\overrightarrow{OB})=0$, $\overrightarrow{OA}\cdot\overrightarrow{BP}=0$

즉, 점 P가 나타내는 도형은 점 $B(1,2)$를 지나고 벡터 $\vec{a}=(3,0)$에 수직인 직선이므로 그 방정식은 직선 $x=1$이다. 너코136

또한 $|\vec{q}-\vec{c}|=1$에서 $|\overrightarrow{OQ}-\overrightarrow{OC}|=1$, $|\overrightarrow{CQ}|=1$이므로

점 Q가 나타내는 도형은 중심이 $C(4,2)$이고 반지름의 길이가 1인 원이다. 너코137

답 ②

N02-23

원점 O와 두 점 P, Q에 대하여

$\vec{p}=\overrightarrow{OP}=(x,y)$, $\vec{q}=\overrightarrow{OQ}=(x',y')$이라 하자.

먼저 $(\vec{p}-\vec{a})\cdot(\vec{p}-\vec{b})=0$에서

$(x-2,y-4)\cdot(x-2,y-8)=0$ 너코134

$$(x-2)^2+(y-4)(y-8)=0$$
$$\therefore (x-2)^2+(y-6)^2=4$$

즉, 점 P는 중심이 $O'(2, 6)$이고 반지름의 길이가 2인 원 위에 있다.

또한 $\vec{q}=\dfrac{1}{2}\vec{a}+t\vec{c}$에서

$$(x',\,y')=\dfrac{1}{2}(2,\,4)+(t,\,0)=(1+t,\,2)$$ 너코 133

즉, 점 Q는 직선 $y=2$ 위에 있다.

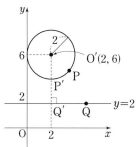

이때 $|\vec{p}-\vec{q}|=|\overrightarrow{OP}-\overrightarrow{OQ}|=|\overrightarrow{QP}|=\overline{PQ}$이므로
$|\vec{p}-\vec{q}|$의 최솟값은 선분 PQ의 길이의 최솟값과 같다.
원의 중심 $O'(2, 6)$에서 직선 $y=2$에 내린 수선의 발을 Q',
선분 $O'Q'$과 이 원의 교점을 P'이라 하면
$$\overline{PQ} \geq \overline{P'Q'}=4-2=2$$
따라서 $|\vec{p}-\vec{q}|$의 최솟값은 2이다.

답 ②

N03-01

두 벡터 $\vec{a}$, $\vec{b}$가 서로 수직이므로
$\vec{a}\cdot\vec{b}=0$, 즉
$(x+1)\times1+2\times(-x)=0$이다. 너코 134
따라서 $-x+1=0$이므로
$x=1$

답 ①

N03-02

두 벡터 $\vec{a}$와 $\vec{a}-t\vec{b}$가 서로 수직이 되려면
$\vec{a}\cdot(\vec{a}-t\vec{b})=0$, 즉
$|\vec{a}|^2-t\vec{a}\cdot\vec{b}=0$이어야 한다. 너코 134
이때 $|\vec{a}|=2$이고 $\vec{a}\cdot\vec{b}=2$라 주어졌으므로
$2^2-2t=0$
$\therefore t=2$

답 ②

N03-03

두 벡터 $6\vec{a}+\vec{b}$와 $\vec{a}-\vec{b}$가 서로 수직이면
$(6\vec{a}+\vec{b})\cdot(\vec{a}-\vec{b})=0$, 즉
$6|\vec{a}|^2-5\vec{a}\cdot\vec{b}-|\vec{b}|^2=0$이다. 너코 134

이때 $|\vec{a}|=1$, $|\vec{b}|=3$이라 주어졌으므로
$6\times1^2-5\vec{a}\cdot\vec{b}-3^2=0$이다.
$$\therefore \vec{a}\cdot\vec{b}=-\dfrac{3}{5}$$

답 ②

N03-04

두 벡터 $\vec{a}$와 $\vec{v}+\vec{b}$가 서로 평행하므로
$k\vec{a}=\vec{v}+\vec{b}$인 실수 k가 존재한다. 너코 133
즉, $\vec{v}=k\vec{a}-\vec{b}=k(3,1)-(4,-2)=(3k-4,\,k+2)$이므로
$$\begin{aligned}|\vec{v}|^2&=(3k-4)^2+(k+2)^2\\&=10k^2-20k+20\\&=10(k-1)^2+10\end{aligned}$$
이다.
따라서 $|\vec{v}|^2$은 $k=1$일 때 최솟값 10을 갖는다.

답 ⑤

N03-05

$\overrightarrow{AB}\cdot\overrightarrow{BC}=0$이므로
두 벡터 $\overrightarrow{AB}$, $\overrightarrow{BC}$가 이루는 각의 크기는 $\dfrac{\pi}{2}$이다. 너코 134

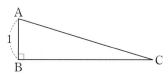

또한 $|\overrightarrow{AB}|=1$이라 주어졌으므로
$|\overrightarrow{AB}+\overrightarrow{AC}|=4$의 양변을 제곱하면
$$|\overrightarrow{AB}|^2+2\overrightarrow{AB}\cdot\overrightarrow{AC}+|\overrightarrow{AC}|^2=16,$$
$$|\overrightarrow{AB}|^2+2|\overrightarrow{AB}|^2+|\overrightarrow{AC}|^2=16$$
$1^2+2\times1^2+|\overrightarrow{AC}|^2=16$에서
$|\overrightarrow{AC}|^2=13$이다.
$$\begin{aligned}\therefore |\overrightarrow{BC}|=\overline{BC}\quad&\text{너코 129}\\&=\sqrt{\overline{AC}^2-\overline{AB}^2}\\&=\sqrt{13-1}=2\sqrt{3}\end{aligned}$$

답 ④

N03-06

두 벡터 $\vec{a}$, $\vec{b}$가 서로 평행하므로
$\vec{a}=t\vec{b}$인 0이 아닌 실수 t가 존재한다. 너코 133
즉, $(k+3,\,3k-1)=(t,\,t)$에서
$k+3=t$, $3k-1=t$이어야 하므로
$k+3=3k-1$에서 $k=2$이다.

답 ②

N03-07

서로 평행하지 않은 두 벡터 $\vec{a}$, $\vec{b}$에 대하여

두 벡터 $\vec{a}+2\vec{b}$, $3\vec{a}+k\vec{b}$가 서로 평행하므로

$3\vec{a}+k\vec{b}=t(\vec{a}+2\vec{b})$, 즉 $3\vec{a}+k\vec{b}=t\vec{a}+2t\vec{b}$ 너코 133

를 만족시키는 0이 아닌 실수 t가 존재한다.

따라서 $3=t$, $k=2t$이므로

$k=2\times3=6$

답 ③

N03-08

$2\overrightarrow{AB}+p\overrightarrow{BC}=q\overrightarrow{CA}$에서

$2\overrightarrow{AB}+p(\overrightarrow{AC}-\overrightarrow{AB})=-q\overrightarrow{AC}$ 너코 130

$\therefore (2-p)\overrightarrow{AB}=(-p-q)\overrightarrow{AC}$

이때 $\overrightarrow{AB}$와 $\overrightarrow{AC}$는 서로 평행하지 않으므로

$2-p=0$, $-p-q=0$이어야 한다. 너코 131

$2-p=0$에서 $p=2$

$-p-q=0$에서 $q=-p$ $\therefore q=-2$

$\therefore p-q=4$

답 ④

N03-09

풀이 1

ㄱ. $|\overrightarrow{OP}-\overrightarrow{OP'}|=|\overrightarrow{P'P}|=\sqrt{3^2+1^2}=\sqrt{10}$

너코 129 너코 130 (참)

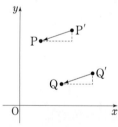

ㄴ. $|\overrightarrow{OP}-\overrightarrow{OQ}|=|\overrightarrow{QP}|$, $|\overrightarrow{OP'}-\overrightarrow{OQ'}|=|\overrightarrow{Q'P'}|$ 너코 130

이고

$|\overrightarrow{QP}|=|\overrightarrow{Q'P'}|$이므로 너코 129

$|\overrightarrow{OP}-\overrightarrow{OQ}|=|\overrightarrow{OP'}-\overrightarrow{OQ'}|$이다. (참)

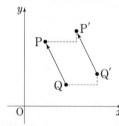

ㄷ. [반례] $\overrightarrow{OP}=(1,0)$, $\overrightarrow{OQ}=(0,1)$이라 하자.

$\overrightarrow{OP}\cdot\overrightarrow{OQ}=(1,0)\cdot(0,1)=1\times0+0\times1=0$

$\overrightarrow{OP'}\cdot\overrightarrow{OQ'}=(4,1)\cdot(3,2)=4\times3+1\times2=14$

너코 134

$\therefore \overrightarrow{OP}\cdot\overrightarrow{OQ}\neq\overrightarrow{OP'}\cdot\overrightarrow{OQ'}$ (거짓)

따라서 옳은 것은 ㄱ, ㄴ이다.

풀이 2

$\overrightarrow{OP}=(a,b)$, $\overrightarrow{OQ}=(c,d)$라 하면

$\overrightarrow{OP'}=(a+3,b+1)$, $\overrightarrow{OQ'}=(c+3,d+1)$이다.

ㄱ. $\overrightarrow{OP}-\overrightarrow{OP'}=(a,b)-(a+3,b+1)=(-3,-1)$ 너코 133

이므로

$|\overrightarrow{OP}-\overrightarrow{OP'}|=\sqrt{(-3)^2+(-1)^2}=\sqrt{10}$이다. (참)

ㄴ. $\overrightarrow{OP}-\overrightarrow{OQ}=(a,b)-(c,d)=(a-c,b-d)$이고

$\overrightarrow{OP'}-\overrightarrow{OQ'}=(a+3,b+1)-(c+3,d+1)$

$=(a-c,b-d)$ 너코 133

이므로

$|\overrightarrow{OP}-\overrightarrow{OQ}|=|\overrightarrow{OP'}-\overrightarrow{OQ'}|$이다. (참)

ㄷ. $\overrightarrow{OP}\cdot\overrightarrow{OQ}=(a,b)\cdot(c,d)=ac+bd$이고

$\overrightarrow{OP'}\cdot\overrightarrow{OQ'}=(a+3,b+1)\cdot(c+3,d+1)$

$=ac+3(a+c)+9+bd+b+d+1$ 너코 134

이므로 $3(a+c)+b+d+10\neq0$이면

$\overrightarrow{OP}\cdot\overrightarrow{OQ}=\overrightarrow{OP'}\cdot\overrightarrow{OQ'}$이 성립하지 않는다. (거짓)

따라서 옳은 것은 ㄱ, ㄴ이다.

답 ③

N03-10

점 Q가 선분 AB를 $5:1$로 외분하는 점이므로

$\overline{AQ}:\overline{BQ}=5:1$이고,

$\overline{BQ}=\sqrt{3}$이라 주어졌으므로

$\overline{AQ}=5\sqrt{3}$이다.

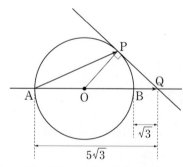

따라서 선분 AB를 지름으로 하는 원의 중심을 O라 할 때

원의 반지름의 길이는 $\overline{OA}=\overline{OP}=2\sqrt{3}$이다.

$\therefore \overrightarrow{AP}\cdot\overrightarrow{AQ}=(\overrightarrow{OP}-\overrightarrow{OA})\cdot\overrightarrow{AQ}$ 너코 130

$=\overrightarrow{OP}\cdot\overrightarrow{AQ}-\overrightarrow{OA}\cdot\overrightarrow{AQ}$ 너코 134

$=\overrightarrow{OP}\cdot\dfrac{5}{3}\overrightarrow{OQ}+|\overrightarrow{OA}||\overrightarrow{AQ}|$

$=\dfrac{5}{3}\overrightarrow{OP}^2+\overrightarrow{OA}\times\overrightarrow{AQ}$

$=\dfrac{5}{3}\times(2\sqrt{3})^2+2\sqrt{3}\times5\sqrt{3}$

$=20+30=50$

답 50

N03-11

점 E에서 선분 BC에 내린 수선의 발을 I라 하면
$$\overrightarrow{AF} \cdot \overrightarrow{CE} = \overrightarrow{AF} \cdot (\overrightarrow{CI} + \overrightarrow{IE}) \quad \boxed{\text{너코 130}}$$
$$= \overrightarrow{AF} \cdot \overrightarrow{CI} + \overrightarrow{AF} \cdot \overrightarrow{IE} \quad \boxed{\text{너코 134}}$$
$$= \overrightarrow{AF} \cdot \overrightarrow{IE} \; (\because \; \overrightarrow{AF}, \; \overrightarrow{CI} \text{는 서로 수직})$$
$$= -\overline{AF} \times \overline{IE} \; (\because \; \overrightarrow{AF}, \; \overrightarrow{IE} \text{는 방향이 서로 반대})$$

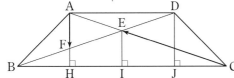

점 D에서 선분 BC에 내린 수선의 발을 J라 하면
$$\overline{AB} = \overline{CD} = \sqrt{2}, \; \angle ABC = \angle BCD = 45° \text{이므로}$$
$$\overline{AH} = \overline{BH} = \overline{CJ} = \overline{DJ} = 1 \text{이다.}$$
따라서 두 삼각형 BHF, BJD는 서로 닮음이고 닮음비는
1 : 3이므로
$$\overline{FH} = \frac{1}{3}\overline{DJ} = \frac{1}{3}, \; \overline{AF} = \frac{2}{3}$$

또한 두 삼각형 BIE, BJD는 서로 닮음이고 닮음비는
2 : 3이므로
$$\overline{IE} = \frac{2}{3}\overline{DJ} = \frac{2}{3}$$
$$\therefore \; \overrightarrow{AF} \cdot \overrightarrow{CE} = -\overline{AF} \times \overline{IE} = -\frac{2}{3} \times \frac{2}{3} = -\frac{4}{9}$$

답 ④

N03-12

풀이 1

$$(\overrightarrow{AB} + k\overrightarrow{BC}) \cdot (\overrightarrow{AC} + 3k\overrightarrow{CD})$$
$$= \overrightarrow{AB} \cdot \overrightarrow{AC} + 3k(\overrightarrow{AB} \cdot \overrightarrow{CD}) + k(\overrightarrow{BC} \cdot \overrightarrow{AC})$$
$$+ 3k^2(\overrightarrow{BC} \cdot \overrightarrow{CD}) \quad \boxed{\text{너코 134}} \quad \cdots\cdots \ominus$$
이때 $\overrightarrow{AB}$, $\overrightarrow{BC}$, $\overrightarrow{CD}$, $\overrightarrow{AD}$는 모두 크기가 1인 벡터이고
점 C에서 선분 AB와 AD에 내린 수선의 발이 각각 점 B와 점
D이므로
$$\overrightarrow{AB} \cdot \overrightarrow{AC} = |\overrightarrow{AB}||\overrightarrow{AB}| = 1$$
$$\overrightarrow{BC} \cdot \overrightarrow{AC} = |\overrightarrow{AD}||\overrightarrow{AD}| = 1$$
또한 두 벡터 $\overrightarrow{AB}$와 $\overrightarrow{CD}$는 평행하고 방향이 반대,
두 벡터 $\overrightarrow{BC}$와 $\overrightarrow{CD}$는 서로 수직이므로
$$\overrightarrow{AB} \cdot \overrightarrow{CD} = -|\overrightarrow{AB}||\overrightarrow{CD}| = -1$$
$$\overrightarrow{BC} \cdot \overrightarrow{CD} = 0$$
따라서 ⊙에서
$$(\overrightarrow{AB} + k\overrightarrow{BC}) \cdot (\overrightarrow{AC} + 3k\overrightarrow{CD}) = 1 - 3k + k + 0 = 0$$
이므로 $-2k + 1 = 0$
$$\therefore \; k = \frac{1}{2}$$

풀이 2

주어진 정사각형을 점 B를 원점, 두 직선 BC, AB를 각각
x축, y축으로 하는 좌표평면에 놓으면

$A(0, 1)$, $B(0, 0)$, $C(1, 0)$, $D(1, 1)$이다.
$$\overrightarrow{AB} = (0, -1), \; \overrightarrow{BC} = (1, 0), \; \overrightarrow{AC} = (1, -1), \; \overrightarrow{CD} = (0, 1)$$
이므로
$$(\overrightarrow{AB} + k\overrightarrow{BC}) \cdot (\overrightarrow{AC} + 3k\overrightarrow{CD}) = (k, -1) \cdot (1, 3k-1)$$
$$= k - (3k-1)$$
$$= -2k + 1$$
에서 $-2k + 1 = 0$
$$\therefore \; k = \frac{1}{2}$$

답 ②

N03-13

ㄱ. 그림과 같이 사각형 ABFE가 평행사변형이 되도록 점 F를
잡으면
$$\overrightarrow{AB} + \overrightarrow{AE} = \overrightarrow{AF} \text{이다.} \quad \boxed{\text{너코 130}}$$

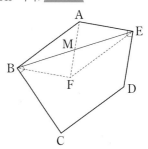

이때 평행사변형의 두 대각선은 서로 다른 것을 이등분하므로
선분 BE의 중점 M은 선분 AF의 중점이기도 하다.
따라서 $\overrightarrow{AF} = 2\overrightarrow{AM}$이므로
두 벡터 $\overrightarrow{AB} + \overrightarrow{AE}$, $\overrightarrow{AM}$은 서로 평행하다. $\boxed{\text{너코 131}}$ (참)

ㄴ. 두 직선 BC, ED의 교점을 G라 하자.

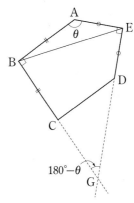

사각형 ABGE에서 $\angle ABG = \angle AEG = 90°$이므로
$\angle BAE = \theta$라 할 때, $\angle BGE = 180° - \theta$이다.
$$\overrightarrow{AB} \cdot \overrightarrow{AE} = |\overrightarrow{AB}||\overrightarrow{AE}|\cos\theta$$
$$= \overline{AB} \times \overline{AE} \times \cos\theta$$
이고
$$\overrightarrow{BC} \cdot \overrightarrow{ED} = |\overrightarrow{BC}||\overrightarrow{ED}|\cos(180° - \theta)$$
$$= -\overline{BC} \times \overline{ED} \times \cos\theta \quad \boxed{\text{너코 129}} \quad \boxed{\text{너코 134}}$$
이다.
이때 $\overline{AB} = \overline{BC}$, $\overline{AE} = \overline{ED}$라 주어졌으므로
$\overrightarrow{AB} \cdot \overrightarrow{AE} = -\overrightarrow{BC} \cdot \overrightarrow{ED}$이다. (참)

ㄷ. $\overrightarrow{AB} = \overrightarrow{BC}$, $\overrightarrow{AE} = \overrightarrow{ED}$이고
　ㄴ에 의하여 $\overrightarrow{BC} \cdot \overrightarrow{ED} = -\overrightarrow{AB} \cdot \overrightarrow{AE}$이므로
$$|\overrightarrow{BC} + \overrightarrow{ED}|^2 = |\overrightarrow{BC}|^2 + 2\overrightarrow{BC} \cdot \overrightarrow{ED} + |\overrightarrow{ED}|^2 \quad \boxed{\text{너코 134}}$$
$$= |\overrightarrow{AB}|^2 - 2\overrightarrow{AB} \cdot \overrightarrow{AE} + |\overrightarrow{AE}|^2$$
$$= |\overrightarrow{AB} - \overrightarrow{AE}|^2 = |\overrightarrow{EB}|^2$$
$$\therefore |\overrightarrow{BC} + \overrightarrow{ED}| = |\overrightarrow{BE}| \ (\text{참})$$

따라서 옳은 것은 ㄱ, ㄴ, ㄷ이다.

답 ⑤

N03-14

ㄱ. $|\overrightarrow{CB} - \overrightarrow{CP}| = |\overrightarrow{PB}|$이므로 　$\boxed{\text{너코 132}}$
　점 P가 점 A의 위치에 있을 때 구하는 최솟값은
　$\overrightarrow{AB} = 1$이다. 　$\boxed{\text{너코 129}}$ (참)

ㄴ. 직각삼각형 ADC에서
$$\overrightarrow{CD} : \overrightarrow{AD} = 1 : \sqrt{3}$$이므로 $\angle CAD = \dfrac{\pi}{6}$이다.

또한 삼각형 EAD가 정삼각형이므로 $\angle EAD = \dfrac{\pi}{3}$이다.

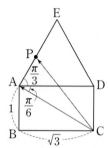

따라서 $\angle CAE = \dfrac{\pi}{2}$이므로
$$\overrightarrow{CA} \cdot \overrightarrow{CP} = \overrightarrow{CA}^2$$으로 일정하다. 　$\boxed{\text{너코 134}}$ (참)

ㄷ. $\overrightarrow{DA} = \overrightarrow{AA'} = \overrightarrow{EE'}$을 만족시키는 두 점 A', E'에 대하여
$\overrightarrow{DA} = \overrightarrow{PP'}$을 만족시키는 점 P'은 선분 $A'E'$ 위를
움직이는 점이다. 　$\boxed{\text{너코 129}}$

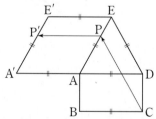

$|\overrightarrow{DA} + \overrightarrow{CP}| = |\overrightarrow{PP'} + \overrightarrow{CP}| = |\overrightarrow{CP'}|$이므로 　$\boxed{\text{너코 130}}$
$|\overrightarrow{DA} + \overrightarrow{CP}|$의 최솟값은 $\overrightarrow{CP'}$의 최솟값과 같다.
점 C에서 선분 $A'E'$에 내린 수선의 발을 H라 할 때
$$\overline{CP'} \geq \overline{CH}$$
$$= \overline{CA} + \overline{AH} \ (\because \ \text{ㄴ에 의하여 } \angle CAE = \dfrac{\pi}{2})$$
$$= \sqrt{1^2 + (\sqrt{3})^2} + \overline{AA'} \sin\dfrac{\pi}{3}$$
$$= 2 + \sqrt{3} \times \dfrac{\sqrt{3}}{2} = \dfrac{7}{2}$$

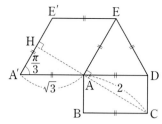

즉, $|\overrightarrow{DA} + \overrightarrow{CP}|$의 최솟값은 $\dfrac{7}{2}$이다. (참)

따라서 옳은 것은 ㄱ, ㄴ, ㄷ이다.

답 ⑤

빈출 QnA

Q. ㄷ에서 보조선을 긋고 생각하기 어려운데 다른 풀이는
없나요?

A. 보조선을 긋고 생각하기 어려우면 다음과 같이 각 점을
조건을 만족시키도록 좌표평면 위에 두고 풀이할 수도
있습니다.
$A(0, 0)$, $C(2, 0)$, $D\left(\dfrac{3}{2}, \dfrac{\sqrt{3}}{2}\right)$, $E(0, \sqrt{3})$이라 하면
$P(0, p)$이다. (단, $0 \leq p \leq \sqrt{3}$)

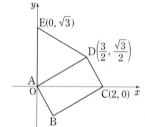

$\overrightarrow{DA} = \left(-\dfrac{3}{2}, -\dfrac{\sqrt{3}}{2}\right)$, $\overrightarrow{CP} = (0-2, p-0) = (-2, p)$에서
$\boxed{\text{너코 133}}$
$$\overrightarrow{DA} + \overrightarrow{CP} = \left(-\dfrac{3}{2}, -\dfrac{\sqrt{3}}{2}\right) + (-2, p)$$
$$= \left(-\dfrac{7}{2}, -\dfrac{\sqrt{3}}{2} + p\right)$$
이므로
$$|\overrightarrow{DA} + \overrightarrow{CP}| = \sqrt{\left(-\dfrac{7}{2}\right)^2 + \left(-\dfrac{\sqrt{3}}{2} + p\right)^2}$$
따라서 $|\overrightarrow{DA} + \overrightarrow{CP}|$는 $p = \dfrac{\sqrt{3}}{2}$일 때 최솟값 $\dfrac{7}{2}$을 갖습니다.

N03-15

$|\overrightarrow{OP}| = \sqrt{1 + a^2}$, $|\overrightarrow{OQ}| = 3$이므로 　$\boxed{\text{너코 129}}$
두 벡터의 합의 크기 $|\overrightarrow{OP} + \overrightarrow{OQ}|$는
두 벡터 $\overrightarrow{OP}$, $\overrightarrow{OQ}$가 이루는 각의 크기가 최소일 때 최댓값
$f(a)$를 갖는다. 　$\boxed{\text{너코 130}}$

i) $a \geq 0$인 경우

두 벡터 $\overrightarrow{OP}$, $\overrightarrow{OQ}$의 방향이 같을 때 θ가 최솟값을
가지므로

$f(a) = |\overrightarrow{OP}| + |\overrightarrow{OQ}| = \sqrt{1+a^2} + 3$이다.

따라서 $f(a) = 5$, 즉 $\sqrt{1+a^2} = 2$를 만족시키는 a의 값은
$\sqrt{3}$이다.

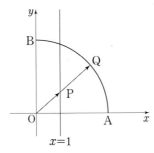

ii) $a < 0$인 경우

점 Q가 점 A와 일치할 때 θ가 최솟값을 가지므로

$f(a) = |\overrightarrow{OP} + \overrightarrow{OA}| = |(1, a) + (3, 0)|$

$= |(4, a)| = \sqrt{4^2 + a^2}$ 너코 133

이다.

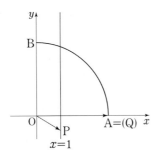

따라서 $f(a) = 5$, 즉 $16 + a^2 = 25$를 만족시키는 a의 값은
-3이다.

i), ii)에 의하여 구하는 모든 실수 a의 값의 곱은
$\sqrt{3} \times (-3) = -3\sqrt{3}$이다.

답 ③

N03-16

풀이 1

원 $(x+5)^2 + y^2 = 16$의 중심을 O_1이라 하고
두 벡터 $\overrightarrow{OP}$, $\overrightarrow{O_1Q}$가 이루는 각의 크기를
$\theta(0° \leq \theta \leq 180°)$라 하면

$\overrightarrow{OP} \cdot \overrightarrow{OQ} = \overrightarrow{OP} \cdot (\overrightarrow{OO_1} + \overrightarrow{O_1Q})$ 너코 130

$= \overrightarrow{OP} \cdot \overrightarrow{OO_1} + \overrightarrow{OP} \cdot \overrightarrow{O_1Q}$ 너코 134

$= (a, b) \cdot (-5, 0) + |\overrightarrow{OP}| \times |\overrightarrow{O_1Q}| \times \cos\theta$

$= -5a + 2 \times 4 \times \cos\theta$ 너코 129

$= -5a + 8\cos\theta = 2$ ......㉠

를 만족시키는 점 Q가 하나뿐이어야 한다.

이때 $\cos\theta \neq 1$, 즉 $\theta \neq 0°$이면 다음 그림과 같이 가능한 점 Q는
유일하지 않다.

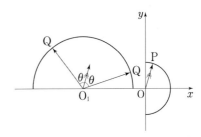

한편 $\cos\theta = 1$, 즉 $\theta = 0°$이면 두 벡터 $\overrightarrow{OP}$, $\overrightarrow{O_1Q}$가
평행하도록 하는 점 Q가 하나뿐이다.

따라서 ㉠에서 $-5a + 8 \times 1 = 2$이므로 $a = \dfrac{6}{5}$이다.

이때 점 $P(a, b)$의 y좌표가 음수이면 $\overrightarrow{OP} \cdot \overrightarrow{OQ} < 0$이므로
주어진 조건에 모순이다.

따라서 $b \geq 0$이므로 $b = \sqrt{4 - a^2} = \dfrac{8}{5}$이다.

$\therefore a + b = \dfrac{14}{5}$

풀이 2

점 P는 호 $x^2 + y^2 = 4 (x \geq 0)$ 위의 점이므로

$a^2 + b^2 = 4$ ......㉠

두 벡터 $\overrightarrow{OP}$, $\overrightarrow{OQ}$가 이루는 각의 크기를 θ라 하면

$\overrightarrow{OP} \cdot \overrightarrow{OQ} = |\overrightarrow{OP}||\overrightarrow{OQ}|\cos\theta$ 너코 134

이때 $\overrightarrow{OP} \cdot \overrightarrow{OQ} = 2$, $|\overrightarrow{OP}| = 2$이므로 너코 129

$|\overrightarrow{OQ}|\cos\theta = 1$

그런데 (점 P의 y좌표) < 0, 즉 $b < 0$이면
점 Q의 위치에 관계없이 $\cos\theta \leq 0$이므로 조건을 만족시키지
않는다.

즉, $b \geq 0$이고, ...㉡

점 Q에서 직선 OP에 내린 수선의 발을 H라 하면

$\overrightarrow{OH} = \dfrac{1}{2}\overrightarrow{OP}$이어야 한다.

즉, 점 H가 선분 OP의 중점이어야 한다.

이때 선분 OP의 수직이등분선이
호 $(x+5)^2 + y^2 = 16 (y \geq 0)$과 두 점에서 만나면
그림과 같이 점 Q는 점 Q_1 또는 점 Q_2의 2개이다.

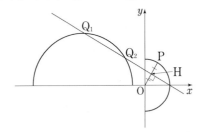

따라서 점 Q가 단 하나뿐이려면
그림과 같이 선분 OP의 수직이등분선이
호 $(x+5)^2 + y^2 = 16 (y \geq 0)$과 접해야 한다.

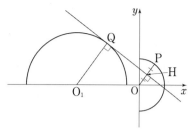

직선 QH는 점 $H\left(\dfrac{a}{2},\ \dfrac{b}{2}\right)$를 지나고 직선 OP에 수직이므로

직선의 방정식은

$y-\dfrac{b}{2}=-\dfrac{a}{b}\left(x-\dfrac{a}{2}\right)$, $2ax+2by-(a^2+b^2)=0$

$\therefore\ 2ax+2by-4=0\ (\because \text{㉠})$

이 직선이 반원 $(x+5)^2+y^2=16$에 접하므로 원의 중심을

O_1이라 하면

$\overline{O_1Q}=4$에서 $\dfrac{|-10a-4|}{\sqrt{4a^2+4b^2}}=4$

위의 식에 ㉠을 대입하면

$|-10a-4|=16$

$\therefore\ a=\dfrac{6}{5}\ (\because\ a>0)$

㉠에 $a=\dfrac{6}{5}$을 대입하면 $b=\sqrt{4-a^2}=\dfrac{8}{5}\ (\because \text{㉡})$

$\therefore\ a+b=\dfrac{14}{5}$

답 ⑤

N03-17

선분 BC의 중점을 M이라 하면 $\overline{AB}=\overline{CD}=\overline{AD}=2$이고

$\angle ABC=\angle BCD=\dfrac{\pi}{3}$이므로 세 삼각형 ABM, AMD,

CDM은 모두 한 변의 길이가 2인 정삼각형이다.

이때 조건 (가)에서 $\overrightarrow{AC}=2\overrightarrow{AD}+2\overrightarrow{BP}$이고,

주어진 그림에서 $\overrightarrow{AC}=\overrightarrow{AB}+\overrightarrow{BC}$, $2\overrightarrow{AD}=\overrightarrow{BC}$이므로 너코130

$\overrightarrow{BP}=\dfrac{\overrightarrow{AC}-2\overrightarrow{AD}}{2}=\dfrac{(\overrightarrow{AB}+\overrightarrow{BC})-\overrightarrow{BC}}{2}=\dfrac{1}{2}\overrightarrow{AB}$

따라서 점 P는 반직선 AB 위에 위치하고 $\overline{BP}=1$이다.

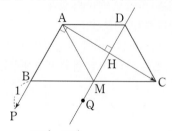

한편 조건 (나)에서 $\overrightarrow{AC}\cdot\overrightarrow{PQ}=6$이므로 두 벡터 $\overrightarrow{AC}$, $\overrightarrow{PQ}$가

이루는 예각의 크기를 θ라 하면

$\overrightarrow{AC}\cdot\overrightarrow{PQ}=|\overrightarrow{AC}||\overrightarrow{PQ}|\cos\theta$ 너코134

$\qquad\qquad=\overline{AC}\times\overline{PQ}\cos\theta=6$

이때 점 A에서 선분 DM에 내린 수선의 발을 H라 하면

$\overline{AH}=\dfrac{\sqrt{3}}{2}\times2=\sqrt{3}$, $\overline{AC}=2\overline{AH}=2\sqrt{3}$이므로

$2\sqrt{3}\times\overline{PQ}\cos\theta=6$에서 $\overline{PQ}\cos\theta=\sqrt{3}$이다.

즉, $\overline{PQ}\cos\theta=\overline{AH}$이므로 점 Q는 직선 DM 위에 위치한다.

그런데 조건 (다)에서 $2\times\angle BQA=\angle PBQ$이고

삼각형 ABQ에서 $\angle BAQ+\angle BQA=\angle PBQ$이므로

$\angle BAQ=\angle BQA$

즉, 삼각형 ABQ는 이등변삼각형이므로 $\overline{BQ}=\overline{AB}$이다.

따라서 점 Q는 직선 DM 위에 있으면서 $\overline{BQ}=\overline{AB}$를

만족시켜야 하므로 그림과 같이 점 M 또는 R에 위치하고

$\angle DMC=\dfrac{\pi}{3}$이므로 삼각형 BRM은 정삼각형을 이룬다.

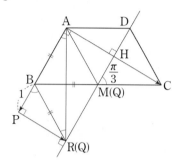

이때 $\angle PBQ<\dfrac{\pi}{2}$이어야 하므로 조건을 만족시키는 점 Q의

위치는 점 R이다.

따라서 구하는 $\overrightarrow{CP}\cdot\overrightarrow{DQ}$의 값은

$\overrightarrow{CP}\cdot\overrightarrow{DR}=(\overrightarrow{CA}+\overrightarrow{AP})\cdot\overrightarrow{DR}$

$\qquad\qquad=\overrightarrow{CA}\cdot\overrightarrow{DR}+\overrightarrow{AP}\cdot\overrightarrow{DR}$

$\qquad\qquad=0+|\overrightarrow{AP}||\overrightarrow{DR}|\ (\because\ \overrightarrow{CA}\perp\overrightarrow{DR},\ \overrightarrow{AP}\,/\!/\,\overrightarrow{DR})$

$\qquad\qquad=3\times4=12$

답 12

N04-01

다음 그림과 같이 선분 O_2O_3의 중점이 O_1이 되도록 점 O_3을

잡고, 두 점 O_1, O_3을 각각 중심으로 하고 반지름의 길이가 1인

두 원의 두 교점을 A′, B′이라 하자.

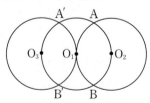

호 AO_1B 위의 점 Q에 대하여

$\overrightarrow{O_1Q'}=\overrightarrow{O_2Q}$를 만족시키는 점 Q′은 호 A′$O_3$B′ 위의 점이다.

너코129

두 벡터 $\overrightarrow{O_1P}$, $\overrightarrow{O_1Q'}$이 이루는 각의 크기를 θ라 할 때

$\overrightarrow{O_1P}\cdot\overrightarrow{O_2Q}=\overrightarrow{O_1P}\cdot\overrightarrow{O_1Q'}=|\overrightarrow{O_1P}||\overrightarrow{O_1Q'}|\cos\theta=\cos\theta$

이다. 너코134

따라서 $\overrightarrow{O_1P}\cdot\overrightarrow{O_2Q}$의 최댓값, 최솟값은 $\cos\theta$의 최댓값,

최솟값과 같다. 너코135

[그림 1]과 같이 점 P가 점 A의 위치, 점 Q′이 점 A′의 위치에 있으면

$$M = \cos\frac{\pi}{3} = \frac{1}{2}$$ 이고,

세 점 P, O_1, Q′이 일직선 위에 있으면, 예를 들어 [그림 2]와 같이 점 P가 점 O_2의 위치, 점 Q′이 점 O_3의 위치에 있으면 $m = \cos\pi = -1$이다.

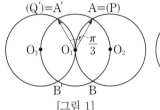 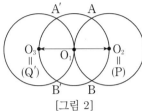

[그림 1]　　　　[그림 2]

$$\therefore \ M + m = -\frac{1}{2}$$

답 ②

N04-02

$$\overrightarrow{AD} \cdot \overrightarrow{CX} = \overrightarrow{AD} \cdot (\overrightarrow{CO} + \overrightarrow{OX}) \quad \boxed{\text{너코 130}}$$
$$= \overrightarrow{AD} \cdot \overrightarrow{CO} + \overrightarrow{AD} \cdot \overrightarrow{OX} \quad \boxed{\text{너코 134}}$$

에서 두 벡터 $\overrightarrow{AD}$, $\overrightarrow{CO}$는 주어진 도형에서 크기와 방향이 일정한 벡터이므로
$\overrightarrow{AD} \cdot \overrightarrow{CX}$의 값이 최소이려면 $\overrightarrow{AD} \cdot \overrightarrow{OX}$의 값이 최소이어야 한다.

이때 $|\overrightarrow{AD}|$, $|\overrightarrow{OX}|$의 값이 일정하므로 다음 그림과 같이 두 벡터 $\overrightarrow{AD}$, $\overrightarrow{OX}$의 방향이 서로 반대가 되도록 하는 점 X가 점 P이다. $\boxed{\text{너코 135}}$

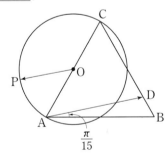

따라서

$$\angle AOP = \angle OAD$$
$$= \angle OAB - \angle DAB$$
$$= \frac{\pi}{3} - \frac{\pi}{15} = \frac{4}{15}\pi$$

이고, 호 AP에 대한 원주각의 크기는 중심각의 크기의

$\frac{1}{2}$이므로

$$\angle ACP = \frac{1}{2}\angle AOP = \frac{2}{15}\pi 이다.$$

$$\therefore \ p + q = 15 + 2 = 17$$

답 17

N04-03

$\boxed{\text{풀이 1}}$

두 벡터 $\overrightarrow{PA}$, $\overrightarrow{PB}$가 이루는 각의 크기를 θ라 하면

(단, $\frac{\pi}{2} \le \theta < \pi$)

$$\overrightarrow{PA} \cdot \overrightarrow{PB} = |\overrightarrow{PA}||\overrightarrow{PB}|\cos\theta = -\overline{PA} \times \overline{PH} \quad \boxed{\text{너코 134}}$$

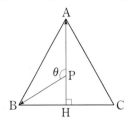

이때 한 변의 길이가 2인 정삼각형의 높이가

$$\overline{AH} = \frac{\sqrt{3}}{2} \times 2 = \sqrt{3} 이므로$$

$\overline{PA} = x$라 할 때, $\overline{PH} = \sqrt{3} - x$이다. (단, $0 \le x \le \sqrt{3}$)
따라서

$$|\overrightarrow{PA} \cdot \overrightarrow{PB}| = \overline{PA} \times \overline{PH}$$
$$= -x^2 + \sqrt{3}x$$
$$= -\left(x - \frac{\sqrt{3}}{2}\right)^2 + \frac{3}{4}$$

이므로 구하는 최댓값은 $x = \frac{\sqrt{3}}{2}$일 때 $\frac{3}{4}$이다.

$$\therefore \ p + q = 4 + 3 = 7$$

$\boxed{\text{풀이 2}}$

두 벡터 $\overrightarrow{PA}$, $\overrightarrow{PB}$가 이루는 각의 크기를 θ라 하면

(단, $\frac{\pi}{2} \le \theta < \pi$)

$$\overrightarrow{PA} \cdot \overrightarrow{PB} = |\overrightarrow{PA}||\overrightarrow{PB}|\cos\theta = -\overline{PA} \times \overline{PH} \quad \boxed{\text{너코 134}}$$

한편 산술평균과 기하평균의 관계에 의하여

$$\sqrt{\overline{PA} \times \overline{PH}} \le \frac{\overline{PA} + \overline{PH}}{2} = \frac{\overline{AH}}{2} = \frac{\sqrt{3}}{2}$$

(단, 등호는 $\overline{PA} = \overline{PH}$일 때 성립한다.)

따라서

$$|\overrightarrow{PA} \cdot \overrightarrow{PB}| = \overline{PA} \times \overline{PH} \le \left(\frac{\sqrt{3}}{2}\right)^2 = \frac{3}{4}$$

이므로 구하는 최댓값은 $\frac{3}{4}$이다.

$$\therefore \ p + q = 4 + 3 = 7$$

$\boxed{\text{풀이 3}}$

그림과 같이 좌표평면 위에
$H(0, 0)$, $A(0, \sqrt{3})$, $B(-1, 0)$, $C(1, 0)$이라 놓으면
$P(0, k)$이므로(단, $0 \le k \le \sqrt{3}$)
$$\overrightarrow{PA} = \overrightarrow{HA} - \overrightarrow{HP} = (0, \sqrt{3} - k),$$
$$\overrightarrow{PB} = \overrightarrow{HB} - \overrightarrow{HP} = (-1, -k) 이다. \quad \boxed{\text{너코 132}} \quad \boxed{\text{너코 133}}$$

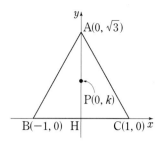

따라서

$|\overrightarrow{PA} \cdot \overrightarrow{PB}| = |(0, \sqrt{3}-k) \cdot (-1, -k)|$ 너코134

$= |k^2 - \sqrt{3}\,k|$

$= \left| \left(k - \dfrac{\sqrt{3}}{2} \right)^2 - \dfrac{3}{4} \right|$

이므로 최댓값은 $k = \dfrac{\sqrt{3}}{2}$ 일 때 $\dfrac{3}{4}$ 이다.

$\therefore p+q = 4+3 = 7$

답 7

N04-04

좌표평면에서 중심이 O이고 반지름의 길이가 1인 원 위의 한 점을 A, 중심이 O이고 반지름의 길이가 3인 원 위의 한 점을 B라 할 때, 점 P가 다음 조건을 만족시킨다.

> (가) $\overrightarrow{OB} \cdot \overrightarrow{OP} = 3\overrightarrow{OA} \cdot \overrightarrow{OP}$
>
> (나) $|\overrightarrow{PA}|^2 + |\overrightarrow{PB}|^2 = 20$

$\overrightarrow{PA} \cdot \overrightarrow{PB}$ 의 최솟값은 m 이고 이때 $|\overrightarrow{OP}| = k$ 이다. $m+k^2$ 의 값을 구하시오. [4점]

How To

❶ $\overrightarrow{OB} \cdot \overrightarrow{OP} = 3\overrightarrow{OA} \cdot \overrightarrow{OP}$
$|\overrightarrow{OB}| = 3|\overrightarrow{OA}| \, (\neq 0)$ 이므로
$|\overrightarrow{OP}| = 0$ 또는 $\angle POB = \angle POA$ 이다.

❷ $|\overrightarrow{PA}|^2 + |\overrightarrow{PB}|^2 = 20$
구해야 하는 값 $\overrightarrow{PA} \cdot \overrightarrow{PB}$ 를
주어진 정보 $|\overrightarrow{PA}|^2 + |\overrightarrow{PB}|^2$ 을 이용하여 나타내면
$\overrightarrow{PA} \cdot \overrightarrow{PB} = \dfrac{1}{2}(|\overrightarrow{PA}|^2 + |\overrightarrow{PB}|^2 - |\overrightarrow{PA} - \overrightarrow{PB}|^2)$.

풀이 1

❶ 벡터 $\overrightarrow{OP}$ 가 두 벡터 $\overrightarrow{OA}$, $\overrightarrow{OB}$ 와 이루는 각의 크기를 각각 α, β 라 하자. (단, $0 \le \alpha \le \pi$, $0 \le \beta \le \pi$)
조건 (가)에 의하여
$|\overrightarrow{OB}||\overrightarrow{OP}|\cos\beta = 3|\overrightarrow{OA}||\overrightarrow{OP}|\cos\alpha$ 이고 너코134
$|\overrightarrow{OA}| = 1$, $|\overrightarrow{OB}| = 3$ 이므로 너코129
$3 \times |\overrightarrow{OP}|\cos\beta = 3 \times 1 \times |\overrightarrow{OP}|\cos\alpha$
$3|\overrightarrow{OP}|(\cos\alpha - \cos\beta) = 0$
$|\overrightarrow{OP}| = 0$ 또는 $\cos\alpha = \cos\beta$
이때 $|\overrightarrow{OP}| = 0$ 이면

$|\overrightarrow{PA}|^2 + |\overrightarrow{PB}|^2 = \overline{OA}^2 + \overline{OB}^2$
$\qquad\qquad\qquad\quad = 1^2 + 3^2 = 10$
이므로 조건 (나)를 만족시키지 않는다.
따라서 $\cos\alpha = \cos\beta$ 이므로 $\alpha = \beta$ 이다. ……㉠

❷ $|\overrightarrow{PA}|^2 + |\overrightarrow{PB}|^2 = |\overrightarrow{PA} - \overrightarrow{PB}|^2 + 2\overrightarrow{PA} \cdot \overrightarrow{PB}$ 에서
$20 = |\overrightarrow{BA}|^2 + 2\overrightarrow{PA} \cdot \overrightarrow{PB}$ 이므로 ($\because$ (나))
$\overrightarrow{PA} \cdot \overrightarrow{PB} = 10 - \dfrac{\overline{BA}^2}{2}$ 이다. ……㉡
이때 $\overrightarrow{PA} \cdot \overrightarrow{PB}$ 의 값이 최소이려면
$\overline{BA}$ 의 값이 최대이어야 하므로 그림과 같이 두 벡터 $\overrightarrow{OA}$, $\overrightarrow{OB}$ 의 방향이 반대이다. 너코135 ……㉢
따라서 $\overline{BA} = \overline{OA} + \overline{OB} = 1+3 = 4$ 이므로
㉡에서 $m = 10 - \dfrac{4^2}{2} = 2$ 이다.

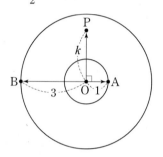

㉠, ㉢에 의하여 $\angle POA = \angle POB = \dfrac{\pi}{2}$ 일 때
$|\overrightarrow{OP}| = k$ 이므로
조건 (나)에서
$|\overrightarrow{PA}|^2 + |\overrightarrow{PB}|^2 = (k^2 + 1^2) + (k^2 + 3^2)$
$\qquad\qquad\qquad\qquad = 2k^2 + 10 = 20$
즉, $k^2 = 5$ 이다.
$\therefore m + k^2 = 2+5 = 7$

풀이 2

중심이 O, 반지름의 길이가 3인 원 위에
$\overrightarrow{OA'} = 3\overrightarrow{OA}$ 가 되도록 점 A'을 잡으면 너코131
조건 (가)에서
$\overrightarrow{OB} \cdot \overrightarrow{OP} = \overrightarrow{OA'} \cdot \overrightarrow{OP}$,
$(\overrightarrow{OB} - \overrightarrow{OA'}) \cdot \overrightarrow{OP} = 0$ 너코134
$\overrightarrow{A'B} \cdot \overrightarrow{OP} = 0$ 너코130
ⅰ) $\overrightarrow{A'B}$ 가 영벡터인 경우
O$(0, 0)$, A$(1, 0)$, B$(3, 0)$, P(a, b) 라 하면
조건 (나)의 $|\overrightarrow{PA}|^2 + |\overrightarrow{PB}|^2 = 20$ 에서
$(a-1)^2 + b^2 + (a-3)^2 + b^2 = 20$,
즉 $a^2 - 4a + b^2 = 5$ 이므로
$\overrightarrow{PA} \cdot \overrightarrow{PB} = (1-a, -b) \cdot (3-a, -b)$
$\qquad\qquad\quad = a^2 - 4a + b^2 + 3 = 8$
이다.

ii) $\overrightarrow{\mathrm{OP}}$가 영벡터인 경우
$$|\overrightarrow{\mathrm{PA}}|^2+|\overrightarrow{\mathrm{PB}}|^2=\overrightarrow{\mathrm{OA}}^2+\overrightarrow{\mathrm{OB}}^2$$
$$=1^2+3^2=10$$
이므로 조건 (나)를 만족시키지 않는다. _{너코 129}

iii) 현 $\mathrm{A'B}$를 직선 OP가 이등분하는 경우

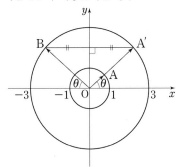

좌표평면 위에 $\mathrm{O}(0,0)$, $\mathrm{A}(\cos\theta,\sin\theta)$,
$\mathrm{B}(-3\cos\theta,3\sin\theta)$라 놓으면 $\mathrm{P}(0,p)$이다.
(단, $0\leq\theta\leq\dfrac{\pi}{2}$) _{너코 135}

조건 (나)에 의하여
$\overrightarrow{\mathrm{PA}}^2+\overrightarrow{\mathrm{PB}}^2=20$, 즉
$$\cos^2\theta+(\sin\theta-p)^2+(-3\cos\theta)^2+(3\sin\theta-p)^2=20$$
이므로
$$10-8p\sin\theta+2p^2=20$$
$$p^2-4p\sin\theta=5 \qquad\cdots\cdots\text{㉠}$$
$$\overrightarrow{\mathrm{PA}}\cdot\overrightarrow{\mathrm{PB}}=(\cos\theta,\sin\theta-p)\cdot(-3\cos\theta,3\sin\theta-p)$$
$$=-3\cos^2\theta+3\sin^2\theta-4p\sin\theta+p^2$$
$$=(6\sin^2\theta-3)+5\ (\because\ \cos^2\theta=1-\sin^2\theta,\ \text{㉠})$$
$$=6\sin^2\theta+2$$
이므로 $\sin\theta=0$일 때 최솟값 2를 갖는다.

i)~iii)에 의하여 $\overrightarrow{\mathrm{PA}}\cdot\overrightarrow{\mathrm{PB}}$의 최솟값은 $m=2$이고
이때 $|\overrightarrow{\mathrm{OP}}|=k$이며
㉠에 의하여 $|\overrightarrow{\mathrm{OP}}|^2=p^2=5$이므로 $k^2=5$이다.
∴ $m+k^2=7$

답 7

N04-05

_{풀이 1}

두 점 C, D에서 직선 AB에 내린 수선의 발을 각각 $\mathrm{C'}$, $\mathrm{D'}$이라 하자.

조건 (가)에 의하여 $0<\angle\mathrm{CAB}<\dfrac{\pi}{2}$이므로
$$\overline{\mathrm{AC'}}=\overline{\mathrm{AC}}\cos(\angle\mathrm{CAB})=5\times\dfrac{3}{5}=3\text{이고} \qquad\cdots\cdots\text{㉠}$$
$$\overline{\mathrm{CC'}}=\sqrt{5^2-3^2}=4\text{이다.} \qquad\cdots\cdots\text{㉡}$$
따라서 원 O_1 위의 점 C의 위치로 가능한 것은 [그림 1]의 별표시한 두 점이고,
어느 것을 C로 하더라도 일반성을 잃지 않는다.

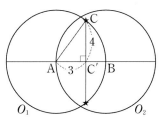

[그림 1]

한편 조건 (나)에 의하여 $\overrightarrow{\mathrm{AB}}\cdot\overrightarrow{\mathrm{CD}}>0$이므로
$$\overrightarrow{\mathrm{AB}}\cdot\overrightarrow{\mathrm{CD}}=\overrightarrow{\mathrm{AB}}\cdot(\overrightarrow{\mathrm{CC'}}+\overrightarrow{\mathrm{C'D'}}+\overrightarrow{\mathrm{D'D}}) \quad\text{너코 130}$$
$$=\overrightarrow{\mathrm{AB}}\cdot\overrightarrow{\mathrm{C'D'}}=\overline{\mathrm{AB}}\times\overline{\mathrm{C'D'}} \quad\text{너코 134}$$
$$=5\overline{\mathrm{C'D'}}=30$$
에서
$$\overline{\mathrm{C'D'}}=6\text{이고} \qquad\cdots\cdots\text{㉢}$$
$$\overline{\mathrm{DD'}}=\sqrt{5^2-(6-2)^2}=3\text{이다.} \qquad\cdots\cdots\text{㉣}$$
따라서 원 O_2 위의 점 D의 위치로 가능한 것은 [그림 2]의 별표시한 두 점이고,
이때 조건 (나)에 의하여 $|\overrightarrow{\mathrm{CD}}|<9$이어야 하므로 점 C에 가까운 점이 D이다. _{··· 빈출 QnA}

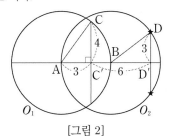

[그림 2]

선분 AB의 중점을 M, 선분 CD의 중점을 N이라 하자.
$$\overrightarrow{\mathrm{PA}}\cdot\overrightarrow{\mathrm{PB}}=(\overrightarrow{\mathrm{PM}}+\overrightarrow{\mathrm{MA}})\cdot(\overrightarrow{\mathrm{PM}}+\overrightarrow{\mathrm{MB}}) \quad\text{너코 135}$$
$$=|\overrightarrow{\mathrm{PM}}|^2+(\overrightarrow{\mathrm{MA}}+\overrightarrow{\mathrm{MB}})\cdot\overrightarrow{\mathrm{PM}}+\overrightarrow{\mathrm{MA}}\cdot\overrightarrow{\mathrm{MB}}$$
$$=|\overrightarrow{\mathrm{PN}}+\overrightarrow{\mathrm{NM}}|^2+0-\left(\dfrac{5}{2}\right)^2 \qquad\cdots\cdots\text{㉤}$$

$\overrightarrow{\mathrm{PA}}\cdot\overrightarrow{\mathrm{PB}}$의 값이 최대이려면 두 벡터 $\overrightarrow{\mathrm{PN}}$, $\overrightarrow{\mathrm{NM}}$이 서로 평행해야 한다.
[그림 3]과 같이 이때의 점 P를 $\mathrm{P'}$이라 하자.

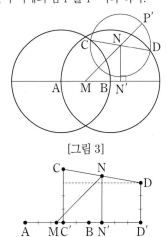

[그림 3]

또한 점 N에서 직선 $\mathrm{C'D'}$에 내린 수선의 발을 $\mathrm{N'}$이라 하자.
㉠, ㉡에 의하여

$$\overrightarrow{MN'} = \overrightarrow{MC'} + \overrightarrow{C'N'}$$
$$= (\overrightarrow{AC'} - \overrightarrow{AM}) + \frac{\overrightarrow{C'D'}}{2}$$
$$= \left(3 - \frac{5}{2}\right) + 3 = \frac{7}{2}$$

©, @에 의하여
$$\overline{NN'} = \frac{\overline{CC'} + \overline{DD'}}{2} = \frac{4+3}{2} = \frac{7}{2} \text{이므로 } \overline{NM} = \frac{7\sqrt{2}}{2} \text{이다.}$$

또한 ©, ©, @에 의하여
$$\overline{CD} = \sqrt{(4-3)^2 + 6^2} = \sqrt{37} \text{이므로}$$
$$\overline{P'N} = \frac{\overline{CD}}{2} = \frac{\sqrt{37}}{2} \text{이다.}$$

따라서 $\overrightarrow{PA} \cdot \overrightarrow{PB}$ 의 최댓값은 ©에서
$$(\overline{P'N} + \overline{NM})^2 - \frac{25}{4} = \left(\frac{\sqrt{37}}{2} + \frac{7\sqrt{2}}{2}\right)^2 - \frac{25}{4}$$
$$= \frac{55}{2} + \frac{7}{2}\sqrt{74}$$
이다.
$$\therefore a + b = \frac{55}{2} + \frac{7}{2} = 31$$

풀이 2

좌표평면 위에 $\overline{AB} = 5$를 만족시키는 두 점을
$A(0, 0)$, $B(5, 0)$이라 하면
$O_1 : x^2 + y^2 = 25$, $O_2 : (x-5)^2 + y^2 = 25$이다.
두 점 C, D에서 x축에 내린 수선의 발을
$C'(c, 0)$, $D'(d, 0)$이라 하면
조건 (가)에 의하여 점 C의 x좌표는
$$c = \overline{AC'} = \frac{3}{5} \times \overline{AC} = 3 \text{이다.}$$
따라서 점 C의 좌표는 $(3, 4)$ 또는 $(3, -4)$이며 일반성을
잃지 않고 $C(3, 4)$라 하자.
$$\overrightarrow{AB} \cdot \overrightarrow{CD} = \overrightarrow{AB} \cdot (\overrightarrow{CC'} + \overrightarrow{C'D'} + \overrightarrow{D'D}) \quad \boxed{\text{너코 130}}$$
$$= \overrightarrow{AB} \cdot \overrightarrow{C'D'} = (5, 0) \cdot (d-3, 0) \quad \boxed{\text{너코 134}}$$
$$= 5(d-3) = 30$$
이므로 $d = 9$이다.
따라서 점 D의 좌표는 $(9, 3)$ 또는 $(9, -3)$이다.
$D(9, 3)$이면 $\overline{CD} = \sqrt{6^2 + (-1)^2} = \sqrt{37}$이고
$D(9, -3)$이면 $\overline{CD} = \sqrt{6^2 + (-7)^2} = \sqrt{85}$이므로 $\quad \cdots\cdots(*)$
조건 (나)의 $|\overrightarrow{CD}| < 9$를 만족시키려면 $D(9, 3)$이어야 한다.

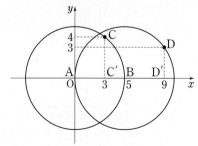

선분 CD를 지름으로 하는 원을 O_3, 이 원의 중심을 M이라
하면

M$\left(6, \frac{7}{2}\right)$, 반지름의 길이는 $\frac{\overline{CD}}{2} = \frac{\sqrt{37}}{2}$이다. $\quad\cdots\cdots$①

이때 원 O_3 위의 점 P의 좌표를 (α, β)라 하면
$$\overrightarrow{PA} \cdot \overrightarrow{PB} = (-\alpha, -\beta) \cdot (5-\alpha, -\beta)$$
$$= \alpha(\alpha - 5) + \beta^2$$
$$= \left(\alpha - \frac{5}{2}\right)^2 + \beta^2 - \frac{25}{4}$$
이다.

이때 $\sqrt{\left(\alpha - \frac{5}{2}\right)^2 + \beta^2}$ 은 점 $P(\alpha, \beta)$와 점 $\left(\frac{5}{2}, 0\right)$ 사이의
거리이므로
이 값은 다음 그림과 같이
원 O_3의 중심 M$\left(6, \frac{7}{2}\right)$이 두 점 $P(\alpha, \beta)$, $\left(\frac{5}{2}, 0\right)$을 이은
선분 위에 놓일 때 최댓값을 갖는다.

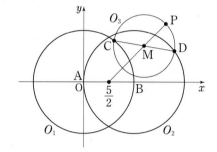

즉,
$$\sqrt{\left(\alpha - \frac{5}{2}\right)^2 + \beta^2} \le \sqrt{\left(6 - \frac{5}{2}\right)^2 + \left(\frac{7}{2} - 0\right)^2} + \frac{\overline{CD}}{2} \ (\because ①)$$
$$= \frac{7\sqrt{2}}{2} + \frac{\sqrt{37}}{2}$$

따라서 $\overrightarrow{PA} \cdot \overrightarrow{PB}$ 의 최댓값은
$$\left(\frac{7\sqrt{2}}{2} + \frac{\sqrt{37}}{2}\right)^2 - \frac{25}{4} = \frac{55}{2} + \frac{7}{2}\sqrt{74} \text{이다.}$$
$$\therefore a + b = \frac{55}{2} + \frac{7}{2} = 31$$

답 31

빈출 QnA

Q. $|\overrightarrow{CD}| < 9$를 만족시키는 점 D의 좌표가 $(9, 3)$인 것에
대하여 자세히 설명해주세요.

A. 점 D의 위치에 대한 정확한 $|\overrightarrow{CD}|$의 값은 $\boxed{\text{풀이 2}}$ 의
$(*)$에서 설명되어 있으므로 참고해주세요.

N04-06

$y^2 = 8 - x^2$, 즉 $x^2 + y^2 = 8$
따라서 곡선 $C : y = \sqrt{8 - x^2} \ (2 \le x \le 2\sqrt{2})$은

점 O를 중심으로 하고 반지름의 길이가 $2\sqrt{2}$이면서 중심각의 크기가 $\dfrac{\pi}{4}$인 부채꼴의 호이므로

좌표평면에 나타내면 [그림 1]과 같다.

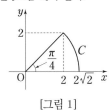

[그림 1]

점 P가 곡선 C 위를 움직일 때

$\overline{OQ}=2$, $\angle POQ=\dfrac{\pi}{4}$를 만족시키고 직선 OP의 아랫부분에

있는 점 Q가 나타내는 도형은

점 O를 중심으로 하고 반지름의 길이가 2이면서 중심각의

크기가 $\dfrac{\pi}{4}$인 ▽ 모양의 부채꼴의 호이므로

좌표평면에 나타내면 [그림 2]와 같다.

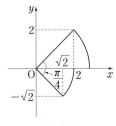

[그림 2]

선분 OP 위를 움직이는 점 X와

선분 OQ 위를 움직이는 점 Y에 대하여

$\overrightarrow{OX}=s\overrightarrow{OP}$, $\overrightarrow{OY}=t\overrightarrow{OQ}$라 할 수 있으므로 너코 **131**

(단, $0\leq s\leq 1$, $0\leq t\leq 1$)

$\overrightarrow{OA}=\overrightarrow{OP}+\overrightarrow{OX}=(1+s)\overrightarrow{OP}$라 할 때

점 A가 나타내는 영역은 [그림 3]과 같고

점 Y가 나타내는 영역은 [그림 4]와 같다. 너코 **132**

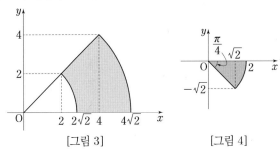

[그림 3]　　　　　[그림 4]

따라서 $\overrightarrow{OZ}=\overrightarrow{OA}+\overrightarrow{OY}$를 만족시키는 점 Z가 나타내는 영역 D는 [그림 5]와 같다.

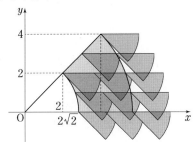

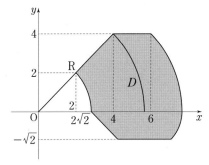

[그림 5]

영역 D에 속하는 점 중에서 y축과의 거리가 최소인 점 R의 좌표는 $(2,2)$이다.

점 Z에서 직선 OR에 내린 수선의 발을 Z'이라 하면

$\overrightarrow{OR}\cdot\overrightarrow{OZ}=\overline{OR}\times\overline{OZ'}=\sqrt{2^2+2^2}\times\overline{OZ'}=2\sqrt{2}\times\overline{OZ'}$

이므로 너코 **134**

$\overrightarrow{OR}\cdot\overrightarrow{OZ}$는

$\overline{OZ'}$이 최소일 때 최솟값을 갖고,

$\overline{OZ'}$이 최대일 때 최댓값을 갖는다. 너코 **135**

이때 점 $(2\sqrt{2},0)$과 점 $(6,4)$에서 직선 OR에 내린 수선의

발을 각각 H, I라 하면

점 Z'이 나타내는 도형은 선분 HI이다.

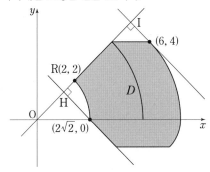

따라서 $\overrightarrow{OR}\cdot\overrightarrow{OZ}$의 최댓값과 최솟값을 각각 M, m이라 하면

점 Z의 좌표가 $(2\sqrt{2},0)$일 때 $\overline{OZ'}$이 최소이므로

$m=(2,2)\cdot(2\sqrt{2},0)=4\sqrt{2}$이고,

점 Z의 좌표가 $(6,4)$일 때 $\overline{OZ'}$이 최대이므로

$M=(2,2)\cdot(6,4)=12+8=20$이다.

즉, $M+m=20+4\sqrt{2}$이므로

$a+b=20+4=24$

답 24

N04-07

풀이 1

조건 (가)에서 $\overrightarrow{PQ}\cdot\overrightarrow{AB}=0$ 또는 $\overrightarrow{PQ}\cdot\overrightarrow{AD}=0$이므로

$\overrightarrow{PQ}$는 $\overrightarrow{AB}$ 또는 $\overrightarrow{AD}$와 수직이다. 너코 **134**

이때 두 점 P, Q의 좌표를 $P(a,b)$, $Q(c,d)$라 하면

조건 (나), (다)에 의하여

$\overrightarrow{OA}\cdot\overrightarrow{OP}=2a\geq-2$에서 $a\geq-1$,

$\overrightarrow{OB}\cdot\overrightarrow{OP}=2b\geq0$에서 $b\geq0$이고

$\overrightarrow{OA} \cdot \overrightarrow{OQ} = 2c \geq -2$에서 $c \geq -1$,

$\overrightarrow{OB} \cdot \overrightarrow{OQ} = 2d \leq 0$에서 $d \leq 0$이다.

따라서 조건 (가), (나), (다)를 모두 만족시키는 경우는
선분 AB, BC, CD, DA의 중점을 각각 E, F, G, H라 할 때,
두 점 P, Q가 [그림 1]과 같이 각각 선분 BF, AH 위에
있으면서 $\overrightarrow{PQ}$가 $\overrightarrow{AD}$와 수직이 되는 경우와
두 점 P, Q가 [그림 2]와 같이 각각 선분 AE, DG 위에
있으면서 $\overrightarrow{PQ}$가 $\overrightarrow{AB}$와 수직이 되는 경우가 있다.

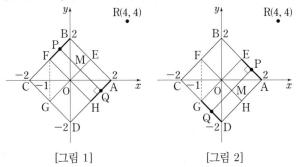

[그림 1]   [그림 2]

이때 선분 PQ의 중점을 M이라 하면
$\overrightarrow{RP} \cdot \overrightarrow{RQ}$
$= (\overrightarrow{RM} + \overrightarrow{MP}) \cdot (\overrightarrow{RM} + \overrightarrow{MQ})$ 너코 130
$= (\overrightarrow{RM} + \overrightarrow{MP}) \cdot (\overrightarrow{RM} - \overrightarrow{MP})$ 너코 129
$= \overrightarrow{RM} \cdot \overrightarrow{RM} - \overrightarrow{RM} \cdot \overrightarrow{MP} + \overrightarrow{MP} \cdot \overrightarrow{RM} - \overrightarrow{MP} \cdot \overrightarrow{MP}$
$= |\overrightarrow{RM}|^2 - |\overrightarrow{MP}|^2$
$= \overrightarrow{RM}^2 - \overrightarrow{MP}^2$ ......㉠

$\overrightarrow{MP} = \dfrac{1}{2}\overrightarrow{AB} = \sqrt{2}$ 로 일정하고

선분 RM의 길이는 점 M이
[그림 1]에서 점 E(1, 1)에 위치할 때
$\sqrt{(4-1)^2 + (4-1)^2} = \sqrt{18}$ 로 최소,
[그림 2]에서 점 H(1, -1)에 위치할 때
$\sqrt{(4-1)^2 + (4+1)^2} = \sqrt{34}$ 로 최대이다. 너코 135
따라서 ㉠에서 $\overrightarrow{RP} \cdot \overrightarrow{RQ}$의 최댓값 M과 최솟값 m은
$M = 34 - 2 = 32$, $m = 18 - 2 = 16$
$\therefore M + m = 48$

풀이 2

앞의 풀이의
i) [그림 1]의 경우에서
  점 P의 좌표를 P(a, $a+2$) ($-1 \leq a \leq 0$)라 하면
  점 Q의 좌표는 Q($a+2$, a)이므로
  $\overrightarrow{RP} = \overrightarrow{OP} - \overrightarrow{OR} = (a, a+2) - (4, 4) = (a-4, a-2)$
  $\overrightarrow{RQ} = \overrightarrow{OQ} - \overrightarrow{OR}$
  $\qquad = (a+2, a) - (4, 4) = (a-2, a-4)$ 너코 133
  $\therefore \overrightarrow{RP} \cdot \overrightarrow{RQ} = (a-4, a-2) \cdot (a-2, a-4)$
  $\qquad\qquad\quad = (a-4)(a-2) + (a-2)(a-4)$ 너코 134
  $\qquad\qquad\quad = 2(a^2 - 6a + 8)$
  $\qquad\qquad\quad = 2(a-3)^2 - 2$

$-1 \leq a \leq 0$이므로 이 경우에서 $\overrightarrow{RP} \cdot \overrightarrow{RQ}$의
최댓값은 $a = -1$일 때 $32 - 2 = 30$,
최솟값은 $a = 0$일 때 $18 - 2 = 16$이다. 너코 135
ii) [그림 2]의 경우에서
  점 P의 좌표를 P(a, $2-a$) ($1 \leq a \leq 2$)라 하면
  점 Q의 좌표는 Q($a-2$, $-a$)이므로
  $\overrightarrow{RP} = \overrightarrow{OP} - \overrightarrow{OR} = (a, 2-a) - (4, 4) = (a-4, -a-2)$
  $\overrightarrow{RQ} = \overrightarrow{OQ} - \overrightarrow{OR}$
  $\qquad = (a-2, -a) - (4, 4) = (a-6, -a-4)$
  $\therefore \overrightarrow{RP} \cdot \overrightarrow{RQ} = (a-4, -a-2) \cdot (a-6, -a-4)$
  $\qquad\qquad\quad = (a-4)(a-6) + (a+2)(a+4)$
  $\qquad\qquad\quad = 2a^2 - 4a + 32$
  $\qquad\qquad\quad = 2(a-1)^2 + 30$

$1 \leq a \leq 2$이므로 이 경우에서 $\overrightarrow{RP} \cdot \overrightarrow{RQ}$의
최댓값은 $a = 2$일 때 $2 + 30 = 32$,
최솟값은 $a = 1$일 때 $0 + 30 = 30$이다.
i), ii)에 의하여 $M = 32$, $m = 16$이므로
$M + m = 48$

답 48

N04-08

$|\overrightarrow{AP}| = 1$이므로 점 P는 중심이 점 A($-3$, 1)이고 반지름의
길이가 1인 원 C_1 위의 점이고, 너코 137

$|\overrightarrow{BQ}| = 2$이므로 점 Q는 중심이 점 B(0, 2)이고 반지름의
길이가 2인 원 C_2 위의 점이다.
이때 점 P의 좌표를 P(p_1, p_2)라 하면
$\overrightarrow{AP} \cdot \overrightarrow{OC} = (p_1+3, p_2-1) \cdot (1, 0)$ 너코 134
$\qquad\qquad = p_1 + 3 \geq \dfrac{\sqrt{2}}{2}$

이므로 $p_1 \geq -3 + \dfrac{\sqrt{2}}{2}$이다.

따라서 원 C_1과 직선 $x = -3 + \dfrac{\sqrt{2}}{2}$의 두 교점을 P_1, P_2라

하면 점 P는 호 P_1P_2 위의 점이고,

점 A에서 선분 P_1P_2 사이의 거리가 $\dfrac{\sqrt{2}}{2}$이므로

직선 AP_1의 기울기는 -1, 직선 AP_2의 기울기는 1

즉, $\angle P_1AP_2 = 90°$이다.

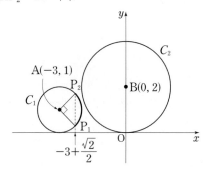

한편
$$\overrightarrow{AP} \cdot \overrightarrow{AQ} = \overrightarrow{AP} \cdot (\overrightarrow{AB} + \overrightarrow{BQ})$$
$$= \overrightarrow{AP} \cdot \overrightarrow{AB} + \overrightarrow{AP} \cdot \overrightarrow{BQ} \qquad \cdots\cdots \text{㉠}$$

이므로 이 값이 최소가 되려면
두 벡터 $\overrightarrow{AP}$, $\overrightarrow{AB}$가 이루는 예각의 크기가 최대이고
두 벡터 $\overrightarrow{AP}$, $\overrightarrow{BQ}$는 서로 반대 방향이 되어야 한다. 너코135
즉, 그림과 같이 점 P_0이 점 P_1이 되고,
직선 AP_0과 평행하면서 점 B를 지나는 직선이 원 C_2와
만나는 두 교점 중 제2사분면에 있는 교점이 Q_0이 될 때
㉠의 값은 최소이다.

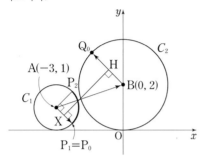

선분 AP_0 위의 점 X에 대하여
점 X에서 직선 BQ_0에 내린 수선의 발을 H라 하면
$\overrightarrow{BX} \cdot \overrightarrow{BQ_0} = \overrightarrow{BH} \cdot \overrightarrow{BQ_0} \geq 1$이므로
$\overrightarrow{BH}$는 $\overrightarrow{BQ_0}$과 방향이 같은 벡터이고,
$$\overrightarrow{BX} \cdot \overrightarrow{BQ_0} = \overrightarrow{BH} \cdot \overrightarrow{BQ_0}$$
$$= |\overrightarrow{BH}||\overrightarrow{BQ_0}|$$
$$= 2|\overrightarrow{BH}| \geq 1 \ (\because |\overrightarrow{BQ_0}| = 2)$$
에서 $|\overrightarrow{BH}| \geq \dfrac{1}{2}$이다.

따라서 $\overline{BD} = \dfrac{1}{2}$이 되도록 선분 BQ_0 위의 점 D를 잡은 후
점 D에서 선분 AP_0에 내린 수선의 발을 D'이라 하면
점 X는 선분 AD' 위의 점이고,
$|\overrightarrow{Q_0X}| = \overline{Q_0X}$는 점 X가 점 D'에 위치할 때 최대가 된다.

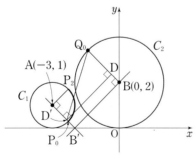

$\overline{Q_0D} = 2 - \dfrac{1}{2} = \dfrac{3}{2}$이고,
점 B를 지나고 기울기가 1인 직선과 직선 AP_0의 교점을
B'이라 하면 $B'(-2, 0)$이므로
$\overline{DD'} = \overline{BB'} = 2\sqrt{2}$ ($\because$ 직선 AP_0의 기울기가 -1이므로)
$$\therefore |\overrightarrow{Q_0X}|^2 \leq \overline{Q_0D'}^2$$
$$= \overline{Q_0D}^2 + \overline{DD'}^2$$

$$= \left(\dfrac{3}{2}\right)^2 + (2\sqrt{2})^2$$
$$= \dfrac{9}{4} + 8 = \dfrac{41}{4}$$

따라서 $|\overrightarrow{Q_0X}|^2$의 최댓값은 $\dfrac{41}{4}$이므로
$p = 4$, $q = 41$
$\therefore p + q = 4 + 41 = 45$

답 45

N04-09

조건 (가)에 의하여 점 P는 평행사변형 OACB의 둘레 또는
내부에 있는 점이다. 너코132
한편 조건 (나)에서
$$\overrightarrow{OP} \cdot \overrightarrow{OB} + \overrightarrow{BP} \cdot \overrightarrow{BC}$$
$$= \overrightarrow{OP} \cdot \overrightarrow{OB} + (\overrightarrow{OP} - \overrightarrow{OB}) \cdot \overrightarrow{OA}$$
$$= \overrightarrow{OP} \cdot \overrightarrow{OB} + \overrightarrow{OP} \cdot \overrightarrow{OA} - \overrightarrow{OA} \cdot \overrightarrow{OB}$$
$$= \overrightarrow{OP} \cdot (\overrightarrow{OA} + \overrightarrow{OB}) - |\overrightarrow{OA}||\overrightarrow{OB}|\cos(\angle AOB) \ \text{너코134}$$
$$= \overrightarrow{OP} \cdot \overrightarrow{OC} - \sqrt{2} \times 2\sqrt{2} \times \dfrac{1}{4} \ \text{너코130}$$
$$= \overrightarrow{OP} \cdot \overrightarrow{OC} - 1 = 2$$
이므로 $\overrightarrow{OP} \cdot \overrightarrow{OC} = 3$이다.
이때 $\overrightarrow{OP} \cdot \overrightarrow{OC} = |\overrightarrow{OP}||\overrightarrow{OC}|\cos(\angle POC)$이고
$$|\overrightarrow{OC}|^2 = |\overrightarrow{OA} + \overrightarrow{OB}|^2$$
$$= |\overrightarrow{OA}|^2 + |\overrightarrow{OB}|^2 + 2\overrightarrow{OA} \cdot \overrightarrow{OB}$$
$$= 2 + 8 + 2 = 12$$
에서 $|\overrightarrow{OC}| = 2\sqrt{3}$이므로
$$3 = 2\sqrt{3} \times |\overrightarrow{OP}|\cos(\angle POC)$$
$$\therefore |\overrightarrow{OP}|\cos(\angle POC) = \dfrac{\sqrt{3}}{2} \qquad \cdots\cdots \text{㉠}$$

i) $3\overrightarrow{OP} - \overrightarrow{OX}$의 크기는 $\overrightarrow{OP}$의 크기가 최대이고 $\overrightarrow{OX}$가
$\overrightarrow{OP}$와 반대 방향일 때 최대가 된다. 너코135
$\overrightarrow{OP}$의 크기는 ㉠에 의하여 $\cos(\angle POC)$의 값이 가장 작을
때 최대가 되므로 점 P가 선분 OA 위에 있을 때이다.
이 경우 $\cos(\angle AOC)$의 값은 삼각형 OAC에서
코사인법칙에 의하여
$$\cos(\angle AOC) = \dfrac{(\sqrt{2})^2 + (2\sqrt{3})^2 - (2\sqrt{2})^2}{2 \times \sqrt{2} \times 2\sqrt{3}} \ \text{너코024}$$
$$= \dfrac{\sqrt{6}}{4}$$
이므로 ㉠에서
$$|\overrightarrow{OP}| \times \dfrac{\sqrt{6}}{4} = \dfrac{\sqrt{3}}{2}, \ \text{즉} \ |\overrightarrow{OP}| = \sqrt{2}$$이고
$\overrightarrow{OX}$는 $\overrightarrow{OP}$와 반대 방향이므로
$$|3\overrightarrow{OP} - \overrightarrow{OX}| = 3|\overrightarrow{OP}| + |\overrightarrow{OX}|$$
에서 최댓값 M은
$$M = 3\sqrt{2} + \sqrt{2} = 4\sqrt{2}$$

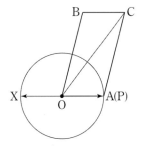

ii) $3\overrightarrow{OP}-\overrightarrow{OX}$ 의 크기는 $\overrightarrow{OP}$ 의 크기가 최소이고 $\overrightarrow{OX}$ 가
$\overrightarrow{OP}$ 와 같은 방향일 때 최소가 된다.
$\overrightarrow{OP}$ 의 크기는 ㉠에 의하여 $\cos(\angle POC)$ 의 값이 가장 클
때 최소가 되므로 점 P가 선분 OC 위에 있을 때이다.
이 경우 $\cos(\angle POC)=1$ 이므로 ㉠에서
$|\overrightarrow{OP}|=\dfrac{\sqrt{3}}{2}$ 이고

$\overrightarrow{OX}$ 는 $\overrightarrow{OP}$ 와 같은 방향이므로
$|3\overrightarrow{OP}-\overrightarrow{OX}|=3|\overrightarrow{OP}|-|\overrightarrow{OX}|$
에서 최솟값 m 은
$m=3\times\dfrac{\sqrt{3}}{2}-\sqrt{2}$
$\quad=\dfrac{3\sqrt{3}}{2}-\sqrt{2}$

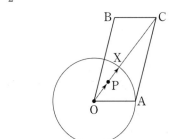

i), ii)에 의하여
$M\times m=4\sqrt{2}\times\left(\dfrac{3\sqrt{3}}{2}-\sqrt{2}\right)=6\sqrt{6}-8$
$\therefore\ a^2+b^2=6^2+(-8)^2=100$

답 100

N04-10

$\overrightarrow{AB}=\overrightarrow{AC}=a$, $\overrightarrow{CB}=\sqrt{2}\,a\ (a>0)$ 라 하고 정삼각형 APQ의
한 변의 길이를 $k\ (k>0)$ 라 하면 조건 (가)에서
$9k\overrightarrow{PQ}=4a\overrightarrow{AB}$
즉, 두 벡터 $9k\overrightarrow{PQ}$, $4a\overrightarrow{AB}$ 는 크기와 방향이 같은 벡터이므로

너코 129

두 벡터 $\overrightarrow{AB}$ 와 $\overrightarrow{PQ}$ 는 방향이 같고
$9k^2=4a^2$ 에서 $k=\dfrac{2}{3}a$ 이다. ......㉠
또한 조건 (나)에서 $\overrightarrow{AC}\cdot\overrightarrow{AQ}<0$ 이므로 $\overrightarrow{AC}$ 와 $\overrightarrow{AQ}$ 가 이루는
각의 크기는 둔각이다. 너코 134

따라서 조건 (가), (나)를 만족시키는 직각이등변삼각형 ABC와
정삼각형 APQ는 다음 그림과 같다.

이때 조건 (다)에서 $\overrightarrow{PQ}\cdot\overrightarrow{CB}=24$ 이고 두 벡터 $\overrightarrow{PQ}$, $\overrightarrow{CB}$ 가

이루는 각의 크기가 $\dfrac{\pi}{4}$ 이므로

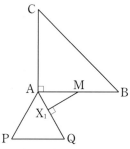

$|\overrightarrow{PQ}||\overrightarrow{CB}|\cos\dfrac{\pi}{4}=k\times\sqrt{2}\,a\times\dfrac{1}{\sqrt{2}}=24$ 에서

$ka=24$

㉠을 위의 식에 대입하면

$\dfrac{2}{3}a^2=24$ $\qquad\therefore\ a=6,\ k=4$

한편 선분 AB의 중점을 M이라 하면
$\overrightarrow{XA}+\overrightarrow{XB}=2\overrightarrow{XM}$ 너코 131
이므로 점 M에서 선분 AQ에 내린 수선의 발을 X_1 이라 하면
$|\overrightarrow{XA}+\overrightarrow{XB}|=2|\overrightarrow{XM}|\geq 2|\overrightarrow{X_1M}|$ ......㉡
이때 직각삼각형 AMX_1 에서

$\overrightarrow{X_1M}=\overrightarrow{AM}\times\sin\dfrac{\pi}{3}=3\times\dfrac{\sqrt{3}}{2}$ 너코 018

이므로 ㉡에서
$|\overrightarrow{XA}+\overrightarrow{XB}|\geq 3\sqrt{3}$ 이다.
따라서 $m=3\sqrt{3}$ 이므로
$m^2=27$

답 27

N05-01

두 직선 $\dfrac{x+1}{4}=\dfrac{y-1}{3}$, $\dfrac{x+2}{-1}=\dfrac{y+1}{3}$ 의 방향벡터를 각각
$\vec{a}=(4,3)$, $\vec{b}=(-1,3)$ 이라 하면
$\cos\theta=\dfrac{|\vec{a}\cdot\vec{b}|}{|\vec{a}||\vec{b}|}=\dfrac{|4\times(-1)+3\times 3|}{\sqrt{4^2+3^2}\times\sqrt{(-1)^2+3^2}}=\dfrac{\sqrt{10}}{10}$ 이다.

너코 136

답 ⑤

N05-02

점 $(6,3)$ 을 지나고 벡터 $\vec{u}=(2,3)$ 에 평행한 직선의 방정식은
$\dfrac{x-6}{2}=\dfrac{y-3}{3}$ 이므로 너코 136
이 직선이 x 축, y 축과 만나는 점의 좌표는 각각
$A(4,0)$, $B(0,-6)$ 이다.
$\therefore\ \overline{AB}^2=4^2+6^2=52$

답 52

N05-03

점 $(4, 1)$을 지나고 벡터 $\vec{n}=(1, 2)$에 수직인 직선의 방정식은
$1\times(x-4)+2\times(y-1)=0$, 즉 $x+2y=6$이다. [너코 136]
따라서 이 직선이 x축, y축과 만나는 점의 좌표는 각각
$(6, 0)$, $(0, 3)$이다.
$\therefore\ a+b=6+3=9$

답 9

N05-04

[풀이 1]

$|\overrightarrow{OP}-\overrightarrow{OA}|=|\overrightarrow{AP}|$이고, [너코 130]
$|\overrightarrow{AB}|=\sqrt{(-3-1)^2+(5-2)^2}=5$이므로 [너코 133]
$|\overrightarrow{OP}-\overrightarrow{OA}|=|\overrightarrow{AB}|$에서
$|\overrightarrow{AP}|=5$이다.
즉, 점 P가 나타내는 도형은 점 A를 중심으로 하고 반지름의
길이가 5인 원이다. [너코 137]
따라서 점 P가 나타내는 도형의 길이는
$2\pi\times5=10\pi$이다.

[풀이 2]

점 P의 좌표를 (x, y)라 하면
$|\overrightarrow{OP}-\overrightarrow{OA}|=|(x-1, y-2)|=\sqrt{(x-1)^2+(y-2)^2}$,
$|\overrightarrow{AB}|=\sqrt{(-3-1)^2+(5-2)^2}=5$이므로 [너코 133]
$|\overrightarrow{OP}-\overrightarrow{OA}|=|\overrightarrow{AB}|$에서
$(x-1)^2+(y-2)^2=25$이다.
즉, 점 P가 나타내는 도형은 점 A$(1, 2)$를 중심으로 하고
반지름의 길이가 5인 원이다.
따라서 점 P가 나타내는 도형의 길이는
$2\pi\times5=10\pi$이다.

답 ①

N05-05

직선 $\dfrac{x+1}{2}=y-3$의 방향벡터를 $\vec{u}=(2, 1)$이라 하고

직선 $x-2=\dfrac{y-5}{3}$의 방향벡터를 $\vec{v}=(1, 3)$이라 하면

두 직선이 이루는 예각의 크기 θ에 대하여

$\cos\theta=\dfrac{|\vec{u}\cdot\vec{v}|}{|\vec{u}||\vec{v}|}$

$\quad=\dfrac{|2\times1+1\times3|}{\sqrt{2^2+1^2}\times\sqrt{1^2+3^2}}$

$\quad=\dfrac{5}{\sqrt{5}\times\sqrt{10}}=\dfrac{1}{\sqrt{2}}=\dfrac{\sqrt{2}}{2}$ [너코 136]

답 ⑤

N05-06

두 직선 $\dfrac{x-3}{4}=\dfrac{y-5}{3}$, $x-1=\dfrac{2-y}{3}$의 방향벡터를 각각

$\vec{u}=(4, 3)$, $\vec{v}=(1, -3)$이라 하면

$\cos\theta=\dfrac{|\vec{u}\cdot\vec{v}|}{|\vec{u}||\vec{v}|}$

$\quad=\dfrac{|(4, 3)\cdot(1, -3)|}{\sqrt{4^2+3^2}\sqrt{1^2+(-3)^2}}$

$\quad=\dfrac{|4-9|}{\sqrt{25}\sqrt{10}}$

$\quad=\dfrac{5}{5\sqrt{10}}=\dfrac{\sqrt{10}}{10}$ [너코 136]

답 ②

N05-07

$(\overrightarrow{OP}-\overrightarrow{OA})\cdot(\overrightarrow{OP}-\overrightarrow{OA})=|\overrightarrow{AP}|^2=5$에서
$|\overrightarrow{AP}|=\sqrt{5}$이므로 점 P가 나타내는 도형은
점 A$(3, 0)$을 중심으로 하고 반지름의 길이가 $\sqrt{5}$인 원이다.
[너코 137]

이때 점 P가 나타내는 원이 직선 $y=\dfrac{1}{2}x+k$와 오직 한

점에서 만나므로, 즉 한 점에서 접하므로

원의 중심인 점 A$(3, 0)$과 직선 $y=\dfrac{1}{2}x+k$, 즉

$x-2y+2k=0$ 사이의 거리가 $\sqrt{5}$이어야 한다.

$\dfrac{|3+2k|}{\sqrt{1^2+(-2)^2}}=\sqrt{5}$에서 $|3+2k|=5$

$3+2k=5$ 또는 $3+2k=-5$
$\therefore\ k=1$ 또는 $k=-4$
따라서 구하는 양수 k의 값은 1이다.

답 ③

N05-08

$|\overrightarrow{OA}|=\sqrt{4^2+3^2}=5$이므로
$|\overrightarrow{OP}|=5$
따라서 점 P가 나타내는 도형은 원점 O를 중심으로 하고
반지름의 길이가 5인 원이다. [너코 137]
따라서 이 도형의 길이는
$2\pi\times5=10\pi$

답 ⑤

N05-09

$\overrightarrow{OC}=(x, y)$라 하면
$\overrightarrow{CA}=\overrightarrow{OA}-\overrightarrow{OC}=(2, 5)-(x, y)=(2-x, 5-y)$
$\overrightarrow{CB}=\overrightarrow{OB}-\overrightarrow{OC}=(4, 3)-(x, y)=(4-x, 3-y)$
이므로

$$\overrightarrow{\text{CA}} \cdot \overrightarrow{\text{CB}} = (2-x,\ 5-y) \cdot (4-x,\ 3-y)$$
$$= (2-x)(4-x)+(5-y)(3-y)$$
$$= x^2-6x+8+y^2-8y+15$$

문제의 조건에서 $\overrightarrow{\text{CA}} \cdot \overrightarrow{\text{CB}} = 0$이므로
$$x^2-6x+8+y^2-8y+15 = 0$$
$$(x-3)^2+(y-4)^2 = 2$$

즉, 점 C는 중심이 $(3,\ 4)$이고 반지름의 길이가 $\sqrt{2}$인 원 위의 점이다. 너코 137

이때 원의 중심을 O'이라 하면
$$(\,|\overrightarrow{\text{OC}}|\text{의 최댓값}) = \overrightarrow{\text{OO}'} + \sqrt{2} = \sqrt{3^2+4^2} + \sqrt{2} = 5+\sqrt{2}$$
$$(\,|\overrightarrow{\text{OC}}|\text{의 최솟값}) = \overrightarrow{\text{OO}'} - \sqrt{2} = \sqrt{3^2+4^2} - \sqrt{2} = 5-\sqrt{2}$$
이므로 구하는 최댓값과 최솟값의 합은
$$(5+\sqrt{2}) + (5-\sqrt{2}) = 10$$

답 10

N05-10

선분 AB의 중점 M의 좌표는 $(7, 3)$이고,
$|\overrightarrow{\text{PA}}+\overrightarrow{\text{PB}}| = \sqrt{10}$에서
$|2\overrightarrow{\text{PM}}| = \sqrt{10}$, 즉 $|\overrightarrow{\text{PM}}| = \dfrac{\sqrt{10}}{2}$이므로 너코 131

점 P는 점 $M(7, 3)$을 중심으로 하고 반지름의 길이가 $\dfrac{\sqrt{10}}{2}$인
원 위의 점이다. 너코 137 ······㉠

$$\overrightarrow{\text{OB}} \cdot \overrightarrow{\text{OP}} = \overrightarrow{\text{OB}} \cdot (\overrightarrow{\text{OM}}+\overrightarrow{\text{MP}}) \quad \text{너코 135}$$
$$= \overrightarrow{\text{OB}} \cdot \overrightarrow{\text{OM}} + \overrightarrow{\text{OB}} \cdot \overrightarrow{\text{MP}} \quad \text{너코 134}$$
$$= (8, 6) \cdot (7, 3) + \overrightarrow{\text{OB}} \cdot \overrightarrow{\text{MP}}$$

이므로 $\overrightarrow{\text{OB}} \cdot \overrightarrow{\text{OP}}$의 값이 최대가 되려면 $\overrightarrow{\text{OB}} \cdot \overrightarrow{\text{MP}}$가
최대이어야 한다.

이때 $|\overrightarrow{\text{OB}}|$, $|\overrightarrow{\text{MP}}|$의 값이 일정하므로 다음 그림과 같이
두 벡터 $\overrightarrow{\text{OB}}$, $\overrightarrow{\text{MP}}$의 방향이 서로 같도록 하는 점 P가 점
Q이다.

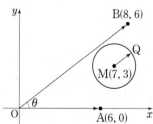

따라서 두 벡터 $\overrightarrow{\text{OA}}$, $\overrightarrow{\text{MQ}}$가 이루는 각의 크기는
두 벡터 $\overrightarrow{\text{OA}}$, $\overrightarrow{\text{OB}}$가 이루는 각의 크기와 같고, 이를 θ라 하면
$$\cos\theta = \dfrac{8}{\sqrt{8^2+6^2}} = \dfrac{4}{5}\text{이다.}$$
$$\therefore\ \overrightarrow{\text{OA}} \cdot \overrightarrow{\text{MQ}} = |\overrightarrow{\text{OA}}||\overrightarrow{\text{MQ}}|\cos\theta$$
$$= 6 \times \dfrac{\sqrt{10}}{2} \times \dfrac{4}{5} = \dfrac{12\sqrt{10}}{5}\ (\because\ \text{㉠})$$

답 ③

N05-11

$|\overrightarrow{\text{OP}}| = 10$에 의하여
점 P는 중심이 O, 반지름의 길이가 10인 원 위의 점이다.

너코 137

점 $A(a, b)$에 대하여 $|\overrightarrow{\text{OA}}| = 10$이므로
$$\sqrt{a^2+b^2} = 10\text{에서 } a^2+b^2 = 100\text{이다.} \quad \cdots\cdots㉠$$
두 직선 l, m의 방향벡터를 각각 $\vec{u}$, $\vec{v}$라 하면
직선 l의 법선벡터가 (a, b)이므로
직선 l의 방향벡터는 $\vec{u} = (b, -a)$이고,
직선 m의 방향벡터는 $\vec{v} = (1, 1)$이다. 너코 136

따라서 두 직선 l, m이 이루는 예각의 크기 θ에 대하여
$$\cos\theta = \dfrac{|\vec{u} \cdot \vec{v}|}{|\vec{u}||\vec{v}|} = \dfrac{|b-a|}{\sqrt{a^2+b^2} \times \sqrt{2}}\text{이므로}$$
$$\dfrac{|b-a|}{\sqrt{a^2+b^2} \times \sqrt{2}} = \dfrac{\sqrt{2}}{10}\text{일 때}$$
㉠에 의하여 $\dfrac{|b-a|}{10\sqrt{2}} = \dfrac{\sqrt{2}}{10}$, $|b-a| = 2$

양변을 제곱한 후 ㉠을 대입하면 $100-2ab = 4$
$$\therefore\ ab = 48$$

답 48

N05-12

원점을 O라 하고 $\vec{a} = \overrightarrow{\text{OA}}$, $\vec{b} = \overrightarrow{\text{OB}}$, $\vec{p} = \overrightarrow{\text{OP}}$라 하면
$\vec{a} = (-3, 3)$, $\vec{b} = (1, -1)$에서 $A(-3, 3)$, $B(1, -1)$이고
$|\vec{b}| = \sqrt{2}$이므로
$|\vec{p}-\vec{a}| = |\vec{b}|$, 즉 $|\overrightarrow{\text{OP}}-\overrightarrow{\text{OA}}| = \sqrt{2}$
에서 $|\overrightarrow{\text{AP}}| = \sqrt{2}$ 너코 132

따라서 점 P는 점 A를 중심으로 하고 반지름의 길이가 $\sqrt{2}$인
원 위의 점이다. 너코 137

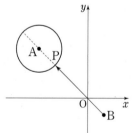

이때
$$|\vec{p}-\vec{b}| = |\overrightarrow{\text{OP}}-\overrightarrow{\text{OB}}| = |\overrightarrow{\text{BP}}| = \overline{\text{BP}}$$
이고 $\overline{\text{BP}}$의 최솟값은
$$\overline{\text{BA}} - \sqrt{2} = 4\sqrt{2} - \sqrt{2} = 3\sqrt{2}$$
따라서 $|\vec{p}-\vec{b}|$의 최솟값은 $3\sqrt{2}$이다.

답 ④

N05-13

중심이 원점 O이고 반지름의 길이가 1인 원을 C라 하고,
원 C의 중심을 지나고 벡터 $\overrightarrow{\text{OA}_k}$와 수직인 직선이 원 C와

만나는 점을 각각 P_k, Q_k라 할 때

선분 P_kQ_k를 지름으로 하고 점 A_k를 포함하는 반원을 C_k라 하자.

$|\overrightarrow{OX}| \le 1$이려면 점 X는 원 C의 둘레 및 내부에 있어야 하고

└ 137 ……㉠

$\overrightarrow{OX} \cdot \overrightarrow{OA_k} \ge 0$이려면 $0 \le \angle XOA_k \le \dfrac{\pi}{2}$이어야 한다.

└ 134 ……㉡

따라서 ㉠, ㉡을 모두 만족시키는 도형 D는

세 반원 C_1, C_2, C_3의 둘레 및 내부의 공통부분과 같다. ……㉢

ㄱ. $\overrightarrow{OA_1} = \overrightarrow{OA_2} = \overrightarrow{OA_3}$이면 세 점 A_1, A_2, A_3은 모두

일치한다. └ 129

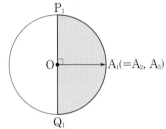

따라서 ㉢에 의하여 도형 D는 반원 C_1의 둘레 및 내부이므로

그 넓이는 $\dfrac{\pi}{2}$이다. (참)

ㄴ. $\overrightarrow{OA_2} = -\overrightarrow{OA_1}$이면 두 점 A_1, A_2는 원점에 대하여 대칭이고,

$\overrightarrow{OA_3} = \overrightarrow{OA_1}$이면 두 점 A_1, A_3은 서로 일치한다. └ 129

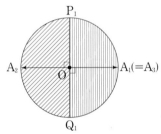

따라서 ㉢에 의하여 도형 D는 반원 C_1의 둘레 및 내부와

반원 C_2의 둘레 및 내부의 공통부분인 선분 P_1Q_1이므로

그 길이는 2이다. (참)

ㄷ. $\overrightarrow{OA_1} \cdot \overrightarrow{OA_2} = 0$이면 두 벡터 $\overrightarrow{OA_1}$, $\overrightarrow{OA_2}$는 서로 수직이다.

따라서 반원 C_1의 둘레 및 내부와 반원 C_2의 둘레 및

내부의 공통부분은 사분원 OA_1A_2의 둘레 및 내부이고,

이 사분원의 넓이는 $\dfrac{\pi}{4}$이다.

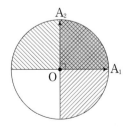

이때 D의 넓이가 $\dfrac{\pi}{4}$이려면 사분원 OA_1A_2의 둘레 및

내부와 반원 C_3의 둘레 및 내부의 공통부분이 사분원

OA_1A_2와 일치해야 한다.

즉, A_3은 사분원 OA_1A_2의 호 A_1A_2 위의 점이어야 하므로

점 A_3은 D에 포함되어 있다. (참)

따라서 옳은 것은 ㄱ, ㄴ, ㄷ이다.

답 ⑤

N05-14

세 점 A, B, C는 원 위의 점이므로

$|\overrightarrow{OA}| = |\overrightarrow{OB}| = |\overrightarrow{OC}| = 1$이다. └ 137 ……㉠

$x\overrightarrow{OA} + 5\overrightarrow{OB} + 3\overrightarrow{OC} = \overrightarrow{0}$에서

$x\overrightarrow{OA} + 5\overrightarrow{OB} = -3\overrightarrow{OC}$이므로

$|x\overrightarrow{OA} + 5\overrightarrow{OB}| = |-3\overrightarrow{OC}|$

양변을 제곱하면

$x^2 \times 1^2 + 10x\overrightarrow{OA} \cdot \overrightarrow{OB} + 25 \times 1^2 = 9 \times 1^2$ └ 134

$\overrightarrow{OA} \cdot \overrightarrow{OB} = -\dfrac{1}{10}\left(x + \dfrac{16}{x}\right)$이다.

이때 산술평균과 기하평균의 관계에 의하여

$x + \dfrac{16}{x} \ge 2\sqrt{x \times \dfrac{16}{x}} = 8$이다.

(단, 등호는 $x = 4$일 때 성립한다.)

따라서 $\overrightarrow{OA} \cdot \overrightarrow{OB}$는 $x = 4$일 때 최댓값 $-\dfrac{1}{10} \times 8 = -\dfrac{4}{5}$를

갖는다. ……㉡

$x = 4$일 때 $4\overrightarrow{OA} + 5\overrightarrow{OB} + 3\overrightarrow{OC} = \overrightarrow{0}$이므로

$\dfrac{1}{3}\overrightarrow{CO} = \dfrac{5\overrightarrow{OB} + 4\overrightarrow{OA}}{9}$이다.

이때 다음 그림과 같이

선분 AB를 $5:4$로 내분하는 점을 D라 하면

$\dfrac{1}{3}\overrightarrow{CO} = \overrightarrow{OD}$이다. └ 132 ……㉢

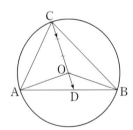

두 벡터 $\overrightarrow{OA}$, $\overrightarrow{OB}$가 이루는 각의 크기를 θ $(0 \le \theta \le \pi)$라고

하면 ㉠, ㉡에 의하여

$\overrightarrow{OA} \cdot \overrightarrow{OB} = |\overrightarrow{OA}||\overrightarrow{OB}|\cos\theta$, 즉 $-\dfrac{4}{5} = 1 \times 1 \times \cos\theta$에서

$\cos\theta = -\dfrac{4}{5}$이므로 $\sin\theta = \dfrac{3}{5}$이다.

따라서 삼각형 OAB의 넓이는

$\dfrac{1}{2} \times \overrightarrow{OA} \times \overrightarrow{OB} \times \sin\theta = \dfrac{1}{2} \times 1 \times 1 \times \dfrac{3}{5} = \dfrac{3}{10}$이고

㉢에 의하여 $\overline{CD}:\overline{OD} = 4:1$이므로

삼각형 ABC의 넓이는 $S = \dfrac{3}{10} \times 4 = \dfrac{6}{5}$이다.

$\therefore 50S = 60$

답 60

N05-15

조건 (가)의 $\overrightarrow{AC} \cdot \overrightarrow{BC} = 0$에 의하여

$\angle ACB = \dfrac{\pi}{2}$이므로 너코 134

선분 AB는 원의 지름이다.

또한 $|\overrightarrow{AB}| = 8$이므로 이 원의 반지름의 길이는 4이다. 너코 137

한편 원의 중심을 O라 하면

조건 (나)에서

$\overrightarrow{AO} + \overrightarrow{OD} = \overrightarrow{AO} - 2\overrightarrow{BC}$이므로 너코 131

$\overrightarrow{OD} = -2\overrightarrow{BC}$이다.

즉, 두 벡터 $\overrightarrow{OD}$, $\overrightarrow{BC}$의 방향은 서로 반대이고

$|\overrightarrow{OD}| = 4$이므로 $|\overrightarrow{BC}| = 2$이다. 너코 129

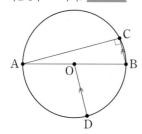

또한 조건 (나)에 의하여

$$|\overrightarrow{AD}|^2 = \left| \dfrac{1}{2}\overrightarrow{AB} - 2\overrightarrow{BC} \right|^2$$

$$= \dfrac{1}{4}|\overrightarrow{AB}|^2 - 2\overrightarrow{AB} \cdot \overrightarrow{BC} + 4|\overrightarrow{BC}|^2$$

$$= \dfrac{1}{4} \times 8^2 + 2\overrightarrow{BA} \cdot \overrightarrow{BC} + 4|\overrightarrow{BC}|^2$$

$$= 16 + 2|\overrightarrow{BC}|^2 + 4|\overrightarrow{BC}|^2 \left(\because \angle ACB = \dfrac{\pi}{2} \right)$$

$$= 16 + 6|\overrightarrow{BC}|^2$$

$$= 16 + 6 \times 4 = 40$$

답 ⑤

N05-16

$(|\overrightarrow{AX}| - 2)(|\overrightarrow{BX}| - 2) = 0$에서

$|\overrightarrow{AX}| - 2 = 0$ 또는 $|\overrightarrow{BX}| - 2 = 0$

$\therefore |\overrightarrow{AX}| = 2$ 또는 $|\overrightarrow{BX}| = 2$

즉, 점 X는 점 A를 중심으로 하고 반지름의 길이가 2인 원 또는
점 B를 중심으로 하고 반지름의 길이가 2인 원 위를 움직인다.

너코 137

또한, $|\overrightarrow{OX}| \geq 2$이므로 점 X는 원점 O와 거리가 2 이상
떨어져 있다.

따라서 점 X가 나타내는 도형은 다음 그림의 실선 부분이다.

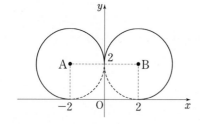

이때 P(x_1, y_1), Q(x_2, y_2)라 하면 $\vec{u} = (1, 0)$에 대하여

$\overrightarrow{OP} \cdot \vec{u} = (x_1, y_1) \cdot (1, 0) = x_1$, 너코 134

$\overrightarrow{OQ} \cdot \vec{u} = (x_2, y_2) \cdot (1, 0) = x_2$이므로

조건 (가)에 의하여 $x_1 x_2 \geq 0$이다.

즉, 두 점 P, Q의 x좌표는 모두 0 이상이거나
0 이하이어야 한다.

i) 두 점 P, Q의 x좌표가 모두 0 이상인 경우

　　두 점 P, Q는 모두 점 B를 중심으로 하고 반지름의 길이가
　　2인 원 위를 움직이고, 조건 (나)에서 $\overline{PQ} = 2$이므로 세 점
　　B, P, Q는 정삼각형을 이룬다.

　　이때 선분 PQ의 중점을 M이라 하면

$$\overrightarrow{OY} = \overrightarrow{OP} + \overrightarrow{OQ} = 2\overrightarrow{OM}$$ 너코 131

$$= 2(\overrightarrow{OB} + \overrightarrow{BM})$$

$$= 2\overrightarrow{OB} + 2\overrightarrow{BM}$$

　　이고, $\overline{BM} = \sqrt{3}$, $\angle PBM = 30°$이므로

　　두 점 P, Q가 움직일 때 점 Y는 점 $(4, 4)$를 중심으로
　　하고 반지름의 길이가 $2\sqrt{3}$, 중심각의 크기가
　　$360° - 90° - 30° - 30° = 210°$인 부채꼴의 호 위를
　　움직인다.

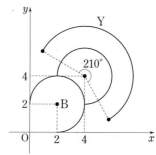

ii) 두 점 P, Q의 x좌표가 모두 0 이하인 경우

　　마찬가지 방법으로 하면 점 Y는 점 $(-4, 4)$를 중심으로
　　하고 반지름의 길이가 $2\sqrt{3}$, 중심각의 크기가 210°인
　　부채꼴의 호 위를 움직인다.

i), ii)에 의하여 점 Y의 집합이 나타내는 도형의 길이는

$$2 \times \left(2\pi \times 2\sqrt{3} \times \dfrac{210}{360} \right) = \dfrac{14}{3}\sqrt{3}\pi$$

$\therefore p + q = 3 + 14 = 17$

답 17

N05-17

조건 (가)에서 $(\overrightarrow{DX} \cdot \overrightarrow{OC}) \times (|\overrightarrow{CX}| - 3) = 0$이므로 너코 130

$\overrightarrow{DX} \cdot \overrightarrow{OC} = 0$ 또는 $|\overrightarrow{CX}| = 3$

즉, 점 X는 벡터 $\overrightarrow{OC}$에 수직이면서 점 D를 지나는 직선 l
위의 점이거나 점 C를 중심으로 하는 반지름의 길이가 3인 원
C 위의 점이다. 너코 136 너코 137 ……㉠

이때 직선 OC의 기울기가 1이므로 직선 l의 방정식은

$y = -(x - 8) + 6$에서 $l : y = -x + 14$

원 C의 방정식은 $C : (x - 4)^2 + (y - 4)^2 = 9$

또한 조건 (나)에서 점 X는 ⊙을 만족시키면서 두 벡터 $\overrightarrow{PX}$와 $\overrightarrow{OC}$가 서로 평행하도록 하는 선분 AB 위의 점 P가 존재하는 점이다.

즉, 점 X는 점 A를 지나고 기울기가 1인 직선 m과 점 B를 지나고 기울기가 1인 직선 n 사이에 있어야 한다.

직선 m의 방정식은 $y=(x-2)+6$에서 $m:y=x+4$

직선 n의 방정식은 $y=(x-6)+2$에서 $n:y=x-4$

따라서 조건 (가), (나)를 만족시키는 점 X의 집합 S를 좌표평면 위에 나타내면 다음 그림의 굵은 실선 부분과 같다.

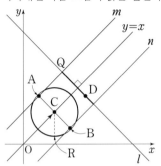

이때 집합 S에 속하는 점 중 y좌표가 최대인 점 Q는 두 직선 l과 m의 교점이다.

$-x+14=x+4$에서 $x=5$이므로 Q$(5, 9)$

또한 집합 S에 속하는 점 중 y좌표가 최소인 점 R는 원 C 위에 있으면서 x좌표가 4인 점이므로 R$(4, 1)$

$\therefore \overrightarrow{OQ} \cdot \overrightarrow{OR} = (5, 9) \cdot (4, 1) = 29$ [너코 134]

답 ⑤

N05-18

$|\overrightarrow{OP}|=1$이므로 점 P는 원점을 중심으로 하고 반지름의 길이가 1인 원 위의 점이고,

$|\overrightarrow{BQ}|=3$이므로 점 Q는 점 B를 중심으로 하고 반지름의 길이가 3인 원 위의 점이다. [너코 137]

선분 AP의 중점을 M이라 하면

$\overrightarrow{AP} \cdot (\overrightarrow{QA}+\overrightarrow{QP})=0$에서 $2\overrightarrow{AP} \cdot \overrightarrow{QM}=0$ [너코 131]

따라서 두 벡터 $\overrightarrow{AP}$와 $\overrightarrow{QM}$은 서로 수직이므로 두 점 P와 Q의 위치는 그림과 같다. [너코 134]

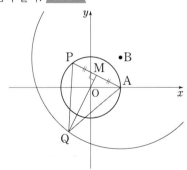

두 직각삼각형 QPM과 QAM은 합동이므로 $\overline{PQ}=\overline{AQ}$이고 이때 $|\overrightarrow{PQ}|=\overline{PQ}$의 값이 최소일 때 $\overline{AQ}$의 값이 최소이므로 $|\overrightarrow{PQ}|$의 값이 최소가 되는 경우는 그림과 같이 점 A가 선분 BQ 위의 점일 때이다.

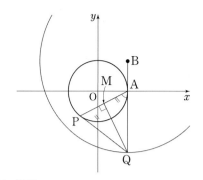

$\overline{AQ}=\overline{BQ}-\overline{BA}=3-1=2$,

$\overline{OA}=1$

이므로 직각삼각형 OAQ에서 $\overline{OQ}=\sqrt{5}$

$\overline{OQ} \times \overline{AM} = \overline{OA} \times \overline{AQ}$이므로 $\sqrt{5} \times \overline{AM}=1 \times 2$에서

$$\overline{AM}=\frac{2}{\sqrt{5}}$$

$\angle QAM = \theta$라 하면 직각삼각형 QAM에서

$$\cos\theta = \frac{\overline{AM}}{\overline{AQ}} = \frac{\frac{2}{\sqrt{5}}}{2} = \frac{1}{\sqrt{5}}$$

이고

$$\overrightarrow{AP}=2 \times \overline{AM} = 2 \times \frac{2}{\sqrt{5}} = \frac{4}{\sqrt{5}}$$

이므로

$$\overrightarrow{AP} \cdot \overrightarrow{BQ} = |\overrightarrow{AP}||\overrightarrow{BQ}|\cos\theta$$
$$= \frac{4}{\sqrt{5}} \times 3 \times \frac{1}{\sqrt{5}} = \frac{12}{5}$$

답 ③

N05-19

풀이 1

선분 BC의 중점을 M이라 하면

$|\overrightarrow{XB}+\overrightarrow{XC}|=2|\overrightarrow{XM}|$ [너코 131]

$|\overrightarrow{XB}-\overrightarrow{XC}|=|\overrightarrow{CB}|=4$이므로 [너코 130]

$|\overrightarrow{XM}|=2$

즉, 점 X가 나타내는 도형 S는 점 M을 중심으로 하고 반지름의 길이가 2인 원이다. [너코 137]

점 M을 원점으로 하고 B$(-2, 0)$, C$(2, 0)$이 되도록 정사각형 ABCD를 좌표평면 위에 놓으면 A$(-2, 4)$, D$(2, 4)$이다.

$4\overrightarrow{PQ}=\overrightarrow{PB}+2\overrightarrow{PD}$에서

$4(\overrightarrow{OQ}-\overrightarrow{OP})=(\overrightarrow{OB}-\overrightarrow{OP})+2(\overrightarrow{OD}-\overrightarrow{OP})$

$4\overrightarrow{OQ}=\overrightarrow{OB}+2\overrightarrow{OD}+\overrightarrow{OP}$

$\overrightarrow{OQ}=\frac{1}{4}\overrightarrow{OB}+\frac{1}{2}\overrightarrow{OD}+\frac{1}{4}\overrightarrow{OP}$

$=\left(-\frac{1}{2}, 0\right)+(1, 2)+\frac{1}{4}\overrightarrow{OP}$

$=\left(\frac{1}{2}, 2\right)+\frac{1}{4}\overrightarrow{OP}$

점 Q가 나타내는 도형은 도형 S를 $\frac{1}{4}$배로 축소하고 x축의

방향으로 $\frac{1}{2}$, y축의 방향으로 2만큼 평행이동시킨 원이다.

즉, 중심이 $\left(\frac{1}{2}, 2\right)$이고 반지름의 길이가 $\frac{1}{2}$인 원이다.

$R\left(\frac{1}{2}, 2\right)$라 하자.

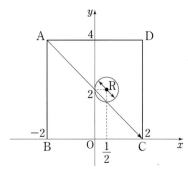

$\overrightarrow{AC} \cdot \overrightarrow{AQ} = \overrightarrow{AC} \cdot (\overrightarrow{AR} + \overrightarrow{RQ})$
$= \overrightarrow{AC} \cdot \overrightarrow{AR} + \overrightarrow{AC} \cdot \overrightarrow{RQ}$
$= (4, -4) \cdot \left(\frac{5}{2}, -2\right) + \overrightarrow{AC} \cdot \overrightarrow{RQ}$
$= 18 + \overrightarrow{AC} \cdot \overrightarrow{RQ}$ 너코 134

이때 $\overrightarrow{AC} \cdot \overrightarrow{RQ}$의 값은 두 벡터 $\overrightarrow{AC}$, $\overrightarrow{RQ}$의 방향이 같을 때
최대이고, 반대일 때 최소이므로 너코 135

$M = 18 + 4\sqrt{2} \times \frac{1}{2} = 18 + 2\sqrt{2}$

$m = 18 - 4\sqrt{2} \times \frac{1}{2} = 18 - 2\sqrt{2}$

$\therefore M \times m = (18 + 2\sqrt{2})(18 - 2\sqrt{2}) = 316$

풀이 2

선분 BC의 중점을 M이라 하면
$|\overrightarrow{XB} + \overrightarrow{XC}| = 2|\overrightarrow{XM}|$ 너코 131
$|\overrightarrow{XB} - \overrightarrow{XC}| = |\overrightarrow{CB}| = 4$이므로 너코 130
$|\overrightarrow{XM}| = 2$

즉, 점 X가 나타내는 도형 S는 점 M을 중심으로 하고
반지름의 길이가 2인 원이다. 너코 137

점 M을 원점으로 하고 $B(-2, 0)$, $C(2, 0)$이 되도록
정사각형 ABCD를 좌표평면 위에 놓으면 $A(-2, 4)$,
$D(2, 4)$이다.

따라서 $P(2\cos\theta, 2\sin\theta)$로 놓을 수 있다.
$4\overrightarrow{PQ} = \overrightarrow{PB} + 2\overrightarrow{PD}$에서
$4(\overrightarrow{OQ} - \overrightarrow{OP}) = (\overrightarrow{OB} - \overrightarrow{OP}) + 2(\overrightarrow{OD} - \overrightarrow{OP})$
$4\overrightarrow{OQ} = \overrightarrow{OB} + 2\overrightarrow{OD} + \overrightarrow{OP}$

$\overrightarrow{OQ} = \frac{1}{4}\overrightarrow{OB} + \frac{1}{2}\overrightarrow{OD} + \frac{1}{4}\overrightarrow{OP}$

$= \left(-\frac{1}{2}, 0\right) + (1, 2) + \frac{1}{4}(2\cos\theta, 2\sin\theta)$

$= \left(\frac{1}{2}\cos\theta + \frac{1}{2}, \frac{1}{2}\sin\theta + 2\right)$

이므로
$\overrightarrow{AC} \cdot \overrightarrow{AQ} = (4, -4) \cdot \left(\frac{1}{2}\cos\theta + \frac{5}{2}, \frac{1}{2}\sin\theta - 2\right)$
$= 2\cos\theta + 10 - 2\sin\theta + 8$ 너코 134
$= 18 - 2(\sin\theta - \cos\theta)$

$\sin\theta - \cos\theta = t$라 하고
$\cos\theta = X$, $\sin\theta = Y$로 놓으면
$X^2 + Y^2 = 1$, $Y - X = t$
실수 t의 값은 직선 $Y = X + t$의 Y절편이므로 그림과 같이
$-\sqrt{2} \le t \le \sqrt{2}$이다.

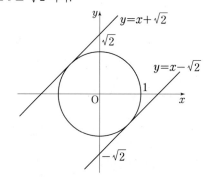

$M = 18 + 2\sqrt{2}$
$m = 18 - 2\sqrt{2}$
$\therefore M \times m = (18 + 2\sqrt{2})(18 - 2\sqrt{2}) = 316$

답 316

정답과 풀이

0 공간도형과 공간좌표

O01-01

직선 PA와 평면 α는 서로 수직이고, <small>너코 139</small>
선분 BC의 중점을 H라 하면 두 직선 AH, BC는 서로 수직이므로
삼수선의 정리에 의하여 두 직선 PH, BC는 서로 수직이다.
<small>너코 140</small>

따라서 점 P에서 직선 BC까지의 거리는 $\overline{\mathrm{PH}}$이다.　　……㉠

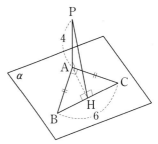

한편 직각이등변삼각형 ABC의 빗변의 길이가 $\overline{\mathrm{BC}}=6$이므로
$\overline{\mathrm{AH}}=3$이고, 점 P에서 평면 α까지의 거리가 4, 즉
$\overline{\mathrm{PA}}=4$이므로
직각삼각형 PAH에서
$$\overline{\mathrm{PH}}=\sqrt{\overline{\mathrm{AH}}^2+\overline{\mathrm{PA}}^2}=\sqrt{3^2+4^2}=5$$
따라서 ㉠에서 구하는 거리는 5이다.

답 ②

O01-02

$\overline{\mathrm{AB}}=\overline{\mathrm{PA}}=\overline{\mathrm{PB}}=6$에 의하여 삼각형 ABP는 정삼각형이므로
선분 AB의 중점을 M이라 하면 두 직선 PM, AB는 서로
수직이다.
또한 직선 PH와 평면 α는 서로 수직이므로 <small>너코 139</small>
삼수선의 정리에 의하여 두 직선 AB, HM은 서로 수직이다.
<small>너코 140</small>

따라서 점 H와 직선 l 사이의 거리는 $\overline{\mathrm{HM}}$이다.　　……㉠

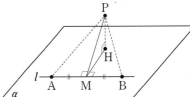

한편 정삼각형 ABP의 높이는
$$\overline{\mathrm{PM}}=\frac{\sqrt{3}}{2}\times 6=3\sqrt{3}\ \text{이고},\ \overline{\mathrm{PH}}=4\text{이므로}$$
직각삼각형 PHM에서
$$\overline{\mathrm{HM}}=\sqrt{\overline{\mathrm{PM}}^2-\overline{\mathrm{PH}}^2}=\sqrt{(3\sqrt{3})^2-4^2}=\sqrt{11}$$
따라서 ㉠에서 구하는 거리는 $\sqrt{11}$이다.

 답 ①

001-03

점 A에서 평면 β에 내린 수선의 발을 H라 하고,
점 H에서 직선 n에 내린 수선의 발을 M이라 하면
직각삼각형 AHM에서
$\overline{AH}=\overline{PQ}=3$, $\overline{HM}=\overline{QB}=4$이므로
$\overline{AM}=\sqrt{3^2+4^2}=5$이다.

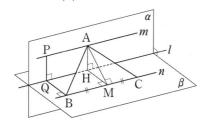

또한 삼수선의 정리에 의하여 두 직선 AM, BC는 서로
수직이고, 너코 140
$\overline{AB}=\overline{AC}$인 이등변삼각형 ABC에서
점 M은 선분 BC의 중점이므로
$\overline{BC}=2\overline{BM}=2\overline{AP}=8$이다.

$\therefore$ (삼각형 ABC의 넓이)$=\dfrac{1}{2}\times\overline{AM}\times\overline{BC}$

$=\dfrac{1}{2}\times5\times8=20$

답 ②

001-04

ㄱ. 직선 CD와 직선 BQ가 평행하거나 한 점에서 만나기
위해서는 네 점 B, C, D, Q는 한 평면 위에 존재해야 한다.
하지만 점 Q는 평면 BCD 위의 점이 아니므로
직선 CD와 직선 BQ는 꼬인 위치에 있다. 너코 138

ㄴ. 점 A는 평면 BCD 위의 점이 아니므로
직선 AD와 직선 BC는 꼬인 위치에 있다. 너코 138

ㄷ. 선분 AC의 중점을 M이라 하면
삼각형 ABC의 무게중심 P는 선분 BM을 2:1로
내분하는 점이고,
삼각형 ACD의 무게중심 Q는 선분 DM을 2:1로
내분하는 점이다.
따라서 평행선의 성질에 의하여 선분 PQ와 선분 BD는
서로 평행하다.
즉, 직선 PQ와 직선 BD는 서로 평행하다. 너코 138

따라서 두 직선이 꼬인 위치에 있는 것은 ㄱ, ㄴ이다.

답 ③

Q. 평행선의 성질에 대해서 설명해주세요.

A. 삼각형 ABC에서 두 변 AB, AC 또는 그 연장선 위에 각각
두 점 D, E가 있을 때 다음과 같은 성질이 성립합니다.

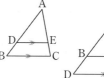

두 직선 BC, DE가 서로 평행하다.

$\Leftrightarrow \overline{AB}:\overline{AD}=\overline{AC}:\overline{AE}$

$\Leftrightarrow \overline{AD}:\overline{BD}=\overline{AE}:\overline{CE}$

중학교 때 배운 내용이나, 간접적으로 종종 이용되는 성질이므로
기억해두길 바랍니다.

001-05

서로 수직인 두 평면 α, β의 교선을 l이라 하면
교선 l과 직선 AB는 서로 평행하다. 너코 139

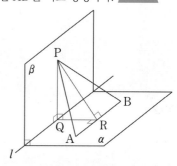

따라서 점 P에서 직선 l에 내린 수선의 발을 Q,
점 Q에서 직선 AB에 내린 수선의 발을 R라 하면
점 P와 평면 α 사이의 거리가 4이므로 $\overline{PQ}=4$이고
점 A와 평면 β 사이의 거리가 2이므로 $\overline{QR}=2$이다.
이때 피타고라스 정리에 의하여 삼각형 PQR에서
$\overline{PR}=\sqrt{\overline{PQ}^2+\overline{QR}^2}=\sqrt{4^2+2^2}=2\sqrt{5}$이다.
또한 삼수선의 정리에 의하여 두 직선 PR, AB가 수직이므로
너코 140

삼각형 PAB의 넓이는
$\dfrac{1}{2}\times\overline{AB}\times\overline{PR}=\dfrac{1}{2}\times3\sqrt{5}\times2\sqrt{5}=15$

답 15

001-06

직선 CD와 평면 ABC가 서로 수직이므로
점 D에서 선분 AB에 내린 수선의 발을 H라 하면
삼수선의 정리에 의하여 두 직선 AB, CH는 서로 수직이다.

$\therefore$ (삼각형 ABC의 넓이)$=\dfrac{1}{2}\times\overline{AB}\times\overline{CH}$ ······㉠

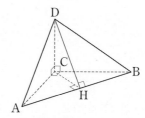

한편 $\overline{AB}=8$이고 삼각형 ABD의 넓이가 20이므로

$\dfrac{1}{2}\times 8\times\overline{DH}=20$에서 $\overline{DH}=5$이고

직각삼각형 DCH에서 $\overline{CD}=4$이므로

$\overline{CH}=\sqrt{\overline{DH}^2-\overline{CD}^2}=\sqrt{5^2-4^2}=3$이다.

따라서 ㉠에서 구하는 넓이는 $\dfrac{1}{2}\times 8\times 3=12$이다.

답 12

O01-07

직선 PH와 평면 α가 서로 수직이고 너코 139
두 직선 PQ, AB가 서로 수직이므로
삼수선의 정리에 의하여 두 직선 AB, HQ는 서로 수직이다.

너코 140

이때 $\overline{AB}=8$이므로

(삼각형 ABH의 넓이)$=\dfrac{1}{2}\times 8\times\overline{HQ}=4\overline{HQ}$이다.

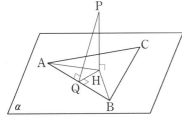

한편 점 H가 삼각형 ABC의 무게중심이므로
삼각형 ABC의 넓이 24는 삼각형 ABH의 넓이의 3배이다.
즉, $4\overline{HQ}\times 3=24$에서 $\overline{HQ}=2$이다.
또한 $\overline{PH}=4$이므로
피타고라스 정리에 의하여 삼각형 PQH에서

$\overline{PQ}=\sqrt{\overline{HQ}^2+\overline{PH}^2}=\sqrt{2^2+4^2}=2\sqrt{5}$

답 ②

O01-08

$\angle ADB=\angle ADC=\dfrac{\pi}{2}$이므로

$\overline{AD}\perp$(평면 BCD)이다. 너코 139
이때 점 D에서 직선 BC에 내린 수선의 발을 H라 하면
$\overline{AD}\perp$(평면 BCD), $\overline{DH}\perp\overline{BC}$이므로
삼수선의 정리에 의하여 $\overline{AH}\perp\overline{BC}$이다. 너코 140

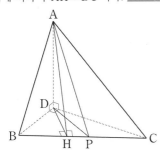

즉, 점 P가 점 H에 위치할 때

$\overline{AP}$, $\overline{DP}$는 각각 삼각형 ABC, DBC의 높이가 되므로
$\overline{AP}+\overline{DP}$의 값이 최소가 된다.

직각삼각형 BCD에서 $\overline{BC}=\sqrt{2^2+(2\sqrt{3})^2}=4$이고,

$\overline{DB}\times\overline{DC}=\overline{BC}\times\overline{DH}$에서

$2\times 2\sqrt{3}=4\times\overline{DH}$ $\quad\therefore\ \overline{DH}=\sqrt{3}$

또한 직각삼각형 ADH에서

$\overline{AH}=\sqrt{3^2+(\sqrt{3})^2}=2\sqrt{3}$

$\therefore\ \overline{AP}+\overline{DP}\geq\overline{AH}+\overline{DH}=2\sqrt{3}+\sqrt{3}=3\sqrt{3}$

따라서 $\overline{AP}+\overline{DP}$의 최솟값은 $3\sqrt{3}$이다.

답 ①

O01-09

점 M에서 선분 EH에 내린 수선의 발을 N이라 하고,
점 N에서 선분 EG에 내린 수선의 발을 P라 하면
삼수선의 정리에 의하여 두 선분 MP, EG는 수직이다. 너코 140

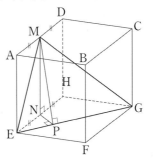

이때 직각삼각형 EPN에서 $\overline{EN}=2$, $\angle NEP=45°$이므로

$\overline{NP}=\sqrt{2}$

이고 직각삼각형 MNP에서 $\overline{MN}=4$이므로

$\overline{MP}=\sqrt{4^2+(\sqrt{2})^2}=3\sqrt{2}$

또한 직각삼각형 EFG에서 $\overline{EG}=4\sqrt{2}$이므로
삼각형 MEG의 넓이는

$\dfrac{1}{2}\times\overline{EG}\times\overline{MP}=\dfrac{1}{2}\times 4\sqrt{2}\times 3\sqrt{2}=12$

답 ④

O01-10

점 C에서 선분 AB를 포함하는 원기둥의 밑면에 내린 수선의
발을 C′, 선분 AB에 내린 수선의 발을 H라 하면
삼수선의 정리에 의하여 $\overline{C'H}\perp\overline{AB}$이다. 너코 140
이때 점 C가 밑면의 둘레 위에 있으므로 점 C′도 다른 밑면의
둘레 위에 있다.

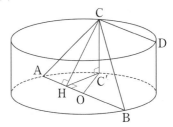

조건 (가)에서 삼각형 ABC의 넓이가 16이므로

$\frac{1}{2} \times 8 \times \overline{CH} = 16$에서 $\overline{CH} = 4$

직각삼각형 CHC'에서

$\overline{C'H} = \sqrt{4^2 - 3^2} = \sqrt{7}$

선분 AB의 중점을 O라 하면 직각삼각형 OHC'에서

$\overline{OH} = \sqrt{4^2 - (\sqrt{7})^2} = 3$

이때 조건 (나)에 의하여 사각형 CABD는 등변사다리꼴이므로

$\overline{CD} = 2\overline{OH} = 6$

답 ③

O01-11

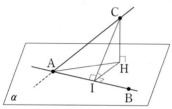

점 C에서 평면 α에 내린 수선의 발을 H, 직선 AB에 내린 수선의 발을 I라 하면 삼수선의 정리에 의하여 $\overline{HI} \perp \overline{AB}$이다. 너코140

$\overline{AC} = 5k \ (k > 0)$라 하면 직각삼각형 CAI에서

$\overline{CI} = 5k \sin\theta_1 = 5k \times \frac{4}{5} = 4k$

또한 $\angle CAH = \frac{\pi}{2} - \theta_1$이므로 직각삼각형 CAH에서

$\overline{CH} = 5k \sin\left(\frac{\pi}{2} - \theta_1\right) = 5k \cos\theta_1 = 3k$

$\left(\because \theta_1$은 예각이므로 $\cos\theta_1 = \sqrt{1 - \sin^2\theta_1} = \frac{3}{5} \right)$

이때 평면 ABC와 평면 α가 이루는 예각의 크기가 $\angle CIH = \theta_2$이므로 너코141

직각삼각형 CIH에서 $\sin\theta_2 = \frac{3k}{4k} = \frac{3}{4}$

$\therefore \cos\theta_2 = \sqrt{1 - \sin^2\theta_2} = \sqrt{1 - \frac{9}{16}} = \frac{\sqrt{7}}{4}$ 너코018

참고

직각삼각형 CIH에서 $\overline{IH} = \sqrt{\overline{CI}^2 - \overline{CH}^2} = \sqrt{7}k$이므로

$\cos\theta_2 = \frac{\sqrt{7}k}{4k} = \frac{\sqrt{7}}{4}$과 같이 구해도 된다.

답 ①

O01-12

풀이 1

[그림 1]과 같이 두 대각선 EG, HF의 교점을 M이라 하면 밑면 EFGH가 정사각형이므로

$\overline{HM} = \overline{EM} = \overline{FM} = \overline{GM}$이고 $\overline{HF} \perp \overline{EG}$이다.

이때 $\overline{BF} \perp$(평면 EFGH)이므로

삼수선의 정리에 의하여 $\overline{BM} \perp \overline{EG}$이고 너코140

삼각형 BEG가 이등변삼각형이므로 무게중심 P는 선분 BM 위에 위치한다.

또한 $\overline{EG} \perp$(평면 BDHF)이므로 주어진 직육면체를 평면 BDHF로 자른 단면은 [그림 2]와 같고, 평면 BDHF 위에 두 점 P, M이 존재한다.

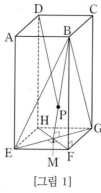　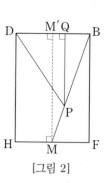

[그림 1]　　　　　[그림 2]

[그림 2]에서 선분 BD의 중점을 M', 점 P에서 선분 BD에 내린 수선의 발을 Q라 하면

$\overline{BD} = 3\sqrt{2}$이므로 $\overline{BM'} = \overline{DM'} = \frac{3\sqrt{2}}{2}$

$\overline{BP} : \overline{PM} = 2 : 1$이므로 $\overline{BQ} = \frac{2}{3} \times \frac{3\sqrt{2}}{2} = \sqrt{2}$

$\therefore \overline{DQ} = 3\sqrt{2} - \sqrt{2} = 2\sqrt{2}$

또한 $\overline{MM'} = 6$이고 $\overline{BP} : \overline{BM} = 2 : 3$이므로

$\overline{QP} = \frac{2}{3} \times 6 = 4$

따라서 직각삼각형 DPQ에서

$\overline{DP} = \sqrt{\overline{DQ}^2 + \overline{PQ}^2}$
$\quad\quad = \sqrt{(2\sqrt{2})^2 + 4^2} = 2\sqrt{6}$

풀이 2

꼭짓점 H를 원점, 세 직선 HE, HG, HD를 각각 x축, y축, z축으로 하는 좌표공간을 설정하면

$B(3, 3, 6)$, $E(3, 0, 0)$, $G(0, 3, 0)$, $D(0, 0, 6)$

이때 삼각형 BEG의 무게중심 P의 좌표는

$P\left(\frac{3+3+0}{3}, \frac{3+0+3}{3}, \frac{6+0+0}{3} \right)$

즉, $P(2, 2, 2)$

$\therefore \overline{DP} = \sqrt{(2-0)^2 + (2-0)^2 + (6-2)^2}$
$\quad\quad = \sqrt{2^2 + 2^2 + 4^2} = 2\sqrt{6}$

답 ②

O01-13

ㄱ. 점 A에서 평면 BCD에 내린 수선의 발은 점 F, 점 B에서 평면 ACD에 내린 수선의 발은 점 G이다.

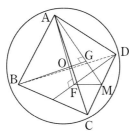

이때 점 O는 두 선분 AF, BG의 교점이므로
두 직선 AF, BG는 꼬인 위치에 있지 않다. (거짓)

ㄴ. 정삼각형 ABC의 넓이는 반지름의 길이가 1인 원에
내접하는 정삼각형의 넓이보다 작다.

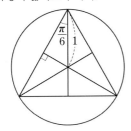

반지름의 길이가 1인 원에 내접하는 정삼각형의 한 변의
길이가

$2 \times 1 \times \cos \dfrac{\pi}{6} = \sqrt{3}$ 이므로 넓이는 $\dfrac{3\sqrt{3}}{4}$ 이다.

따라서 삼각형 ABC의 넓이는 $\dfrac{3\sqrt{3}}{4}$ 보다 작다. (참)

ㄷ. 선분 CD의 중점을 M이라 하면
두 삼각형 AOG, AMF는 서로 닮음이므로
$\theta = \angle AOG = \angle AMF$ 이다.
또한 정삼각형의 무게중심은 중선의 길이를 각
꼭짓점으로부터 각각 $2 : 1$로 내분하므로

$\cos\theta = \cos(\angle AMF) = \dfrac{\overline{FM}}{\overline{AM}} = \dfrac{1}{3}$ 이다. (참)

따라서 옳은 것은 ㄴ, ㄷ이다.

답 ④

○ 01-14

ㄱ. 주어진 그림은 사면체의 전개도이므로 $\overline{AD} = \overline{AE}$ 이다.
따라서 $\overline{AC} = \overline{AE} = \overline{BE}$ 에서 삼각형 DAC는
직각이등변삼각형이므로
$\overline{CD} = \sqrt{2} \times \overline{AC} = \sqrt{2} \times \overline{BE}$
$\therefore \overline{CP} = \sqrt{2} \times \overline{BP}$ (참)

ㄴ. 직선 CP와 평면 ABC의 교점은 점 C이므로
직선 AB와 직선 CP는 서로 만나지 않는다.
즉, 직선 AB와 직선 CP는 꼬인 위치에 있다. (참)

ㄷ. 직선 AC는 평면 ABP 위의 두 직선 AB, AP와 서로
수직이므로
직선 AC와 평면 ABP는 서로 수직이다.
즉, 직선 AC는 평면 ABP 위의 모든 직선과 수직이므로
두 직선 AC, PM은 서로 수직이다.

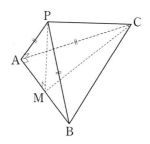

삼각형 ABP에서 $\overline{PA} = \overline{PB}$ 이므로 두 직선 AB, PM은
서로 수직이다.
즉, 직선 PM은 평면 ABC 위의 두 직선 AB, AC와 서로
수직이므로
선분 PM과 평면 ABC는 서로 수직이다.
즉, 직선 PM은 평면 ABC 위의 모든 직선과 수직이므로
직선 PM과 직선 BC는 서로 수직이다. (참)

따라서 옳은 것은 ㄱ, ㄴ, ㄷ이다.

답 ⑤

○ 01-15

한 변의 길이가 12인 정삼각형 BCD를 한 면으로 하는
사면체 ABCD의 꼭짓점 A에서 평면 BCD에 내린
수선의 발을 H라 할 때, 점 H는 삼각형 BCD의 내부에
놓여 있다. 삼각형 CDH의 넓이는 삼각형 BCH의 넓이의
3배, 삼각형 DBH의 넓이는 삼각형 BCH의 넓이의
2배이고 $\overline{AH} = 3$이다. 선분 BD의 중점을 M, 점 A에서
선분 CM에 내린 수선의 발을 Q라 할 때, 선분 AQ의
길이는? [4점]

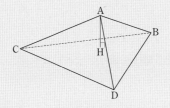

① $\sqrt{11}$ ② $2\sqrt{3}$ ③ $\sqrt{13}$
④ $\sqrt{14}$ ⑤ $\sqrt{15}$

How To

❶ 삼각형 CDH의 넓이는 삼각형 BCH의 넓이의 3배, 삼각형 DBH의 넓이는 삼각형 BCH의 넓이의 2배이고
삼각형 BCH의 넓이를 S라 할 때
삼각형 BCD의 넓이는 두 가지 방법으로 구할 수 있다.
 i) $\dfrac{\sqrt{3}}{4} \times$(한 변의 길이)$^2 = 36\sqrt{3}$
 ii) $S + 3S + 2S = 6S$
따라서 $36\sqrt{3} = 6S$이므로 $S = 6\sqrt{3}$

❷ 선분 BD의 중점을 M, 점 A에서 선분 CM에 내린 수선의 발을 Q라 할 때
두 직선 CM, HQ는 서로 수직이므로
삼각형 CMH의 넓이는 두 가지 방법으로 구할 수 있다.
 iii) $\dfrac{\text{i)}}{2} - (S + S) = 6\sqrt{3}$
 iv) $\dfrac{1}{2} \times \overline{CM} \times \overline{HQ} = 3\sqrt{3} \times \overline{HQ}$
따라서 $6\sqrt{3} = 3\sqrt{3} \times \overline{HQ}$에서 $\overline{HQ} = 2$

❶ i) 한 변의 길이가 12인 정삼각형 BCD의 넓이는

$$\frac{\sqrt{3}}{4}\times 12^2=36\sqrt{3}$$

ii) (삼각형 BCH의 넓이)$=S$라 하면

(삼각형 CDH의 넓이)$=3S$,

(삼각형 DBH의 넓이)$=2S$이므로

정삼각형 BCD의 넓이는 $S+3S+2S=6S$

i), ii)에 의하여 $36\sqrt{3}=6S$이므로 $S=6\sqrt{3}$이다.

❷ iii) (삼각형 CMH의 넓이)

$\quad$=(삼각형 CMB의 넓이)

$\qquad$−{(삼각형 BCH의 넓이)+(삼각형 HMB의 넓이)}

$\quad=36\sqrt{3}\times\dfrac{1}{2}-(S+S)=18\sqrt{3}-2S=6\sqrt{3}$

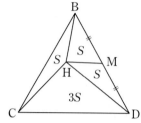

iv) 직선 AH와 평면 BCD가 서로 수직이고

두 직선 AQ, CM이 서로 수직이므로

삼수선의 정리에 의하여 두 직선 CM, HQ는 서로

수직이다. [너코 140]

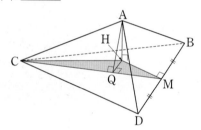

(삼각형 CMH의 넓이)$=\dfrac{1}{2}\times\overline{\text{CM}}\times\overline{\text{HQ}}$

$\qquad=\dfrac{1}{2}\times\left(12\times\dfrac{\sqrt{3}}{2}\right)\times\overline{\text{HQ}}$

$\qquad=3\sqrt{3}\times\overline{\text{HQ}}$

iii), iv)에 의하여 $6\sqrt{3}=3\sqrt{3}\times\overline{\text{HQ}}$이므로 $\overline{\text{HQ}}=2$이다.

또한 직각삼각형 AHQ에서 $\overline{\text{AH}}=3$이므로

$$\overline{\text{AQ}}=\sqrt{\overline{\text{AH}}^2+\overline{\text{HQ}}^2}=\sqrt{3^2+2^2}=\sqrt{13}$$

답 ③

01-16

원 O는 평면 ABC에 대하여 대칭이므로 선분 PQ는 평면 ABC와 선분 AB 위에서 수직으로 만난다. [너코 139]

이때 만나는 점을 H라 하고 점 H에서 선분 AC에 내린 수선의 발을 H_1이라 하면 삼수선의 정리에 의하여 직선 PH$_1$과 직선 AC는 수직이다. [너코 140]

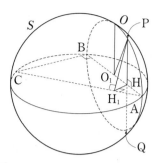

$\overline{\text{AC}}=\sqrt{8^2+6^2}=10$이므로

$\angle\text{CAB}=\theta$라 하면 $\sin\theta=\dfrac{6}{10}=\dfrac{3}{5}$

원 O는 지름의 길이가 $\overline{\text{AB}}=8$이므로 반지름의 길이가 4인 원이다.

원 O의 중심을 O_1이라 하면 $\overline{\text{O}_1\text{P}}=4$

이때 직각삼각형 PHO$_1$과 PHH$_1$은 변 PH를 공유하고

$\overline{\text{O}_1\text{P}}=\overline{\text{PH}_1}=4$이므로 합동이다.

따라서 $\overline{\text{O}_1\text{H}}=\overline{\text{HH}_1}$이다.

$\overline{\text{O}_1\text{H}}=t$라 하면 $\overline{\text{AH}}=4-t$

$\overline{\text{HH}_1}=\overline{\text{AH}}\times\sin\theta=\dfrac{3}{5}(4-t)$

$t=\dfrac{3}{5}(4-t)$에서

$\dfrac{8}{5}t=\dfrac{12}{5}$, $t=\dfrac{3}{2}$

따라서 $\overline{\text{PH}}=\sqrt{4^2-\left(\dfrac{3}{2}\right)^2}=\dfrac{\sqrt{55}}{2}$이므로

$\overline{\text{PQ}}=\sqrt{55}$

답 ④

02-01

[풀이 1]

그림과 같이 선분 QC의 중점을 S라 하면

두 평면 PQR, DSG는 서로 평행하므로

평면 PQR와 평면 CGHD가 이루는 각의 크기 θ는

평면 DSG와 평면 CGHD가 이루는 각의 크기와 같다. ……㉠

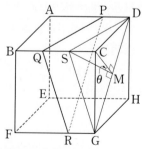

$\overline{\text{SC}}=1$, $\overline{\text{CD}}=\overline{\text{CG}}=3$에 의하여

$\overline{\text{SD}}=\overline{\text{SG}}=\sqrt{1^2+3^2}=\sqrt{10}$이므로 ……㉡

삼각형 SGD는 이등변삼각형이다.

이때 삼각형 CDG도 이등변삼각형이므로

선분 DG의 중점을 M이라 하면

두 직선 SM, DG는 서로 수직이고,

두 직선 CM, DG도 서로 수직이다.

따라서 ㉠에 의하여

$\angle \text{CMS} = \theta$이므로 $\cos\theta = \dfrac{\overline{\text{CM}}}{\overline{\text{SM}}}$이다. [너코 141] ......㉢

이때 빗변의 길이가 $\overline{\text{DG}} = 3\sqrt{2}$인 직각이등변삼각형 DCG에서

$\overline{\text{CM}} = \overline{\text{MD}} = \dfrac{3\sqrt{2}}{2}$이므로

직각삼각형 SMD에서

$\overline{\text{SM}} = \sqrt{(\sqrt{10})^2 - \left(\dfrac{3\sqrt{2}}{2}\right)^2} = \dfrac{\sqrt{22}}{2}$이다. ($\because$ ㉡)

즉, ㉢에서 $\cos\theta = \dfrac{\overline{\text{CM}}}{\overline{\text{SM}}} = \dfrac{\dfrac{3\sqrt{2}}{2}}{\dfrac{\sqrt{22}}{2}} = \dfrac{3\sqrt{11}}{11}$이다.

[풀이 2]

삼각형 PQR의 평면 CGHD 위로의 정사영은 삼각형 DCG이다. [너코 142]

따라서 평면 PQR와 평면 CGHD가 이루는 각의 크기 θ에 대하여

$\cos\theta = \dfrac{(\text{삼각형 DCG의 넓이})}{(\text{삼각형 PQR의 넓이})}$ ......㉠

로 구할 수 있다.

$(\text{삼각형 DCG의 넓이}) = \dfrac{1}{2} \times 3 \times 3 = \dfrac{9}{2}$

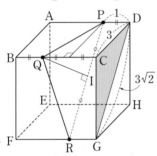

$\overline{\text{PQ}} = \overline{\text{RQ}} = \sqrt{3^2 + 1^2} = \sqrt{10}$, $\overline{\text{PR}} = 3\sqrt{2}$에 의하여

점 Q에서 선분 PR에 내린 수선의 발을 I라 하면

$\overline{\text{QI}} = \sqrt{(\sqrt{10})^2 - \left(\dfrac{3\sqrt{2}}{2}\right)^2}$

$= \sqrt{10 - \dfrac{9}{2}} = \sqrt{\dfrac{11}{2}} = \dfrac{\sqrt{22}}{2}$

이므로

$(\text{삼각형 PQR의 넓이}) = \dfrac{1}{2} \times \overline{\text{PR}} \times \overline{\text{QI}}$

$= \dfrac{1}{2} \times 3\sqrt{2} \times \dfrac{\sqrt{22}}{2}$

$= \dfrac{3\sqrt{11}}{2}$

따라서 ㉠에서 $\cos\theta = \dfrac{\dfrac{9}{2}}{\dfrac{3\sqrt{11}}{2}} = \dfrac{3\sqrt{11}}{11}$

답 ⑤

02-02

평면 ABFE와 직선 FG는 서로 수직이므로

평면 ABFE 위의 직선 AF와 직선 FG는 서로 수직이다.

마찬가지로 직선 AH와 직선 GH도 서로 수직이다. [너코 139]

또한 두 직각삼각형 AFG, AHG는 서로 닮음이므로

점 F에서 선분 AG에 내린 수선의 발을 I라 하면

점 H에서 선분 AG에 내린 수선의 발도 I이다.

따라서 두 평면 AFG, AGH가 이루는 각의 크기는

$\theta = \angle\text{FIH}$이다. [너코 141]

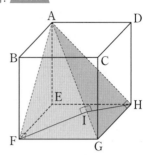

$\angle\text{AFG} = 90°$이므로

정육면체 ABCD-EFGH의 한 모서리의 길이를 a라 하면

직각삼각형 AFG에서 $\overline{\text{FG}} = a$, $\overline{\text{AF}} = \sqrt{2}a$이고

$\overline{\text{AG}} = \sqrt{a^2 + (\sqrt{2}a)^2} = \sqrt{3}a$이다.

이때 직각삼각형 AFG의 넓이에 의하여

$\dfrac{1}{2} \times \overline{\text{AF}} \times \overline{\text{FG}} = \dfrac{1}{2} \times \overline{\text{AG}} \times \overline{\text{FI}}$이므로

$\dfrac{1}{2} \times \sqrt{2}a \times a = \dfrac{1}{2} \times \sqrt{3}a \times \overline{\text{FI}}$에서

$\overline{\text{FI}} = \dfrac{\sqrt{2}}{\sqrt{3}}a$이다.

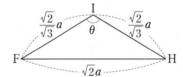

따라서 삼각형 FHI에서 코사인법칙에 의하여 [너코 024]

$\cos\theta = \dfrac{\overline{\text{FI}}^2 + \overline{\text{HI}}^2 - \overline{\text{FH}}^2}{2 \times \overline{\text{FI}} \times \overline{\text{HI}}}$

$= \dfrac{\dfrac{2}{3}a^2 + \dfrac{2}{3}a^2 - 2a^2}{2 \times \dfrac{\sqrt{2}}{\sqrt{3}}a \times \dfrac{\sqrt{2}}{\sqrt{3}}a}$

$= \dfrac{-\dfrac{2}{3}a^2}{\dfrac{4}{3}a^2} = -\dfrac{1}{2}$

$\therefore \cos^2\theta = \dfrac{1}{4}$

답 ③

02-03

직선 AH와 평면 BCD가 서로 수직이므로

점 A에서 선분 CD에 내린 수선의 발을 I라 하면

삼수선의 정리에 의하여 두 직선 HI, CD는 서로 수직이다.

너코 140

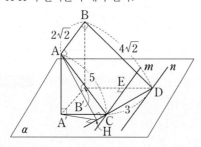

이때 $\overline{CD}=10$이고 삼각형 ACD의 넓이가 40이므로

$\dfrac{1}{2}\times 10\times\overline{AI}=40$에서 $\overline{AI}=8$이다.

또한 평면 BCD와 평면 ACD가 이루는 각의 크기는 30°이므로

$\overline{AH}=\overline{AI}\sin 30°=8\times\dfrac{1}{2}=4$ 너코 141

답 ②

○02-04

두 직선 m, n을 포함하는 평면을 α라 하자.

두 점 A, B에서 평면 α에 내린 수선의 발을 각각 A′, B′이라 하고 점 A에서 두 평면 α, ACD의 교선 CD에 내린 수선의 발을 H라 하자.

삼수선의 정리에 의하여 두 직선 A′H, CD가 서로 수직이므로 평면 α와 평면 ACD가 이루는 각의 크기는

$\theta=\angle AHA′$이고, $\tan\theta=\dfrac{\overline{AA′}}{\overline{A′H}}$이다. 너코 141 ……㉠

즉, $\overline{AA′}$, $\overline{A′H}$의 길이를 구해야 한다.

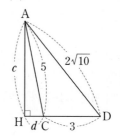

i) $\overline{AA′}$의 길이 구하기

$\overline{AA′}=\overline{BB′}$이므로 $\overline{BB′}$의 길이를 구해도 된다.

세 직선 A′B′, m, n은 평행하고

두 직선 A′C, m이 서로 수직, 두 직선 B′D, n이 서로 수직이므로

선분 B′D와 직선 m의 교점을 E라 하면

$\overline{CE}=\overline{A′B′}=\overline{AB}=2\sqrt{2}$, $\angle CED=90°$이다.

따라서 직각삼각형 CED에서

$\overline{DE}=\sqrt{\overline{CD}^2-\overline{CE}^2}=\sqrt{3^2-(2\sqrt{2})^2}=1$이다.

또한 $\overline{BB′}=a$, $\overline{B′E}=b$라 하면

두 직각삼각형 BB′E, BB′D에서

$a^2+b^2=25$, $a^2+(b+1)^2=32$이므로

$a=4$, $b=3$이다.

즉, $\overline{AA′}=\overline{BB′}=4$이다.

ii) $\overline{A′H}$의 길이 구하기

직각삼각형 ABD에서 $\overline{AD}=\sqrt{\overline{AB}^2+\overline{BD}^2}=2\sqrt{10}$이다.

$\overline{AH}=c$, $\overline{CH}=d$라 하면

두 직각삼각형 AHC, AHD에서

$c^2+d^2=25$, $c^2+(d+3)^2=40$이므로

$c=2\sqrt{6}$, $d=1$이다.

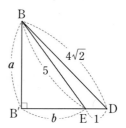

따라서 직각삼각형 A′HC에서

$\overline{A′H}=\sqrt{\overline{A′C}^2-\overline{CH}^2}=\sqrt{b^2-d^2}=2\sqrt{2}$

i), ii)에 의하여 ㉠에서

$\tan\theta=\dfrac{\overline{AA′}}{\overline{A′H}}=\dfrac{4}{2\sqrt{2}}=\sqrt{2}$

$\therefore\ 15\tan^2\theta=15\times 2=30$

답 30

빈출 QnA

Q. 네 선분 AB, BD, CD, AC로 이루어진 도형은 사각형인가요?

A. 세 직선 l, m, n이 한 평면에 있지 않으므로 네 점 A, B, C, D는 한 평면 위에 있을 수 없습니다. 따라서 네 선분 AB, BD, CD, AC로 이루어진 도형은 사각형이 아닙니다.

○02-05

풀이 1

종이를 접은 상태의 점 B에서 평면 AEFD 위로의 정사영이 점 D이므로 너코 142

점 B에서 직선 EF에 내린 수선의 발을 H라 하면

삼수선의 정리에 의하여 두 선분 DH, EF는 서로 수직이다.

너코 140

따라서 두 평면 AEFD와 EFCB가 이루는 각의 크기는

$\theta = \angle BHD$이므로 $\cos\theta = \dfrac{\overline{DH}}{\overline{BH}}$이다. $\quad$ ……㉠

따라서 $\overline{BH}$, $\overline{DH}$의 길이를 구하여 $\cos\theta$의 값을 구해 보자.
직사각형 ABCD의 대각선 BD와 직선 EF는 점 H에서
수직으로 만나므로
두 삼각형 BAD, BHE는 서로 닮음이다.

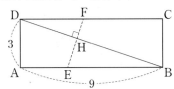

이때 $\overline{BD} = \sqrt{9^2 + 3^2} = 3\sqrt{10}$, $\overline{BE} = 9 - \overline{AE} = 6$이므로
$\overline{BA} : \overline{BD} = \overline{BH} : \overline{BE}$, 즉 $9 : 3\sqrt{10} = \overline{BH} : 6$에서

$\overline{BH} = \dfrac{18}{\sqrt{10}} = \dfrac{9\sqrt{10}}{5}$이고

$\overline{DH} = \overline{BD} - \overline{BH} = \dfrac{6\sqrt{10}}{5}$이다.

따라서 ㉠에서 $\cos\theta = \dfrac{\overline{DH}}{\overline{BH}} = \dfrac{2}{3}$이다. 너코141

$\therefore 60\cos\theta = 40$

풀이 2

종이를 접은 상태의 점 B에서 평면 AEFD 위로의 정사영이 점
D이므로 너코142
점 B에서 직선 EF에 내린 수선의 발을 H라 하면
삼수선의 정리에 의하여 두 선분 DH, EF는 서로 수직이고
너코140

$\overline{BH} = a$, $\overline{DH} = b$라 할 때 $\cos\theta = \dfrac{b}{a}$이다. $\quad$ ……㉠

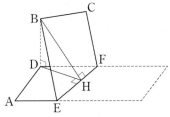

또한 직사각형 ABCD의 대각선 BD와 직선 EF의 교점은
H이므로

$a + b = \overline{BD} = \sqrt{9^2 + 3^2} = 3\sqrt{10}$이다. $\quad$ ……㉡

한편 직각삼각형 BDE에서 너코139
$\overline{BE} = \overline{AB} - \overline{AE} = 9 - 3 = 6$,
$\overline{DE} = \sqrt{\overline{AD}^2 + \overline{AE}^2} = \sqrt{3^2 + 3^2} = 3\sqrt{2}$이므로
$\overline{BD} = \sqrt{\overline{BE}^2 - \overline{DE}^2} = \sqrt{6^2 - (3\sqrt{2})^2} = 3\sqrt{2}$이다.
따라서 직각삼각형 BDH에서
$b^2 + (3\sqrt{2})^2 = a^2$이다. $\quad$ ……㉢

㉡, ㉢을 연립하여 풀면 $a = \dfrac{9\sqrt{10}}{5}$, $b = \dfrac{6\sqrt{10}}{5}$이므로

㉠에서 $\cos\theta = \dfrac{2}{3}$이다.

$\therefore 60\cos\theta = 40$

풀이 3

종이를 접은 상태에서 삼각형 BEF의 평면 AEFD 위로의
정사영은 삼각형 DEF이다.
두 삼각형 BEF, DEF의 높이는 $\overline{AD}$로 같으므로

$\cos\theta = \dfrac{(\text{삼각형 DEF의 넓이})}{(\text{삼각형 BEF의 넓이})} = \dfrac{\overline{DF}}{\overline{BE}}$이다. $\quad$ ……㉠

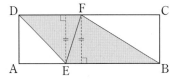

종이를 접은 상태의 직각삼각형 BDE에서
$\overline{BE} = \overline{AB} - \overline{AE} = 9 - 3 = 6$이고
$\overline{DE} = \sqrt{\overline{AD}^2 + \overline{AE}^2} = \sqrt{3^2 + 3^2} = 3\sqrt{2}$이므로
$\overline{BD} = \sqrt{\overline{BE}^2 - \overline{DE}^2} = \sqrt{6^2 - (3\sqrt{2})^2} = 3\sqrt{2}$이다.

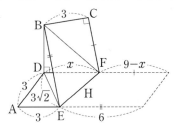

이때 $\overline{DF} = x$라 하면 $\overline{CF} = 9 - x$이므로
직각삼각형 BDF에서 $\overline{BF}^2 = x^2 + (3\sqrt{2})^2$
직각삼각형 BCF에서 $\overline{BF}^2 = 3^2 + (9 - x)^2$
즉, $x^2 + 18 = x^2 - 18x + 90$에서 $x = 4$이다.

따라서 ㉠에서 $\cos\theta = \dfrac{\overline{DF}}{\overline{BE}} = \dfrac{4}{6} = \dfrac{2}{3}$

$\therefore 60\cos\theta = 40$

답 40

02-06

직선 AR이 두 직선 AQ, AO와 서로 수직이므로
점 R에서 평면 AQPO에 내린 수선의 발은 A이다.
따라서 점 A에서 두 평면 PQR, AQPO의 교선 PQ에 내린
수선의 발을 H라 하면
삼수선의 정리에 의하여 두 직선 PQ, RH는 서로 수직이다.
너코140

따라서 평면 PQR와 평면 AQPO가 이루는 각의 크기는

$\theta = \angle RHA$이고 $\cos\theta = \dfrac{\overline{AH}}{\overline{RH}}$이다. 너코141 $\quad$ ……㉠

즉, $\overline{AH}$, $\overline{RH}$의 길이를 구해야 한다.

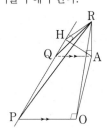

i) $\overline{\text{AH}}$의 길이 구하기

점 A에서 평면 α에 내린 수선의 발을 I라 하면

삼각형 AIO는 직각이등변삼각형이고 $\overline{\text{AI}}=\dfrac{\sqrt{6}}{2}$이므로

$\overline{\text{AO}}=\sqrt{3}$이다.

이때 구의 반지름의 길이는 2이므로

직각삼각형 OAR에서

$\overline{\text{AR}}=\sqrt{\overline{\text{OR}}^2-\overline{\text{AO}}^2}=\sqrt{2^2-(\sqrt{3})^2}=1$이고

$\overline{\text{AQ}}=\overline{\text{AR}}=1$이다.

점 Q에서 직선 OP에 내린 수선의 발을 Q′이라 하면

직각삼각형 PQ′Q에서 $\overline{\text{PQ}'}=1$, $\overline{\text{QQ}'}=\sqrt{3}$이므로

$\overline{\text{PQ}}=\sqrt{1^2+(\sqrt{3})^2}=2$

즉, $\angle\text{QPQ}'=\angle\text{AQH}=60°$이므로

$\overline{\text{AH}}=\dfrac{\sqrt{3}}{2}$, $\overline{\text{QH}}=\dfrac{1}{2}$이다. ……ⓛ

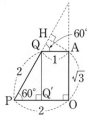

ii) $\overline{\text{RH}}$의 길이 구하기

직선 AQ는 직선 OA, AR와 서로 수직이므로

직선 AQ는 평면 ARO와 서로 수직이고,

직선 AQ와 평행인 직선 OP와 평면 ARO도 서로

수직이다. 너코139

따라서 삼각형 POR에서

$\angle\text{POR}=90°$이고 $\overline{\text{OP}}=\overline{\text{OR}}=2$이므로 $\overline{\text{PR}}=2\sqrt{2}$

또한 직각삼각형 PHR에서

$\overline{\text{PH}}=\overline{\text{PQ}}+\overline{\text{QH}}=\dfrac{5}{2}$이므로 (∵ ⓛ)

$\overline{\text{RH}}=\sqrt{\overline{\text{PR}}^2-\overline{\text{PH}}^2}=\sqrt{(2\sqrt{2})^2-\left(\dfrac{5}{2}\right)^2}=\dfrac{\sqrt{7}}{2}$

i), ii)에 의하여 ⊙에서

$\cos\theta=\dfrac{\overline{\text{AH}}}{\overline{\text{RH}}}=\dfrac{\dfrac{\sqrt{3}}{2}}{\dfrac{\sqrt{7}}{2}}=\dfrac{\sqrt{3}}{\sqrt{7}}$이므로 $\cos^2\theta=\dfrac{3}{7}$

∴ $p+q=7+3=10$

답 10

빈출 QnA

Q. 정사영을 이용하여 풀이할 수도 있나요??

A. 점 R에서 평면 AQPO에 내린 수선의 발은 점 A이므로
삼각형 PQR의 평면 AQPO 위로의 정사영은 삼각형 PQA
입니다.
따라서 다음과 같이 구할 수도 있습니다.

$\cos\theta=\dfrac{(\text{삼각형 PQA의 넓이})}{(\text{삼각형 PQR의 넓이})}$

002-07

그림과 같이 직선 l을 교선으로 하고 이루는 각의 크기가
$\dfrac{\pi}{4}$인 두 평면 α와 β가 있고, 평면 α 위의 점 A와 평면 β
위의 점 B가 있다. 두 점 A, B에서 직선 l에 내린 수선의
발을 각각 C, D라 하자. $\overline{\text{AB}}=2$, $\overline{\text{AD}}=\sqrt{3}$이고 직선
AB와 평면 β가 이루는 각의 크기가 $\dfrac{\pi}{6}$일 때, 사면체
ABCD의 부피는 $a+b\sqrt{2}$이다. $36(a+b)$의 값을
구하시오. (단, a, b는 유리수이다.) [4점]

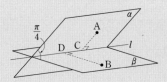

How To

점 A에서 평면 β에 내린 수선의 발을 H,
점 H에서 직선 DB에 내린 수선의 발을 I라 하자.

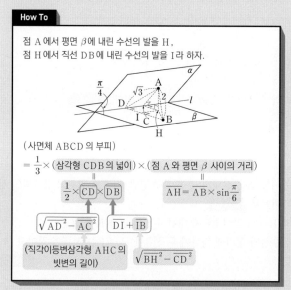

(사면체 ABCD의 부피)

$=\dfrac{1}{3}\times(\text{삼각형 CDB의 넓이})\times(\text{점 A와 평면 }\beta\text{ 사이의 거리})$

$\underbrace{\dfrac{1}{2}\times\boxed{\overline{\text{CD}}}\times\boxed{\overline{\text{DB}}}}$ ‖

$\boxed{\sqrt{\overline{\text{AD}}^2-\overline{\text{AC}}^2}}\ \boxed{\overline{\text{DI}}+\overline{\text{IB}}}$ $\overline{\text{AH}}=\overline{\text{AB}}\times\sin\dfrac{\pi}{6}$

$\boxed{(\text{직각이등변삼각형 AHC의 빗변의 길이})}\ \sqrt{\overline{\text{BH}}^2-\overline{\text{CD}}^2}$

점 A에서 평면 β에 내린 수선의 발을 H라 하면
직각삼각형 AHB에서

$\overline{\text{AH}}=\overline{\text{AB}}\sin\dfrac{\pi}{6}=1$, $\overline{\text{BH}}=\overline{\text{AB}}\cos\dfrac{\pi}{6}=\sqrt{3}$이다.

또한 직선 AH와 평면 β가 서로 수직이고
두 직선 AC, l이 서로 수직이므로
삼수선의 정리에 의하여 두 직선 HC, l은 서로 수직이다.

너코140

이때 두 평면 α, β가 이루는 각의 크기가 $\dfrac{\pi}{4}$이므로

$\angle\text{ACH}=\dfrac{\pi}{4}$이다. 너코141

따라서 $\overline{\text{CH}}=1$이고 $\overline{\text{AC}}=\dfrac{\overline{\text{AH}}}{\sin\dfrac{\pi}{4}}=\sqrt{2}$이므로

직각삼각형 ACD에서 $\overline{\text{CD}}=\sqrt{(\sqrt{3})^2-(\sqrt{2})^2}=1$이다.
또한 $\overline{\text{DB}}=\overline{\text{DI}}+\overline{\text{IB}}=1+\sqrt{(\sqrt{3})^2-1^2}=1+\sqrt{2}$이다.

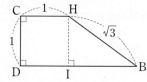

따라서

(사면체 ABCD의 부피)$= \dfrac{1}{3} \times$ (삼각형 CDB의 넓이) $\times \overline{\text{AH}}$

$$= \dfrac{1}{3} \times \left(\dfrac{1}{2} \times \overline{\text{CD}} \times \overline{\text{DB}} \right) \times 1$$

$$= \dfrac{1+\sqrt{2}}{6}$$

$\therefore 36(a+b) = 36\left(\dfrac{1}{6} + \dfrac{1}{6} \right) = 12$

답 12

○02-08

풀이 1

삼각형 PCQ의 평면 ABCD 위로의 정사영은 삼각형 GCH이다.

따라서 두 삼각형 PCQ, GCH의 넓이를 각각 S, S'이라 하면 두 평면 PCQ와 ABCD가 이루는 각의 크기 θ에 대하여 $\cos\theta = \dfrac{S'}{S}$ 이다. **너코 142**

점 P에서 직선 AB에 내린 수선의 발을 P′, 점 Q에서 직선 CD에 내린 수선의 발을 Q′이라 하고, 선분 AB의 중점을 M이라 하자.

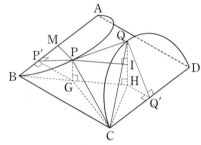

$\angle \text{PMB} = 60°$이므로 삼각형 PMB는 정삼각형이다.

$\therefore \overline{\text{BP}'} = \overline{\text{MP}'} = 2$, $\overline{\text{PP}'} = 4\sin 60° = 2\sqrt{3}$ **너코 018**

이때 삼수선의 정리에 의하여 $\overline{\text{AB}} \perp \overline{\text{P}'\text{G}}$이고, **너코 140**

직각삼각형 PP′G에서

$\overline{\text{P}'\text{G}} = \sqrt{(2\sqrt{3})^2 - (\sqrt{3})^2} = 3$

또한 점 Q′은 선분 CD의 중점이므로 삼각형 QCQ′은 직각이등변삼각형이다.

$\therefore \overline{\text{QQ}'} = \overline{\text{CQ}'} = 4$

이때 삼수선의 정리에 의하여 $\overline{\text{CD}} \perp \overline{\text{Q}'\text{H}}$이고, 직각삼각형 QQ′H에서

$\overline{\text{Q}'\text{H}} = \sqrt{4^2 - (2\sqrt{3})^2} = 2$

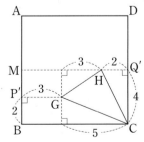

따라서 삼각형 PCQ의 평면 ABCD 위로의 정사영은 위의 그림에서 삼각형 GCH이므로

$S' = \triangle \text{GCH}$

$$= 5 \times 4 - \dfrac{1}{2} \times (3+4+5) \times 2$$

$$= 20 - 12 = 8 \qquad \cdots\cdots \text{㉠}$$

한편 직각이등변삼각형 QCQ′에서 $\overline{\text{CQ}} = 4\sqrt{2}$

$\overline{\text{CG}} = \sqrt{5^2 + 2^2} = \sqrt{29}$ 이므로 직각삼각형 PGC에서

$\overline{\text{CP}} = \sqrt{(\sqrt{29})^2 + (\sqrt{3})^2} = 4\sqrt{2}$

또한 점 P에서 선분 QH에 내린 수선의 발을 I라 하면

$\overline{\text{QI}} = \sqrt{3}$, $\overline{\text{PI}} = \overline{\text{GH}} = \sqrt{3^2 + 2^2} = \sqrt{13}$ 이므로

직각삼각형 PIQ에서

$\overline{\text{PQ}} = \sqrt{(\sqrt{3})^2 + (\sqrt{13})^2} = 4$

즉, 삼각형 PCQ는 $\overline{\text{CP}} = \overline{\text{CQ}}$인 이등변삼각형이므로 점 C에서 선분 PQ에 내린 수선의 발을 C′이라 하면

$\overline{\text{PC}'} = \overline{\text{QC}'} = 2$

$\overline{\text{CC}'} = \sqrt{(4\sqrt{2})^2 - 2^2} = 2\sqrt{7}$

$\therefore S = \triangle \text{PCQ} = \dfrac{1}{2} \times 4 \times 2\sqrt{7} = 4\sqrt{7} \qquad \cdots\cdots \text{㉡}$

㉠, ㉡에 의하여 $\cos\theta = \dfrac{8}{4\sqrt{7}} = \dfrac{2}{\sqrt{7}}$

$\therefore 70 \times \cos^2\theta = 40$

풀이 2

앞의 풀이에서 점 G가 선분 BH의 중점임을 알 수 있다.

이때 $\overline{\text{PG}} : \overline{\text{QH}} = 1 : 2$이므로 세 점 B, P, Q는 일직선 위에 있다.

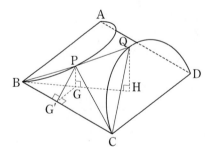

즉, 두 평면 PCQ와 ABCD의 교선은 직선 BC이다.

$\overline{\text{GG}'} = 2$, $\overline{\text{PG}} = \sqrt{3}$ 에서 $\overline{\text{PG}'} = \sqrt{7}$ 이므로

$\cos\theta = \dfrac{\overline{\text{GG}'}}{\overline{\text{PG}'}} = \dfrac{2}{\sqrt{7}}$ **너코 141**

$\therefore 70 \times \cos^2\theta = 40$

답 40

○02-09

점 H에서 선분 AB에 내린 수선의 발을 H′이라 하면 $\overline{\text{PH}} \perp \beta$, $\overline{\text{HH}'} \perp \overline{\text{AB}}$이므로 삼수선의 정리에 의하여 $\overline{\text{PH}'} \perp \overline{\text{AB}}$이다. **너코 140**

따라서 두 평면 α, β가 이루는 각의 크기 θ는
$\theta = \angle PH'H$이다. 너코141 ······ ㉠
한편 선분 AB의 중점을 O라 하면 점 O는 평면 α 위의 원
C_1의 중심인 동시에 평면 β 위의 타원 C_2의 중심이다.
이때 평면 β 위에서 세 점 F, H, Q는 일직선 위에 있고
$\overline{HF'} < \overline{HF}$, $\angle HFF' = \dfrac{\pi}{6}$, $\overline{HH'} = \overline{HQ} = 4$
이므로 타원 C_2와 세 점 H, H', Q의 위치는 다음 그림과 같다.

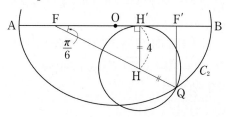

직각삼각형 FHH'에서 $\overline{FH} = 8$, $\overline{FH'} = 4\sqrt{3}$
또한 세 점 F, H, Q가 일직선 위에 있으므로
$\overline{FQ} = 8 + 4 = 12$이고
점 Q가 장축의 길이가 18인 타원 C_2 위에 있으므로 타원의
정의에 의하여
$\overline{FQ} + \overline{F'Q} = 18$ 너코123
$\therefore \overline{F'Q} = 6$
그런데 $\dfrac{\overline{F'Q}}{\overline{FQ}} = \dfrac{6}{12} = \sin\dfrac{\pi}{6}$이므로 $\overline{F'Q} \perp \overline{AB}$이다.
즉, 삼각형 FQF'은 직각삼각형이므로
$\overline{FF'} = 12\cos\dfrac{\pi}{6} = 6\sqrt{3}$이고
$\overline{FH'} = 4\sqrt{3}$, $\overline{OF} = \dfrac{1}{2}\overline{FF'} = 3\sqrt{3}$이므로
$\overline{OH'} = \sqrt{3}$이다.
평면 α 위에서 원 C_1은 다음 그림과 같고,
직각삼각형 POH'에서 $\overline{OP} = \dfrac{1}{2}\overline{AB} = 9$, $\overline{OH'} = \sqrt{3}$이므로
$\overline{PH'} = \sqrt{81 - 3} = \sqrt{78}$

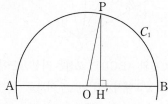

따라서 ㉠에 의하여 직각삼각형 PH'H에서
$\cos\theta = \dfrac{\overline{HH'}}{\overline{PH'}} = \dfrac{4}{\sqrt{78}} = \dfrac{2\sqrt{78}}{39}$

답 ⑤

O03-01

그림과 같이 태양광선에 수직인 평면 α를 생각하면
판이 평면 α에 놓일 때 그림자의 넓이가 최대가 된다.

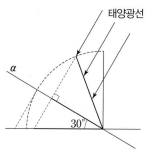

즉, 넓이가 $16 - \pi$인 판과 지면이 이루는 각의 크기가 $30°$일 때
그림자의 넓이가 최대이므로
$S = \dfrac{16 - \pi}{\cos 30°} = \dfrac{16 - \pi}{\dfrac{\sqrt{3}}{2}} = \dfrac{\sqrt{3}(32 - 2\pi)}{3}$ 너코142
$\therefore a + b = 32 + (-2) = 30$

답 30

O03-02

ㄱ. 구의 중심을 지나고 지면, 벽면과 모두 평행인 구의 지름을
선분 AB라 하자.
선분 AB는 태양광선과 수직이고 교선 l과 평행하므로
구의 그림자와 교선 l의 공통부분의 길이는 $\overline{AB} = 2r$이다.
(참)

ㄴ. $\theta = 60°$일 때 주어진 그림을
교선 l과 수직이고 구의 중심을 지나는 평면으로 자른 단면은
다음 그림과 같으므로
$r = a\cos 60°$, 즉 $a = 2r$이고
$r = b\sin 60°$, 즉 $b = \dfrac{2r}{\sqrt{3}}$이다. 너코142

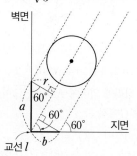

$\therefore a > b$ (거짓)

ㄷ. $a = \dfrac{r}{\cos\theta}$, $b = \dfrac{r}{\sin\theta}$이므로 너코142
$\dfrac{1}{a^2} + \dfrac{1}{b^2} = \dfrac{\cos^2\theta}{r^2} + \dfrac{\sin^2\theta}{r^2} = \dfrac{1}{r^2}$ (참)

따라서 옳은 것은 ㄱ, ㄷ이다.

답 ③

O03-03

직각삼각형 AQB에서
$\overline{AB} = 9$이고 $\cos(\angle ABQ) = \dfrac{\sqrt{3}}{3}$이므로

$\overline{BQ} = 9 \times \dfrac{\sqrt{3}}{3} = 3\sqrt{3}$ 이고,

$\overline{AQ} = \sqrt{9^2 - (3\sqrt{3})^2} = 3\sqrt{6}$ 이다.

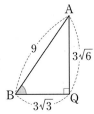

한편 직선 AP와 평면 BCD가 서로 수직이고,
두 직선 AQ, BC가 서로 수직이므로
삼수선의 정리에 의하여 두 직선 BC, PQ는 서로 수직이다.

너코 140

즉, 두 평면 ABC, BCD가 이루는 각의 크기는 $\angle AQP$이다.
따라서 선분 AQ의 평면 BCD 위로의 정사영의 길이는

$\overline{PQ} = \overline{AQ}\cos(\angle AQP) = 3\sqrt{6} \times \dfrac{\sqrt{3}}{6} = \dfrac{3\sqrt{2}}{2}$ 이고

너코 142

$$(삼각형\ BCP의\ 넓이) = \dfrac{1}{2} \times \overline{BC} \times \overline{PQ}$$
$$= \dfrac{1}{2} \times 12 \times \dfrac{3\sqrt{2}}{2}$$
$$= 9\sqrt{2} = k$$

$\therefore\ k^2 = 162$

답 162

03-04

선분 A′B′은 선분 AB의 평면 α 위로의 정사영이고
$\overline{AB} = \overline{A'B'} = 6$이므로 직선 AB와 직선 A′B′은 평행하다.

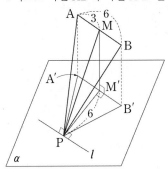

이때 평면 α 위에 점 P를 지나고 선분 A′B′에 평행한 직선 l을
그으면 $\overline{PM'} \perp \overline{A'B'}$에서 $\overline{PM'} \perp l$이다.
즉, $\overline{MM'} \perp \alpha$, $\overline{PM'} \perp l$이므로 삼수선의 정리에 의하여
$\overline{PM} \perp l$이다. 너코 140
따라서 두 평면 ABP, A′B′P가 이루는 각의 크기를
$\theta\ (0° < \theta < 90°)$라 하면
$\angle MPM' = \theta$이다. 너코 141

$\triangle A'B'P = \dfrac{1}{2} \times 6 \times 6 = 18$이므로

$\triangle A'B'P \times \cos\theta = \dfrac{9}{2}$에서 너코 142

$18\cos\theta = \dfrac{9}{2}$　　$\therefore\ \cos\theta = \dfrac{1}{4}$

또한 $\overline{PM}\cos\theta = \overline{PM'}$이므로 $\overline{PM} \times \dfrac{1}{4} = 6$에서

$\overline{PM} = 24$

답 ⑤

03-05

점 A에서 밑면 EFGH에 내린 수선의 발을 P라 하고,
점 A에서 선분 EH에 내린 수선의 발을 Q라 하면 삼수선의
정리에 의하여 두 직선 PQ, EH가 서로 수직이다. 너코 140

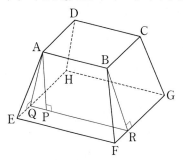

사각뿔대 ABCD−EFGH의 옆면은 모두 등변사다리꼴이므로
$\overline{EQ} = 1$, $\overline{PQ} = 1$
$\overline{AP} = \sqrt{14}$이므로 $\overline{AQ} = \sqrt{15}$
점 B에서 선분 FG에 내린 수선의 발을 R이라 하자.
평면 AEHD와 평면 BFGC가 이루는 예각의 크기는 직선
AQ와 직선 BR이 이루는 예각의 크기와 같으므로 이를 θ라
하면 코사인법칙에 의하여 너코 141

$$\cos\theta = \dfrac{(\sqrt{15})^2 + (\sqrt{15})^2 - 2^2}{2 \times \sqrt{15} \times \sqrt{15}} = \dfrac{26}{30} = \dfrac{13}{15}$$ 너코 024

한편 사각형 AEHD의 넓이는

$\dfrac{1}{2} \times (4+6) \times \sqrt{15} = 5\sqrt{15}$

따라서 구하는 정사영의 넓이는

$5\sqrt{15} \times \dfrac{13}{15} = \dfrac{13}{3}\sqrt{15}$ 너코 142

답 ④

03-06

직선 BC가 평면 AMD와 수직이므로 직선 BC와 직선 AM이
수직이다. 너코 139
이때 점 M이 선분 BC의 중점이므로 삼각형 ABC는
$\overline{AB} = \overline{AC} = 6$인 이등변삼각형이고
$\overline{BM} = 2\sqrt{5}$이므로
$\overline{AM} = \sqrt{6^2 - (2\sqrt{5})^2} = 4$
즉, 삼각형 AMD는 한 변의 길이가 4인 정삼각형이다.
또 직선 BC와 직선 DM이 수직이므로
$\overline{CD} = \sqrt{4^2 + (2\sqrt{5})^2} = 6$
즉, 삼각형 ACD는 이등변삼각형이다.

선분 AD의 중점을 N이라 하면
$$\overline{\mathrm{CN}} = \sqrt{6^2 - 2^2} = 4\sqrt{2}$$
삼각형 ACD의 넓이는
$$\frac{1}{2} \times 4 \times 4\sqrt{2} = 8\sqrt{2} \qquad \cdots\cdots \text{㉠}$$

삼각형 ACD에 내접하는 원의 반지름의 길이를 r이라 하면
삼각형 ACD의 넓이는
$$\frac{1}{2} \times 6 \times r + \frac{1}{2} \times 6 \times r + \frac{1}{2} \times 4 \times r = 8r \qquad \cdots\cdots \text{㉡}$$

㉠=㉡이므로 $8r = 8\sqrt{2}$에서 $r = \sqrt{2}$
한편 평면 AMD와 평면 BCD는 수직이고, 삼각형 AMD가
정삼각형이므로 점 A에서 평면 BCD에 내린 수선의 발을 H라
하면 점 H는 선분 DM의 중점이다.
$\overline{\mathrm{DH}} = 2$이므로 삼각형 CDH의 넓이는
$$\frac{1}{2} \times 2 \times 2\sqrt{5} = 2\sqrt{5}$$

삼각형 ACD의 평면 BCD 위로의 정사영이 삼각형
CDH이므로 두 평면 ACD, BCD가 이루는 각의 크기를 θ라
하면 너코141
$$\cos\theta = \frac{2\sqrt{5}}{8\sqrt{2}} = \frac{\sqrt{10}}{8}$$

따라서 삼각형 ACD에 내접하는 원의 넓이가 2π이므로
이 원의 평면 BCD 위로의 정사영의 넓이는
$$2\pi \times \frac{\sqrt{10}}{8} = \frac{\sqrt{10}}{4}\pi \quad \text{너코142}$$

답 ①

O 03-07

반지름의 길이가 6인 원판이 평면 α, 평면 β에 닿는 지점을
각각 A, B라 하면
선분 AB를 포함하고 직선 l에 수직인 평면으로 주어진 그림을
자른 단면은 다음과 같다.

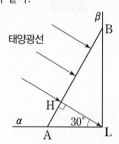

태양광선은 평면 α와 $30°$의 각을 이루므로
선분 AB를 포함하고 직선 l에 수직인 평면과 직선 l의 교점을
L, 점 L에서 선분 AB에 내린 수선의 발을 H라 하면
$\angle \mathrm{ALH} = 30°$, $\angle \mathrm{BAL} = 60°$이다.
이때 $\overline{\mathrm{AB}} = 12$이므로
$$\overline{\mathrm{AL}} = \overline{\mathrm{AB}}\cos 60° = 12 \times \frac{1}{2} = 6\text{이고}$$
$$\overline{\mathrm{AH}} = \overline{\mathrm{AL}}\sin 30° = 6 \times \frac{1}{2} = 3\text{이다.} \quad \text{너코142}$$

따라서 구하는 그림자의 넓이는
아래의 그림에서 어두운 영역을 비출 때 평면 β에 나타나는
그림자의 넓이와 같다.

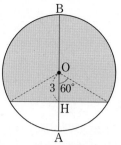

원판의 중심을 O라 하면 $\overline{\mathrm{OH}} = 3$이므로
원판에서 어두운 영역의 넓이를 S'이라 하면
$$S' = 36\pi \times \frac{2}{3} + \left(\frac{1}{2} \times 3 \times 6 \times \sin 60°\right) \times 2$$
$$= 24\pi + 9\sqrt{3}$$

이때 평면 β와 원판이 이루는 예각의 크기는 $30°$이므로
$$S = \frac{S'}{\cos 30°} = \frac{24\pi + 9\sqrt{3}}{\dfrac{\sqrt{3}}{2}} = 18 + 16\sqrt{3}\pi$$

$$\therefore a + b = 18 + 16 = 34$$

답 34

O 03-08

원의 중심 O로부터의 거리가 $2\sqrt{3}$이고 평면 α와 $45°$의 각을
이루는 평면을 β라 하자.
점 O에서 평면 β에 내린 수선의 발을 H,
점 O에서 두 평면 α, β의 교선에 내린 수선의 발을 A,
직선 AH가 반구와 만나는 점을 B라 할 때
주어진 그림을 평면 OAH로 자른 단면은 다음 그림과 같다.

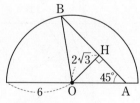

이때 직각삼각형 OHB에서
$\overline{\mathrm{OB}} = 6$, $\overline{\mathrm{OH}} = 2\sqrt{3}$이므로
$$\overline{\mathrm{BH}} = \sqrt{6^2 - (2\sqrt{3})^2} = 2\sqrt{6}\text{이다.}$$
따라서 반구를 평면 β로 자른 단면은 다음 그림에서 어두운
부분과 같다.

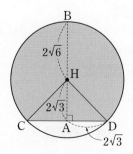

이때 반구와 평면 α가 만나서 생기는 원과
점 A를 지나고 직선 OA와 수직인 직선이 만나는 두 점을 각각
C, D라 하자.
직각삼각형 HAD에서
$$\overline{\text{AD}}=\sqrt{(2\sqrt{6})^2-(2\sqrt{3})^2}=2\sqrt{3}\ \text{이므로}$$
$\angle$AHD$=45°$이다.
즉, $\angle$CHD$=90°$이므로 어두운 부분의 넓이를 S라 하면
$$S=\frac{1}{2}\times(2\sqrt{6})^2+(2\sqrt{6})^2\pi\times\frac{3}{4}=12+18\pi$$
두 평면 α, β가 이루는 예각의 크기는 $45°$이므로 반구에
나타나는 단면의 평면 α 위로의 정사영의 넓이를 S'이라 하면
$$S'=S\cos45°=(12+18\pi)\times\frac{\sqrt{2}}{2}=\sqrt{2}(6+9\pi)\ \boxed{\text{너코 142}}$$
$\therefore\ a+b=6+9=15$

답 15

○03-09

한 변의 길이가 6인 정삼각형 OAB에 내접하는 원의 반지름의
길이를 r라 하면
$\sqrt{3}\,r=3$에서 $r=\sqrt{3}$이다.
따라서 다음 그림에서 색칠된 도형의 넓이는
$$\left\{\frac{1}{2}\times3\times\sqrt{3}-(\sqrt{3})^2\pi\times\frac{1}{6}\right\}\times2=3\sqrt{3}-\pi\text{이다.}$$

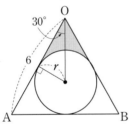

두 삼각형 OBC, OAC에서도 마찬가지로 위와 같이 색칠된
도형의 넓이를 구할 수 있고,
각 도형의 평면 ABC 위로의 정사영은 서로 겹치지 않는다.
너코 142

또한 정사면체 OABC의 점 O에서 평면 ABC에 내린 수선의
발을 H라 하고
점 H에서 선분 AB에 내린 수선의 발을 M이라 하면
삼수선의 정리에 의하여 두 직선 OM, AB가 서로 수직이다.
너코 140

따라서 평면 ABC가 평면 OAB와 이루는 예각의 크기를 θ라
할 때, $\theta=\angle$OMH이다.

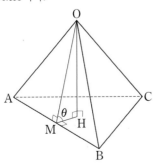

이때 점 M은 선분 AB의 중점이므로
$$\overline{\text{OM}}=\frac{\sqrt{3}}{2}\times6=3\sqrt{3}$$
점 H는 정삼각형 ABC의 무게중심이므로
$$\overline{\text{MH}}=\overline{\text{CM}}\times\frac{1}{3}=\overline{\text{OM}}\times\frac{1}{3}=\sqrt{3}$$
따라서 직각삼각형 OMH에서
$$\cos\theta=\frac{\overline{\text{MH}}}{\overline{\text{OM}}}=\frac{1}{3}$$
한편 평면 ABC가 두 평면 OBC, OCA와 이루는 예각의
크기도 θ이므로
$$S=(3\sqrt{3}-\pi)\cos\theta\times3=3\sqrt{3}-\pi$$
$\therefore\ (S+\pi)^2=27$

답 27

○03-10

이등변삼각형 PQR의 평면 α 위로의 정사영은 한 변의 길이가 $\boxed{\text{너코 142}}$
$2\sqrt{3}$인 정삼각형이므로
$$\overline{\text{PQ}}=\sqrt{(2\sqrt{3})^2+(a-8)^2},\ \overline{\text{QR}}=\sqrt{(2\sqrt{3})^2+(b-a)^2},$$
$$\overline{\text{RP}}=\sqrt{(2\sqrt{3})^2+(b-8)^2}\ \text{이고}$$
$b-8>a-8,\ b-8>b-a\ (\because\ 8<a<b)$이므로
$a-8=b-a$이다. ($\because$ 삼각형 PQR는 이등변삼각형)
즉, $\overline{\text{PQ}}=\overline{\text{QR}}$이다.

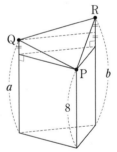

이등변삼각형 PQR의 점 Q에서 선분 PR에 내린 수선의 발을
M이라 하자.
또한 점 Q, R, M에서 평면 α에 내린 수선의 발을 각각 Q′,
R′, M′이라 하고
점 M에서 선분 RR′에 내린 수선의 발을 N이라 하자.

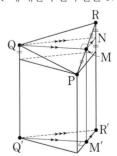

이때 직선 QM은 두 직선 MR, M′R′과 모두 수직이고
평면 PQR와 평면 α가 이루는 각의 크기는 $60°$이므로
$\angle$RMN$=60°$이다. $\boxed{\text{너코 141}}$

즉, $\tan 60° = \dfrac{\overline{RN}}{\overline{M'R'}}$ 이므로

$\sqrt{3} = \dfrac{\overline{RN}}{\sqrt{3}}$ 에서 $\overline{RN} = 3$ 이다.

따라서 $a-8 = b-a = 3$ 이므로

$a = 11$, $b = 14$

$\therefore a+b = 25$

답 25

○03-11

[그림 1]에서 반지름의 길이가 1인 두 원판의 중심 사이의 거리가 $\sqrt{3}$ 이므로

아래쪽 원판 위의 점 중 평면 α와 가장 가까운 점과 위쪽 원판의 중심을 이은 직선은 평면 α에 수직이다.

이때 원판을 태양광선과 같은 방향으로 평행이동시켜도 평면 α에 생기는 그림자는 같으므로

구하는 그림자의 넓이는 두 원판을 [그림 2]와 같이 포갰을 때의 평면 α에 생기는 그림자의 넓이와 같다.

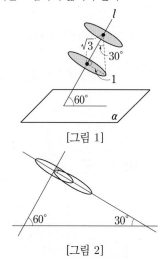

[그림 1]

[그림 2]

[그림 3]과 같이 두 원이 포개진 도형의 넓이를 S라 하면 S의 값은

반지름의 길이가 1이고 중심각의 크기가 240°인 부채꼴 2개와 한 변의 길이가 1인 정삼각형 2개의 넓이의 합과 같으므로

$S = \left(\pi \times \dfrac{240}{360}\right) \times 2 + \dfrac{\sqrt{3}}{4} \times 1^2 \times 2$

$\quad = \dfrac{4}{3}\pi + \dfrac{\sqrt{3}}{2}$

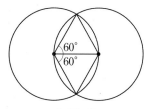

[그림 3]

따라서 그림자의 넓이를 S'이라 하면

$S' = S\cos 30° = \left(\dfrac{4}{3}\pi + \dfrac{\sqrt{3}}{2}\right) \times \dfrac{\sqrt{3}}{2}$ 너코 142

$\quad = \dfrac{2\sqrt{3}}{3}\pi + \dfrac{3}{4}$

답 ⑤

○03-12

세 점 B, C, P에서 평면 α에 내린 수선의 발을 각각 B′, C′, P′이라 하자.

이때 두 직각삼각형 AC′C, AP′P의 닮음비가

$\overline{AC} : \overline{AP} = 3 : 1$ 이고

$\overline{CC'} = 3$ 이므로 $\overline{PP'} = 1$ 이다.

또한 $\overline{BB'} = 1$ 이므로 선분 BP는 평면 α와 평행하다.

따라서 선분 BP를 포함하고 평면 α에 평행한 평면을 β라 할 때 삼각형 PBC의 평면 α 위로의 정사영의 넓이와 삼각형 PBC의 평면 β 위로의 정사영의 넓이는 서로 같다.

이때 평면 ABC와 평면 β가 이루는 예각의 크기를 θ라 하고 삼각형 PBC의 평면 β 위로의 정사영의 넓이를 S'이라 하면

$S' = $ (삼각형 PBC의 넓이)$\times \cos\theta$ 너코 142

$\quad = $ (삼각형 ABC의 넓이)$\times \dfrac{2}{3} \times \cos\theta$

$\quad = S \times \dfrac{2}{3}$

즉, $S = S' \times \dfrac{3}{2}$ 이므로 ⋯⋯ ㉠

S'의 값을 구하면 S의 값을 구할 수 있다.

한편 $\overline{BP} = 4$ 이고,

(삼각형 PBC의 넓이) $=$ (삼각형 ABC의 넓이)$\times \dfrac{2}{3}$

$\qquad\qquad\qquad = 9 \times \dfrac{2}{3} = 6$

이므로 점 C에서 선분 PB에 내린 수선의 발을 H라 할 때,

$\dfrac{1}{2} \times 4 \times \overline{CH} = 6$ 에서 $\overline{CH} = 3$ 이다.

따라서 점 C에서 평면 β에 내린 수선의 발을 C″이라 하면

$\overline{C''H} = \sqrt{\overline{CH}^2 - \overline{CC''}^2} = \sqrt{3^2 - 2^2} = \sqrt{5}$ 이다.

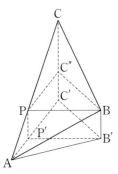

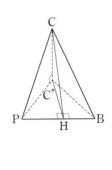

또한 삼수선의 정리에 의하여 두 직선 $C''H$, PB는 서로 수직이므로 너코 140

$$S' = \frac{1}{2} \times \overline{BP} \times \overline{C''H} = \frac{1}{2} \times 4 \times \sqrt{5} = 2\sqrt{5} \text{ 이다.}$$

따라서 $S = 2\sqrt{5} \times \frac{3}{2} = 3\sqrt{5}$ ($\because$ ㉠)이므로

$$S^2 = 45$$

답 45

O 03-13

그림과 같이 한 변의 길이가 4이고 $\angle BAD = \dfrac{\pi}{3}$인 마름모 ABCD 모양의 종이가 있다. 변 BC와 변 CD의 중점을 각각 M과 N이라 할 때, 세 선분 AM, AN, MN을 접는 선으로 하여 사면체 PAMN이 되도록 종이를 접었다. 삼각형 AMN의 평면 PAM 위로의 정사영의 넓이는 $\dfrac{q}{p}\sqrt{3}$이다. $p+q$의 값을 구하시오. (단, 종이의 두께는 고려하지 않으며 P는 종이를 접었을 때 세 점 B, C, D가 합쳐지는 점이고, p와 q는 서로소인 자연수이다.) [4점]

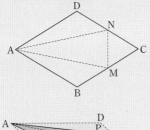

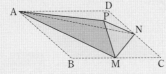

How To

점 P에서 평면 AMN에 내린 수선의 발을 H, 두 평면 AMN, PAM이 이루는 예각의 크기를 θ, 선분 MN의 중점을 E라 할 때
(정사영의 넓이)
$$= (\text{삼각형 AMN 의 넓이}) \times \cos\theta \quad\boxed{\frac{1}{2} \times \overline{AH} \times \overline{ME}}$$
$$= \left(\frac{1}{2} \times \overline{AE} \times \overline{MN} \right) \times \frac{(\text{삼각형 HAM 의 넓이})}{(\text{삼각형 PAM 의 넓이})}$$
$$\boxed{\frac{1}{2} \times \overline{AB} \times \overline{BM} \times \sin 120°}$$

점 P에서 평면 AMN에 내린 수선의 발을 H라 하고 두 평면 AMN, PAM이 이루는 예각의 크기를 θ라 하면 정사영의 정의에 의하여

$$\cos\theta = \frac{(\text{삼각형 HAM 의 넓이})}{(\text{삼각형 PAM 의 넓이})} \text{이다.} \quad\text{너코 142} \quad\cdots\cdots\text{㉠}$$

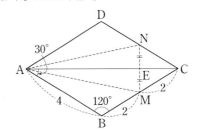

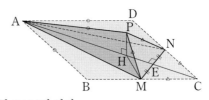

i) 삼각형 PAM의 넓이
  삼각형 BAM의 넓이와 같다.
  $\therefore$ (삼각형 PAM의 넓이)
  $$= \frac{1}{2} \times \overline{AB} \times \overline{BM} \times \sin 120° \quad\text{너코 018}$$
  $$= \frac{1}{2} \times 4 \times 2 \times \frac{\sqrt{3}}{2} = 2\sqrt{3}$$

ii) 삼각형 HAM의 넓이
  밑변의 길이를 $\overline{AH} = x$, 선분 MN의 중점을 E라 할 때 높이는 $\overline{ME} = 1$이므로
  $$(\text{삼각형 HAM 의 넓이}) = \frac{1}{2} \times x \times 1 = \frac{x}{2} \text{이다.} \quad\cdots\cdots\text{㉡}$$

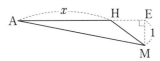

이때 x의 값은 다음과 같이 구할 수 있다.

정삼각형 CMN의 높이는 $\overline{CE} = \dfrac{\sqrt{3}}{2} \times 2 = \sqrt{3}$이므로

$$\overline{AE} = \overline{AC} - \overline{CE} = 2 \times 4\cos 30° - \sqrt{3} = 3\sqrt{3} \text{ 이다.}$$

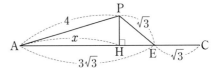

따라서 직각삼각형 PHA에서
$$\overline{PH}^2 = \overline{AP}^2 - \overline{AH}^2 = 4^2 - x^2 \text{이고,} \quad\cdots\cdots\text{㉢}$$
직각삼각형 PHE에서
$$\overline{PH}^2 = \overline{PE}^2 - \overline{HE}^2 = (\sqrt{3})^2 - (3\sqrt{3} - x)^2 \text{이다.} \quad\cdots\cdots\text{㉣}$$
㉢=㉣이므로
$$16 - x^2 = -24 + 6\sqrt{3}\,x - x^2,$$
$$6\sqrt{3}\,x = 40,$$
$$x = \frac{20}{3\sqrt{3}} = \frac{20\sqrt{3}}{9} \text{이다.}$$

$\therefore$ (삼각형 HAM의 넓이) $= \dfrac{10\sqrt{3}}{9}$ ($\because$ ㉡)

따라서 i), ii)에서 구한 값을 ㉠에 대입하면

$$\cos\theta = \frac{\dfrac{10}{9}\sqrt{3}}{2\sqrt{3}} = \frac{5}{9}$$ 이다.

또한

$$(\text{삼각형 AMN의 넓이}) = \frac{1}{2} \times \overline{MN} \times \overline{AE}$$
$$= \frac{1}{2} \times 2 \times 3\sqrt{3} = 3\sqrt{3}$$

이므로 삼각형 AMN의 평면 PAM 위로의 정사영의 넓이는

$$3\sqrt{3} \times \cos\theta = 3\sqrt{3} \times \frac{5}{9} = \frac{5}{3}\sqrt{3}$$ 이다.

$$\therefore p+q = 3+5 = 8$$

답 8

O03-14

$\overline{AP} = \overline{AQ} = \overline{AR}$ 이므로 삼각형 PQR는 정삼각형이고 평면 PQR와 평면 BCD는 평행하다.

구 S의 중심을 O라 할 때, 주어진 입체도형을 평면 ABO로 자른 단면은 다음 그림과 같다.

이때 정삼각형 BCD에서 선분 CD의 중점을 H, 정삼각형 PQR에서 선분 QR의 중점을 M이라 하면 두 점 H, M은 모두 평면 ABO에 위치하고, 점 P에서 구에 접하는 평면 α는 직선 l로 나타나며 구 S의 반지름 PO와 직선 l은 수직이다.

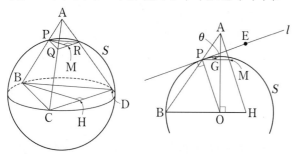

또한 정삼각형 BCD의 외심 O는 무게중심과 일치하므로 점 A에서 평면 BCD에 내린 수선의 발은 점 O와 일치하고, 점 O는 선분 BH를 $2:1$로 내분한다.

따라서 구 S의 반지름의 길이가 $\overline{BO} = \overline{PO} = 6$이므로

$$\overline{OH} = 6 \times \frac{1}{2} = 3$$

선분 AH는 정삼각형 ACD의 높이이므로

$$\overline{AH} = \overline{BH} = 6+3 = 9$$

이때 두 이등변삼각형 PBO, ABH가 AA 닮음이므로 $\overline{PO}$와 $\overline{AH}$는 평행하고, 평면 PQR와 평면 BCD가 평행하므로 $\overline{PM}$과 $\overline{OH}$도 평행하다.

즉, 사각형 POHM이 평행사변형이므로

$$\overline{PM} = \overline{OH} = 3$$

정삼각형 PQR의 높이가 3이므로 한 변의 길이는

$$\overline{PQ} = 3 \times \frac{2}{\sqrt{3}} = 2\sqrt{3}$$

따라서 삼각형 PQR의 넓이 S는

$$S = \frac{\sqrt{3}}{4} \times (2\sqrt{3})^2 = 3\sqrt{3}$$

한편 직선 l 위의 한 점을 E라 할 때, 평면 PQR와 평면 α가 이루는 예각의 크기는 $\angle$MPE와 같다. 너코141

$\angle$MPE $= \theta$라 하면 $\angle$AHO $= \angle$MPO $= \dfrac{\pi}{2} - \theta$이고,

직각삼각형 AOH에서

$$\overline{AO} = \sqrt{\overline{AH}^2 - \overline{OH}^2} = \sqrt{81-9} = 6\sqrt{2}$$ 이므로
$$\sin\left(\frac{\pi}{2} - \theta\right) = \frac{6\sqrt{2}}{9} = \frac{2\sqrt{2}}{3}$$
$$\therefore \cos\theta = \sin\left(\frac{\pi}{2} - \theta\right) = \frac{2\sqrt{2}}{3}$$ 너코020

따라서 삼각형 PQR의 평면 α 위로의 정사영의 넓이 k는

$$k = S\cos\theta = 3\sqrt{3} \times \frac{2\sqrt{2}}{3} = 2\sqrt{6}$$ 너코142

$$\therefore k^2 = 24$$

답 24

2 공간좌표

O04-01

평면 $x=3$과 평면 $z=1$의 교선 l 위를 움직이는 점 P의 좌표를 $(3, p, 1)$이라 하자. 너코143

$\overline{OP} = \sqrt{3^2 + p^2 + 1^2} = \sqrt{p^2 + 10}$ 이므로 너코144

$p=0$일 때 $\overline{OP}$의 최솟값은 $\sqrt{10}$ 이다.

답 ②

O04-02

$\overline{AP} = 2\overline{BP}$에서 $\overline{AP}^2 = 4\overline{BP}^2$이므로

$$1^2 + 2^2 + (-a)^2 = 4\{(-1)^2 + 1^2 + 1^2\}$$ 너코144
$$a^2 + 5 = 12$$
$$\therefore a = \sqrt{7} \ (\because a > 0)$$

답 ①

O04-03

풀이 1

두 점 P와 Q 사이의 거리는
점 $P(2, 2, 3)$과 yz평면 사이의 거리의 2배이다. 너코143
즉, $|$점 P의 x좌표$| \times 2 = 4$이다.

점 $P(2, 2, 3)$을 yz평면에 대하여 대칭이동한 점은
$Q(-2, 2, 3)$이다. 너코143
따라서 두 점 P, Q 사이의 거리는 4이다.

답 ④

O 04-04

점 $A(2, 0, 1)$과 점 $(0, a, 0)$ 사이의 거리는
$\sqrt{(2-0)^2+(0-a)^2+(1-0)^2}=\sqrt{a^2+5}$ 이고
점 $B(3, 2, 0)$과 점 $(0, a, 0)$ 사이의 거리는
$\sqrt{(3-0)^2+(2-a)^2+(0-0)^2}=\sqrt{a^2-4a+13}$ 이다. 너코144

이 두 거리가 서로 같으므로
$\sqrt{a^2+5}=\sqrt{a^2-4a+13}$ 에서
$a^2+5=a^2-4a+13,\ 4a=8$
$\therefore\ a=2$

답 ②

O 04-05

풀이 1

두 점 P와 Q 사이의 거리는
점 $P(1, 3, 4)$와 zx평면 사이의 거리의 2배이다. 너코143
즉, |점 P의 y좌표|$\times 2 = 6$이다.

풀이 2

점 $P(1, 3, 4)$를 zx평면에 대하여 대칭이동한 점은
$Q(1, -3, 4)$이다. 너코143
따라서 두 점 P, Q 사이의 거리는 6이다.

답 ①

O 04-06

점 B는 점 $A(3, 0, -2)$를 xy평면에 대하여 대칭이동한
점이므로
$B(3, 0, 2)$ 너코143
이때 $C(0, 4, 2)$이므로
$\overline{BC}=\sqrt{(0-3)^2+(4-0)^2+(2-2)^2}$
$=\sqrt{25}=5$ 너코144

답 ⑤

O 04-07

점 $A(2, 1, 3)$을 xy평면에 대하여 대칭이동한 점 P의 좌표는
$(2, 1, -3)$이고, 너코143

점 A를 yz평면에 대하여 대칭이동한 점 Q의 좌표는
$(-2, 1, 3)$이다.
$\therefore\ \overline{PQ}=\sqrt{(-4)^2+0^2+6^2}=2\sqrt{13}$ 너코144

답 ②

O 04-08

점 $A(2, 2, -1)$을 x축에 대하여 대칭이동한 점 B의 좌표는
$B(2, -2, 1)$이고 너코143
$C(-2, 1, 1)$이므로 선분 BC의 길이는
$\overline{BC}=\sqrt{(-2-2)^2+\{1-(-2)\}^2+(1-1)^2}$ 너코144
$=\sqrt{16+9+0}=5$

답 ⑤

O 04-09

풀이 1

점 $A(8, 6, 2)$를 xy평면에 대하여 대칭이동한 점 B의 좌표는
$B(8, 6, -2)$이다. 너코143
따라서 선분 AB의 길이는
$\overline{AB}=\sqrt{(8-8)^2+(6-6)^2+(-2-2)^2}$
$=\sqrt{16}=4$ 너코144

풀이 2

선분 AB의 길이는 점 $A(8, 6, 2)$와 xy평면 사이의 거리의
2배이므로 4이다. 너코143

답 ④

O 04-10

점 P에서 xy평면에 내린 수선의 발이 원점 O이므로 너코143
점 P에서 직선 l에 내린 수선의 발을 H라 하면
삼수선의 정리에 의하여 두 직선 OH, l은 서로 수직이다.
너코140

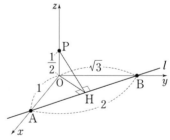

이때 직각삼각형 AOB에서
$\overline{OA}\times\overline{OB}=\overline{AB}\times\overline{OH}$, 즉
$1\times\sqrt{3}=2\times\overline{OH}$이므로 $\overline{OH}=\dfrac{\sqrt{3}}{2}$이다.

따라서 점 $P\left(0, 0, \dfrac{1}{2}\right)$로부터 직선 l에 이르는 거리는
$\overline{PH}=\sqrt{\overline{PO}^2+\overline{OH}^2}=\sqrt{\left(\dfrac{1}{2}\right)^2+\left(\dfrac{\sqrt{3}}{2}\right)^2}=1$

답 ①

O 04-11

점 A에서 xy평면에 내린 수선의 발을 A'이라 하면

$\overline{AP} = \sqrt{\overline{AA'}^2 + \overline{A'P}^2} = \sqrt{5^2 + \overline{A'P}^2}$ 이므로 [너코 143]

$\overline{AP}$는 $\overline{A'P}$가 최대일 때 최댓값을 갖는다. ······ ㉠

이때 점 $A'(9, 0, 0)$은 x축 위의 점이고,

xy평면 위의 타원 $\dfrac{x^2}{9} + y^2 = 1$의 장축도 x축 위에 있으므로

[너코 123]

$\overline{A'P}$는 점 P의 좌표가 $(-3, 0, 0)$일 때

최댓값 $9 - (-3) = 12$를 갖는다.

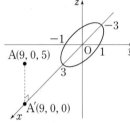

따라서 ㉠에 의하여

구하는 $\overline{AP}$의 최댓값은 $\sqrt{5^2 + 12^2} = 13$이다.

답 13

O 04-12

원기둥의 두 밑면의 둘레 위의 점 중 z좌표가 가장 큰 점을
각각 A, $B(0, 0, 10)$이라 하고
점 A에서 xy평면에 내린 수선의 발을 A'이라 하자.
평면 OAB로 원기둥을 자른 단면은 다음 그림과 같다.

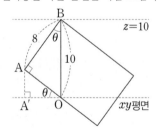

이때 $\angle BAO = 90°$, $\angle BOA' = 90°$이고

$\overline{AB} = 8$, $\overline{OB} = 10$이므로

원기둥의 한 밑면과 xy평면이 이루는 예각의 크기를 θ라 하면

$\cos\theta = \cos(\angle AOA') = \cos(\angle OBA)$

$= \dfrac{\overline{AB}}{\overline{OB}} = \dfrac{4}{5}$이고 [너코 141]

$\overline{OA} = \sqrt{10^2 - 8^2} = 6$이다.

따라서 밑면의 넓이는 36π이고

xy평면과 평면 $z = 10$은 서로 평행하므로 [너코 143]

구하는 정사영의 넓이는

$36\pi \times \cos\theta = 36\pi \times \dfrac{4}{5} = \dfrac{144}{5}\pi$이다. [너코 142]

답 ②

O 04-13

xy평면과 평면 α가 이루는 예각의 크기를 θ라 하면
yz평면과 평면 α가 이루는 예각의 크기는 $90° - \theta$이다.

[너코 143]

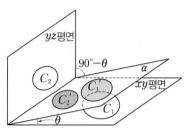

또한 두 원 C_1, C_2의 넓이는 각각 3π, π이고
두 원의 평면 α 위로의 정사영 C_1', C_2'의 넓이가 같으므로

$3\pi \times \cos\theta = \pi \times \cos(90° - \theta)$에서 [너코 142]

$3\cos\theta = \sin\theta$ [너코 020]

$\tan\theta = 3$ [너코 018]

따라서 오른쪽 삼각형에서

$\cos\theta = \dfrac{1}{\sqrt{10}} = \dfrac{\sqrt{10}}{10}$이다.

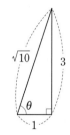

$\therefore S = 3\pi \times \cos\theta = \dfrac{3\sqrt{10}}{10}\pi$

답 ⑤

O 04-14

점 $(0, 0, 4)$에서 xy평면에 내린 수선의 발이 원점 O이므로

[너코 143]

점 $(0, 0, 4)$에서 직선 l에 내린 수선의 발을 H라 하면
삼수선의 정리에 의하여 두 직선 OH, l은 서로 수직이다.

[너코 140]

또한 직각삼각형 POH에서

$\overline{OP} = 4$, $\overline{PH} = 5$이므로 $\overline{OH} = \sqrt{5^2 - 4^2} = 3$이다.

이때 $A(a, 0, 0)$, $B(0, 6, 0)$, $P(0, 0, 4)$라 하면

$\overline{OA} = |a|$, $\overline{OB} = 6$, $\overline{AB} = \sqrt{a^2 + 36}$이므로

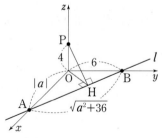

직각삼각형 AOB에서

$\overline{OA} \times \overline{OB} = \overline{AB} \times \overline{OH}$,

즉 $|a| \times 6 = \sqrt{a^2 + 36} \times 3$이다.

양변을 제곱하면 $36a^2 = 9(a^2 + 36)$

$\therefore a^2 = 12$

답 ⑤

004-15

원 위의 점 $(a, b, 0)$ $(a < 0)$을 P,
점 P를 지나고 z축에 평행한 직선과 직선 AB의 교점을 Q,
점 A의 xy평면 위로의 정사영을 A′이라 하면 ㄴㄱ 142 ㄴㄱ 143
다음 그림과 같이 점 P는 xy평면 위의 원 $x^2 + y^2 = 13$과 직선
A′B의 교점이다.

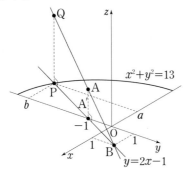

xy평면 위의 직선 A′B는 점 $(0, -1, 0)$, $(1, 1, 0)$을
지나므로 직선 A′B의 방정식은 $y = 2x - 1$이다.
즉, 원 $x^2 + y^2 = 13$과 직선 $y = 2x - 1$의 교점의 x좌표는
$x^2 + (2x - 1)^2 = 13$에서
$5x^2 - 4x - 12 = 0$, $(x - 2)(5x + 6) = 0$
$\therefore x = -\dfrac{6}{5}$ 또는 $x = 2$

이때 $a < 0$이므로 $a = -\dfrac{6}{5}$, $b = -\dfrac{17}{5}$

$\therefore a + b = \left(-\dfrac{6}{5}\right) + \left(-\dfrac{17}{5}\right) = -\dfrac{23}{5}$

답 ②

004-16

한 직선 위에 있지 않은 세 점 A, B, C를 포함하는 평면은 단
하나 존재한다. ㄴㄱ 138

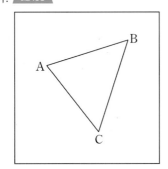

주어진 조건을 만족시키는 평면 α가 두 선분 AC, BC와
만나는 점을 각각 P, Q라 하자.
이때 평면 α는 선분 PQ를 포함하지만 선분 AB를 포함하지는
않아야 한다.
즉, 평면 α로 가능한 것은 선분 PQ를 포함하는 모든 평면
중에서 평면 ABC를 제외한 것이다.

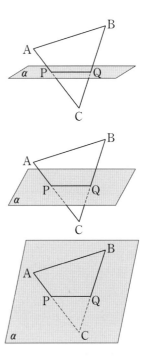

세 점 A, B, C와 평면 α 사이의 거리를 각각 a, b, c라 하면
a, b, c 중에서 가장 작은 값이 $d(\alpha)$이다.

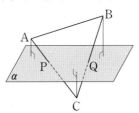

ㄱ. 위의 그림은 평면 α를 고정된 위치에 그려두고 직선 PQ를
축으로 하여 평면 ABC를 회전시킨 아래 그림과 같이
생각할 수 있다.

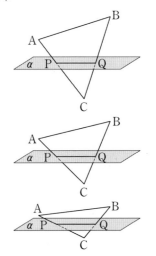

평면 α와 평면 ABC가 이루는 이면각의 크기를
θ $(0° < \theta < 90°)$라 할 때,
θ의 값이 작아질수록 $d(\alpha)$의 값이 작아지므로
$d(\alpha)$가 최대이려면 $\theta = 90°$이어야 한다.
따라서 $d(\alpha)$가 최대가 되는 평면 β는 평면 ABC와
수직이다. (참)

ㄴ. 일반성을 잃지 않고 $a \leq b$라 하면, a와 c 중 작은 값이 $d(\alpha)$이다.

ㄱ에 의하여 주어진 조건을 만족시키는 평면 α 중에서 평면 ABC와 수직인 것을 고려하자.

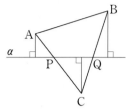

이때 $a : c = \overline{AP} : \overline{CP}$이고 $b : c = \overline{BQ} : \overline{CQ}$이다.

평면 α가 두 직선 AC, BC와 이루는 각의 크기가 일정하면 $a + c$의 값은 일정하므로

$a = c$일 때, 즉 점 P가 선분 AC의 중점이 될 때 $d(\alpha)$의 값이 최대이다.

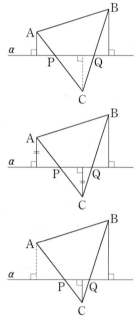

만일 $a \geq b$인 경우에는 점 Q가 선분 BC의 중점이 될 때 $d(\alpha)$의 값이 최대이다.

따라서 평면 β는 선분 AC의 중점 또는 선분 BC의 중점을 지난다. (참)

ㄷ. 세 점 $A(2, 3, 0)$, $B(0, 1, 0)$, $C(2, -1, 0)$에 대하여 $\overline{AC} = 4$, $\overline{AB} = \overline{BC} = 2\sqrt{2}$이므로 [너코 143]

삼각형 ABC는 $\overline{AB} = \overline{BC}$인 직각이등변삼각형이다.

평면 ABC와 수직이면서 선분 AC의 중점을 지나는 평면 α 중에서 $d(\alpha)$의 값이 최대가 되는 것은 평면 α가 직선 AB와 평행한 경우이고

평면 ABC와 수직이면서 선분 BC의 중점을 지나는 평면 α 중에서 $d(\alpha)$의 값이 최대가 되는 것도 평면 α가 직선 AB와 평행한 경우이다.

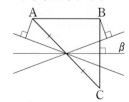 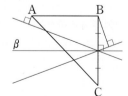

따라서 세 점이 $A(2, 3, 0)$, $B(0, 1, 0)$, $C(2, -1, 0)$일 때 평면 β는 선분 AC의 중점과 선분 BC의 중점을 모두 지나므로 $d(\beta)$의 값은 $\sqrt{2}$이고 이것은 점 B와 평면 β 사이의 거리와도 같다. (참)

따라서 옳은 것은 ㄱ, ㄴ, ㄷ이다.

답 ⑤

○04-17

세 점 A, C, P를 지나는 원을 C라 하자.

세 점 A, C, P를 지나는 삼각형은 $\angle APC = 90°$인 직각삼각형이므로

원 C는 빗변 AC를 지름으로 한다.

즉, 원 C의 반지름의 길이는

$\dfrac{\overline{AC}}{2} = \dfrac{\sqrt{3^2 + 4^2 + 4^2}}{2} = \dfrac{\sqrt{41}}{2}$이므로

넓이는 $\left(\dfrac{\sqrt{41}}{2}\right)^2 \pi = \dfrac{41}{4}\pi$이다.

한편 두 점 A, C의 xy평면 위로의 정사영을 각각 $A'(0, 0, 0)$, $C'(3, 4, 0)$이라 하고 [너코 143]

직선 AC와 xy평면이 이루는 각의 크기를 $\theta \ (0° \leq \theta \leq 90°)$라 하면

$\cos\theta = \dfrac{\overline{A'C'}}{\overline{AC}} = \dfrac{5}{\sqrt{41}}$이다. [너코 142]

원 C의 xy평면 위로의 정사영의 넓이의 최댓값은 선분 AC를 포함하고 xy평면과 이루는 각의 크기가 θ인 평면 위에 원 C가 놓일 때이므로

구하는 정사영의 넓이의 최댓값은

(원 C의 넓이)$\times \cos\theta = \dfrac{41}{4}\pi \times \dfrac{5}{\sqrt{41}} = \dfrac{5}{4}\sqrt{41}\pi$이다.

$\therefore p + q = 4 + 5 = 9$

답 9

○05-01

정육면체 A에 내접하는 구의 중심의 좌표는 $(3, 1, 3)$,

정육면체 B에 내접하는 구의 중심의 좌표는 $(3, 3, 1)$,

정육면체 C에 내접하는 구의 중심의 좌표는 $(1, 3, 1)$이므로 [너코 146]

세 점을 꼭짓점으로 하는 삼각형의 무게중심의 좌표는

$p = \dfrac{3 + 3 + 1}{3} = \dfrac{7}{3}$,

$q = \dfrac{1 + 3 + 3}{3} = \dfrac{7}{3}$,

$r = \dfrac{3 + 1 + 1}{3} = \dfrac{5}{3}$ [너코 145]

$\therefore p + q + r = \dfrac{19}{3}$

답 ②

05-02

점 $P(-3, 4, 5)$를 yz평면에 대하여 대칭이동한 점 Q의 좌표는 $Q(3, 4, 5)$이므로 [너코 143]

선분 PQ를 $2:1$로 내분하는 점의 좌표를 구하면

$a = \dfrac{2 \times 3 + 1 \times (-3)}{2+1} = 1,$

$b = \dfrac{2 \times 4 + 1 \times 4}{2+1} = 4,$

$c = \dfrac{2 \times 5 + 1 \times 5}{2+1} = 5$ [너코 145]

$\therefore a+b+c = 10$

답 10

05-03

두 점 $A(a, 1, 3)$, $B(a+6, 4, 12)$에 대하여 선분 AB를 $1:2$로 내분하는 점을 $P(5, 2, b)$라 하자.

점 P의 x좌표가 5이므로

$\dfrac{1 \times (a+6) + 2 \times a}{1+2} = 5$, 즉 $3a+6 = 15$에서 $a=3$

점 P의 z좌표가 b이므로

$\dfrac{1 \times 12 + 2 \times 3}{1+2} = b$, 즉 $\dfrac{18}{3} = b$에서 $b=6$ [너코 145]

$\therefore a+b = 9$

답 ③

05-04

풀이 1

두 점 $P(6, 7, a)$, $Q(4, b, 9)$를 이은 선분 PQ를 $2:1$로 외분하는 점을 $R(2, 5, 14)$라 하자.

점 R의 y좌표가 5이므로

$\dfrac{2 \times b - 1 \times 7}{2-1} = 5$, 즉 $2b-7 = 5$에서 $b=6$

점 R의 z좌표가 14이므로

$\dfrac{2 \times 9 - 1 \times a}{2-1} = 14$, 즉 $18-a = 14$에서 $a=4$ [너코 145]

$\therefore a+b = 10$

풀이 2

두 점 $P(6, 7, a)$, $Q(4, b, 9)$를 이은 선분 PQ를 $2:1$로 외분하는 점을 $R(2, 5, 14)$라 하면 점 Q는 선분 PR의 중점이다.

$b = \dfrac{7+5}{2}$에서 $b=6$

$\dfrac{a+14}{2} = 9$에서 $a=4$ [너코 145]

$\therefore a+b = 10$

답 ⑤

05-05

두 점 $A(a, 5, 2)$, $B(-2, 0, 7)$에 대하여 선분 AB를 $3:2$로 내분하는 점을 $P(0, b, 5)$라 하자.

점 P의 x좌표가 0이므로

$\dfrac{3 \times (-2) + 2 \times a}{3+2} = 0$, 즉 $-6+2a = 0$에서 $a=3$

점 P의 y좌표가 b이므로

$\dfrac{3 \times 0 + 2 \times 5}{3+2} = b$에서 $b=2$ [너코 145]

$\therefore a+b = 5$

답 ⑤

05-06

선분 AB를 $2:1$로 내분하는 점이 x축 위에 있으므로 이 점의 y좌표, z좌표가 모두 0이다.

즉,

$\dfrac{2 \times (-3) + 1 \times a}{2+1} = 0$에서 $a=6$

$\dfrac{2 \times b + 1 \times (-2)}{2+1} = 0$에서 $b=1$ [너코 145]

$\therefore a+b = 7$

답 ④

05-07

세 점 $A(a, 0, 5)$, $B(1, b, -3)$, $C(1, 1, 1)$을 꼭짓점으로 하는 삼각형의 무게중심을 $G(2, 2, 1)$이라 하자.

점 G의 x좌표가 2이므로

$\dfrac{a+1+1}{3} = 2$에서 $a=4$

점 G의 y좌표가 2이므로

$\dfrac{0+b+1}{3} = 2$에서 $b=5$ [너코 145]

$\therefore a+b = 9$

답 ④

05-08

두 점 $A(1, 3, -6)$, $B(7, 0, 3)$에 대하여 선분 AB를 $2:1$로 내분하는 점을 $P(a, b, 0)$이라 하자.

점 P의 x좌표가 a이므로

$\dfrac{2 \times 7 + 1 \times 1}{2+1} = a$에서 $a=5$

점 P의 y좌표가 b이므로

$\dfrac{2 \times 0 + 1 \times 3}{2+1} = b$에서 $b=1$ [너코 145]

$\therefore a+b = 6$

답 ①

05-09

선분 AB를 $3:2$로 외분하는 점이 x축 위에 있으므로
이 점의 y좌표, z좌표가 모두 0이다.
즉,

$\dfrac{3 \times 2 - 2 \times a}{3 - 2} = 0$에서 $a = 3$

$\dfrac{3 \times b - 2 \times (-6)}{3 - 2} = 0$에서 $b = -4$ 너코 145

$\therefore \ a + b = -1$

답 ①

05-10

선분 AB를 $2:1$로 내분하는 점이 x축 위에 있으므로
이 점의 z좌표는 0이다.

즉, $\dfrac{2 \times a + 1 \times 4}{2 + 1} = 0$에서 $a = -2$ 너코 145

답 ②

05-11

선분 AB를 $1:3$으로 내분하는 점의 x좌표가 2이므로

$\dfrac{1 \times a + 3 \times 1}{1 + 3} = 2$, $a + 3 = 8$ 너코 145

$\therefore \ a = 5$

답 ③

05-12

선분 AB를 $3:2$로 외분하는 점의 x좌표가 a이므로

$\dfrac{3 \times 4 - 2 \times 3}{3 - 2} = a$ 너코 145

$\therefore \ a = 6$

답 ②

05-13

선분 AB를 $2:1$로 내분하는 점이 x축 위에 있으므로
이 점의 y좌표는 0이다.

즉, $\dfrac{2 \times (-2) + 1 \times a}{2 + 1} = 0$에서 $a = 4$ 너코 145

답 ④

05-14

선분 AB를 $3:1$로 외분하는 점이 y축 위에 있으므로
이 점의 x좌표는 0이다.

즉, $\dfrac{3 \times 1 - 1 \times a}{3 - 1} = 0$에서 $a = 3$ 너코 145

답 ③

05-15

선분 AB의 중점의 x좌표가 8이므로

$\dfrac{a - 5}{2} = 8$에서 $a = 21$ 너코 145

선분 AB의 중점의 y좌표가 3이므로

$\dfrac{1 + b}{2} = 3$에서 $b = 5$

$\therefore \ a + b = 26$

답 ④

05-16

선분 AB의 중점의 좌표는

$\left(\dfrac{a + 9}{2}, \ \dfrac{-2 + 2}{2}, \ \dfrac{6 + b}{2} \right)$ 너코 145

이 좌표가 $(4, \ 0, \ 7)$과 같으므로

$a + 9 = 8$, $6 + b = 14$에서 $a = -1$, $b = 8$

$\therefore \ a + b = -1 + 8 = 7$

답 ④

05-17

선분 AB의 중점이 zx평면 위에 있으므로
이 점의 y좌표는 0이다.

즉, $\dfrac{b + 6}{2} = 0$에서 $b = -6$

선분 AB를 $1:2$로 내분하는 점이 y축 위에 있으므로
이 점의 x좌표와 z좌표는 0이다.

즉, $\dfrac{1 \times (-8) + 2 \times a}{1 + 2} = 0$에서 $a = 4$

$\dfrac{1 \times c + 2 \times (-5)}{1 + 2} = 0$에서 $c = 10$ 너코 145

$\therefore \ a + b + c = 8$

답 ⑤

05-18

선분 AB를 $3:2$로 내분하는 점이 z축 위에 있으므로
이 점의 x좌표와 y좌표는 0이다.

즉, $\dfrac{3 \times (-4) + 2 \times a}{3 + 2} = 0$에서 $a = 6$

$\dfrac{3 \times (-2) + 2 \times b}{3 + 2} = 0$에서 $b = 3$ 너코 145

선분 AB를 $3:2$로 외분하는 점이 xy평면 위에 있으므로
이 점의 z좌표는 0이다.

$\dfrac{3 \times c - 2 \times 6}{3 - 2} = 0$에서 $c = 4$

$\therefore \ a + b + c = 13$

답 ③

○05-19

풀이 1

점 C의 xy평면 위로의 정사영은 원점 O이므로 [너코 142]
점 P′은 선분 BO를 2:1로 내분하는 점이고,
점 Q′은 선분 AO를 1:2로 내분하는 점이다. [너코 145]
따라서 $\overline{OP'} = \overline{BO} \times \frac{1}{3} = 1$, $\overline{OQ'} = \overline{AO} \times \frac{2}{3} = 2$이다.

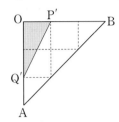

∴ (삼각형 OP′Q′의 넓이)$= \frac{1}{2} \times 1 \times 2 = 1$

풀이 2

선분 BC를 2:1로 내분하는 점 P의

x좌표는 0, y좌표는 $\frac{2 \times 0 + 1 \times 3}{2 + 1} = 1$이므로 [너코 145]

점 P의 xy평면 위로의 정사영은 P′$(0, 1, 0)$이다. [너코 142]
선분 AC를 1:2로 내분하는 점 Q의

x좌표는 $\frac{1 \times 0 + 2 \times 3}{1 + 2} = 2$, y좌표는 0이므로

점 Q의 xy평면 위로의 정사영은 Q′$(2, 0, 0)$이다.

∴ (삼각형 OP′Q′의 넓이)$= \frac{1}{2} \times 1 \times 2 = 1$

답 ①

○06-01

반구 $(x-5)^2 + (y-4)^2 + z^2 = 9$, $z \geq 0$의 중심을
C$(5, 4, 0)$이라 하고, [너코 146]
반구와 평면 α의 접점을 H,
점 C에서 y축에 내린 수선의 발을 P$(0, 4, 0)$이라 하자.

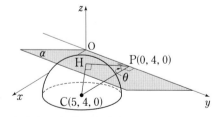

직선 CH와 평면 α가 서로 수직이고,
직선 CP와 y축이 서로 수직이므로
삼수선의 정리에 의하여 직선 HP와 y축도 서로 수직이다.
[너코 140]

따라서 이면각의 정의에 의하여 [너코 141]
평면 α와 xy평면이 이루는 각의 크기는 $\theta = \angle CPH$이다.

이때 $\overline{PC} = 5$, $\overline{CH} = 3$이므로 $\overline{PH} = \sqrt{5^2 - 3^2} = 4$이다.
[너코 144]

∴ $30\cos\theta = 30 \times \dfrac{\overline{PH}}{\overline{PC}} = 30 \times \dfrac{4}{5} = 24$

답 24

빈출 QnA

Q. 공간에서의 상황을 그려내기 어려운데 쉬운 방법이
있을까요?

A. 공간에서의 상황을 그려내기 어렵다면 문제에서 주어진
조건이 잘 드러나는 단면을 생각해봅시다.
평면 α와 xy평면의 교선은 y축이므로
평면 α와 xy평면이 이루는 각의 크기를 파악하기 위해서는
y축과 수직인 평면을 생각해주어야 합니다.
또한 문제에서 반구가 주어진 상황이므로 y축과 수직이면서도
반구의 중심 C$(5, 4, 0)$을 지나는 평면으로 자른 단면을 다음과
같이 그려내고 $\cos\theta$의 값을 구하면 된답니다.

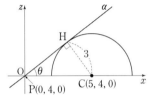

○06-02

구 $x^2 + y^2 + (z-2)^2 = 1$과 z축이 만나는 점 중 A가 아닌
점을 B$(0, 0, 1)$이라 하고,
구의 중심을 C$(0, 0, 2)$라 하자. [너코 146]
점 P가 점 $(0, 1, 0)$의 위치에 있을 때 주어진 도형을
yz평면으로 자른 단면은 다음 그림과 같다.

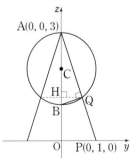

점 P가 원 C 위를 움직이므로
점 Q에서 z축에 내린 수선의 발을 H라 할 때
점 Q는 중심이 H이고 반지름의 길이가 $\overline{QH}$인 원 위를
움직인다. ⋯⋯㉠
이때 $\overline{AO} = 3$, $\overline{OP} = 1$, $\overline{AP} = \sqrt{10}$이므로
$\angle OAP = \theta$라 하면

$\cos\theta = \dfrac{3}{\sqrt{10}}$, $\sin\theta = \dfrac{1}{\sqrt{10}}$이고

$$\overline{\text{AQ}} = \overline{\text{AB}}\cos\theta = \frac{6}{\sqrt{10}},$$

$$\overline{\text{BQ}} = \overline{\text{AB}}\sin\theta = \frac{2}{\sqrt{10}} \text{이다.}$$

따라서 직각삼각형 AQB에서

$\overline{\text{AB}} \times \overline{\text{QH}} = \overline{\text{AQ}} \times \overline{\text{BQ}}$, 즉

$2 \times \overline{\text{QH}} = \frac{6}{\sqrt{10}} \times \frac{2}{\sqrt{10}}$ 이므로 $\overline{\text{QH}} = \frac{3}{5}$ 이다.

㉠에 의하여 구하는 도형 전체의 길이는 $2\pi \times \overline{\text{QH}} = \frac{6}{5}\pi$ 이다.

$\therefore a + b = 5 + 6 = 11$

답 11

O 06-03

구 $x^2 + y^2 + z^2 = 16$을 S'이라 하고
두 구 S, S'의 중심을 각각 A(1, 1, 1), O(0, 0, 0)이라 하자.

너코 146

이때 구 S에 접하는 평면이 구 S'과 만나서 생기는 도형은
원이고, 이 원의 반지름의 길이를 r라 하자.
원의 넓이가 최대이려면 r의 값이 최대이어야 하므로
다음 그림과 같이 직선 OA와 구 S에 접하는 평면이
수직이어야 한다.

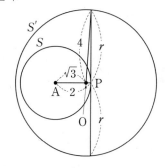

이때

$\overline{\text{OP}} = \overline{\text{AP}} - \overline{\text{OA}} = 2 - \sqrt{1^2 + 1^2 + 1^2} = 2 - \sqrt{3}$ 너코 144
이므로

$r^2 = 4^2 - \overline{\text{OP}}^2 = 4^2 - (2 - \sqrt{3})^2 = 9 + 4\sqrt{3}$ 이다.

따라서 구하는 도형의 넓이의 최댓값은 $(9 + 4\sqrt{3})\pi$ 이다.

$\therefore a + b = 9 + 4 = 13$

답 13

O 06-04

원점을 O, 구 S가 x축, y축에 접하는 점을 각각 P, Q라 하고
구 S의 중심을 C라 하자. 너코 146
또한 점 C에서 xy평면에 내린 수선의 발을 C′이라 하면
구 S가 xy평면과 만나서 생기는 원의 중심이 C′이다.
이때 이 원의 넓이가 64π이므로
반지름의 길이는 8이고, $\overline{\text{OC}'} = 8\sqrt{2}$ 이다.

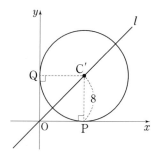

한편 직선 OC′을 l이라 하면 주어진 도형을 직선 l과 z축을
포함하는 평면으로 자른 단면은 그림과 같다.

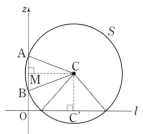

구 S와 z축이 만나는 두 점을 각각 A, B라 하고
선분 AB의 중점을 M이라 하면
$\overline{\text{AB}} = 8$이므로 $\overline{\text{AM}} = 4$이다.
또한 $\overline{\text{CM}} = \overline{\text{OC}'} = 8\sqrt{2}$ 이므로
구 S의 반지름의 길이를 r라 하면 (단, $r > 0$)
$r^2 = \overline{\text{AM}}^2 + \overline{\text{CM}}^2 = 16 + 128 = 144$
$\therefore r = 12 \ (\because r > 0)$

답 ②

O 06-05

원점을 O, 구 S의 중심을 A(0, 0, 1)이라 하고 너코 146
이등변삼각형 OQR의 밑변 QR의 중점을 M이라 하자.
점 P의 z좌표는 1보다 크므로
두 점 Q, R를 포함하는 평면 및 구 S와 원 C를 나타내면
[그림 1]과 같고,
이를 두 평면의 교선 QR와 수직이고 구의 중심 A를 지나는
평면으로 자른 단면은 [그림 2]와 같다. 너코 138

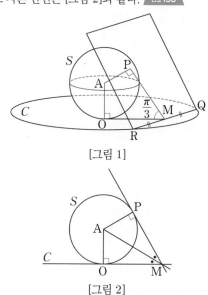

[그림 1]

[그림 2]

두 직각삼각형 AOM, APM은 서로 합동이고

주어진 조건에 의하여 $\angle PMO = \dfrac{\pi}{3}$ 이므로

$\overline{OM} = \dfrac{\overline{OA}}{\tan\dfrac{\pi}{6}} = \sqrt{3}$ 이다. [너코 018]

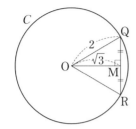

$\therefore \overline{QR} = 2\overline{QM} = 2\sqrt{\overline{OQ}^2 - \overline{OM}^2} = 2$

답 ④

06-06

구 $S : (x-2)^2 + (y-\sqrt{5})^2 + (z-5)^2 = 25$ 의 xy평면 위로의 정사영은 중심이 $C'(2, \sqrt{5}, 0)$이고 반지름의 길이가 5인 원이므로 이 원을 C'이라 하자. [너코 142] [너코 146]

평면 OPC는 z축을 포함하는 평면이므로 평면 OPC는 xy평면과 수직이다. 즉, 구 S가 평면 OPC와 만나서 생기는 원의 xy평면 위로의 정사영은 직선 OC$'$이 원 C'에 의해 잘리는 선분과 같다.

따라서 점 Q_1은 이 선분 위의 점이고, 점 R_1은 원 C'의 둘레 및 내부의 점이므로 삼각형 OQ_1R_1의 넓이가 최대가 되려면 그림과 같이 점 Q_1은 원 C'과 직선 OC$'$의 교점 중 점 O에서 더 먼 점에 위치하고, 점 R_1은 점 C'을 지나고 직선 OC$'$과 수직인 직선이 원 C'과 만나는 두 점 중 한 곳에 위치해야 한다.

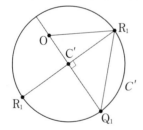

이때의 두 점 Q_1, R_1에 대하여 삼각형 OQ_1R_1의 넓이를 S라 하면 $\overline{OC'} = \sqrt{2^2 + (\sqrt{5})^2} = 3$, $\overline{C'Q_1} = \overline{C'R_1} = 5$이므로

$S = \dfrac{1}{2} \times (3+5) \times 5 = 20$

한편 두 점 Q_1, R_1이 위와 같은 위치에 놓일 때, 두 점 Q, R는 각각 점 Q_1, R_1을 z축의 방향으로 5만큼 평행이동한 구 S 위의 점에 위치한다.

따라서 직선 Q_1R_1과 직선 QR가 서로 평행하므로 점 P에서 직선 QR에 내린 수선의 발을 H, 점 O에서 직선 Q_1R_1에 내린 수선의 발을 H_1이라 하고 평면 PQR와 xy평면이 이루는 예각의 크기를 θ라 하면

$\cos\theta = \dfrac{\overline{OH_1}}{\overline{PH}}$ 이다. [너코 141]

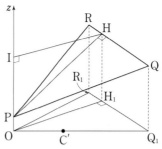

$\overline{Q_1R_1} = 5\sqrt{2}$이므로 삼각형 OQ_1R_1의 넓이에서

$\dfrac{1}{2} \times \overline{Q_1R_1} \times \overline{OH_1} = 20$

$\therefore \overline{OH_1} = \dfrac{20 \times 2}{5\sqrt{2}} = 4\sqrt{2}$ ······ ㉠

또한 점 H에서 z축에 내린 수선의 발을 I라 하면 $\overline{HI} = \overline{OH_1} = 4\sqrt{2}$ 이고, $\overline{IP} = 4$이므로 직각삼각형 HIP에서

$\overline{PH} = \sqrt{(4\sqrt{2})^2 + 4^2} = 4\sqrt{3}$ ······ ㉡

㉠, ㉡에서 $\cos\theta = \dfrac{4\sqrt{2}}{4\sqrt{3}} = \dfrac{\sqrt{6}}{3}$

따라서 삼각형 OQ_1R_1의 평면 PQR 위로의 정사영의 넓이는

$S\cos\theta = 20 \times \dfrac{\sqrt{6}}{3} = \dfrac{20}{3}\sqrt{6}$

$\therefore p + q = 23$

답 23

06-07

두 구 S_1, S_2의 중심을 각각 $O_1(0, 0, 2)$, $O_2(0, 0, -7)$이라 하고, 점 O_1, O_2에서 평면 α에 내린 수선의 발을 각각 H_1, H_2라 할 때, 두 구 S_1, S_2를 zx평면으로 자른 단면은 다음 그림과 같다. [너코 146]

이때 평면 α는 zx평면에서 직선 l로 나타나고, 구 S_2가 평면 α와 만나서 생기는 원 C 위의 점 중 z좌표가 최소인 점 B도 zx평면 위에 위치하며, 원 C의 반지름은 선분 BH_2이다.

또한, 점 B에 접하는 평면 β는 직선 m으로 나타난다.

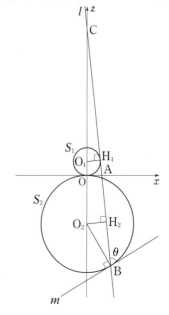

평면 α와 z축이 만나는 점을 C라 하고, 직각삼각형 $\mathrm{CH_1O_1}$에서 $\overline{\mathrm{O_1C}}=k\,(k>0)$라 하면

$$\overline{\mathrm{CH_1}}=\sqrt{\overline{\mathrm{O_1C}}^2-\overline{\mathrm{O_1H_1}}^2}$$
$$=\sqrt{k^2-2^2}\ (\because\ \text{구 }S_1\text{의 반지름의 길이가 }2)$$
$$=\sqrt{k^2-4}$$

이때 두 직각삼각형 $\mathrm{CH_1O_1}$, COA는 서로 닮음이므로

$\overline{\mathrm{H_1O_1}}:\overline{\mathrm{OA}}=\overline{\mathrm{CH_1}}:\overline{\mathrm{CO}}$에서

$$2:\sqrt{5}=\sqrt{k^2-4}:(k+2)$$
$$\sqrt{5k^2-20}=2k+4$$

양변을 제곱하면

$$5k^2-20=4k^2+16k+16$$
$$k^2-16k-36=0,\ (k+2)(k-18)=0$$
$$\therefore\ k=18\ (\because\ k>0)$$

또한, 두 직각삼각형 $\mathrm{CH_1O_1}$, $\mathrm{CH_2O_2}$도 서로 닮음이므로

$\overline{\mathrm{CO_1}}:\overline{\mathrm{CO_2}}=\overline{\mathrm{O_1H_1}}:\overline{\mathrm{O_2H_2}}$에서

$$18:27=2:\overline{\mathrm{O_2H_2}}$$
$$\therefore\ \overline{\mathrm{O_2H_2}}=3$$

따라서 직각삼각형 $\mathrm{O_2BH_2}$에서

$\overline{\mathrm{BH_2}}=\sqrt{7^2-3^2}=2\sqrt{10}$이므로

평면 α 위의 원 C의 넓이는 40π이다.

한편, 두 평면 α, β가 이루는 이면각의 크기는 두 직선 l, m이 이루는 각의 크기와 같고, 너코 141

그 크기를 θ라 하면 $\theta=\angle\mathrm{BO_2H_2}$이므로

직각삼각형 $\mathrm{O_2BH_2}$에서

$$\cos\theta=\frac{3}{7}$$

따라서 원 C의 평면 β 위로의 정사영의 넓이는

$$40\pi\times\frac{3}{7}=\frac{120}{7}\pi\ \text{너코 142}$$
$$\therefore\ p+q=7+120=127$$

답 127

○06-08

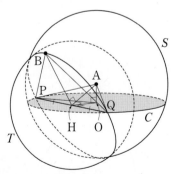

좌표공간의 원점을 O라 하고 구의 중심인 점 A(0, 0, 1)에서 선분 PQ에 내린 수선의 발을 H라 하자. 너코 146

$\overline{\mathrm{AO}}\perp(xy\text{평면})$, $\overline{\mathrm{AH}}\perp\overline{\mathrm{PQ}}$이므로

삼수선의 정리에 의하여 $\overline{\mathrm{OH}}\perp\overline{\mathrm{PQ}}$이다. 너코 140

이때 $\overline{\mathrm{AH}}=2$, $\overline{\mathrm{AO}}=1$이므로 직각삼각형 AHO에서

$$\overline{\mathrm{OH}}=\sqrt{3}$$
$$\therefore\ \angle\mathrm{AHO}=30°$$

한편 $\overline{\mathrm{AP}}=4$이므로 직각삼각형 AOP에서

$$\overline{\mathrm{OP}}=\sqrt{\overline{\mathrm{AP}}^2-\overline{\mathrm{AO}}^2}$$
$$=\sqrt{4^2-1^2}=\sqrt{15}$$

또한 직각삼각형 OHP에서

$$\overline{\mathrm{HP}}=\sqrt{\overline{\mathrm{OP}}^2-\overline{\mathrm{OH}}^2}$$
$$=\sqrt{(\sqrt{15})^2-(\sqrt{3})^2}=2\sqrt{3}$$

즉, 구 S와 선분 PQ를 지름으로 하는 구 T와의 교선을 D라 하면 D는 중심이 H이고 반지름의 길이가 $2\sqrt{3}$인 원이다.

이때 원 D를 포함하는 평면을 α라 하면

$$\overline{\mathrm{AH}}\perp\alpha$$

이므로 평면 BPQ와 xy평면이 이루는 이면각의 크기는

$$180°-(90°+30°)=60°\ \text{너코 141}$$

또한 점 B는 원 D 위의 점이므로 삼각형 BPQ는

$\angle\mathrm{PBQ}=90°$인 직각삼각형이고,

$\overline{\mathrm{BP}}=\overline{\mathrm{BQ}}$인 직각이등변삼각형일 때 그 넓이가 최대이다.

즉, 삼각형 BPQ의 높이가 $\overline{\mathrm{BH}}=2\sqrt{3}$일 때 넓이가 최대이므로

$$(\text{삼각형 BPQ의 넓이})\leq\frac{1}{2}\times4\sqrt{3}\times2\sqrt{3}=12$$

따라서 삼각형 BPQ의 xy평면 위로의 정사영의 넓이의 최댓값은

$$12\times\cos60°=6\ \text{너코 142}$$

답 ①

○06-09

$\mathrm{A}(a,\ 0,\ 0)$, $\mathrm{B}(0,\ 10\sqrt{2},\ 0)$에 대하여 선분 OA의 중점을 D, 선분 OB의 중점을 E라 하자.

$\angle\mathrm{APO}=\dfrac{\pi}{2}$인 점 P가 나타내는 도형은 점 D를 중심으로 하고 점 O를 지나는 구이므로 이 구를 S_1이라 하면

$$S_1:\left(x-\frac{a}{2}\right)^2+y^2+z^2=\left(\frac{a}{2}\right)^2\ \text{너코 146}\qquad \cdots\cdots\ \text{㉠}$$

이때 점 P는 구

$$S:x^2+y^2+z^2=100\qquad \cdots\cdots\ \text{㉡}$$

위의 점이므로 ㉡$-$㉠에서

$$ax=100,\ \text{즉}\ x=\frac{100}{a}$$

따라서 점 P의 x좌표는 $\dfrac{100}{a}$이고

$$C_1:x=\frac{100}{a},\ y^2+z^2=100-\left(\frac{100}{a}\right)^2\qquad \cdots\cdots\ \text{㉢}$$

이다. 같은 방법으로 $\angle\mathrm{BQO}=\dfrac{\pi}{2}$인 점 Q가 나타내는 도형은 점 E를 중심으로 하고 점 O를 지나는 구이므로 이 구를 S_2라 하면

$S_2 : x^2 + (y - 5\sqrt{2})^2 + z^2 = (5\sqrt{2})^2$ ······㉢

이때 점 Q는 구 S 위의 점이므로 ㉡-㉢에서

$10\sqrt{2}\,y = 100$, 즉 $y = \dfrac{10}{\sqrt{2}} = 5\sqrt{2}$

따라서 점 Q의 y좌표는 $5\sqrt{2}$ 이고

$C_2 : y = 5\sqrt{2},\ x^2 + z^2 = 50$ ······㉣

이다. 따라서 ㉠ 또는 ㉣에 의해

두 원 C_1과 C_2의 교점 N_1, N_2의 좌표는 각각

$N_1\!\left(\dfrac{100}{a},\ 5\sqrt{2},\ \sqrt{50 - \left(\dfrac{100}{a}\right)^2}\ \right)$,

$N_2\!\left(\dfrac{100}{a},\ 5\sqrt{2},\ -\sqrt{50 - \left(\dfrac{100}{a}\right)^2}\ \right)$

한편 두 점 N_1, N_2는 구 S 위의 점이므로

$\overline{ON_1} = \overline{ON_2} = 10$이고 삼각형 N_1ON_2에서 코사인법칙에 의해

$$\cos(\angle N_1ON_2) = \dfrac{10^2 + 10^2 - \overline{N_1N_2}^2}{2 \times 10 \times 10}$$

$$= \dfrac{200 - \overline{N_1N_2}^2}{200} = \dfrac{3}{5}$$ 너코 024

에서 $\overline{N_1N_2}^2 = 80$, $\overline{N_1N_2} = 4\sqrt{5}$

$2\sqrt{50 - \left(\dfrac{100}{a}\right)^2} = 4\sqrt{5}$ 에서

$50 - \left(\dfrac{100}{a}\right)^2 = 20$, $\left(\dfrac{100}{a}\right)^2 = 30$

$a = \dfrac{100}{\sqrt{30}} = \dfrac{10\sqrt{30}}{3}$ $(\because\ a > 10\sqrt{2})$

답 ①

Memo